高等学校土木工程系列教材

结构力学(上)

(第4版)

刘昭培　张韫美　主编

内 容 提 要

本书是按国家教育委员会批准并要求自1987年秋起试行的《结构力学课程教学基本要求》（参考学时110）所规定的内容编写的。

本书分上、下两册。对《基本要求》中规定的学习内容保证了必要的篇幅，同时还编入了进一步加深、加宽的内容。因此除作为土建、水利专业本科生《结构力学》课程的教材外，也可供土建、水利工程技术人员参考。

图书在版编目（CIP）数据

结构力学（上）/刘昭培，张韫美主编．—4版（修订本）．—天津：天津大学出版社，2000.5（2019.1重印）

ISBN 978-7-5618-0184-0

Ⅰ.结…　Ⅱ.①刘…　②张…　Ⅲ.结构力学　Ⅳ.0342

中国版本图书馆CIP数据核字（1999）第33445号

出　版　天津大学出版社

地　址　天津市卫津路92号天津大学内(邮编：300072)

网　址　publish.tju.edu.cn

印　刷　天津泰宇印务有限公司

发　行　新华书店天津发行所

开　本　185mm×260mm

印　张　18.5

字　数　463千

版　次　1989年12月第1版　2000年5月第2版

　　　　2003年1月第3版　2006年4月第4版

印　次　2019年1月第15次

定　价　36.00元

天津大学建筑工程学院土木工程专业

教材教学指导委员会

（以姓氏笔画为序）

本教材已通过天津大学建筑工程学院土木工程专业教材教学指导委员会审查，可作为四年制土木工程专业本科教材。

前　言

本书是按国家教育委员会批准并要求自1987年秋起试行的《结构力学课程教学基本要求》（参考学时110）所规定的内容编写的，适用于四年制土建、水利等各专业。

本书分上、下两册。上册是基本部分，内容包括：绪论，几何组成分析，静定和超静定结构的计算及结构在移动荷载下的计算等。下册主要是专题部分，包括：能量原理，矩阵位移法，结构的动力计算，极限荷载和结构的稳定计算，在附录中给出了连续梁和刚架静力分析的程序框图、源程序与程序说明。

我们在编写本书时，力图使它具有适应我国情况的先进性和教学上的适用性，并吸取现有教材的优点和反映我室近年来在教学改革方面的研究成果及经验，并在选择和编写教材内容时，注意到有利于培养学生独立思考、分析问题及解决问题的能力。当前，结构力学教学内容更新的重点是电子计算机在结构力学中的应用。为此，在选定编写内容时，减少了适用于手算的技巧性方法而提高了对电算的要求。为了培养学生初步具有编写和使用简单计算程序的能力，与矩阵位移法紧密结合，参照现阶段通用程序的结构，按先处理法编入了连续梁和刚架静力分析的源程序。功能原理是当代一些重要数值方法的理论基础，在本书中加强了这方面的内容（第5章和第10章），以便为进一步学习创造条件。对《基本要求》中规定的学习内容，本书保证了必要的篇幅，力求阐述原理严密，概念清晰。同时，也编入了《基本要求》建议视情况选学和一些属于进一步加深、加宽的内容（可根据实际情况加以取舍的章节、习题，本书皆冠以*号），这样可适应不同层次的要求，便于因材施教。为了加强学习上的引导和培养分析问题的能力，在各章节后加入了思考题，以活跃思维，启发思考，提高对问题本质的认识。同时我们有意识地将一些带有概念性的内容，通过思考题、习题或小注的方式引导学生自己思考、掌握，而不是不分主次地对所有有关问题全面铺叙，这样更有利于精讲多练，启发学生的独立思考。

本书由刘昭培、张韫美主编，参加编写工作的有：刘昭培（第1、14章及12章后7节）、张韫美（第2、3、4章及12章前5节）、丁学成（第5、10章）、李增福（第6、13章）、蔡方镂（第7章及8章后4节）、刘兴业（第9章）、曾思庄（第8章前3节）、侯朝胜（第11章及附录）。

天津大学水利系张振衡教授审阅了书稿，提出了宝贵的意见，对此，我们表示衷心的感谢。由于编者水平所限，书中难免有缺点错误，敬希使用本书的教师及读者予以批评指正。

编者

1989年7月

前言

第 3 版 说 明

本教材经过多年使用后，已于 2000 年做了一次修订，使高等教育土木工程系列教材更具有内容的系统性及编写方式的一致性。出于建筑及结构新规范的要求，本书又做了此次修订，使之更趋于完善，从而便于读者学习与参考。

编者

2002 年

第 4 版修订附言

本书自 1989 年初版至今，已历时多年，中间曾经几次修订，限于时间紧迫，除对附图加注说明文字外，仅在个别处做了少许修改。现为适应当前科技、教育领域的发展变化，本书再做修订。考虑到近年来土木、水利等类专业一般都扩宽了培养要求，课程门数增多，随之结构力学课的学时有所减少，因而会有较多内容需课外自学掌握。为了便于自学，针对宜加改动之处，对文字叙述或附图做了更动、增补。

参加此次修订工作的有：张韫美（第 1～4 章及第 6、7 章）、毕继红（第 5、8 章及第 10 章），刘昭培（第 9 章及第 12～14 章）、侯朝胜（第 11 章及附录）。

修订后仍难免有疏漏不足之处，热忱欢迎批评、指正。

编者

2006 年 1 月

目　录

第1章　绪论 ……………………………………………………………… (1)
　1.1　结构力学的研究对象和任务 ……………………………………… (1)
　1.2　结构的计算简图 …………………………………………………… (1)
　1.3　平面杆件结构的分类 ……………………………………………… (7)
　1.4　荷载及其分类 ……………………………………………………… (8)
　1.5　结构力学的学习方法 ……………………………………………… (8)
第2章　平面体系的几何组成分析 …………………………………… (10)
　2.1　概述 ………………………………………………………………… (10)
　2.2　自由度、刚片与约束 ……………………………………………… (11)
　2.3　几何不变体系的基本组成规则 …………………………………… (13)
　2.4　几何组成分析的方法、步骤和举例 ……………………………… (17)
　2.5　体系的几何组成与静定性的关系 ………………………………… (19)
　习题 …………………………………………………………………… (22)
第3章　静定梁、静定平面刚架和三铰拱的计算 …………………… (26)
　3.1　概述 ………………………………………………………………… (26)
　3.2　静定梁的受力分析 ………………………………………………… (27)
　3.3　静定平面刚架的内力计算 ………………………………………… (41)
　3.4　三铰拱的内力计算 ………………………………………………… (50)
　习题 …………………………………………………………………… (62)
第4章　静定桁架的计算 ……………………………………………… (69)
　4.1　概述 ………………………………………………………………… (69)
　4.2　静定平面桁架的计算 ……………………………………………… (71)
　4.3　静定组合结构的计算 ……………………………………………… (81)
　4.4　静定空间桁架的计算 ……………………………………………… (84)
　4.5　静定结构小结 ……………………………………………………… (91)
　习题 …………………………………………………………………… (98)
第5章　虚功原理和结构位移的计算 ………………………………… (102)
　5.1　概述 ………………………………………………………………… (102)
　5.2　虚功原理 …………………………………………………………… (104)
　5.3　平面杆件结构位移计算的一般公式　单位荷载法 ……………… (111)
　5.4　静定结构在荷载作用下的位移计算 ……………………………… (113)
　5.5　图乘法 ……………………………………………………………… (118)
　5.6　静定结构由于温度改变和支座移动引起的位移 ………………… (125)
　5.7　线性变形体系的几个互等定理 …………………………………… (127)
　习题 …………………………………………………………………… (130)

第 6 章　用力法计算超静定结构 ……………………………………………… (137)

6.1　超静定结构的概念和超静定次数的确定 …………………………… (137)

6.2　力法原理和力法方程 …………………………………………………… (139)

6.3　用力法计算超静定梁和刚架 …………………………………………… (143)

6.4　用力法计算超静定桁架和组合结构 …………………………………… (149)

6.5　用力法计算两铰拱 ……………………………………………………… (153)

6.6　对称性的利用 …………………………………………………………… (156)

6.7　弹性中心法的概念 ……………………………………………………… (162)

6.8　温度变化时超静定结构的计算 ………………………………………… (163)

6.9　支座移动时超静定结构的计算 ………………………………………… (165)

6.10　有制造误差时超静定结构的计算 ……………………………………… (168)

6.11　超静定结构的位移计算 ………………………………………………… (168)

6.12　超静定结构最后内力图的校核 ………………………………………… (171)

习题 ……………………………………………………………………………… (173)

第 7 章　用位移法计算超静定结构 …………………………………………… (180)

7.1　位移法的基本概念 ……………………………………………………… (180)

7.2　等截面直杆的转角位移方程 …………………………………………… (184)

7.3　基本未知量数目的确定 ………………………………………………… (191)

7.4　位移法的典型方程及计算步骤 ………………………………………… (193)

7.5　位移法应用举例 ………………………………………………………… (196)

7.6　建立位移法方程的另一作法——由原结构取隔离体直接建立平衡方程 …… (204)

7.7　对称性利用 ……………………………………………………………… (206)

7.8　考虑刚域及剪切变形时刚架的计算 …………………………………… (209)

习题 ……………………………………………………………………………… (214)

第 8 章　用渐近法计算超静定梁和刚架 ……………………………………… (218)

8.1　力矩分配法的基本概念 ………………………………………………… (218)

8.2　用力矩分配法计算连续梁和无节点线位移刚架 ……………………… (224)

8.3　无剪力分配法 …………………………………………………………… (234)

8.4　力法、位移法和渐近法的总结、比较 ………………………………… (239)

8.5　超静定结构的特性 ……………………………………………………… (240)

8.6　力法、位移法及渐近法的联合应用 …………………………………… (242)

8.7　混合法的概念 …………………………………………………………… (245)

习题 ……………………………………………………………………………… (245)

第 9 章　结构在移动荷载下的计算 …………………………………………… (250)

9.1　影响线的概念 …………………………………………………………… (250)

9.2　静力法作简支梁、伸臂梁的影响线 …………………………………… (251)

9.3　间接荷载作用下的影响线 ……………………………………………… (255)

9.4　用机动法作单跨静定梁的影响线 ……………………………………… (256)

9.5　桁架的影响线 …………………………………………………………… (260)

9.6 影响线的应用 ………………………………………………………………………………(263)
9.7 简支梁的内力包络图和绝对最大弯矩 …………………………………………………(269)
9.8 用机动法作超静定梁影响线的概念 ……………………………………………………(274)
9.9 连续梁的内力包络图 ……………………………………………………………………(276)
习题……………………………………………………………………………………………(279)

第1章 绪 论

1.1 结构力学的研究对象和任务

在土建、水利等各类工程的建筑物中，都有起支承荷载作用的骨架，我们称它为结构。结构通常是由多个构件联结而成，如屋架、塔架等；最简单的结构是单个构件，如单根梁或柱。

按照几何观点，结构可以分为杆件结构、薄壁结构和实体结构三类。杆件的几何特征在于它的长度远大于截面的宽度和高度。杆件结构便是由若干杆件所组成。薄壁结构是厚度远小于其他两个尺度的结构。实体结构是指三个尺度为同量级的结构。这类结构，通常由砖、石、混凝土等材料砌筑而成，如：挡土墙、重力坝等。

结构力学与材料力学、弹性力学有着密切的联系，它们的主要任务，都是研究结构分析中的强度、刚度和稳定问题的理论和方法，但分工不同。其中，材料力学以单个杆件为主要研究对象；弹性力学以实体和薄壁结构为主要研究对象；而结构力学则是以杆件结构为研究对象。具体说来，结构力学包括以下几方面的任务。

(1) 计算由荷载（包括静力及动力荷载）、温度变化等因素在结构各部分所产生的内力，为结构的强度计算提供依据，以保证结构满足安全和经济的要求。

(2) 计算由上述各因素所引起的变形和位移，为结构的刚度计算提供依据，以保证结构在使用过程中不致发生不能允许的过大变形。

(3) 分析、确定结构丧失稳定性的最小临界荷载，使结构物所承受的最大荷载小于该临界荷载值，以保证结构能处于稳定的平衡状态而正常工作。

(4) 研究结构的组成规律，以保证在荷载作用下结构各部分不致发生相对运动。探讨结构的合理形式，以便能有效地利用材料，充分发挥其性能。

以上几个方面均将涉及内力和位移的计算问题。因此，研究杆件结构在各种外因作用下内力和位移的计算原理和方法便成为本课程的主要内容。本书对静定和超静定结构的分析方法做了比较深入的阐述，以便读者能深刻地理解基本概念，掌握计算方法。为了适应用计算机进行结构分析的需要，本书写入了结构矩阵分析的内容，并在附录Ⅰ中编入了连续梁和刚架的源程序。

1.2 结构的计算简图

在结构设计中，如果严格地考虑对结构物的全部细节来进行精确的力学分析，是非常复杂的，甚至是不可能的；而从工程实际要求说来，也是不必要的。因此，为了突出问题的本质，表现结构基本的、主要的特点，在对实际结构作力学分析时，要略去一些次要因素的影响，用一个经过简化的图形——结构的力学模型代替实际结构。此种简化后的模型，即称为结构的计算简图。

计算简图的选择应遵循下列两条原则：

（1）正确地反映实际结构的受力情况和主要性能；

（2）略去次要因素，便于分析和计算。

将实际结构简化成计算简图，通常包括下列几项简化工作。

一、结构体系的简化

严格说来，工程中的实际结构都是空间结构，否则将不可能承受来自各个方向的荷载。但是在土建、水利等工程中，大量的空间杆件结构，在一定条件下，常可分解简化为平面结构进行计算。例如图 1-1 所示单层厂房结构，是一个复杂的空间杆件结构。在横向，柱子和屋架组成排架（图 1-2）。各排架沿纵向相隔一定距离有规律地排列着，中间有纵向构件相联系。屋面荷载和吊车轮压等主要是通过屋面板和吊车梁等传递到一个个的横向排架上。此时若略去排架间纵向联系作用这一次要因素，排架所受荷载便可看做处于自身所在平面内。这种情况下，基础反力也可简化到此平面，于是各排架便可按平面结构来分析。在本书中，主要以平面杆件结构为研究对象。

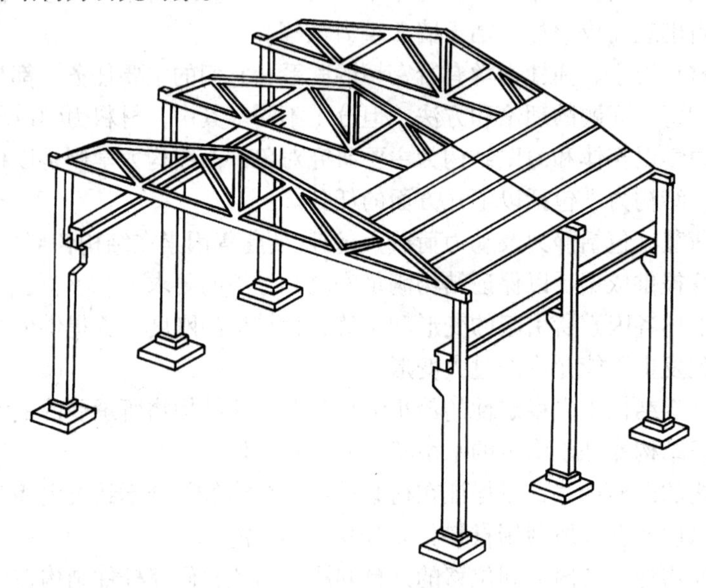

图 1-1　单层厂房结构示意图

二、平面杆件结构内部的简化

杆件结构中，杆件的截面尺寸通常比杆件的长度小得多，可近似地采用平截面假定，因而截面上的应力可根据截面的内力来确定。由于内力是只沿杆长变化的一元函数，因此，在计算简图中，杆件可以用其纵轴线表示。对于由杆件相互联结而成的结构，杆件之间的联结区，用位于各杆轴线交点处的节点表示。由不同材料制作的平面杆件结构，在杆件的联结方式上各有不同做法，形式很多。根据它们的受力变形特点，在计算简图中常归纳为以下三种。

1. 刚节点

图 1-3，（a）为钢筋混凝土框架中一节点的构造图，上柱、下柱和梁用混凝土浇成一体，钢筋的布置也使各杆端能抵抗弯矩。在计算中，此类节点常按刚节点看待，取如图 1-3（b）

所示的计算简图。刚节点的特征是：在结构变形时，节点处各杆之间的夹角保持不变。

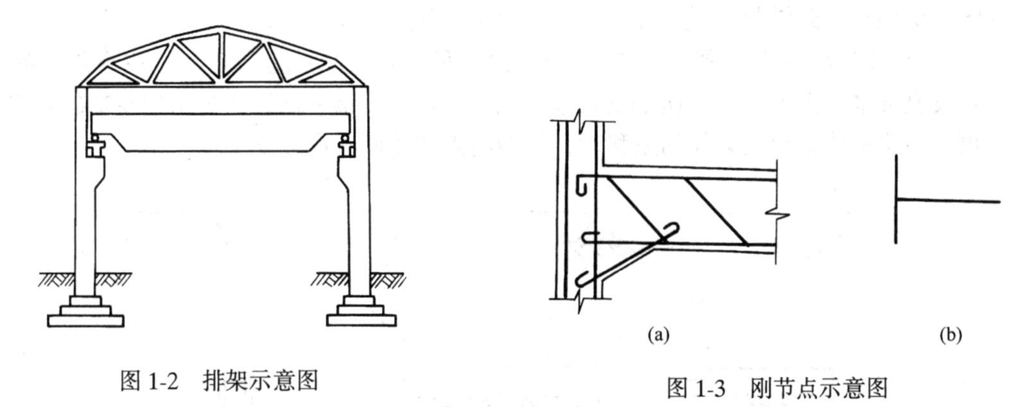

图 1-2　排架示意图

图 1-3　刚节点示意图

2. 铰节点

铰节点的特征是各杆可以绕节点自由转动。理想的铰节点，在实际结构中是很难实现的，只有木屋架的节点比较接近。图 1-4（a)、(b）分别表示一个木屋架的节点和它的计算图。但当结构的几何构造及外部荷载符合一定条件时，节点刚性对结构受力状态的影响属于次要因素，这时为了简化和反映结构受力特点，也将结构的节点看做铰节点。如图 1-4（c）表示钢桁架的一个节点，虽然各杆件是用铆钉铆在联结板上牢固地连在一起，但为了简化和反映节点荷载下桁架受力特点，在计算图中也取做铰节点如图 1-4（d）所示。

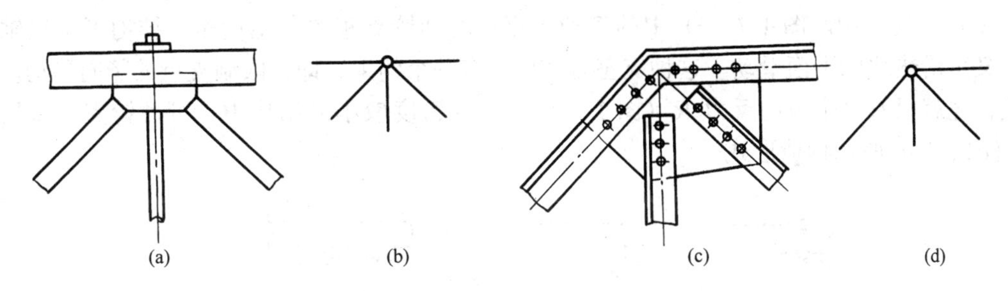

图 1-4　桁架的铰节点示意图

3. 组合节点

若干杆件汇交于同一节点，当其中某些杆件的联结应视为刚结，而另一些杆件间简化为铰结符合实际时，便形成了组合节点。图 1-5 为一加劲梁的计算简图，梁两端放置于支座上（支座未画出）。当横向荷载作用于实际工程中的加劲梁时，横梁以受弯为主，其他杆件主要承受轴力。为了表现这种受力特点，节点 C 即取为一组合节点。

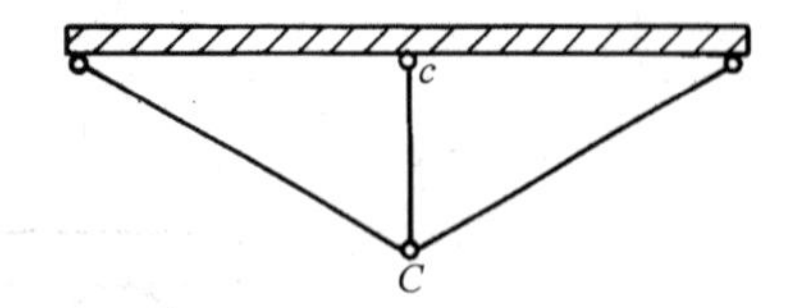

图 1-5　加劲梁计算简图

三、平面杆件结构支座的简化

支座将结构与基础或其他支承物相联系，用以固定结构位置。平面杆件结构的支座计算简图，常用者有以下三种。

1. 铰支座

图 1-6（c）是这类支座构造的示意图，它对结构本身有两个约束作用，使构造只能绕铰轴转动而不能有竖向和水平向的移动。在计算简图中，略去摩擦力的作用，铰支座的反力便

应通过铰轴的中心，而其大小和方向均为未知。铰支座的计算简图以交于支点的两根链杆表示（图1-6（a）），此链杆称为支杆。铰支座的反力见图1-6（b）或以反力的大小和方向（R，θ）为未知数，或以水平及竖向两个反力分量（H，V）为未知数。在小跨度的结构中，铰支座常采用图1-6（d）所示的构造。图1-6（e）表示一钢筋混凝土柱与基础连接的做法，可认为这种构造形式只能约束移动，不能约束转动而看做铰支座。

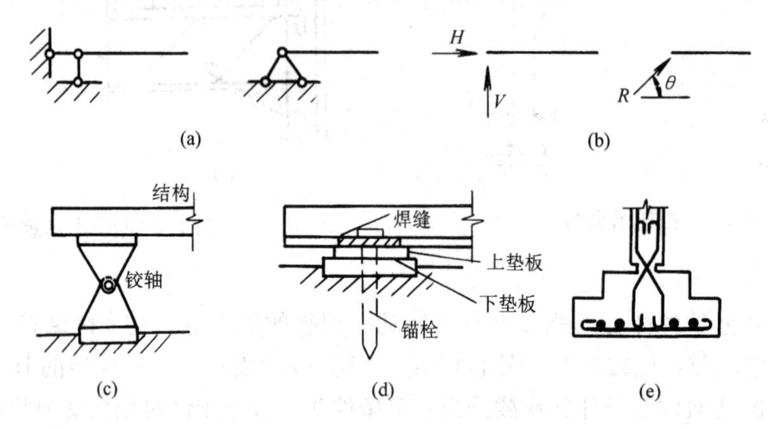

图1-6　铰支座构造示意图

2．可动铰支架

这种支座的计算简图如图1-7（a）所示，它所代表的实际支座的构造形式示于图1-7（c）、（d）、（e）中。图1-7（c）中的滚轴支座是可动铰支座的典型代表，结构可绕铰轴转动，又可沿垫块的平面滑动。这种支座对结构只有一个约束，即：限制支点的竖向移动。相应地，也就只有一个竖向反力R（图1-7（b））。在跨度较小的结构中，可动铰支座多用图1-7（d）、（e）所示构造形式。

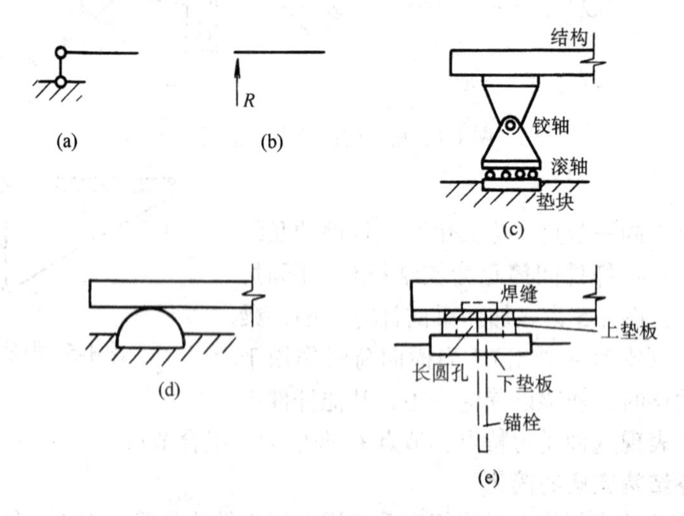

图1-7　可动铰支座构造示意图

3．固定支座

图1-8（a）、（b）示固定支座的计算简图。这种支座不容许结构与它相联的基础发生转动和移动，有三种约束作用；相应地在支座处有三个反力分量（图1-8（c））。工程实际中，

不可能有完全固定的支座；在计算中，常将某些支座构造近似地看做是固定的。如图 1-8（d）所示情况，当土质很硬，地基变形很小时，可以认为柱的下端为一固定端。

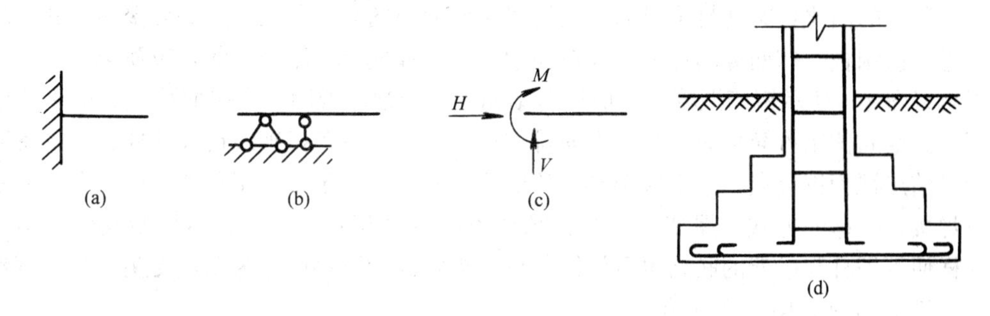

图 1-8 固定支座构造示意图及其计算简图

需要注意，上述各种支座都假定其本身变形可不予考虑，在计算简图中，支杆为刚性杆。因此，总称它们为刚性支座。如果作结构分析时，需要考虑支座（包括地基在内）本身的变形，这种支座称为弹性支座。在以后各章节中，除非特别说明，本书涉及的支座皆是刚性支座。

四、荷载的简化

作用于实际结构上的荷载，可分为分布于各杆件内部的体荷载（如自重）和分布于杆件表面某一范围内的面荷载（如：风压，雪重，设备重量等）两大类。在计算简图中，体荷载折算为作用于杆轴、沿杆轴方向分布的线荷载。而荷载也简化到杆轴上，并视作用范围的大小转化为集中荷载或分布荷载。

下面举例说明结构计算简图的取法。

图 1-9（a）是在房屋建筑的楼面中经常见到的梁板结构。一单跨梁两端支承在砖墙上，梁上放预制板用以支持楼面荷载（人群、设备重量等）。荷载通过预制板传给梁，再由梁传至墙体。设计此梁时，可按上述对实际结构进行简化的各个方面来选取其计算简图。

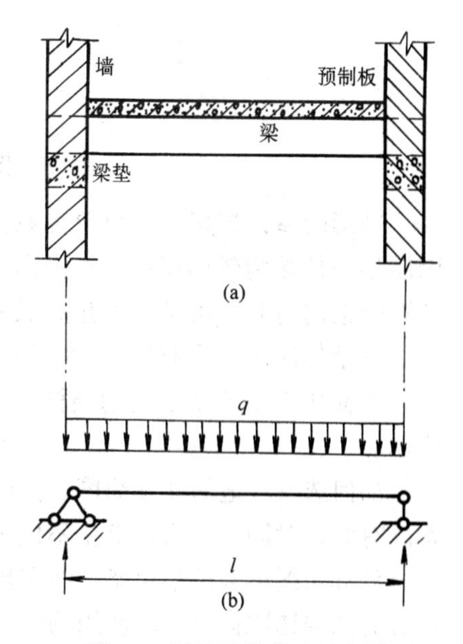

图 1-9 梁板结构构造示意图及计算简图

（1）结构体系的简化：略去预制板对梁所起的约束作用，并将预制板传给梁的荷载和梁垫反力简化到梁轴所在的竖向平面内，各个梁即可化为平面杆件结构进行分析。

（2）结构内部的简化：以梁的纵轴线代表实际的梁。梁与梁垫间接触面上的压力分布实际是不均匀的，当接触面的长度不大时，可取梁两端与梁垫接触面中心的间距作为梁的计算跨度 l，图 1-9（b）。

（3）支座的简化：梁的两端搁置在嵌固于墙内的梁垫上，梁既不能整体做上下或水平移动，也不能整体转动，即梁不会产生刚体运动。但梁承受荷载微弯时，梁的两端可以做微小的转动。忽略掉梁与梁垫间的摩阻力，在竖向楼面荷载作用下，梁端支承面上将只产生竖向反力。此梁两端的支承情况虽然相同，但为了反映上述支座约束作用的基本特点，可将梁的任意一端（譬如右端）简化为一可动铰支座，而另一端简化为铰支座如图 1-9（b）所示。

(4) 荷载的简化：梁的自重可简化为沿梁纵轴分布的均布荷载。人群等楼面荷载一般按均布考虑，预制板、抹面等的重量合并在一起，也折算成沿梁轴分布的均布荷载。

现再以图 1-1 所示钢筋混凝土单层厂房结构为例。前已说明，在屋面荷载、吊车轮压等作用下，此空间体系可简化为一系列平面排架进行分析。以各杆轴线代表杆件，并将屋架中各杆的联结点视为铰节点。至于屋架与柱顶的联结构造，由于系采用预埋钢板，在吊装就位以后再焊接在一起的方式，屋架端部与柱顶便不能发生相对线位移，但仍能发生微小的转动，这样便可把柱与屋架的联结也看做铰节点。再将柱的下端简化为固定支座，我们得到排架的计算简图如图 1-10（a）所示。

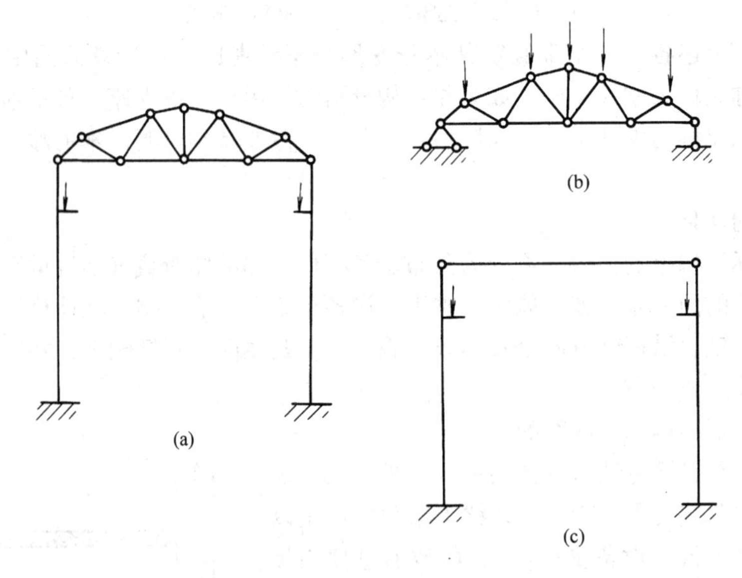

图 1-10　排架的计算简图

排架的屋顶桁架是否可单独取出计算，取决于它与竖柱的联结构造方式和荷载情况。因屋架与柱端为铰链联结，在竖向荷载作用下，可认为柱端只给予屋架以竖向反力；于是计算桁架内力时，可单独取出，其计算简图如图 1-10（b）所示，此图中所示支座代替了柱的支承作用。当只有排架的竖柱承受荷载，在分析竖柱内力时，为方便计，可以用实体杆（常简化为不能变形的刚性杆）代替屋顶桁架的约束作用，得出计算简图如图 1-10（c）所示。

如何选取合适的计算简图，是结构设计中十分重要而又复杂的问题，涉及多方面的因素。有时，对同一结构，根据不同要求须采用不同的计算简图。在初步设计中为了估算截面，计算简图可较简单粗略；而在最后计算时，则应采用较复杂、精细的计算简图。此外，计算简图的选取尚与可供使用的计算工具有关。妥善地选取计算简图，不仅要掌握选取的原则，而且要有丰富的结构设计经验。要对结构构造、施工等各方面有全面的了解，对结构各部分受力情况能正确地做出判断。所以，除学习本课程外，还有待于今后学习专业课和在工程实践中提高这方面的能力才能逐步解决这个问题。不过，对于常用的结构形式，前人已积累了许多宝贵的经验，我们可以采用其合理性已经过实践检验的那些常用的计算简图。

1.3 平面杆件结构的分类

前已说明，结构力学研究的并不是实际的结构物，而是代表实际结构的计算简图。在本书中，今后即以“结构”一词，作为“结构计算简图”的简称，而不再加以说明。

按照不同的构造特征和受力特点，平面杆件结构可分为下列几类。

(1) 梁：梁是一种受弯构件，其轴线通常为直线。它可以是单跨的（图 1-11（a））也可以是多跨连续的（图 1-11（b））。

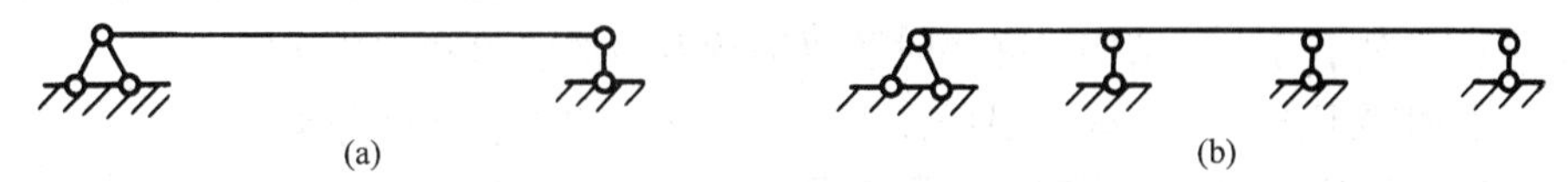

图 1-11　单跨及多跨连续梁计算简图

(2) 拱：图 1-12 所示为拱型结构中的一种。拱的特征是：轴线为曲线；在竖向荷载作用下，支座除产生竖向反力外，还产生水平反力。就图 1-12 所示拱而言，水平反力的存在将使其弯矩远小于与其跨度、荷载相同的图 1-11（a）中梁的弯矩。

(3) 桁架：桁架是由若干杆件在两端用铰联结而成的结构，图 1-13。各杆的轴线一般都是直线。在各杆轴线为直线的前提下，当只受到作用于节点的荷载时，各杆将只产生轴力。

图 1-12　双铰拱计算简图

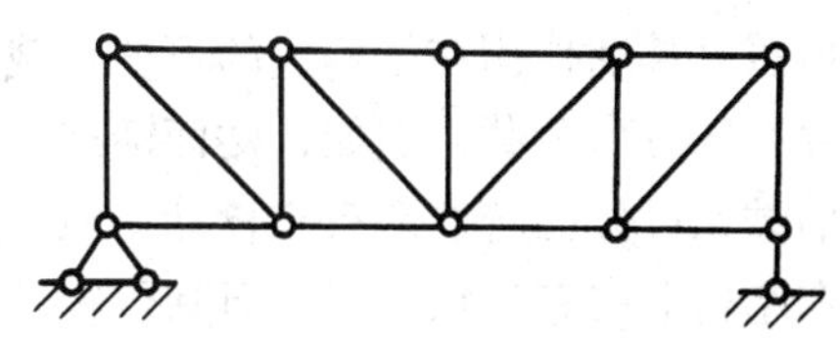

图 1-13　桁架计算简图

(4) 刚架：刚架是由梁和柱组成的，其部分或全部节点为刚节点，图 1-14。刚架中各杆件常同时承受弯矩、剪力及轴力，但多以弯矩为主要内力。

(5) 组合结构：组合结构是部分由链杆，部分由梁（图 1-15）或刚架组合而成的，有些杆件只承受轴力，而另一些杆件还同时承受弯矩和剪力。

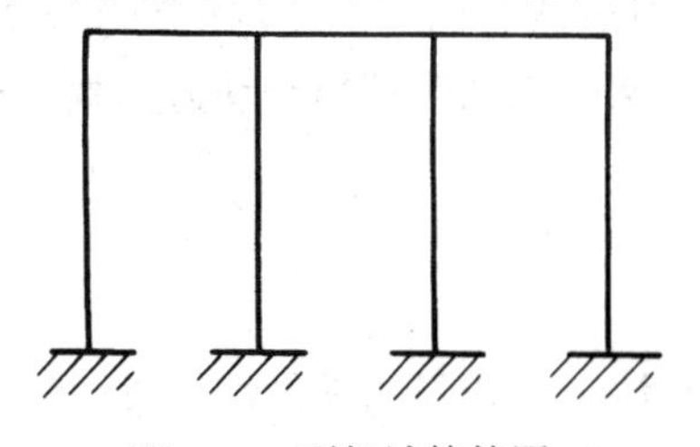

图 1-14　刚架计算简图

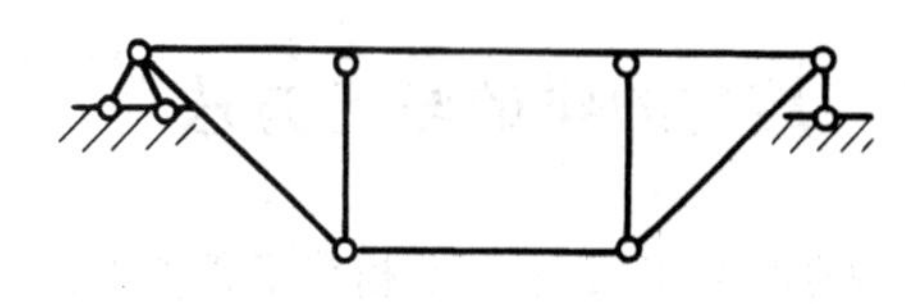

图 1-15　组合结构计算简图

按照所用计算方法的特点，结构可分为静定结构和超静定结构。若一结构在承受任意荷载时，所有支座反力和任一截面上的内力都可由静力平衡条件求出其确定值，则此结构称为静定结构。反之，若上述的反力和内力不能仅靠静力平衡条件来确定，还必须考虑变形条件才能求得，则此结构称为超静定结构。例如，在图 1-11 中，图（a）是静定梁，而图（b）则是一超静定连续梁。

1.4 荷载及其分类

荷载是作用在结构上的外力，例如，结构自重、水压力、土压力、风压力以及人群重量等等。此外，还有其他因素可以使结构产生内力和变形，如温度变化、基础沉降、材料收缩等。从广义上说，这些因素也可看做荷载。

合理地确定荷载，是结构设计中非常重要的工作。如果估计过大，所设计的结构尺寸将偏大，造成浪费；如将荷载估计过小，则所设计的结构不够安全。通常按国家颁布的有关规范来确定荷载；对于特殊的结构，必要时还要进行专门的实验和理论研究。

土建、水利等工程中的荷载，根据其不同的特征，主要有下列分类。

〈1〉根据荷载分布的具体情况，荷载可分为集中荷载和分布荷载

分布荷载是连续分布在结构上的荷载。在杆件结构中，分布荷载简化到所作用杆件的轴线处，用荷载的线分布集度（沿杆轴单位长度上的作用力）表示。当此集度为常数时，即称为均布荷载。

集中荷载是有一着力点的个别的力。事实上，绝对地集中于一几何点上的力是不存在的。当荷载的分布面积远小于结构的尺寸时，则可认为此荷载是一集中荷载。例如，吊车梁上的吊车轮压，可看做吊车梁上的集中荷载。

〈2〉根据荷载作用时间的久暂，荷载可分为恒载和活载

恒载是长期作用在结构上的不变荷载，如结构自重等。活载是建筑物在施工和使用期间可能存在的可变荷载，例如，楼面活载、吊车荷载、雪荷载及风荷载等。

活载又可分为选位活载和移动荷载。选位活载可根据计算目的决定其是否存在，并可视需要在结构上占有任意位置；但其位置一经选定，在完成该计算目的前便不再变化。例如，人群及风、雪荷载等都是选位活载。移动荷载是指荷载为一系列相互平行且间距保持不变，能在结构上移动的荷载，如，吊车梁上的吊车轮压，桥梁上的列车荷载等。

〈3〉根据荷载作用的性质，荷载可分为静力荷载和动力荷载

静力荷载是逐渐增加的荷载，其大小、方向和作用位置的变化，不致引起显著的结构振动，因而可以略去惯性力的影响。反之，若荷载的大小、方向或作用位置随时间迅速变化，由此引起的结构质量的惯性力不容忽视时，则称为动力荷载。例如，结构的自重为静力荷载；动力机械运转时产生的干扰力和地震时地震波对结构的作用等则属于动力荷载。

1.5 结构力学的学习方法

结构力学是土建、水利等工程专业的一门技术基础课，有较强的理论性。通过学习结构力学，可以为后继专业课打下良好的基础，为今后解决工程技术问题提供必要的基础知识和计算技能，并为进行科学研究、进一步钻研与结构力学有关的问题准备所需的理论基础。

学习结构力学，绝不能满足于知道了一些解题知识。只是记住了一些解题的方法、步骤，能照猫画虎地按例题作出习题，是远远不够的。学习时要把精力集中在培养分析问题和解决问题的能力上，要注意学会分析问题的方法。在本书中，讲述了各种的具体计算方法，要掌握它们各自的解题思路；学习时要注意将有关各方面的问题加以对比，搞清这些方法的

共性及解题思路上的特点，并注意它们各自的适用条件。结构力学的解题方法亦是有其规律性的。例如可以归纳为“分”与“合”的过程。静定结构解题的“分”就是把结构分为若干种隔离体，隔离体的“个性”就是其上的外力、内力及其相应的平衡条件；“合”则是把单个的隔离体通过联结处的平衡条件结合起来，从而计算出结构各处的内力。又如解超静定结构的力法，它的“分”就是把多余约束去掉变成为已经会计算的静定结构；“合”就是把多余约束通过变形连续合成为原来的结构。运用规律分析问题就会学得快，学得好，学得深入。

在学习中必须贯彻理论与实际相结合的原则。要注意结构力学的理论是怎样服务于工程实际的。要留心观察实际结构，了解它们的构造，分析它们的受力特点，并考虑怎样用所学的理论、方法解决其力学分析问题。只有联系实际学习理论，才能做到用所学知识去解决实际问题。

学习时要注意多练。作题练习，是学好结构力学的重要环节。要作足够数量的习题，才可能掌握其中的概念、原理和方法。但要注意以下两点：

（1）作题前一定要看书复习，搞清概念及解题思路，抓住方法的本质、要点，按例题照搬照套，急于完成作业而不经过自己的思考，不会有多少效果。

（2）作业要条理清晰，整洁，严谨，要培养对所得计算结果进行合理校核的能力；发现错误，要及时总结，找出原因，这样才能吸取教训，逐步提高。

第 2 章　平面体系的几何组成分析

2.1　概　述

从力学的观点看，结构的作用是承担荷载，并将荷载传给基础。结构承担荷载后，材料产生应变，因而结构发生变形，但这种变形一般是很小的。如果不考虑这种微小的变形，结构应能在荷载作用下保持自身的几何形状和位置。平面杆件结构是由杆件和杆件之间的联结装置组成的。平面体系的几何组成分析就是研究杆件间的联结装置应怎样布置，才能使它们组成可保持几何形状和位置的结构。图 2-1（a）中的梁有一铰支座及一可动铰支座，(在计算图上共有三根链杆与基础相联)，在任意荷载作用下，若不考虑梁的变形，梁上各点就不会有上、下、左、右的移动，各截面也不会发生转动。在图 2-1（b）中梁去掉了右端的可动铰支座（计算图上只有两根链杆与基础相联)，因而梁可绕左端铰支座转动。在图 2-1（c）中，梁与基础间有三个可动铰支座，尽管计算图上也是以三根链杆相联结，但这些链杆互相平行，因而梁在水平方向仍可发生移动。后两种情况说明体系如缺少联结装置，或联结装置布置得不合理就不能维持体系的原有位置，因而不能作为实际工程中的结构来承担荷载。

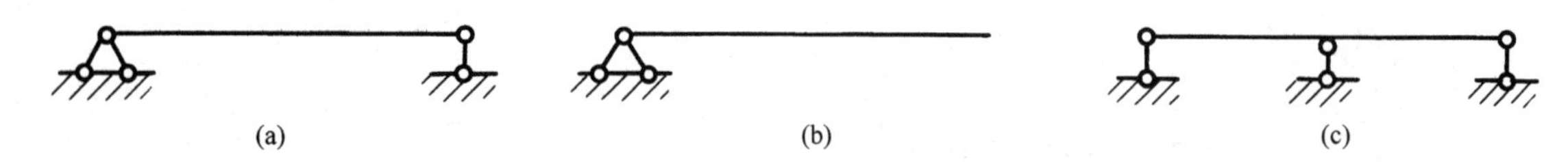

图 2-1　梁与基础之间联结装置的布置情况图

又如图 2-2（a）所示的体系，由于缺少必要的联结装置，在任意荷载作用下，即使不考虑材料的应变，它的形状和位置也是可以改变的。如果加入一根链杆 BD，如图 2-2（b）所示，则只要在荷载作用后材料不发生破坏，它的形状和位置是不会改变的。

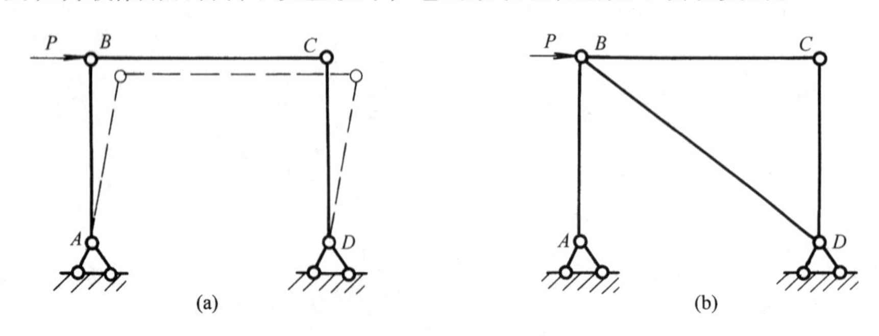

图 2-2　几何可变与几何不变体系

总括以上分析，我们为平面杆件体系引入以下定义：

几何不变体系（如图 2-1（a）和图 2-2（b））——在不考虑材料的应变的假定下，能保持其几何形状和位置的体系；

几何可变体系（图 2-1（b），（c）及图 2-2（a））——即使不考虑材料的应变，其形状和位置也是可以改变的体系。

几何组成分析的目的在于：

（1）判断某一体系是否几何不变，从而确定它能否作为结构；

（2）根据体系的几何组成，可以确定结构是静定的，还是超静定的，随之可选定相应的计算方法；

（3）进行几何组成分析，可搞清结构各部分在几何组成上的相互关系，这常可提示我们应如何选择简便合理的计算顺序。

2.2 自由度、刚片与约束

对体系进行几何组成分析时，判断一个体系是否几何不变涉及体系运动的自由度。所谓一个体系的自由度，即是体系在所受限制的许可条件下，能自由变动的、独立的运动方式。换句话说，也就是能决定体系几何位置的彼此独立的几何参变量的数目。例如，被限定在平面内运动的一个点，要确定它的位置，需要有 x、y 两个独立的坐标（图 2-3（a）），因此一个点在平面内有两个自由度。

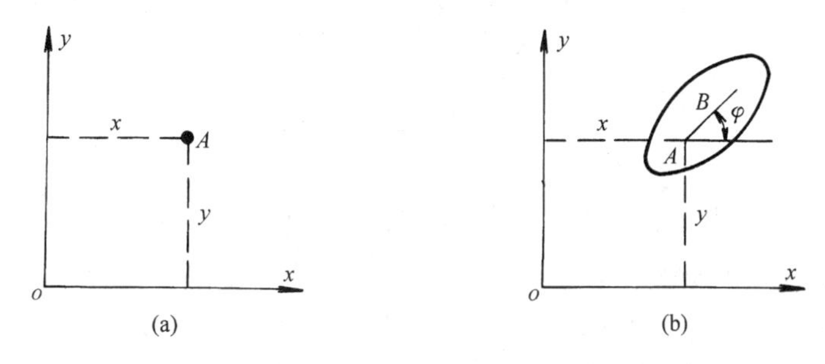

图 2-3 点及刚片的自由度数目示意图

在几何组成分析中，由于不考虑杆件本身的变形，便可以把一根梁，或由若干杆件构成已知是几何不变的部分，看做是一个刚体。平面内的刚体称为刚片。

确定一个刚片在平面内的位置需要有三个独立的几何参变量。如图 2-3（b）所示，在刚片上先用 x、y 两个独立坐标确定 A 点的位置，然后再用倾角 φ 确定刚片上任一条线，如 AB 线的位置，这样刚片的位置便完全确定了。因此一个刚片在平面内有三个自由度。

前面提到的基础，当不考虑其本身的变形时，在平面问题中也可以看做一个刚片。但这种刚片是不动刚片，它的自由度为零。

在刚片之间加入某些联结装置，它们的自由度将减少。减少自由度的装置称为约束。减少一个自由度的装置，称为一个约束。减少 n 个自由度的装置，称为 n 个约束。下面分析一下几种联结装置所起的约束作用。

链杆：图 2-4（a）表示用一根链杆 BC 联结两个刚片Ⅰ和Ⅱ。此种情况下，当刚片Ⅰ的位置仍用三个独立的几何参变量予以确定后，由于链杆的作用，使刚片Ⅱ只能沿以 B 为圆心、BC 为半径的圆弧移动和绕 C 点转动，再用两个独立的参变量 α、β 即可确定刚片Ⅱ的位置。这样通过链杆的联结，总自由度由 6 减至 5，故一根链杆相当于一个约束。

单铰：图 2-4（b）表示刚片Ⅰ和钢片Ⅱ用一个铰 B 联结。在未联结前，两个刚片在平面内共有六个自由度。用铰 B 联结之后，刚片Ⅰ仍有三个自由度，而刚片Ⅱ则只能绕铰 B 做相对转动。即再用一个独立的参变量 α 就可以确定刚片Ⅱ的位置，所以减少了两个自由度。因此，两个刚片用一个铰联结后的自由度总数为 $6-2=4$。我们把联结两个刚片的铰称为单铰。它的作用相当于两个约束，或相当于两根链杆的作用。

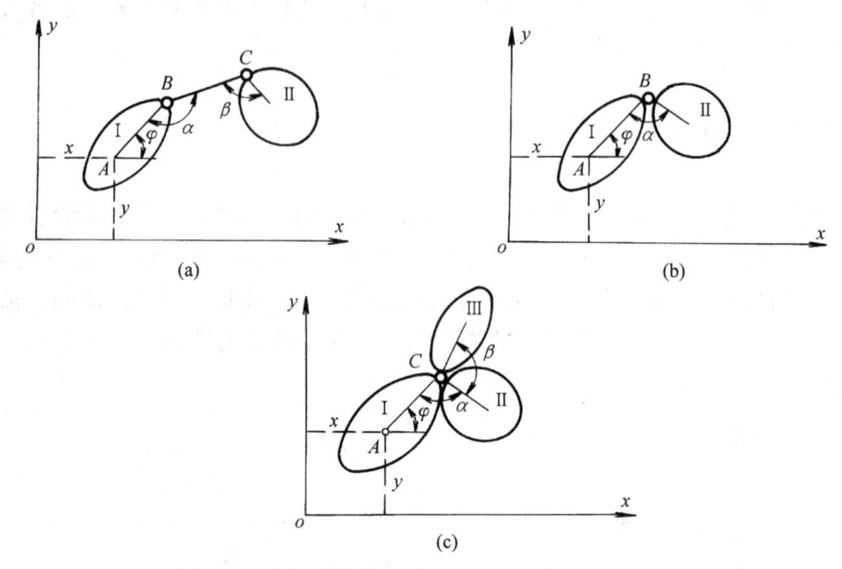

图 2-4　链杆、单铰、复铰相当的约束数目示意图

复铰：图 2-4（c）表示Ⅰ、Ⅱ、Ⅲ三个刚片用一个铰 C 联结。在未联结以前，三个刚片在平面内共有 9 个自由度。在用铰 C 联结之后，刚片Ⅰ仍有 3 个自由度，而刚片Ⅱ和刚片Ⅲ都只能绕铰 C 做相对转动，即再用两个独立参变数（夹角 α、β）就可确定它们的位置。因此联结三个刚片的铰 C 相当于 $9-5=4$ 个约束。我们把联结两个以上刚片的铰称为复铰。由上述可见，一个联结三个刚片的复铰相当于两个单铰的作用。一般情况下，如果 n 个刚片用一个复铰联结，则这个复铰相当于 $n-1$ 个单铰的作用。

刚性联结：所谓刚性联结如图 2-5（a）所示，它的作用是使两个刚片不能有相对的移动及转动，就像在两个刚片之间设置了一个链杆及一个单铰，如图 2-5（b）所示。因此，刚性联结相当于三个约束。

体系计算自由度的公式：

前面已经研究了不同联结装置对体系自由度的影响。在刚片间加入约束组成体系后，此体系的计算自由度定义为：设约束不存在时各刚片自由度之和减去约束的总数所得的数值。设 W 为体系的计算自由度，m 表示体系中的刚片数（基础不计入），n 表示联结刚片的单铰数，c 表示联接刚片的链杆数，c_0 表示体系与基础联结的支座链杆数，则

$$W=3m-2n-c-c_0 \tag{2-1}$$

前已说明可动铰支座相当于一根支座链杆，固定铰支座相当于两根支座链杆，而固定支座相当于三根支座链杆。

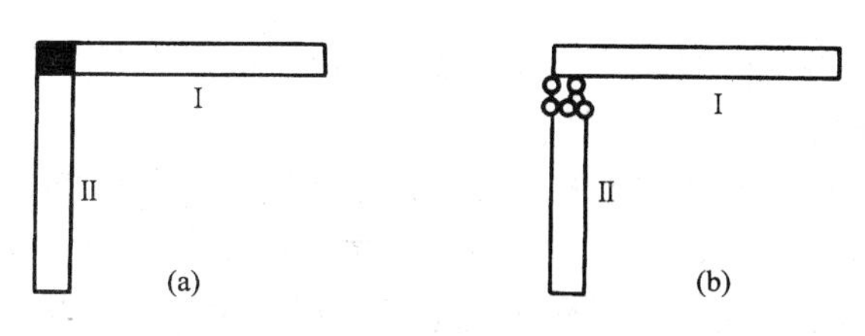

图 2-5　刚性联结相当的约束数目示意图

上述 W 的计算公式，是我们判断一个体系是否具有几何不变之可能性的工具。若 $W>0$，即体系的约束总数小于各刚片自由时的全部自由度数；这说明，约束数量不足，不可能限制住刚片的所有运动方式，故体系必然是几何可变的。反之，对几何不变体系而言，按式（2-1）求计算自由度时，必然有 $W\leqslant 0$。

例如，图 2-2（a）所示体系中，将 AB、BC、CD 三杆看做刚片，则有：$m=3$，$n=2$，$c=0$，$c_0=4$，故 $W=3\times3-2\times2-4=1$。与此相较，在图 2-2（b）的体系中，增加了链杆 BD，便有 $m=3$，$n=2$，$c=1$，$c_0=4$，故 $W=3\times3-2\times2-1-4=0$。

必须注意：$W\leqslant 0$ 只是体系为几何不变的必要条件并非充分条件，因这只意味着，对限制全部自由刚片的运动来说，约束的数量恰好足够或有多余，但约束布置不当，体系便仍然是几何可变的，如图 2-1（c）所示，为了保证体系的几何不变性，除了用式（2-1）计算外，尚须进行几何组成分析。只有经过几何组成规律的检验才能确定体系的自由度。

2.3　几何不变体系的基本组成规则

体系的几何不变性是由体系的各刚片之间有足够的约束，和这些约束有合理的布置来保证的。前者要求体系的计算自由度等于零或小于零，后者要求体系的组成应符合本节所研究的基本规则。

在阐述几何不变体系的基本组成规则之前，我们先分析一些容易做出判断的情况，并给出几个定义。图 2-6（a）所示体系中Ⅰ为一刚片，从刚片上的 A、B 点出发，用不共线的两根链杆 1、2 在节点 C 相联，这样组成的体系是几何不变的。因为若设刚片 A、B 不动，考虑链杆 1 的约束作用，C 点应绕 A 点沿圆弧①运动；考虑链杆 2 的作用，C 点又应绕 B 点沿圆弧②运动。当两链杆 1、2 不共线时，圆弧①、②在 C 点相交，由于铰链的作用 C 点既不能沿圆弧①、也不能沿圆弧②运动，也就是只能固定不动，所以，图 2-6（a）所示体系为一几何不变体系。

多余约束：当在体系中增加一个约束并不能减少体系的自由度时，此约束称为多余约束。图 2-6（b）中自同一刚片出发，用互不共线的三根链杆 1、2 及 3 联出一新节点 C，这

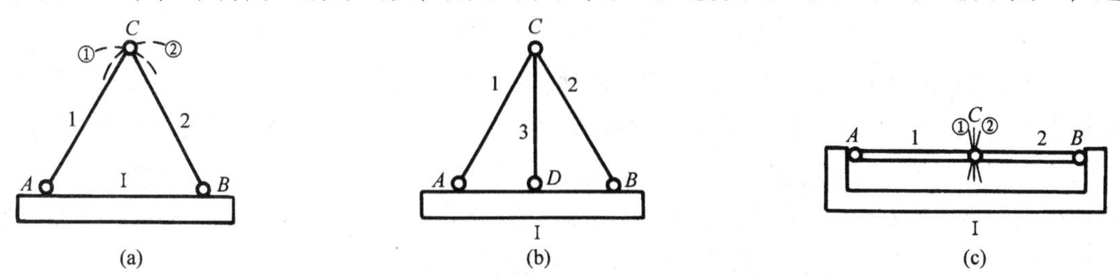

图 2-6　几何不变及有多余约束体系、瞬变体系示意图

三根链杆的任一根可视为多余约束。因为不论它是否存在，并不使体系的几何是否不变性有所改变，也即不使体系的自由度发生变化。

瞬变体系：若图 2-6（c）中的链杆 1、2 彼此共线，①、②两圆弧便不能相交，而是在 C 点相切（图 2-6（c），此时三铰 A、B、C 在一直线上）。在这种特殊情况下，当设刚片Ⅰ不动后，C 点可沿着公切线有无限小的运动。但这种微小的运动是瞬时的，一旦发生微小的运动时，三铰已不在一条直线上，圆弧①、②不再有公切线，故而 C 点不可能继续运动。我们把这种本来是几何可变的，经微小的运动后成为几何不变的体系，称为瞬变体系。

瞬变一般发生在体系的刚片间本有足够的约束，但其布置不合理，因而不能限制瞬时运动的情况。

下面介绍平面杆件体系的基本组成规则。这些规则分别描述一刚片与一节点之间，两刚片之间及三刚片之间应如何进行联结，才能构成几何不变的整体。按这些规则组成的体系，就其联结装置而言，是没有多余约束的。

一、一个刚片与一个节点之间的联结

图 2-6（a）表示从一刚片出发，用两根不共线的链杆联出一个新节点；根据前面分析，这样组成的体系是几何不变、且无多余约束的。为叙述方便起见，像这样加上的两根链杆我们称为二元体。

规则一：在刚片上用两根不在一条直线上的链杆联结出一个节点，换句话说，即在一个刚片上增加一个二元本，形成无多余约束的几何不变体系。

由规则一不难得出以下推论：在一个体系上依次加入二元体，不会改变原体系的计算自由度，也不影响原体系的几何不变性和可变性。反之，若在已知体系上，依次排除二元体，也不会改变原体系的计算自由度、几何不变性或可变性。

二、两个刚片之间的联结

图 2-7（a）表示两个刚片用一铰及一根链杆相联结。如果把刚片Ⅰ与两端的 A、C 铰在一起视为一根链杆，就可按照规则一确定该体系是几何不变、且无多余约束的。

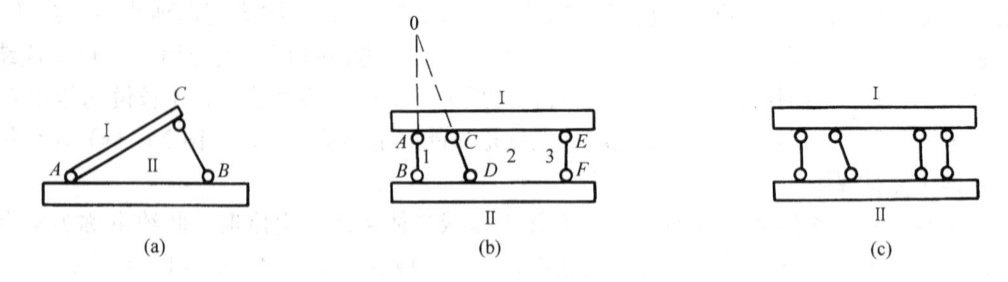

图 2-7　两刚片几何不变的联结方式示意图

在图 2-7（b）中，先设刚片Ⅰ、Ⅱ用两根不平行的链杆 1、2 相联结。若刚片Ⅱ不动，刚片Ⅰ上的 A 点将沿与链杆 1 垂直的方向运动，而 C 点将沿与链杆 2 垂直的方向运动。根据刚片Ⅰ上 A、C 点的上述运动方向可以推定，这时刚片Ⅰ的运动方式将是绕 1 与 2 两杆延长线的交点 0 而转动。同理，若刚片Ⅰ不动，刚片Ⅱ也将绕 0 点而转动。因为这种转动只是瞬时的，在不同瞬时，两杆交点在平面内的位置将不同，故 0 点称为刚片Ⅰ和Ⅱ的相对转动瞬心。此种情形好像把刚片Ⅰ和Ⅱ用铰在0点相联结。由于铰的位置是在链杆的延长线上，而且它的位置随链杆的转动而改变，故与一般实铰不同，我们称这种铰为虚铰。

欲使刚片Ⅰ和Ⅱ不能发生相对转动，需要增加一根链杆3（图2-7（b））。这时，若设相对于刚片Ⅱ，刚片Ⅰ发生了绕0点的转动，E点将沿与$0E$连线相垂直的方向而运动，但是，从链杆EF来看，E点的运动方向必须与链杆EF垂直，若链杆3的延长线不通过0点，E点的上述运动便不可能发生，也就是链杆EF阻止了刚片Ⅰ、Ⅱ之间的相对转动。因此，这样的体系是几何不变、且无多余约束的。设在图2-7（b）的基础上两刚片之间又增加一根链杆（图2-7（c）），显然体系的计算自由度有所变化，但新增的链杆并没有影响体系的几何不变性质，故它是多余约束。

由以上分析可得规则二。

规则二：两个刚片用一铰和一根不通过此铰的链杆或用不交于一点也不互相平行的三根链杆相联结，所组成的体系是几何不变的。并且没有多余的约束。

三、三个刚片之间的联结

图2-8（a）表示三刚片用不共线的三铰两两相联，如把Ⅱ、Ⅲ刚片连同各自两端的铰一起看做链杆，则由规则一可以确定，该体系是几何不变，且无多余约束的。

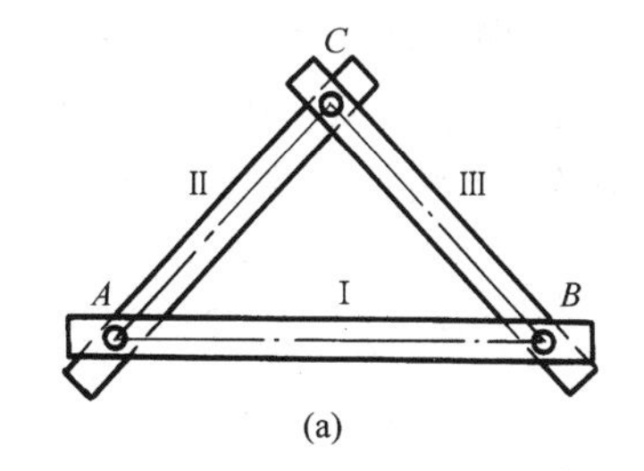

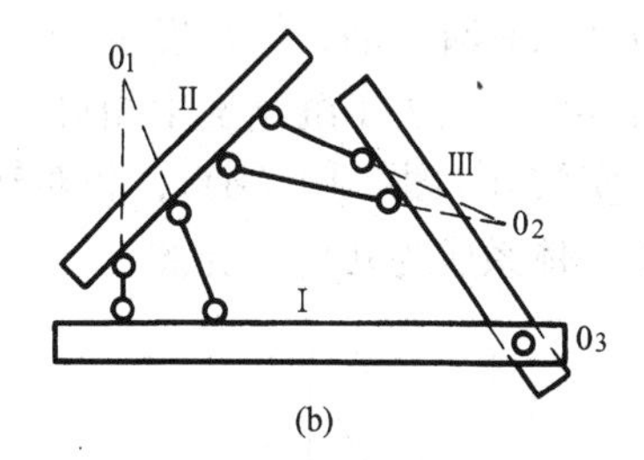

图2-8　三刚片几何不变的联结方式示意图

图2-8（b）中Ⅰ、Ⅱ两刚片及Ⅱ、Ⅲ两刚片用虚铰0_1、0_2联结，Ⅰ、Ⅲ两刚片用实铰0_3联结。不论实铰或虚铰，只要三铰不在一条直线上，组成的体系都是几何不变，且无多余约束的。

由以上分析可得规则三。

规则三：三个刚片用不在同一直线上的三个铰两两相联，则组成一几何不变，且无多余约束的体系。

从三条组成规则的论述可以看出，它们之间有内在联系，可以相互沟通。例如对图2-8（a）所示的体系，既可运用规则一，把Ⅰ看做刚片，从此刚片出发，用两根不共线的链杆联出一节点；也可运用规则二，把Ⅰ、Ⅲ看做刚片，它们之间通过一铰及一不过铰心的链杆相连；此外，还可把Ⅰ、Ⅱ及Ⅲ都看做刚片，它们之间用不在同一直线上的三铰两两相联符合规则三的要求。无论采用哪种作法，都可得出所组成体系是几何不变的，且无多余约束的结论。由此看来，在以基本组成规则为准绳来考察体系的几何不变性时，可视具体的情况灵活地运用三条规则来进行分析，所得的结论必定是相同的。

基本组成规则中限制条件的讨论如下。

在以上三条基本组成规则中，都提出了限制条件，违反了这些条件，体系便不是几何不变的。引出规则一时已看到：若从一刚片出发，用以联出一个节点的两根链杆处于同一直线上，体系即成为瞬变体系。既然三条规则可以相互沟通，那么，倘违反了规则二或规则三的限制条件，一般情况下，体系也将呈现瞬变性，且在特定情况下会成为几何可变体系。

图 2-9（a）表示两刚片Ⅰ、Ⅱ由一铰和一链杆联结，且链杆的延长线通过铰心的情况。若把刚片Ⅱ与 A、B 铰的作用结合后看做一根链杆，则此图与图 2-6（c）所示情况完全一样。同样，图 2-9（b）示三刚片用在同一直线上的三铰两两相联，将刚片Ⅱ、Ⅲ连同铰 A、B 及 C 等效为两根链杆后，与图 2-6（c）也是相同的。由此可知，图 2-9（a）、（b）所示都是瞬变体系。

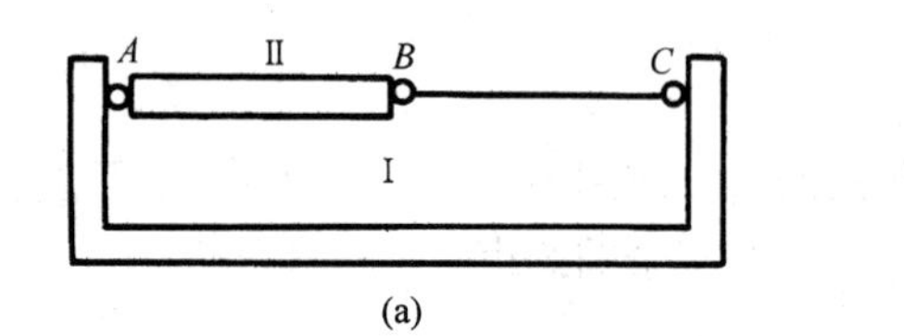

(a)

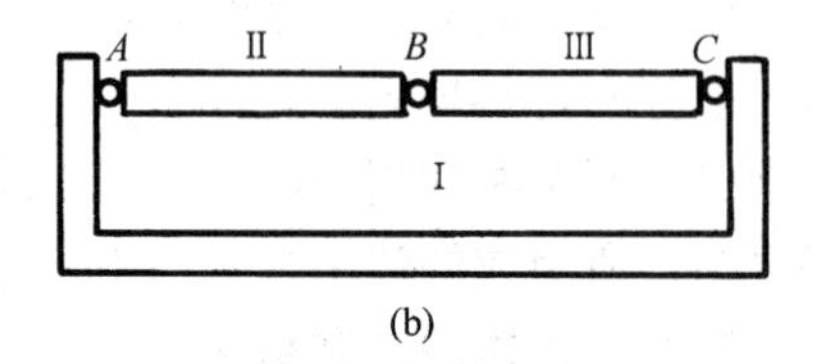

(b)

图 2-9 瞬变体系的联结方式示意图之一

图 2-10（a）所示的两刚片用全交于 0 点的三根链杆相联，此时 0 为两个刚片的相对转动瞬心，故体系是瞬变的，但在发生一微小的转动后，三根链杆就不再汇交于一点，相对转动瞬心不再存在，失去了继续发生相对转动的可能，故此体系为瞬变体系。显然，若三根链杆汇交于一实铰 0（图 2-10（b）)，相对转动瞬心便成为转动中心，转动可继续发生，在此特定情况下，体系成为几何可变的。

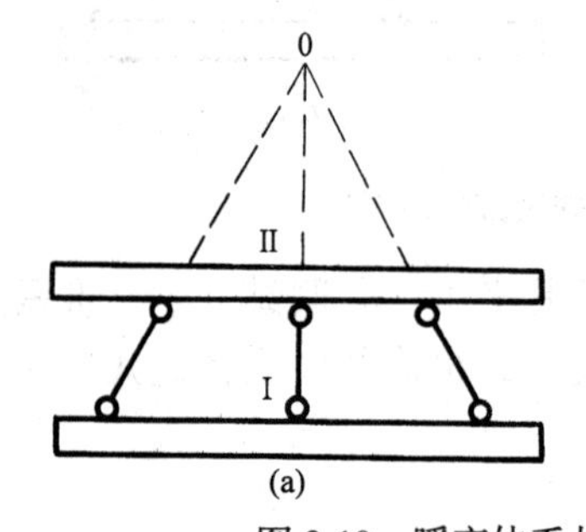

(a)

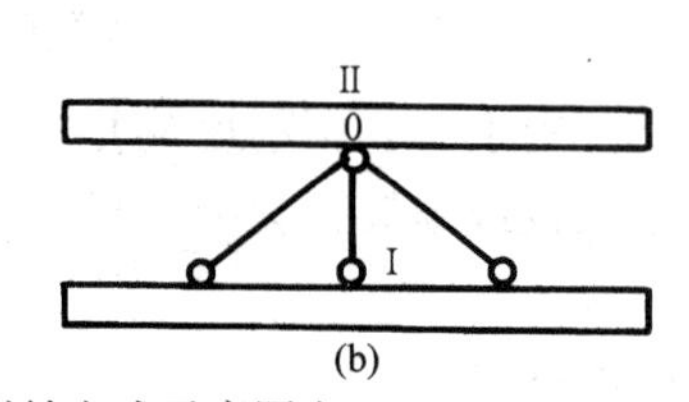

(b)

图 2-10 瞬变体系与可变体系联结方式示意图之二

图 2-11（a）所示两刚片用三根互相平行但不等长的链杆相联。与图 2-10（a）相较，相当于刚片Ⅰ、Ⅱ的相对转动瞬心在无穷远处，故两刚片能发生相对移动。但当出现一微小的相对移动后，此三根链杆不再互相平行，也不会全交于一点，故此体系也是瞬变体系。特殊情况下，若三链杆平行且等长（图 2-11（b））时，则当两刚片发生一相对位移后，此三链杆仍旧互相平行，位移可继续发生，此时体系为几何可变体系。

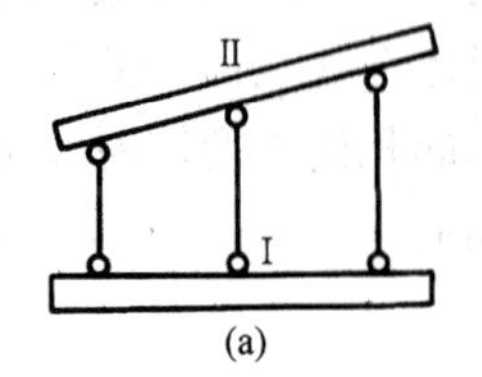

(a)

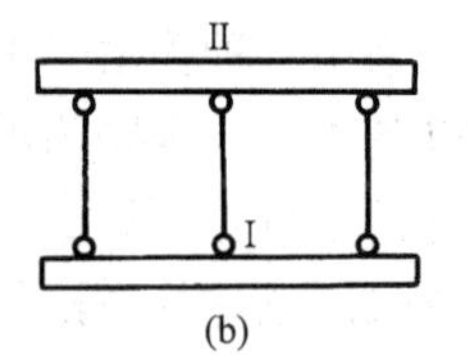

(b)

图 2-11 瞬变体系与可变体系联结方式示意图之三

2.4 几何组成分析的方法、步骤和举例

进行体系的几何组成分析，就是用上节所得基本规则来检验体系是否几何不变。在进行分析时，一般先考察体系的计算自由度。如果 $W>0$，已表明体系是几何可变的，当然不再需要进行组成分析。如果 $W\leqslant 0$，只表示体系可能是几何不变的，尚需进一步作组成分析。

作组成分析的一般要领是：先将能直接观察出的几何不变部分当做刚片。并尽可能扩大其范围，这样可简化体系的组成，暴露出分析的重点，便于运用基本规则考察这些刚片间的联结情况，做出结论。对于较简单的体系，常可略去求计算自由度以检查约束数目是否足够的工作，直接进行几何组成分析。

下面提出一些作组成分析时行之有效的方法，可视具体情况适当地予以运用。

(1) 当体系中有明显的二元体时，可先去掉二元体，再对余下的部分进行组成分析。如图 2-12 (a) 所示体系，我们自节点 A 开始，按 $A\rightarrow B\rightarrow C\rightarrow D$ 的次序，依次撤掉汇交于各节点的二元体，余下的部分（图 2-12 (b)）便较易分析。得知该体系为一几何可变体系。

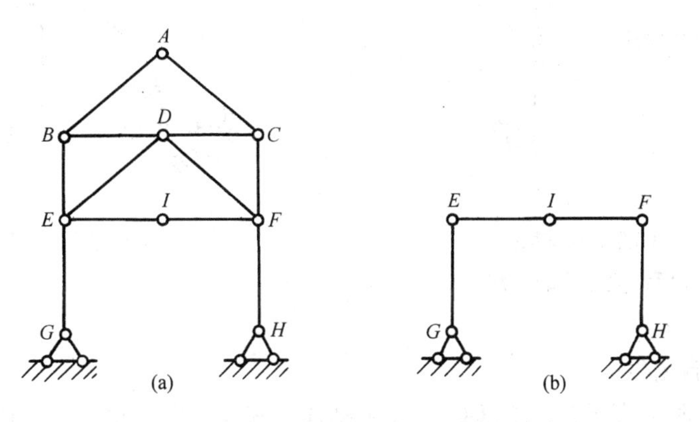

图 2-12　去掉二元体再作几何组成分析的方式

(2) 当体系的基础以上部分与基础间以三根支座链杆按规则二相联结时，可以先撤去这些支杆，只就上部体系进行几何组成分析，所得结果即代表整个体系的性质，如图 2-13 (a) 中的体系便可以除去基础和三根支杆，只考察图 2-13 (b) 所示部分即可。而对此部分来说，自节点 A（或节点 H）开始，按照上段所述方法，依次去掉二元体，最后便只余一根杆件。由此可知，图 2-13 (a) 中原整个体系是几何不变的，且无多余约束。

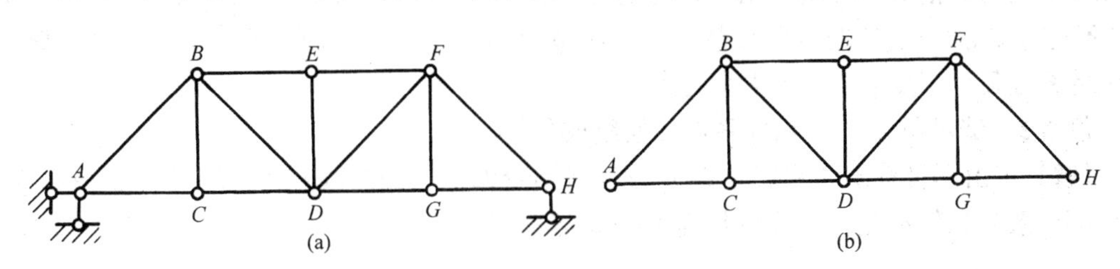

图 2-13　去掉与基础的联结再作几何组成分析的方式

(3) 当体系的支座链杆多于三根时，则必须把基础也看做一个刚片，将它与体系上部的其他刚片联合起来，共同考虑，运用基本组成规则考察它们之间的联结情况。如图 2-14 中所示体系的下部共有四根支座链杆，分析其组成时，将基础视做刚片后，再结合 *ACE* 和 *EDB* 折杆共有三个刚片。因它们之间的三个联结铰不在一直线上，由规则三可知 *AEB* 部分为几何不变的，且无多余约束。再分析上部，得出体系为几何不变，且无多余约束的体系。

(4) 凡是只以两个铰与外界相联的刚片，不论其形状如何，从几何组成分析的角度看，都可看做通过铰心的链杆。如：在图 2-14 所示体系中，已知 *AEB* 部分为一几何不变且无多余约束的刚片。*HFGI* 部分也易知为一本身无多余约束的刚片。如上所述，在将 *IKD* 折杆看做链杆 *ID*（如图 2-14 中虚线所示）后，上述两刚片间，便有不平行且不全交于一点的 *CF*、*EG* 及 *ID* 共三根链杆，按规则二，它们组成一几何不变，且无多余约束的体系。

例 2-1 试对图 2-15 所示体系作几何组成分析。

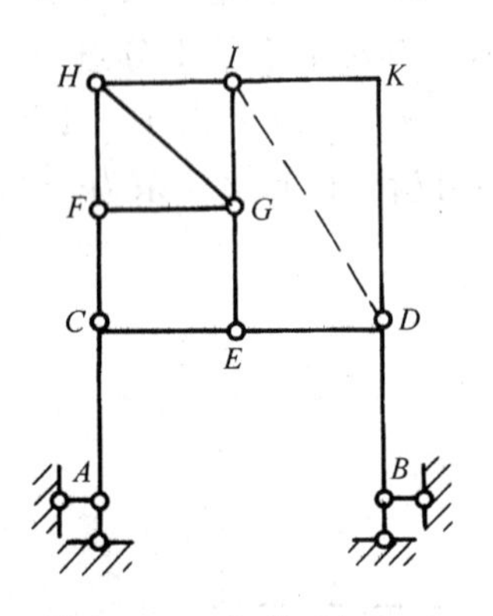

图 2-14 上部体系与基础一起作几何组成分析的方法

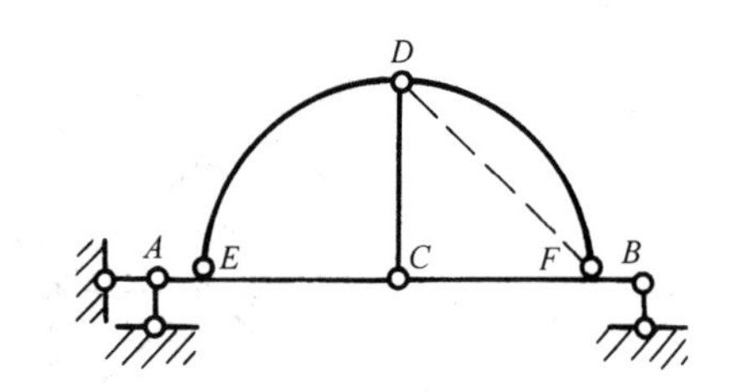

图 2-15 例 2-1 图

【解】

〈1〉求计算自由度

以 *AC*、*BC* 和汇交于 *D* 点的 *DC* 三杆为刚片，并注意区分单铰及复铰。因 $m=5$，$n=6$，$c=0$，$c_0=3$，按式（2-1）得

$$W=3\times5-2\times6-3=0$$

〈2〉几何组成分析

因上部体系与基础用三根不平行，也不全交于一点的支座链杆联结，故可撤去支座约束只研究上部体系本身的几何组成。上部体系中 *AC*、*CD* 及 *DE* 三刚片用不共线的三铰相联，是几何不变的。把 *BC* 看做一刚片，与前述几何不变的部分用铰 *C* 及链杆 *DF* 相联（链杆 *DF* 不通过铰 *C*），这样按规则二整个上部体系构成一几何不变的刚片。由此可知，图 2-15 所示体系是几何不变的，且无多余约束。

例 2-2 试对图 2-16 所示体系作几何组成分析。

【解】 由图可看出两阴影线部分为几何不变的，它们之间用 1、2、3 三根链杆相联，故上部体系为几何不变。然后与基础用一铰与一链杆相联成为几何不变且无多余约束的体系。

例 2-3 试对图 2-17 所示的体系作几何组成分析。

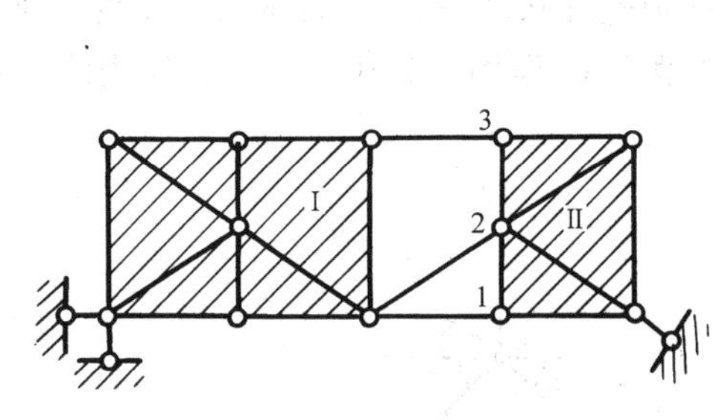

图 2-16　例 2-2 图

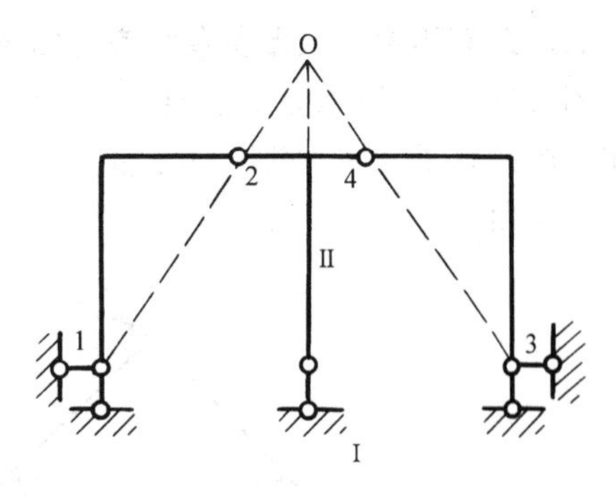

图 2-17　例 2-3 图

【解】　因基础与上部体系间的支座链杆多于三个，故将基础作为刚片Ⅰ，与上部的刚片Ⅱ联合起来共同考虑。折杆 1-2 及折杆 3-4 看做链杆后，Ⅰ、Ⅱ两刚片间有三根链杆相联结。但三杆延长线交于一点 0，故体系是瞬变的。

例 2-4　试对图 2-18 所示体系作几何组成分析。

【解】　因体系有七根支座链杆，故必须将基础看做一刚片。在其上依次增添二元体 *JHK*、*JGH* 和 *HIK*，此刚片的范围便扩大到 *G*、*H*、*I* 节点。而后，通过铰 *A* 和链杆 *HC* 又可将刚片范围进一步扩大到 *ABC* 杆。最后，再用铰 *C* 和 *E* 处链杆便把 *CDE* 杆也纳入上述大刚片之中了。这时，在节点 *G* 与 *B*、*I* 与 *D* 间各还有一根链杆相联，可见 *GB* 和 *ID* 两链杆是多余约束。由此可得结论：图 2-18 所示为一具有两个多余约束的几何不变体系。

2.5　体系的几何组成与静定性的关系

实际工程中的结构，必须在任意荷载下能够维持平衡，也即其反力、内力应能满足相应隔离体的平衡条件，但从静定性的角度来看，它们可分为两类，即：只依靠静力平衡条件能完全确定其反力和内力的静定结构和只利用平衡条件无惟一解的超静定结构。

体系的静定性与其几何组成有密切关系，以下依次分析具有各种几何组成的体系，为判断静定性找出几何组成方面的特征。

一、几何可变体系

图 2-19 所示体系为一几何可变体系，设在节点 2 处受一水平荷载 *P*。此时，用静力平衡条件求解，显然不可能。因为根据节点 3 的平衡条件，杆 2-3 的内力为零，而根据节点 2 的平衡条件，杆 2-3 的内力为 $-P$，所得结果是矛盾的。这是因为体系为几何可变，在受力方向可以自由运动，体系并不能维持平衡。因此几何可变体系没有满足静力平衡条件的解答。

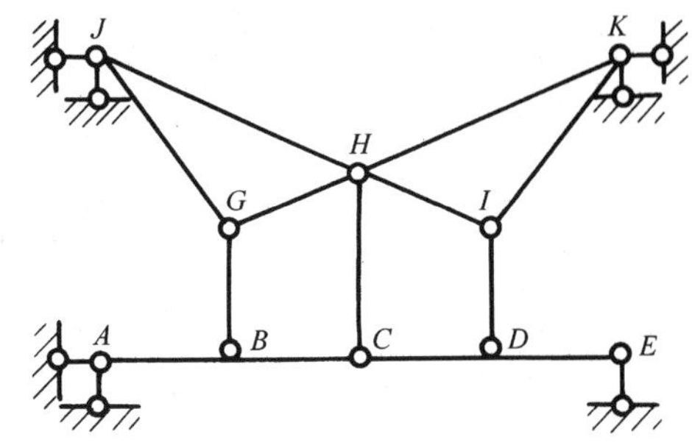

图 2-18　例 2-4 图

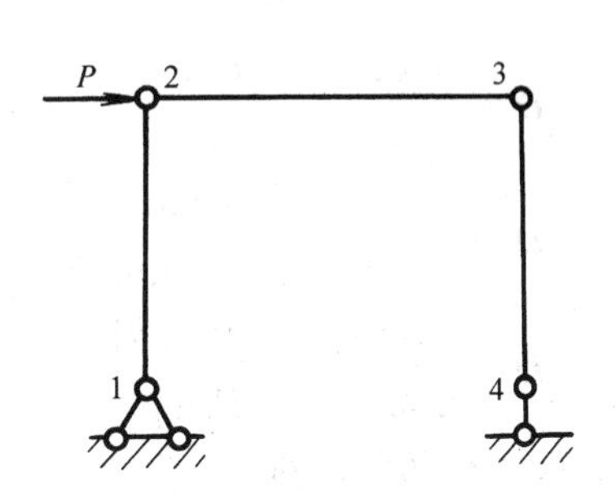

图 2-19　几何可变体系

二、几何不变，且无多余约束的体系

图 2-20（a）所示为从基础出发，用不共线的两根链杆联结一点 C 的体系。按照规则一可知，此体系是几何不变，且无多余约束的，设在节点 C 作用一集中力 P，其作用线与水平线成夹角 β。

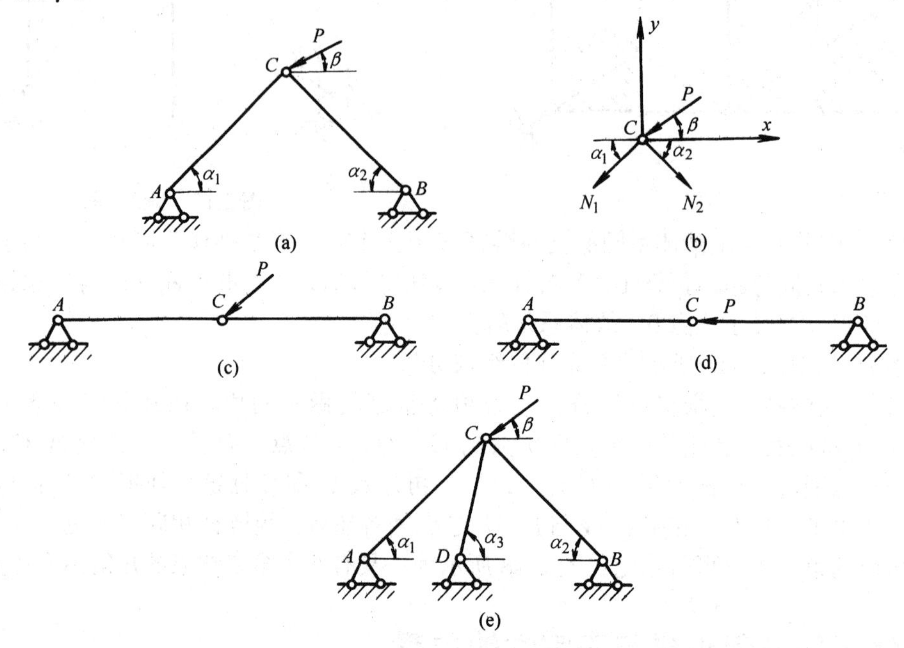

图 2-20　几何组成与静定性解答分析图

根据节点 C 的两个平衡条件，参看图 2-20（b）可列出

$$\sum X=0$$

$$-N_1\cos\alpha_1+N_2\cos\alpha_2-P\cos\beta=0 \tag{a}$$

$$\sum Y=0$$

$$-(N_1\sin\alpha_1+N_2\sin\alpha_2+P\sin\beta)=0 \tag{b}$$

式中 N_1、N_2 分别为 AC 和 BC 杆的轴力。解此联立方程，得出

$$N_1=\frac{\boldsymbol{D}_1}{\boldsymbol{D}}$$

$$N_2=\frac{\boldsymbol{D}_2}{\boldsymbol{D}} \tag{c}$$

其中

$$\boldsymbol{D}=\begin{vmatrix}\cos\alpha_1 & -\cos\alpha_2\\ \sin\alpha_1 & \sin\alpha_2\end{vmatrix} \tag{d}$$

$$\boldsymbol{D}_1=\begin{vmatrix}-P\cos\beta & -\cos\alpha_2\\ -P\sin\beta & \sin\alpha_2\end{vmatrix} \tag{e}$$

$$\boldsymbol{D}_2=\begin{vmatrix}\cos\alpha_1 & -P\cos\beta\\ \sin\alpha_1 & -P\sin\beta\end{vmatrix} \tag{f}$$

展开式（d）右端的行列式，得

$$\boldsymbol{D}=\cos\alpha_1\sin\alpha_2+\cos\alpha_2\sin\alpha_1=\sin(\alpha_1+\alpha_2) \tag{g}$$

由于二链杆不共线，即

$$\alpha_1+\alpha_2\neq n\pi$$

其中 $n=0$，±1。由此可知 $\boldsymbol{D}\neq0$，故方程（c）有惟一解。这就说明几何不变，且无多余约束的体系是静定的。

三、几何瞬变体系

在图 2-20（a）中，当 $\alpha_1=\alpha_2=0$ 时，三铰位于一条直线上，得到一瞬变体系。此时，由（g）式可知：$\boldsymbol{D}=0$；但 N_1、N_2 值视 β 角的变化而有不同情况。

一般情况：如图 2-20（c）所示，此时 $\beta\neq0$，由式（e）及式（f）看出 $\boldsymbol{D}_1\neq0$，$\boldsymbol{D}_2\neq0$。但因 $\boldsymbol{D}=0$。由（c）式便有 $N_1=\infty$，$N_2=\infty$。这说明一般情况下，两链杆的内力将为无穷大，故瞬变体系不可在工程中应用，而且接近于瞬变的体系，也应避免采用。

特殊情况：设 $\beta=0$，如图 2-20（d）所示，此时 $\boldsymbol{D}_1=\boldsymbol{D}_2=0$。由式（c）得出 $N_1=\dfrac{0}{0}$，$N_2=\dfrac{0}{0}$。这意味着在特殊荷载下，N_1、N_2 为不定值。

四、几何不变，但有多余约束的体系

设在图 2-20（a）中又加入一根链杆，如图 2-20（e）所示，便得到一几何不变，但有多余约束的体系。在荷载 P 作用下，体系共有三个未知力 N_1、N_2、N_3（分别代表 AC、BC 及 DC 杆轴力）；但以节点 C 为隔离体，只能列出两个独立的平衡条件，故解答有无穷多组。也就是说，只用静力平衡条件不能得到体系内力的惟一解，体系为超静定的。

总括以上，可得以下结论。

静定和超静定结构的几何组成特征分别为：静定结构是无多余约束的几何不变体系，而超静定结构则是有多余约束的几何不变体系。

思 考 题

（1）平面体系的计算自由度为零、或小于零，为什么是体系几何不变的必要条件，而非充分条件？

（2）瞬变体系与几何不变体系有何不同，为什么不能用它作为结构？

（3）体系的几何组成与静定性的关系是什么？

（4）图 2-21 所示体系，变化 AB、AC 的长度，使铰 A 在竖直线上移动。如体系为几何不变时，h 为何值？若体系为瞬变时，h 又等于多少？

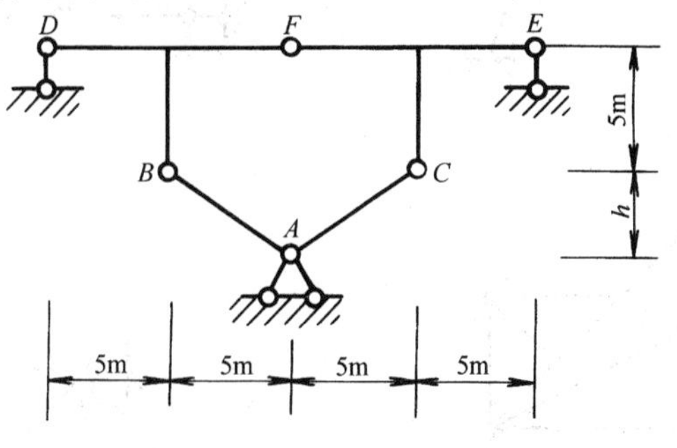

图 2-21　思考题（4）图

（5）按规则三分析体系的几何不变性时，出现一个、二个或三个虚铰的情况，试分析其如何成为几何不变、几何瞬变甚至为几何可变？

习　　题

2.1～2.12　试对图示体系作几何组成分析。

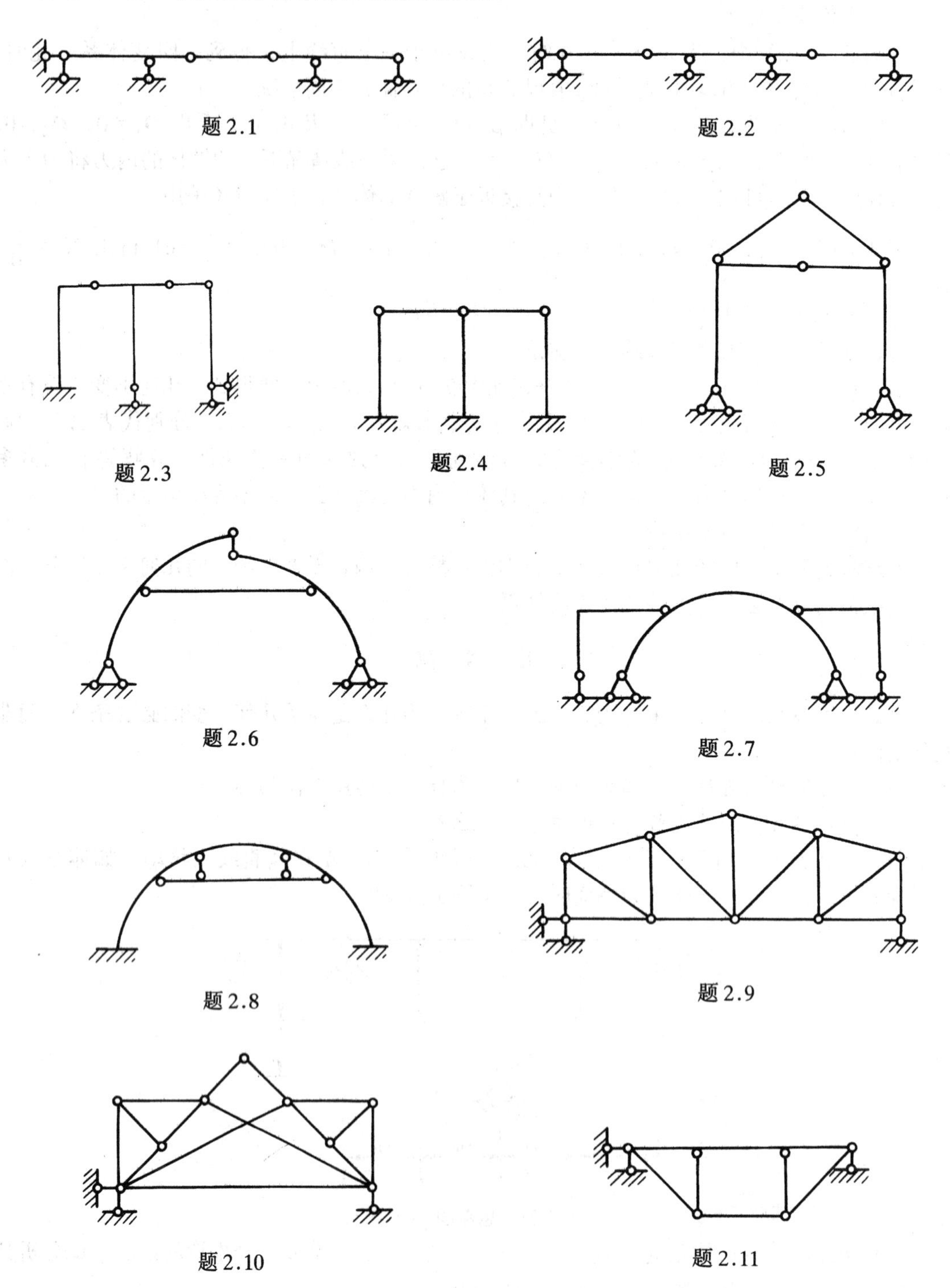

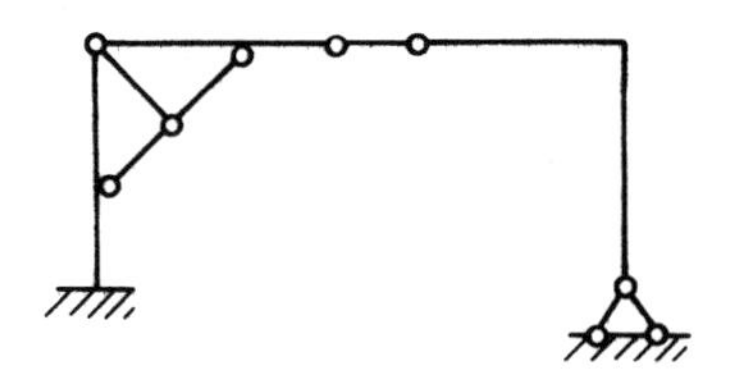

题 2.12

2.13～2.18　试确定图示铰接体系的计算自由度，并作几何组成分析。

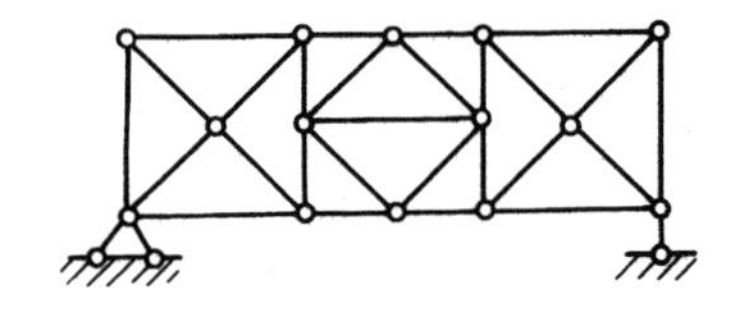

题 2.13

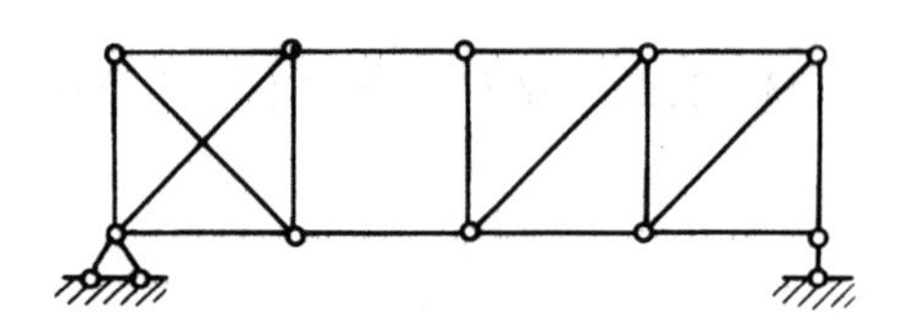

题 2.14

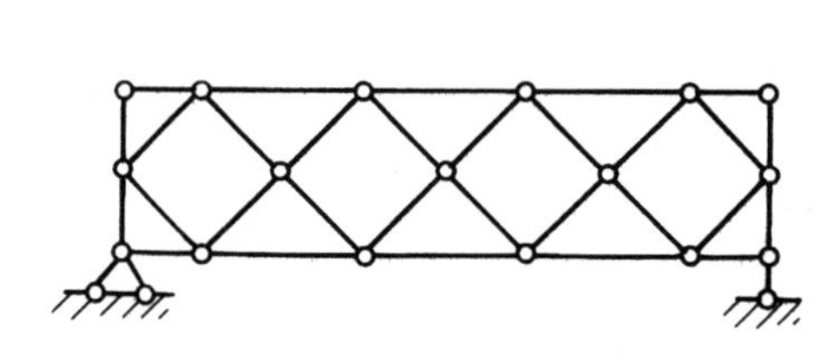

题 2.15

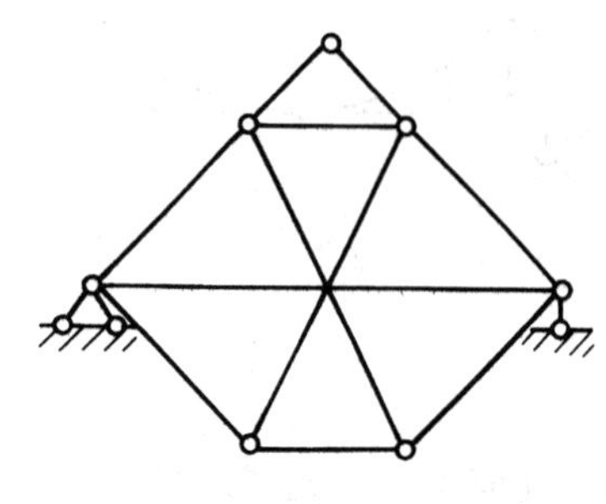

题 2.16

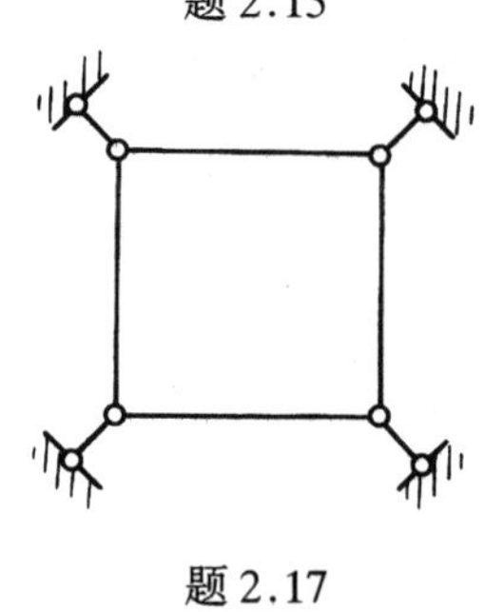

题 2.17

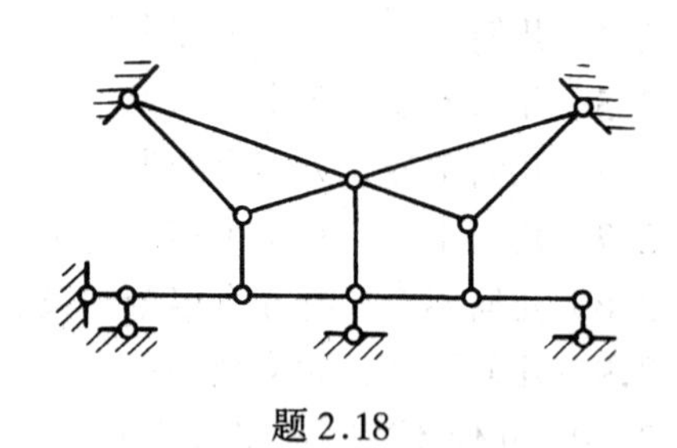

题 2.18

2.19～2.22　判断下面各题所示体系的多余约束数目，并作几何组成分析。

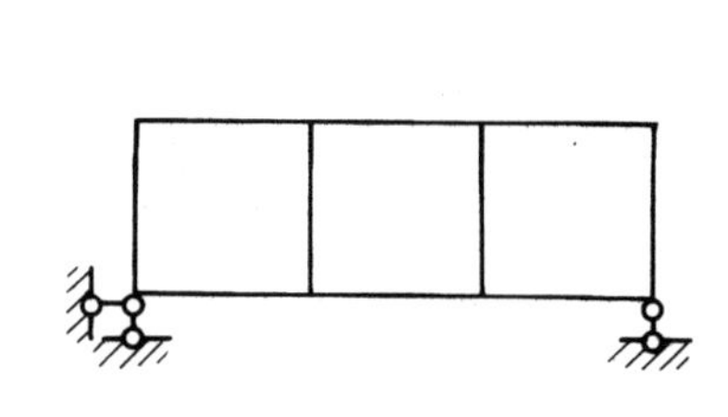

题 2.19

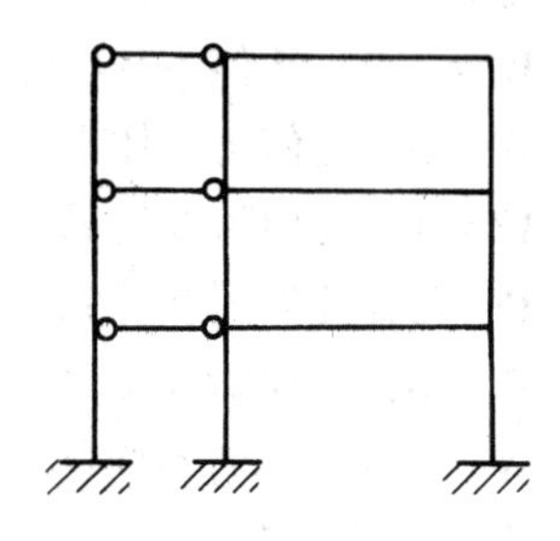

题 2.20

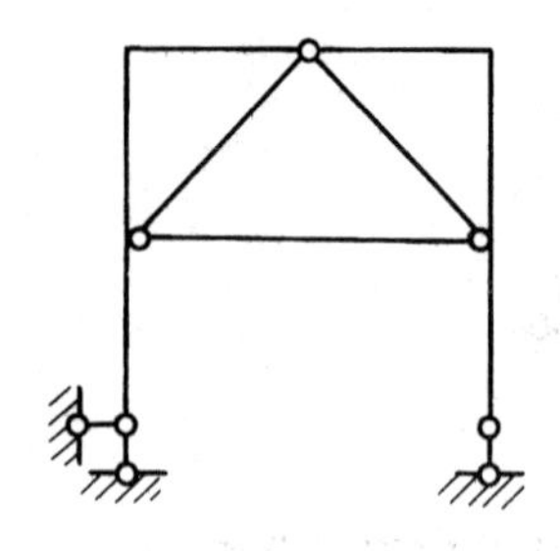

题 2.21

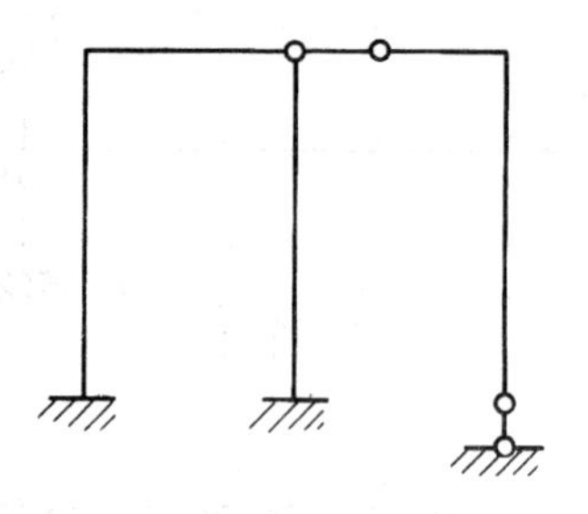

题 2.22

2.23~2.24　试对下图所示的体系作几何组成分析。

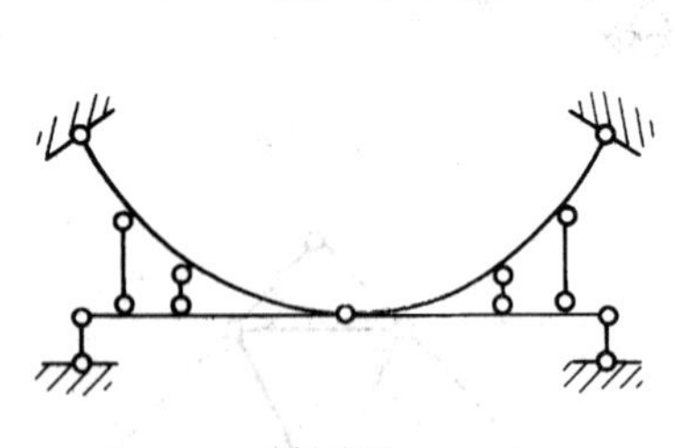

题 2.23

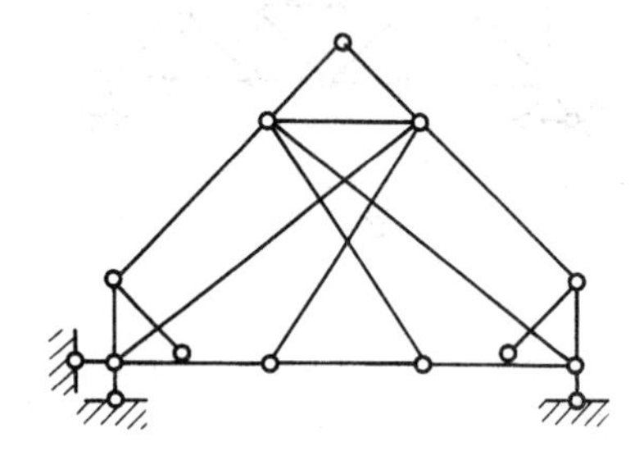

题 2.24

习 题 答 案

2.1　几何不变，无多余约束。

2.2　几何不变，无多余约束。

2.3　几何不变，无多余约束。

2.4　几何不变，有 2 个多余约束。

2.5　几何不变，无多余约束。

2.6　几何不变，无多余约束。

2.7　几何不变，有 1 个多余约束。

2.8　几何不变，有 6 个多余约束。

2.9　几何不变，无多余约束。

2.10　几何不变，无多余约束。

2.11　几何不变，有 1 个多余约束。

2.12　几何不变，无多余约束。

2.13　$W=-2$，几何不变体系。

2.14　$W=0$，几何可变体系。

2.15　$W=1$，几何可变体系。

2.16　$W=0$，几何瞬变体系。

2.17　$W=0$，几何瞬变体系。

2.18　$W=-1$，几何不变体系。

2.19　几何不变，有 9 个多余约束。

2.20　几何不变，有 12 个多余约束。

2.21　几何不变，有 2 个多余约束。
2.22　几何可变，有 1 个多余约束。
2.23　几何不变，有 4 个多余约束。
2.24　几何不变，有 1 个多余约束。

第 3 章　静定梁、静定平面刚架和三铰拱的计算

3.1　概　述

静定结构指结构的约束反力及内力完全可由静平衡条件惟一地确定的结构。图 3-1（a）～（e）中示出了静定结构的各种类型，按顺序分别为：多跨静定梁，静定刚架，三铰拱，静定桁架及静定组合结构。

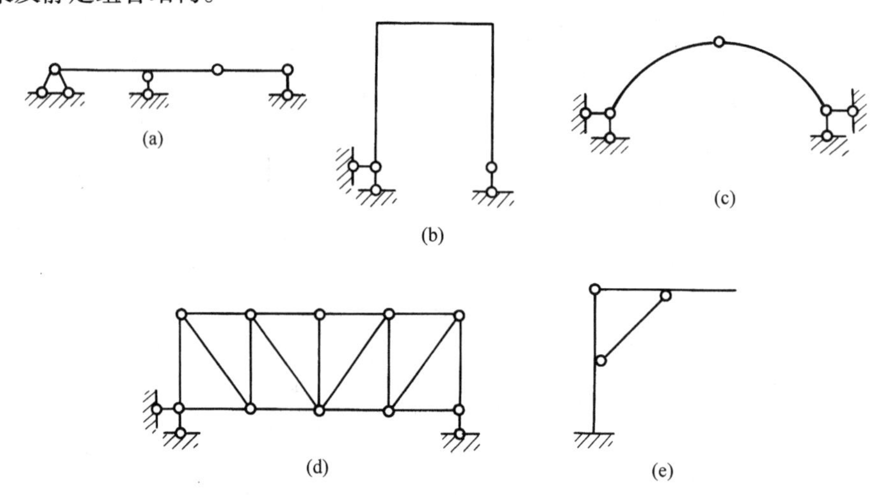

图 3-1　静定结构几种类型的计算图

静定结构在实际工程中应用很广，如多跨静定梁可用作檩条，桁架及三铰拱可用作桥梁或屋盖支承体系的结构形式等等。静定结构内力的计算乃是结构位移和超静定结构内力计算的基础。因此，熟练地掌握静定结构内力的计算方法，深入地了解各种结构的力学性能在结构力学的全部学习过程中是至关重要的。

静定结构内力分析的方法是适当地选取隔离体、正确地运用平衡条件计算约束反力及内力。静定杆件结构是由若干个本身无多余约束的杆件，按上章所讲基本组成规则，通过施加适当约束联结而成。因此，若能计算出杆件之间和杆件与基础间联结处的作用力——统称为约束力，便可用材料力学的方法计算各杆件的内力。可以说分析结构内力的一个关键问题便是求解约束力。

例如，图 3-2（a）所示为一多跨静定梁。AB、BC、CD 三根梁用两个单铰联结，此二铰相当于 4 个约束；梁与地基用 5 根链杆相联，为 5 个约束。因此，整个结构共有 9 个约束力，如图 3-2（b）所示。另一方面，分别以各梁为隔离体，共可列出 9 个独立的平衡方程，故 9 个约束力全部可以解出，约束力求得后，各杆内力可用截面法计算。当然，如何选取隔离体及运用平衡条件使计算简便是一个重要问题，在后面各章、节中将详细讨论。

本章先简略地复习一下单根杆（包括折梁、斜梁、曲梁）的受力分析，然后按多跨静定

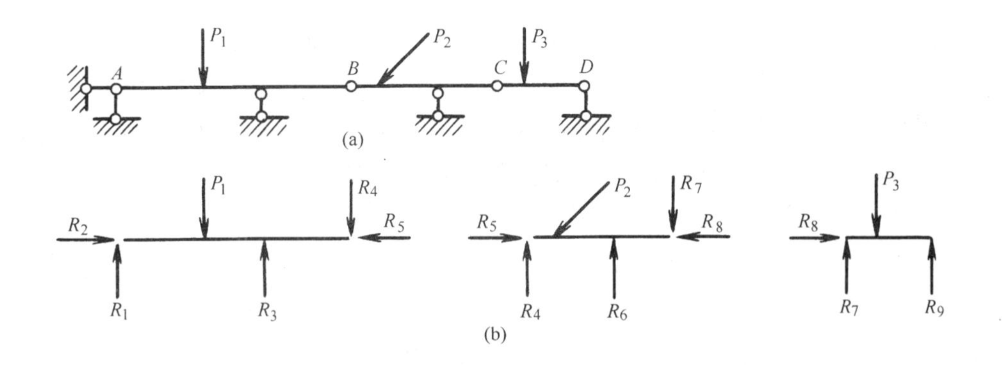

图 3-2 多跨静定梁及约束反力示意图

梁、静定刚架、三铰拱、桁架、组合结构的次序依次说明这几种结构受力性能及支座反力和内力的计算方法。

3.2 静定梁的受力分析

多跨静定梁、静定平面刚架都是由单根梁（包括直梁、斜梁、折梁）加入约束后组成的。其受力分析一般包括：计算约束力，计算内力，绘制单根梁的内力图及合并为整个结构的内力图等几项内容。本节将对单根梁的内力分析加以复习，进而介绍多跨静定梁及静定平面刚架的计算方法。

一、单跨静定梁

单跨静定梁有简支梁、外伸梁、悬臂梁等形式，如图 3-3 所示。在荷载作用下，梁的支座处产生反力；而梁的任一截面上，一般将产生弯矩 M、剪力 Q 和轴力 N 三个内力分量。

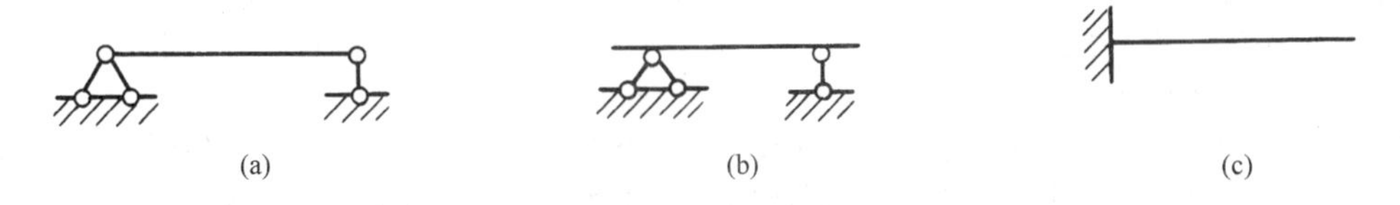

图 3-3 单跨静定梁

（a）简支梁 （b）外伸梁 （c）悬臂梁

1. 梁反力和内力的计算方法

以整个梁为隔离体，利用静力平衡条件可求出支座反力。计算梁内力的基本方法是截面法。即将梁沿拟求内力的截面切开，取截面任一侧的部分为隔离体，隔离体在外力（荷载和支座反力）和切割面内力（M、Q、N，对隔离体而言，已转化为外力）的作用下，处于平衡状态，利用静力平衡方程可求得三个内力分量。由以上求解方法可得出内力的计算法则如下。

（1）梁内某截面上的轴力，在数值上等于该截面任一侧所有外力沿梁轴切线方向所作投影的代数和。轴力通常以拉力为正，压力为负。

（2）梁内某截面上的剪力，在数值上等于该截面任一侧所有外力沿梁轴法线方向所作投影的代数和，剪力以使该载面所在的隔离体有顺时针转动趋势时为正，反之为负。

（3）梁内某截面上的弯矩，在数值上等于该截面任一侧所有外力对该截面形心的力矩的代数和。在作弯矩图时，通常规定图形画在梁受拉纤维的一边，而不标注正负号。

由于集中荷载作用处，截面两侧的某些内力分量会产生突变，为了使内力的符号不致出现混淆，我们在内力符号的右下方用两个下标标明内力所属的区段；其中第一个下标表示某内力所在的区段中，产生该内力的端截面，第二个下标表示同一区段的另一端。以弯矩为例，我们以 M_{AB} 和 M_{BA} 分别表示区段 AB 的 A 端和 B 端的弯矩。

例 3-1 计算图 3-4 所示外伸梁的反力及 C 截面处的轴力、剪力、弯矩。

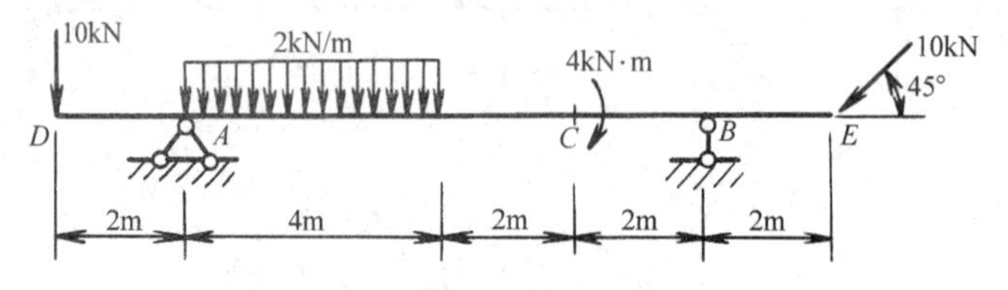

图 3-4 例 3-1 图

【解】

〈1〉计算反力

以梁整体为隔离体，荷载与反力构成平面一般力系，利用三个平衡条件可得

$$\sum X=0, H_A=10\times\cos45°=7.07\ (\mathrm{kN})(\rightarrow)$$

$$\sum M_B=0, V_A=\frac{1}{8}(10\times10+2\times4\times6-4-10\times\sin45°\times2)$$
$$=16.23(\mathrm{kN})(\uparrow)$$

$$\sum M_A=0, V_B=\frac{1}{8}(10\times\sin45°\times10+4+2\times4\times2-10\times2)$$
$$=8.84(\mathrm{kN})(\uparrow)$$

利用 $\sum Y=0$ 进行校核

$$10+2\times4+10\times0.707-16.23-8.84=0$$

说明反力计算正确。

〈2〉计算轴力 N_{CA}、剪力 Q_{CA}

为了计算 N_{CA}、Q_{CA}，在 C 处用截面把梁分成两部分，如图 3-5 所示，其中未知内力按正方向标出，利用截面以左的部分为隔离体，按照上面计算内力的法则，得

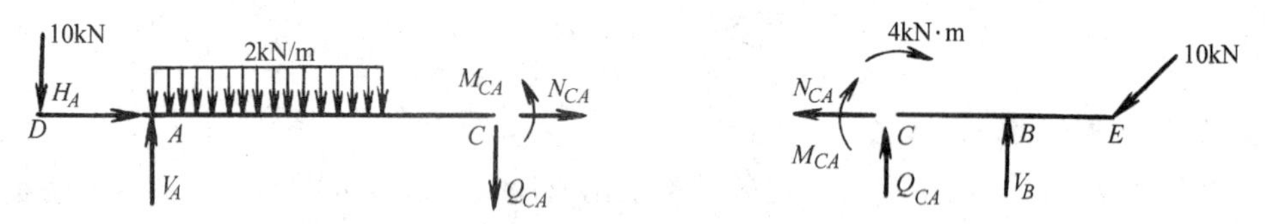

图 3-5 DC 段、CE 段隔离体受力图

$$N_{CA}=-H_A=-7.07\ (\mathrm{kN})$$

$$Q_{CA}=16.23-10-2\times4=-1.77\ (\mathrm{kN})$$

〈3〉计算弯矩 M_{CA}、M_{CB}

弯矩在 C 截面两侧有突变；需分别计算 M_{CA} 和 M_{CB}

$$M_{CA}=16.23\times6-10\times8-2\times4\times4=-14.62\ (\mathrm{kN\cdot m})$$

$$M_{CB}=-14.62+4=-10.6\ (\mathrm{kN\cdot m})$$

运用隔离体计算内力时要注意下列两点。

(1) 在梁中切出某一部分为隔离体时，一定要将此部分与外界的联系全部截断，并以相

应的约束力和切割面内力代替。在隔离体图上未知的力先按正方向标出，已知力则按实际方向标出，这样未知力计算后得到的正负号就是符合通常规定的正负号。

(2) 为了计算的简便，可选择截面以左或以右为隔离体。特别注意有集中力作用的截面，在该截面的左、右侧，剪力有突变。有集中力偶作用的截面，其左、右侧弯矩有突变，如 M_{CA} 与 M_{CB} 间弯矩有突变。因此，这种情况下应分别计算截面左、右侧的内力值。

2. 荷载与内力之间的微分关系

图 3-6 (a) 所示的简支梁，取 x 轴与梁轴重合，以向右为正，y 轴以向下为正。荷载垂直于杆轴并以向下为正。从梁内取出微段 dx 为隔离体，微段上的内力和荷载集度如图 3-6 (b) 所示。

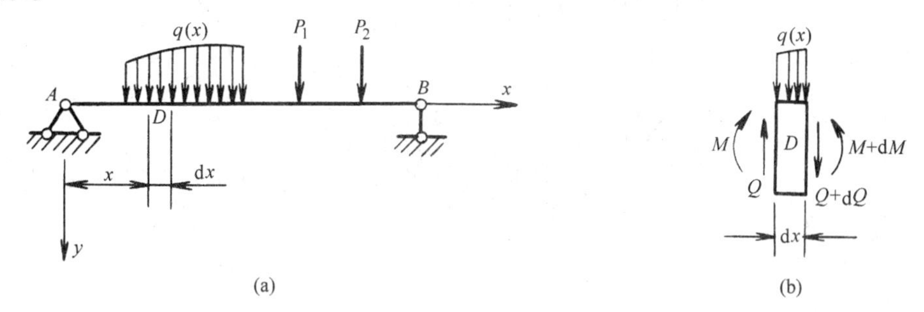

图 3-6　简支梁荷载及 dx 段隔离体图

由 $\sum Y=0$

由于荷载集度在 dx 微段上可视为常数，故可列出

$$Q-(Q+dQ)-q dx=0$$

得

$$\frac{dQ}{dX}=-q \tag{3-1}$$

设 D 点为微段的形心

由 $\sum M_D=0$

$$M-(M+dM)+Q\frac{dx}{2}+(Q+dQ)\frac{dx}{2}=0$$

略去高阶微量后得

$$\frac{dM}{dX}=Q \tag{3-2}$$

由式 (3-1)、式 (3-2) 可得

$$\frac{d^2M}{dX^2}=-q \tag{3-3}$$

式 (3-1) ～式 (3-3) 就是 M、Q、q 三者之间的微分关系。由微分关系可以看出：

(1) 梁上无荷载 ($q=0$) 的区段，Q 图为一水平直线，弯矩图为一斜直线；

(2) 梁上有均布荷载 (q 为常数) 区段，Q 图为斜直线，弯矩图为一抛物线；

(3) 集中力作用点的两侧，剪力有突变，其差值等于该集中力；在集中力作用点处弯矩图是连续的，但因两侧斜率不同，故在弯矩图上形成尖点；

(4) 集中力偶作用处，剪力无变化，但在集中力偶两侧弯矩有突变，其差值即为该力偶矩，在弯矩图中形成台阶，又因集中力偶作用两侧的剪力值相同，所以作用面两侧弯矩图的切线应互相平行。

例 3-2　图 3-7 (a) 示一简支梁，试绘在图示荷载和支座反力作用下的 M 及 Q 图。

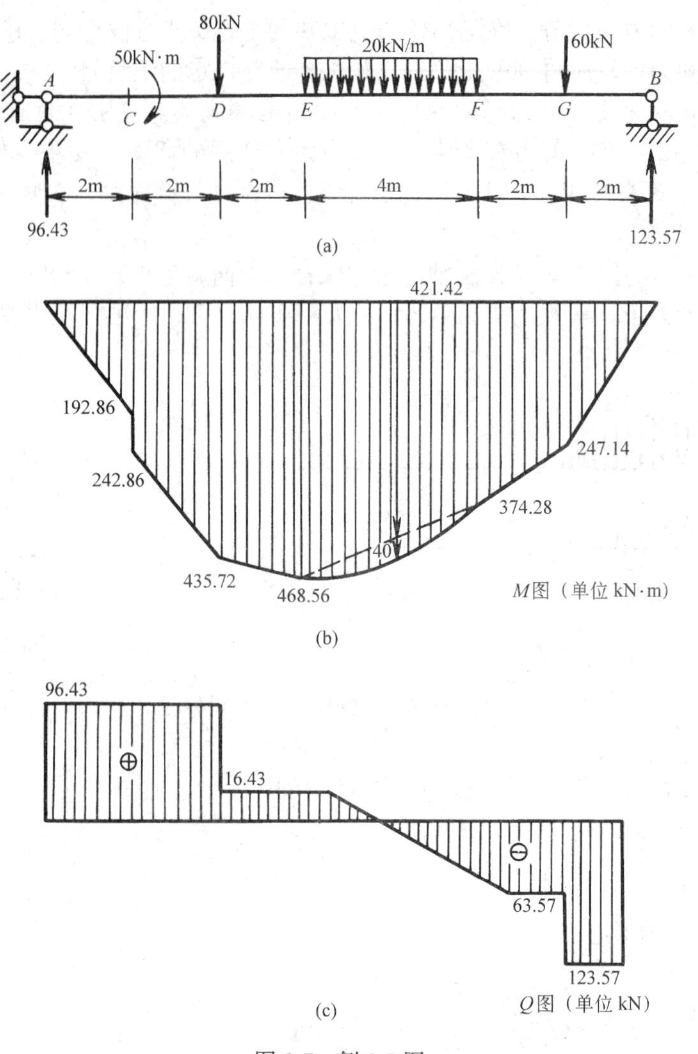

图 3-7 例 3-2 图

【解】 先由 M、Q 及 q 之间的微分关系考察 M、Q 图的变化规律，从而可定出控制截面。再根据前述求内力的方法，求出梁上控制截面（图 3-7（a）中 C、D、E、F、G 截面）的 M、Q 值，然后按照已知的变化规律做出控制点之间的 M、Q 图。下面具体说明本例的作法。

（1）AD 段梁上无分布荷载，从微分关系可知 Q 图为水平线，M 图为斜直线。由于 C 截面处有集中力偶作用，故 C 截面两侧 M 值有突变，即 $M_{CA}=192.86\ \text{kN}\cdot\text{m}$，$M_{CD}=192.86+50=242.86\ \text{kN}\cdot\text{m}$。在 AD 段 Q 图为水平线，可知 C 截面两侧的 M 图应为相互平行的两条斜直线。

（2）DE 间没有分布荷载，Q 图仍为水平线，M 图为斜直线。

（3）EF 段有均布荷载，Q 图为斜直线，M 图为二次抛物线，为确定此抛物线，除 EF 段两端控制截面的弯矩值外，尚须再计算一点（可取 EF 段中心）的弯矩值。

（4）同理可绘出 FG、GB 段的 M、Q 图。注意在集中力作用处，M 图有尖点，Q 图有突变。

在图 3-7（b）（c）中绘出了根据以上特点绘制的 M 与 Q 图。

3．用“拟简支梁区段叠加法”绘弯矩图

在梁或刚架某一区段两端的弯矩值已求得后，可把该区段看做一简支梁，此梁除承受该区段原有荷载外，在梁端还作用有端弯矩（可视为作用于梁端的力偶荷载）。根据叠加原理，梁的弯矩图可由梁端力偶荷载产生的弯矩图与原荷载产生的弯矩图叠加而成。由于简支梁在各种荷载作用下的弯矩图是我们所熟悉的，故用这一方法绘弯矩图是很方便的。下面具体说明这一方法的运用。

图3-8（a）表示简支梁其中一区段为 AB，在其上有均布荷载 q 作用，图3-8（b）为 AB 段的隔离体图，区段两端的端弯矩为 M_{AB}、M_{BA}，两端的剪力为 Q_{AB}、Q_{BA}。为了进行比拟，在图3-8（c）画出一与 AB 段同长度的简支梁，此梁承受荷载 q，两端作用的力偶 M_{AB}、M_{BA}，设此时梁的反力为 V_A、V_B，由以 AB 段为隔离体列出的静力平衡条件及通过对比可知 $Q_{AB}=V_A$，$Q_{BA}=-V_B$，可见图3-8（b）中区段 AB 与图3-8（c）中简支梁二者的内力分布完全一样。今分别做出简支梁在 M_{AB}、M_{BA} 及均布荷载 q 作用下的弯矩图如图3-8（d）及（e）所示。然后将这两个图形叠加（指弯矩图竖标的叠加），得原梁 AB 段的弯矩图如图3-8（f）所示。这种绘制弯矩图的方法称为拟简支梁区段叠加法。

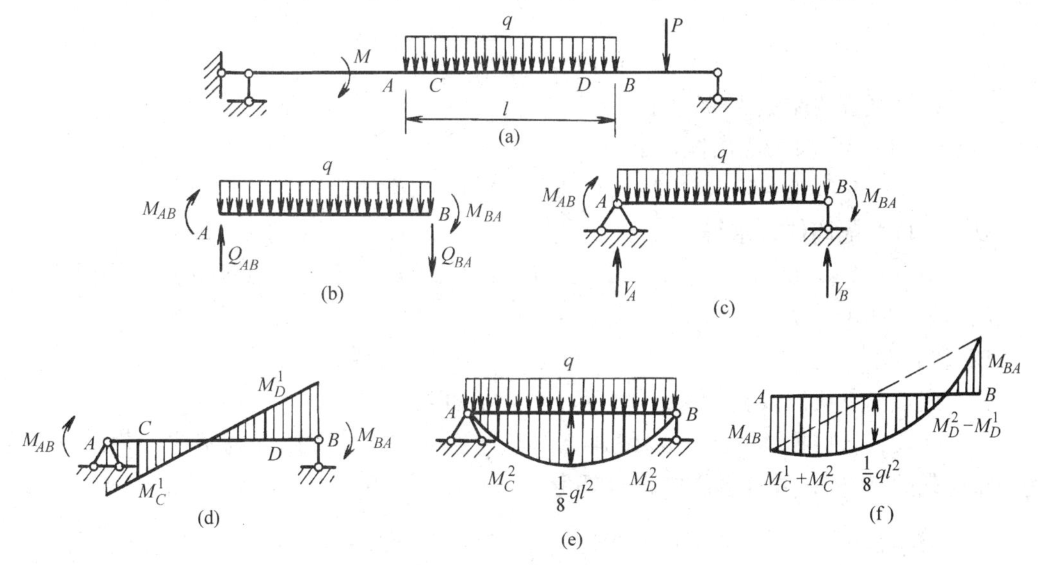

图3-8　拟简支梁区段叠加法绘 M 图

这一方法的作图步骤为：将区段两端力偶作用下画出的弯矩竖标连以虚直线，然后以此虚直线为基线，叠加以简支梁在荷载作用下的弯矩图，所得的图线与原水平基线之间所包含的图形，即为原梁该区段的弯矩图。

上述的拟简支梁区段叠加法可以明显示出一个图形较复杂的弯矩图是由哪几个简单图形所组成，为今后图乘法（见第5章）计算结构位移提供了许多方便。

例3-3　试作图3-9（a）所示结构的弯矩图。

【解】

〈1〉计算反力

以梁整体作为隔离体，求得反力

$$H_A=0,\ V_A=53.33\ \text{kN},\ V_B=106.67\ \text{kN}$$

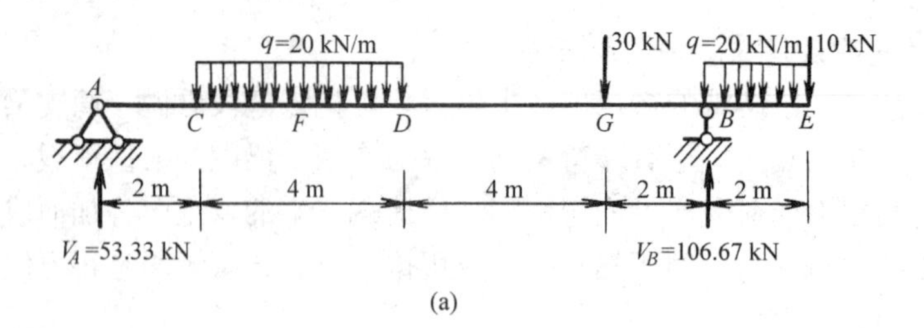

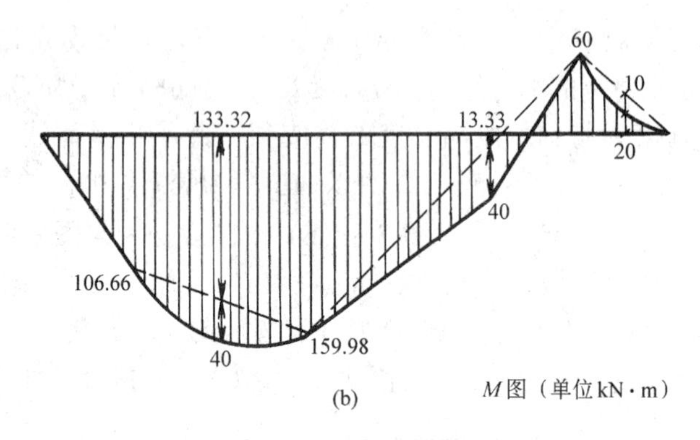

图 3-9　例 3-3 图

〈2〉计算区段两端点的弯矩值

CD 段：以 AC 段为隔离体，求得

$$M_{CD}=V_A\times2=53.44\times2=106.66\text{（kN·m）（下边受拉）}$$

以 AD 段为隔离体，求得

$$M_{DC}=V_A\times6-q\times2\times4=53.33\times6-20\times2\times4=159.98\text{（kN·m）（下边受拉）}$$

DB 段：$M_{DB}=M_{DC}$，$M_{BD}=M_{BE}$

BE 段：$M_{BE}=10\times2+20\times2\times1=60$（kN·m）（上边受拉）

〈3〉用拟简支梁区段叠加法绘制区段中的 M 图

在 CD 段，将根据 M_{CD}与 M_{DC}值建立的竖标连以虚直线，以此为基线，叠加以简支梁受均布荷载的 M 图，并计算出中点弯矩为

$$M_{CD中}=\frac{1}{2}(106.66+159.98)+\frac{1}{8}20\times4^2=173.32\text{（kN·m）}$$

对 DB 段采取同样叠加方法计算出 DB 段集中荷载作用处的 M 值为

$$M_G=13.33+40=53.3\text{（kN·m）}$$

在 BE 段可将 M_{BE}与 M_{EB}连以虚直线，然后叠加一个简支梁受分布荷载的弯矩图。

AC 段无外荷，将 $M_{AC}=0$ 与 $M_{CA}=106.66$ kN·m 两个竖标值相连即可。梁的弯矩图见图 3-9（b）。

4．斜梁的内力图

在土建、水利等工程中常遇到杆轴是倾斜的斜梁，如楼梯梁等。计算斜梁的内力时，需要注意分布荷载的集度是怎样给定的。在图 3-10（a）中荷载集度 q 是以沿水平线每单位长度内作用的力来表示，如楼梯上的人群荷载以及屋面斜梁上的雪荷载。图 3-10（b）中 q'是楼梯梁自重的集度，它代表的是沿斜梁轴线每单位长度内荷载的量值。为了计算的方便，将 q'折算成沿水平方向度量的集度 q_0。根据在同一微段范围内合力相等的原则求出 q_0，即

$$q_0 \mathrm{d}x = q' \mathrm{d}s \quad q_0 = \frac{q' \mathrm{d}s}{\mathrm{d}x} = q'/\cos\alpha$$

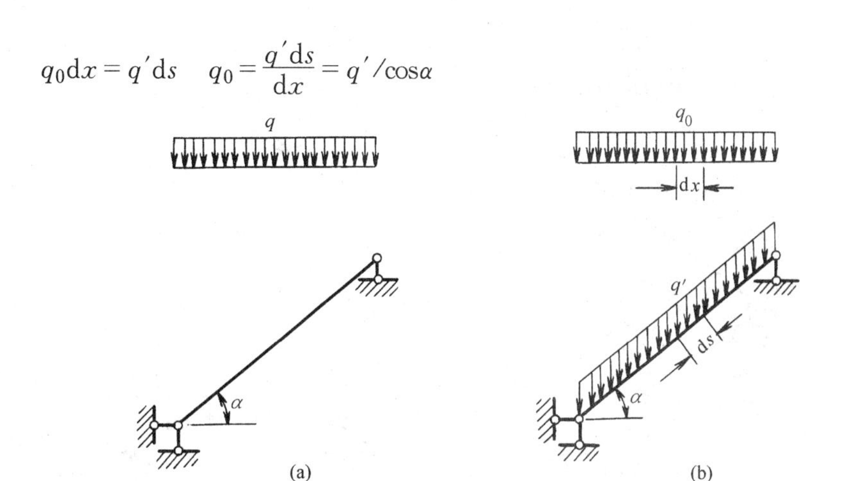

图 3-10　斜梁的两种分布荷载集度图

下面讨论斜梁内力的计算。

图 3-11（a）为一简支斜梁，图 3-11（d）与斜梁的水平跨度相同，荷载也相同的水平简支梁，用平衡条件求出它们的反力。

$$V_A = V_B = \frac{1}{2}ql \qquad H_A = 0$$

$$V_A^0 = V_B^0 = \frac{1}{2}ql \qquad H_A^0 = 0$$

可见在这种情况下，斜梁与水平梁的反力完全相同。

〈1〉弯矩的计算

斜梁与水平梁的跨中弯矩 M_C 均为$\frac{1}{8}ql^2$，并可推算这两种梁 x 值相同的各个截面的弯矩值相等。

〈2〉剪力和轴力的计算

斜梁的剪力垂直于杆轴，轴力顺沿杆轴，按图 3-11（c）所示的隔离体，得

$$\sum T = 0$$

$$Q_x = V_A\cos\alpha - qx\cos\alpha = (V_A - qx)\cos\alpha = Q_x^0\cos\alpha$$

$$\sum N = 0$$

$$N_x = -V_A\sin\alpha + qx\sin\alpha = -(V_A - qx)\sin\alpha = -Q_x^0\sin\alpha$$

Q_x^0 为水平简支梁的剪力。斜梁及水平梁的 M、Q、N 图分别如 3-11（b）及（e）所示。

例 3-4　作图 3-12（a）所示斜梁的弯矩图，剪力图与轴力图。

【解】

〈1〉计算反力　　$V_A = V_B = \frac{ql}{6}$，$H_A = 0$

〈2〉作内力图

M 图：　　$M_{CA} = V_A \times \frac{l}{3} = \frac{ql^2}{18}$

$$M_{DB} = V_B \times \frac{l}{3} = \frac{ql^2}{18}$$

CD 段梁上有分布荷载，仍可用拟简支梁区段叠加法绘 M 图。图 3-12（b）为 CD 段的

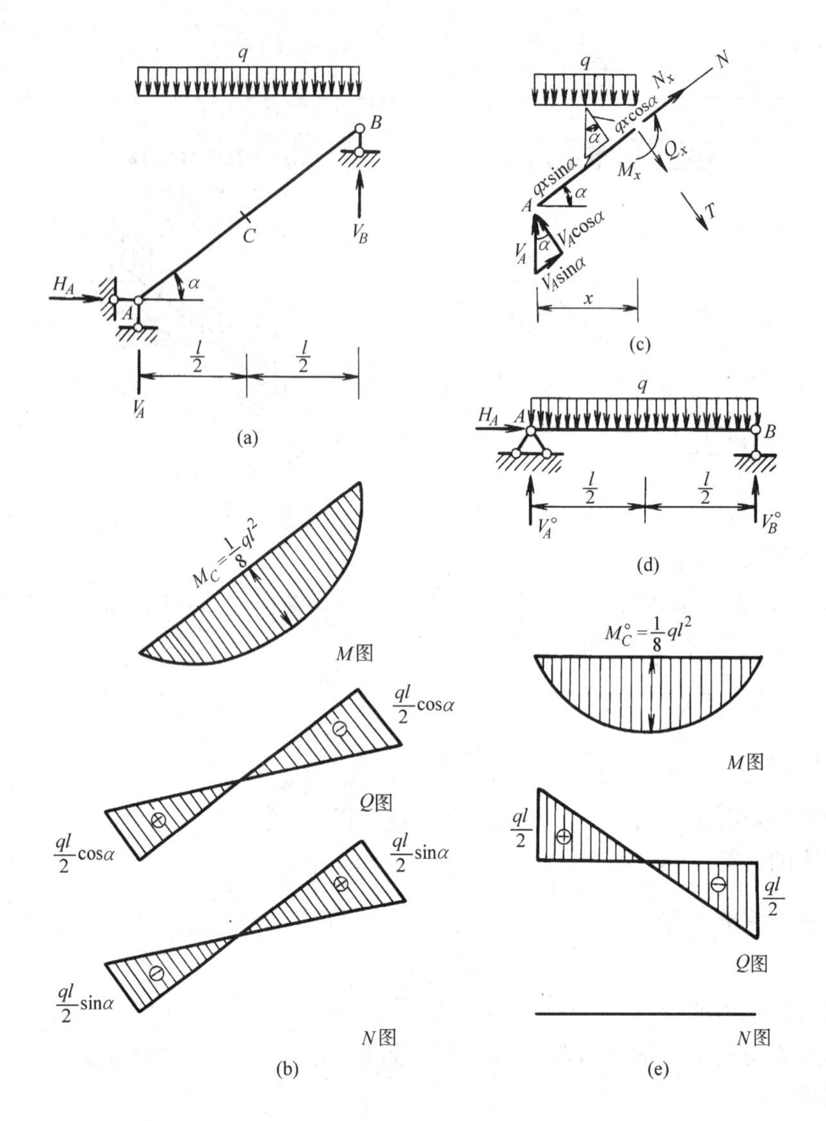

图 3-11 斜梁与水平梁的内力图

隔离体图，其受力状态与图 3-12（c）所示简支梁的受力状态完全相同，因而二者的弯矩图也完全相同。由于轴力 N_{CD}、N_{DC}不产生弯矩，斜梁 CD 部分的弯矩图即由两端弯矩所产生的直线弯矩图和由荷载所产生的抛物线弯矩图叠加而成，如图 3-12（c）所示。

Q 图：

$$Q_{CD}=V_A\cos\alpha=\frac{ql}{6}\cos\alpha$$

$$Q_{DC}=-V_B\cos\alpha=-\frac{ql}{6}\cos\alpha$$

AC 段、DB 段无外荷，因此 Q 图平行于杆轴，CD 区段有均布荷载 q 作用，故 Q 图为斜直线。

N 图：

$$N_{CD}=-V_A\sin\alpha=-\frac{ql}{6}\sin\alpha$$

$$N_{DC}=V_B\sin\alpha=\frac{ql}{6}\sin\alpha$$

在 AC 段轴力为 N_{CD}、在 DB 段轴力等于 N_{DC}，在 CD 段轴力图为斜直线。

M、Q、N 图表示在图 3-12（d）中。

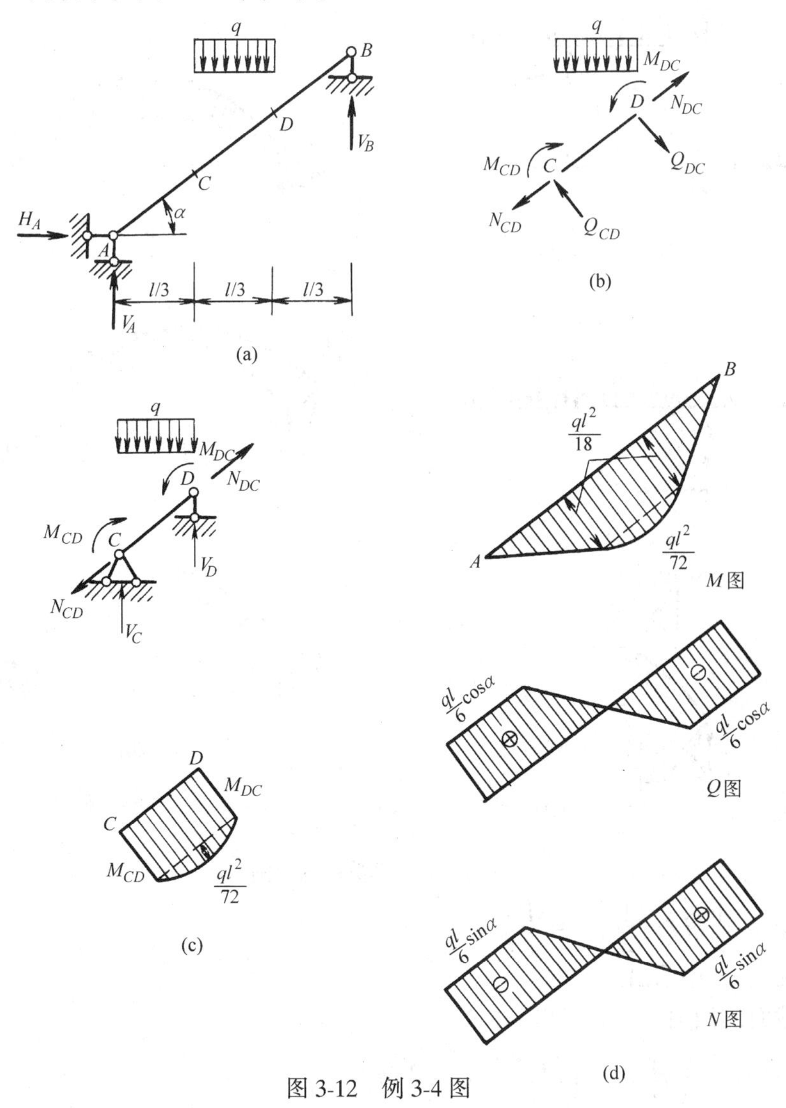

图 3-12　例 3-4 图

5. 曲梁的内力计算

简支曲梁（图 3-13（a））与简支斜梁相比，斜梁的倾角为一常数，曲梁每个截面的倾角随截面位置而变化。如果将斜梁剪力、轴力计算公式中的 α 角看做曲梁各个点拱轴切线与水平线之间的夹角，就可适用于求曲梁各截面的轴力和剪力。在设出坐标系，得到曲梁轴线方程 $y=f(x)$ 并求出导数$\frac{dy}{dx}$后，根据 $\tan\alpha=\frac{dy}{dx}$求出倾角 α，α 角的正负号规定应为：α 角在左半跨为正，右半跨为负。

例 3-5　绘出图 3-13（a）所示曲梁的内力图，设曲梁的轴线方程为 $y=\frac{4f}{l^2}x(l-x)$。

【解】　将图 3-13（a）所示曲梁及同跨度的简支水平梁图 3-13（b）相比较，二者的反力及相应截面（横坐标相同）的弯矩完全一样。

$$V_A=V_B=\frac{1}{2}ql,\ H_A=0$$

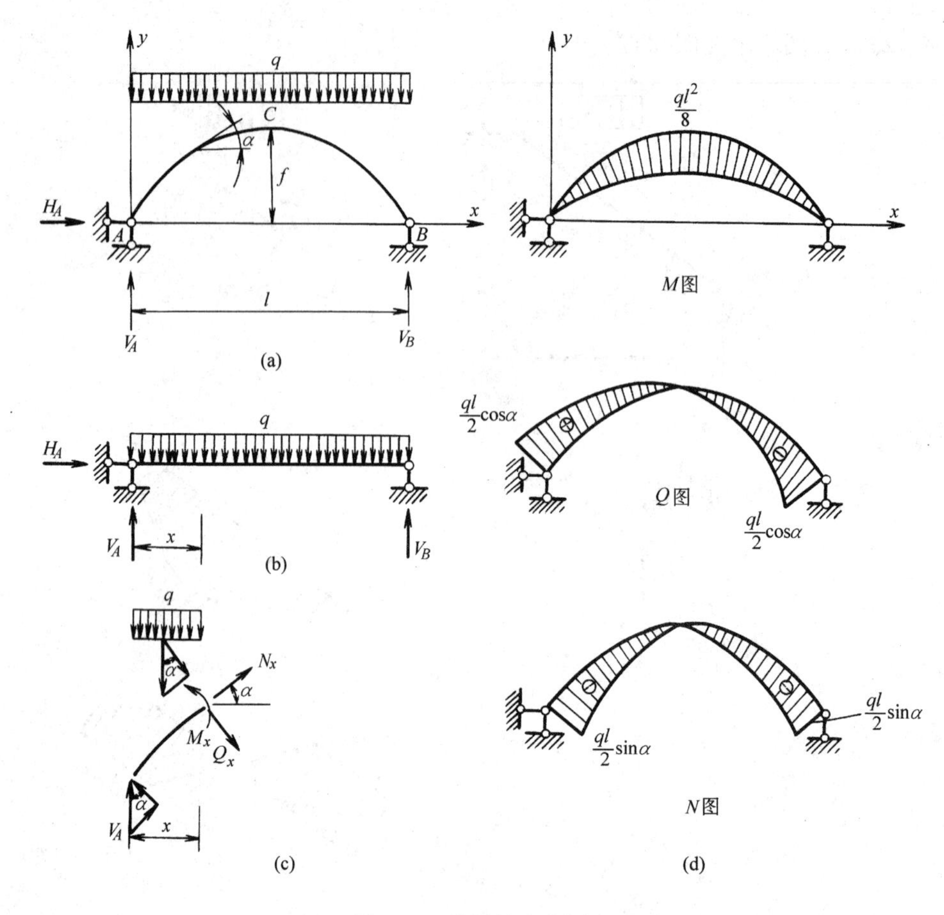

图 3-13　曲梁的内力图

$$M_x=\frac{1}{2}qlx-\frac{1}{2}qx^2=\frac{1}{2}qx\ (l-x)$$

由 3-13（c）中示出。

各个截面的倾角由下式得出

$$\alpha=\tan^{-1}\left(\frac{\mathrm{d}y}{\mathrm{d}x}\right)=\tan^{-1}\left[\frac{4f}{l^2}\ (l-2x)\right]$$

利用斜梁计算剪力、轴力的公式

$$Q_x=Q_x^0\cos\alpha$$

$$N_x=-Q_x^0\sin\alpha$$

Q_x^0 为简支梁相应截面的剪力。

例如在中点 C 处：$Q_C=Q_C^0\cos\alpha=0$，$N_C=Q_C^0\sin\alpha=0$。（其中：$\cos\alpha$ 左、右跨均为正。$\sin\alpha$ 左跨为正，右跨为负。）

以上公式可计算各截面剪力及轴力，内力图表示在 3-13（d）中。

例 3-6　试作用 3-14（a）所示外伸曲梁的内力图。

【解】

〈1〉支座反力

$$V_B=-\frac{P}{\sqrt{3}-1}=-1.366P$$

$V_A = -V_B = +1.366P$，$H_A = P$

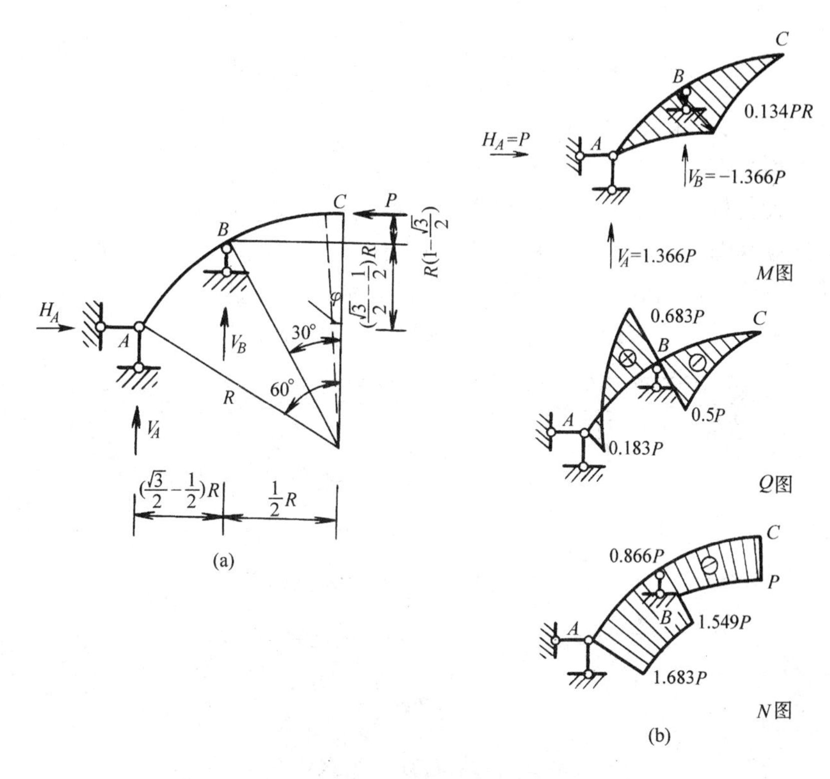

图 3-14　例 3-6 图

〈2〉计算 M

BC 段：$M = P\ (R - R\cos\varphi)$

$M_{CB} = 0$，$M_{BC} = P\ (R - R\cos30°)\ = 0.134PR$

BA 段：$M = P\ (R - R\cos\varphi)\ + V_B\left(R\sin\varphi - \frac{R}{2}\right)$

$M_{BA} = M_{BC}$，$M_{AB} = 0$

〈3〉计算 Q、N

BC 段：$Q = -P\sin\varphi$

$Q_{CB} = 0$

当 $\varphi = 30°$时　$Q_{BC} = -P\sin30° = -\frac{P}{2}$

$N = -P\cos\varphi$

$N_{CB} = -P$

当 $\varphi = 30°$时　$N_{BC} = -P\cos30° = -0.866P$

BA 段：$Q = -\ (P\sin\varphi + V_B\cos\varphi)$

$$Q_{BA} = -P\sin30° + \frac{P}{\sqrt{3}-1}\cos30° = 0.683P$$

$$N = -P\cos\varphi + V_B\sin\varphi$$

$$N_{BA} = -P\cos30° - \frac{P}{\sqrt{3}-1}\sin30° = -1.549P$$

当 $\varphi=60^\circ$时 $\quad Q_{AB}=-P\sin60^\circ+\dfrac{P}{\sqrt{3}-1}\cos60^\circ=-0.183P$

$$N_{AB}=-P\cos60^\circ-\frac{P}{\sqrt{3}-1}\sin60^\circ=-1.683P$$

图 3-14（b）为曲梁的 M、Q、N 图。

二、多跨静定梁

多跨静定梁是桥梁与屋盖系统中常用的一种结构形式。图 3-15（a）为一公路桥的构造示意图，其计算简图示于图 3-15（b）中。图 3-16（a）为一屋盖用的木檩条，在接头处用螺栓联结，其计算简图如图 3-16（b）所示。对以上两计算简图作几何组成分析，可判断出它们都是几何不变，且无多余约束的体系，所以都是静定结构。

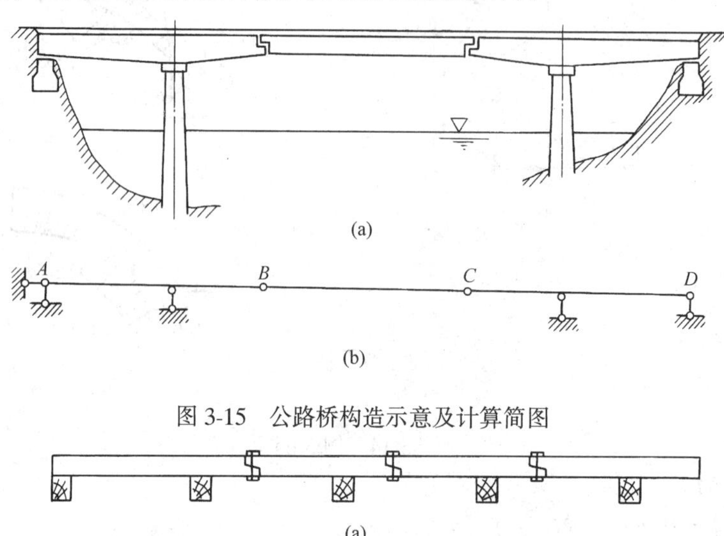

图 3-15　公路桥构造示意及计算简图

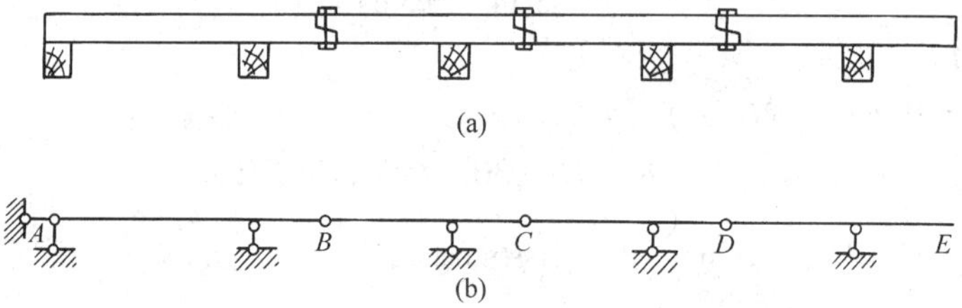

A　B　C　D　E

(b)

图 3-16　木檩条构造示意及计算简图

就多跨静定梁的几何组成而言，它的各部分可区分为基本部分和附属部分。例如图 3-16（b）所示的梁，其中 AB 部分不依赖于相邻部分 BC 的存在，独立地与基础组成一个几何不变体系，我们称它为基本部分；反之，BC 需依靠基本部分 AB 才能保持其几何不变性，便称之为附属部分；同样，CD 是需依靠组合的基本部分 AC 才能保持其几何不变性的附属部分，而 DE 又是支承于组合的基本部分 AD 之上的附属部分。又在图 3-15（b）所示的梁中，AB 杆通过三支座链杆与基础组成一几何不变体，是基本部分；BC 与 CD 杆的几何不变性，不仅要依靠基本部分 AB，而且它们之间是互相依存的。故此二杆联合在一起，构成附属部分。不只是多跨静定梁，其他类型的较复杂的静定结构，也常可将它们的各个部分作为以上两种区分。“基本”和“附属”的基本特征是：若撤除附属部分，基本部分仍然是几何不变的；反之，若基本部分被撤掉或破坏，附属部分即随之丧失几何不变性。

从支承关系看，基本部分相当于附属部分的基础，前者为后者提供支承。因此，计算多跨静定梁时，应遵循的原则是：先计算附属部分，后计算基本部分；求出基本部分给予附属部分的约束反力后，与其等值反向的力即是加于基本部分的荷载。至于两杆件互相依存，共同构成附属部分的情况，应该先计算哪个杆件，则要视荷载的方向而定，就图 3-15（b）中的 BC 与 DC 杆而言，因 BC 为 CD 提供水平方向的约束，故在水平荷载下，应先计算 CD 杆，而 CD 为 BC 杆提供竖向支承，在 BC 跨竖向荷载下，便应先以 BC 为分析对象了。这样，通过作组成分析将多跨静定梁区分为基本和附属部分，就为我们合理选择各杆件的分析次序，避免联立求解平衡方程提示了途径。对各杆分别计算并绘出内力图后，将它们连在一起，就是多跨静定梁的内力图。

我们着重指出：对于其他类型具有基本部分和附属部分的结构，其计算步骤在原则上也如上述。应该说，了解结构各部分的支承关系，从而提示解题路线，也是结构组成分析的一个重要作用。

例 3-7 计算图 3-17（a）所示多跨静定梁的反力，并绘内力图。

【解】 分析此多跨静定梁的组成，可知 AC 梁为基本部分，CE 梁为附属部分。

先计算附属部分的约束反力，如图 3-17（b）所示，CE 梁的反力为 $H_C=0$，$V_C=-P$，$V_D=2P$。将反力反向作用于 AC 梁，与荷载一起求得基本部分的反力

$V_A=0$，$H_A=0$，$M_A=-2P$（下边受拉）。

最后绘出 M、Q 图如图 3-17（c）所示。

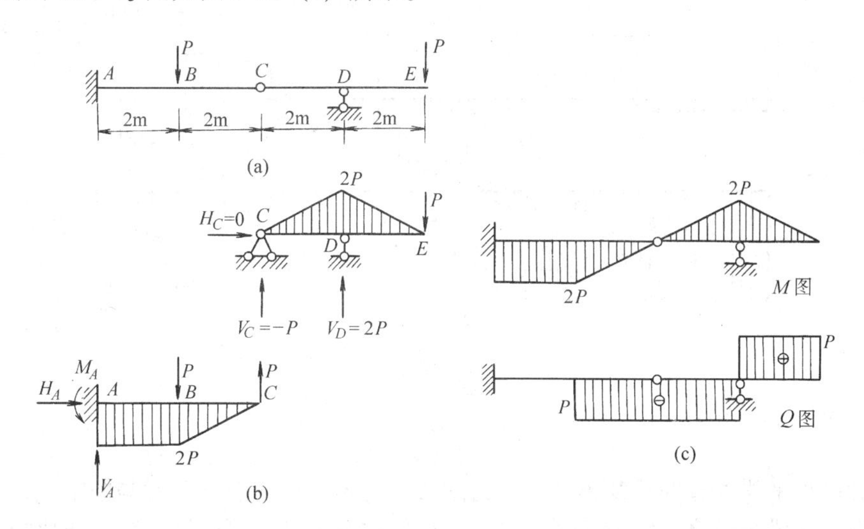

图 3-17　例 3-7 图

例 3-8 绘出图 3-18（a）所示多跨静定梁的内力图。

【解】 由组成分析得知，GH 杆是支承于基本部分 AG 之上的附属部分；CD 与 DG 两杆是几何不变性互相依赖且以基本部分 AC 为依托的。将荷载分解为水平和竖向分量 P_x 及 P_y。在 P_x 作用下，DG、GH 杆不受力，梁只在 P_x 的着力点至 A 点间产生轴力，不再细述。在全部竖向荷载和力偶荷载作用下，按前面所述判断原则，应先计算 CD 和 GH 杆，再计算 AC 和 DG 杆，其计算过程示于图 3-18（b）中。最后内力图如图 3-18（c）所示。

用 $\sum Y=0$ 可校核多跨静定梁反力的计算结果是否正确。从计算结果可得

$$\sum Y=-2.07+16.21+28.28+15.86+10-28.28-20-20=0$$

说明反力计算无误。

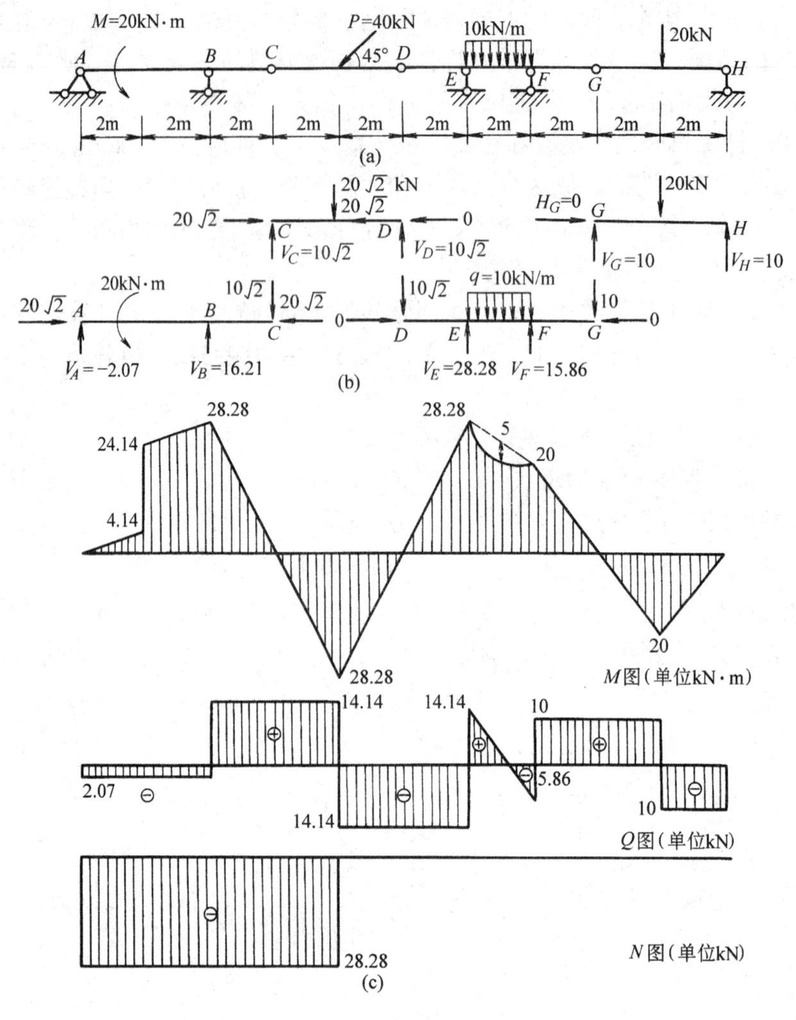

图 3-18　例 3-8 图

思　考　题

(1) 针对水平梁推导的荷载集度与内力的微分关系是否适合于斜梁与曲梁?

(2) 拟简支梁区段叠加法为什么要以简支梁作比拟? 是否可以用悬臂梁作比拟? 若以悬臂梁作比拟对象，应如何处理?

(3) 例 3-3 的 M 图为什么要用拟简支梁区段叠加法绘出? 如果 E 端没有集中力 $P=10$ kN 时，又可怎样绘出 BE 段的 M 图?

(4) 试比较简支水平梁、斜梁与曲梁的内力计算中有什么不同之处?

(5) 图 3-19 为外伸梁的 M 及 Q 图，试根据荷载集度与内力的微分关系以及叠加法作 M 图的方法，判断梁上荷载的设置情况。

(6) 区分多跨静定梁的基本部分与附属部分有什么作用? 确定某一部分为基本部分或附属部分与荷载有无关系?

(7) 图 3-20 所示的多跨静定梁，问铰的位置 x 取多少可使 CD 跨中弯矩等于 B、E 支座上的弯矩? (答案 $x=\dfrac{l}{4}$)

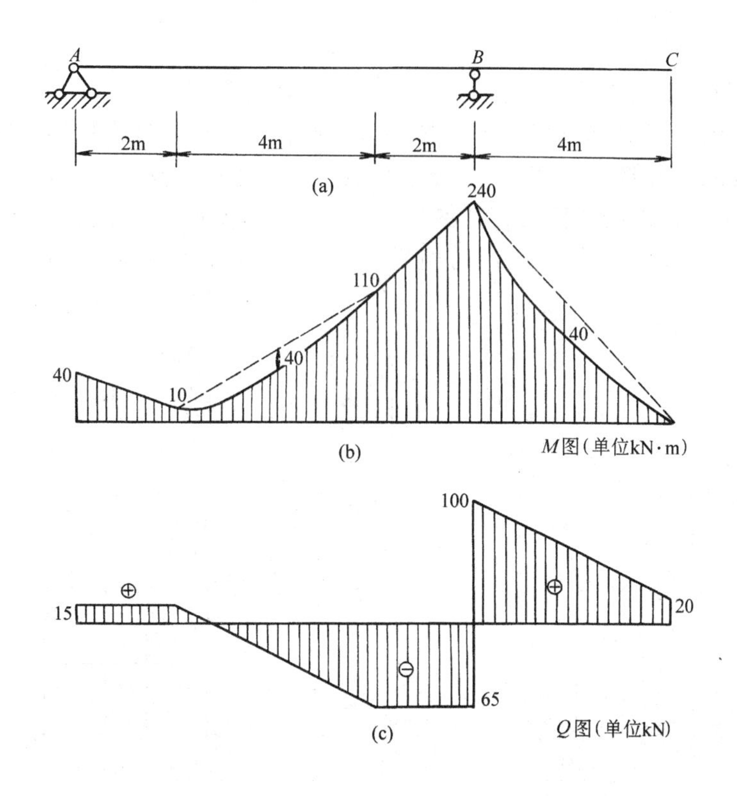

图 3-19　思考题（5）图

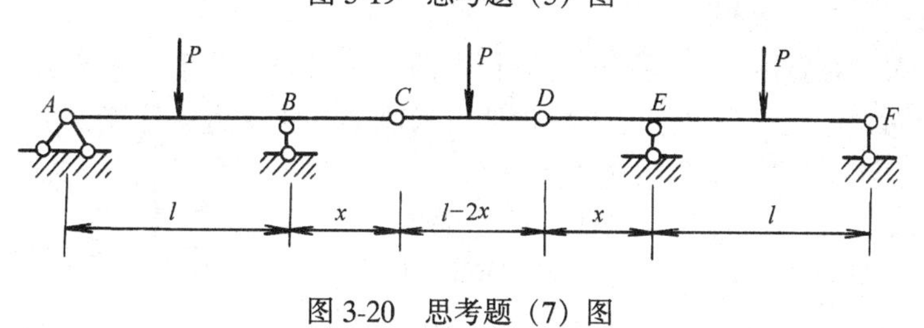

图 3-20　思考题（7）图

3.3　静定平面刚架的内力计算

一、刚架的组成

刚架是由若干直杆（梁和柱），部分或全部用刚节点联结而成的一种结构。当荷载、反力和杆的轴线同在一个平面之内时称为平面刚架。图 3-21 为一门式刚架的计算简图，C、D 两个节点为刚节点，所联结的杆件在节点处不能发生相对移动及转动。如图 3-21 所示，在 C、D 两节点处梁、柱夹角在刚架变形前后均为直角。

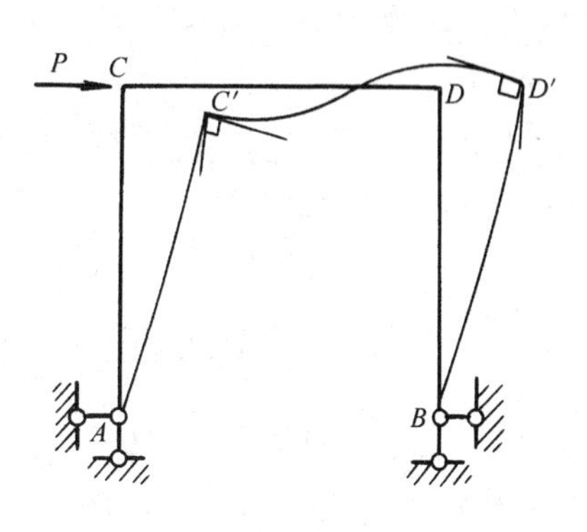

图 3-21　门式刚架计算简图

由于刚节点能约束杆端之间相对转动及移动，故能承受弯矩和传递弯矩，从而使梁中最大弯矩减小，内力分布较为均匀。此外，刚架还具有净空较大，便于利用的优点。

刚架中凡是反力与内力可全部由静平衡条件确定者为静定刚架。图 3-22（a）表示静定刚架的几种基本形式，即简支刚架、悬臂刚架（这两种刚架也可称作折梁）、三铰刚架。图 3-22（b）所示的刚架为超静定刚架，由于它们具有多余约束，其反力、内力不能全部由静平衡条件求得，这些刚架的计算方法将在力法、位移法等章讨论。实际工程中采用的平面刚架大多是超静定的，我们要熟练地常握静定刚架的内力分析，主要为计算超静定刚架打好基础。

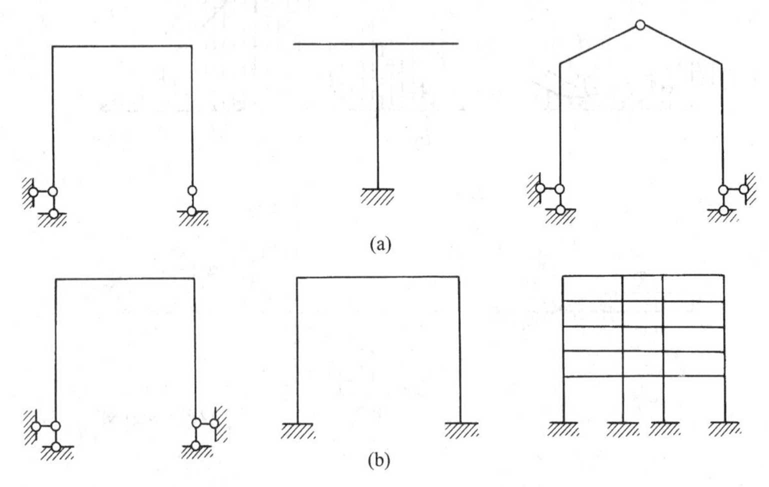

图 3-22　静定刚架与超静定刚架计算简图

二、静定刚架的内力分析

在作静定刚架（悬臂刚架除外）内力分析之前，一般需先求出支座反力。对于简支刚架反力计算与梁相同，这里不再赘述。下面说明三铰刚架支座反力的计算方法。

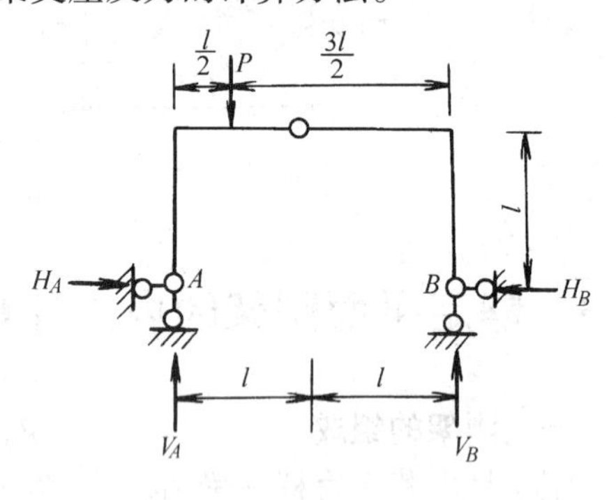

图 3-23　三铰刚架计算简图

图 3-23 为一三铰刚架，在荷载作用下它有四个支座反力 V_A、V_B、H_A 与 H_B。以刚架整体为隔离体时，只能提供三个平衡方程，还必须利用顶铰处 $M_C=0$ 的条件。为此，取顶铰以左（或以右）部分为隔离体，在隔离体上作用着原有荷载和支座反力以及顶铰处的约束力，以 C 为矩心，列力矩平衡式 $\sum M_C=0$。可再补充一个方程。这样四个未知反力即可求出。

如图 3-23 所示的三铰刚架，以整体为隔离体可列出

$$\sum X=0，H_A-H_B=0$$

$$\sum M_B=0，V_A\times 2l-P\times\frac{3}{2}l=0$$

$$\sum M_A=0，V_B\times 2l-P\times\frac{l}{2}=0$$

因 C 图处 $M_C=0$，以 C 图以左部分为隔离体，有

$$\sum M_C=0，V_A\times l-H_A\times l-P\times\frac{l}{2}=0$$

由上述四个方程解出

$$V_A=\frac{8}{4}P,\ V_B=\frac{1}{4}P,\ H_A=-H_B=\frac{1}{4}P$$

利用$\sum Y=0$进行校核

$$V_A+V_B=\frac{3}{4}P+\frac{1}{4}P=P\text{，说明反力计算无误。}$$

求出反力后，便可逐杆，逐段计算内力，绘制内力图。

对于图 3-24（a)、(b）所示的多跨或多层静定刚架，通过几何组成分析区分基本和附属部分，明确了各部分间的支承关系后，即掌握了依次分析各部分的次序。对图 3-24（a）中的结构，各杆件的计算次序为：Ⅰ→Ⅱ→Ⅲ→Ⅳ。图 3-24（b）中结构的各层皆为一三铰刚架，计算时应从顶层开始，直到最下一层。

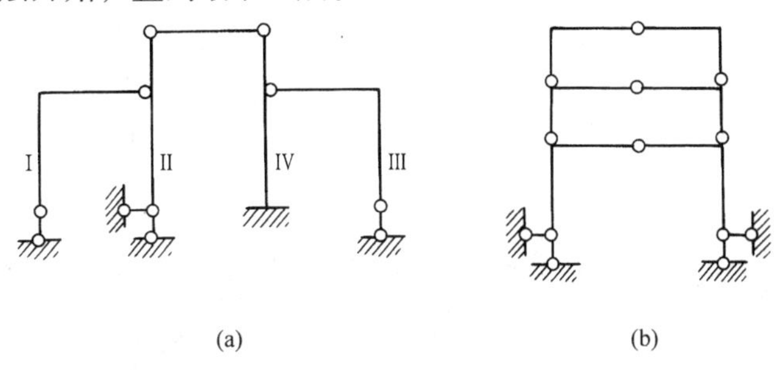

图 3-24　多跨及多层静定刚架计算简图

下面通过几个例题说明刚架反力、内力的计算方法。

例 3-9　绘图 3-25（a）所示刚架的内力图。

【解】　图 3-25（a）所示为一悬臂刚架，计算内力时可不必先计算支座反力。先求控制点 E、C、B、D、F、A 处截面内力，然后利用荷载与内力的微分关系绘出控制点之间的内力图。

〈1〉作弯矩图

EC 段：　$M_{EC}=0$，$M_{CE}=20\times0.5=10$（kN·m）　（上边受拉）

CB 段：　$M_{CB}=10$ kN·m（上边受拉）

$M_{BC}=20\times2.5+10\times2\times1=70$（kN·m）（上边受拉）

BA 段：　$M_{BA}=M_{AB}=0$

由于结构及荷载均为对称的，故弯矩图也是对称的。在均布荷载作用的区段，采用拟简支梁区段竖标叠加法进行绘制。所得 M 图画在杆件受拉一侧，见图 3-25（b)。

〈2〉作剪力图

计算控制截面的剪力，隔离体见图 3-25，(c)、(d)。

EC 段：　$Q_{EC}=-20$ kN

$Q_{CE}=-20$ kN

CB 段：　$Q_{CB}=-20\times\frac{2}{\sqrt{5}}=-\frac{40}{\sqrt{5}}$（kN）

$$Q_{BC}=-(20+10\times2)+\frac{2}{\sqrt{5}}=-\frac{80}{\sqrt{5}}\text{（kN）}$$

FD 段：　$Q_{FD}=20$ kN

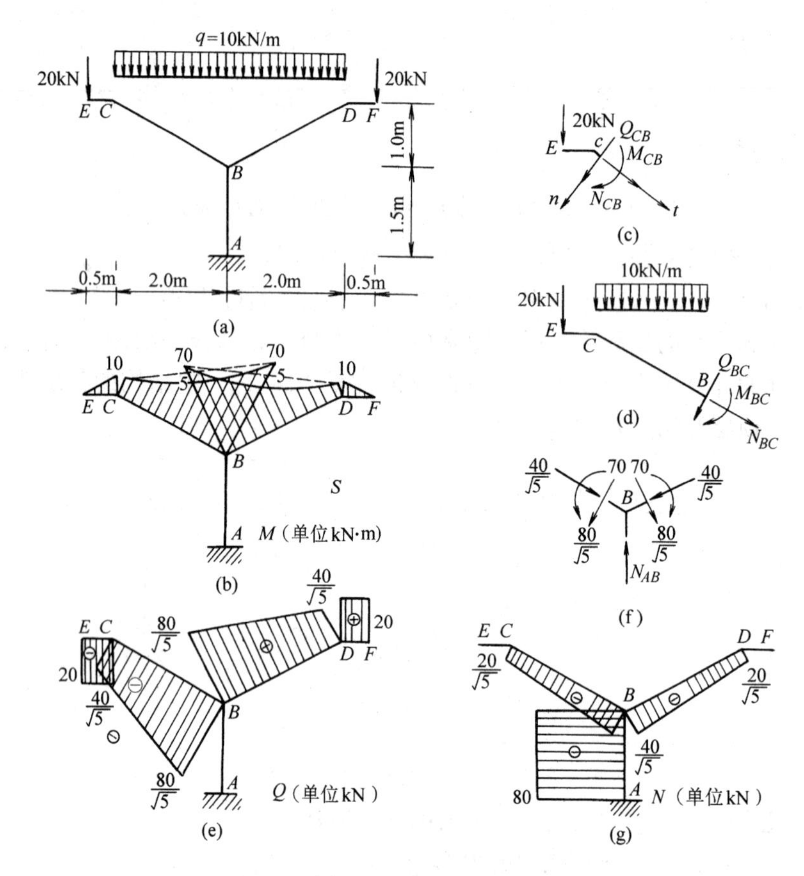

图 3-25　例 3-9 图

$$Q_{DF}=20\ \text{kN}$$

$$Q_{DB}=\frac{40}{\sqrt{5}}\ \text{kN}$$

$$Q_{BD}=\frac{80}{\sqrt{5}}\ \text{kN}$$

BA 段：　　　$Q_{BA}=Q_{AB}=0$

剪力图如图 3-25，e 所示。

〈3〉作轴力图

先计算控制截面的轴力

EC 段：　　　$N_{EC}=N_{CE}=0$

CB 段：　　　$N_{CB}=-20\times\frac{1}{\sqrt{5}}=-\frac{20}{\sqrt{5}}\ (\text{kN})$

$$N_{BC}=-(20+10\times2)\times\frac{1}{\sqrt{5}}=-\frac{40}{\sqrt{5}}\ \text{kN}$$

FD 段：　　　$N_{FD}=N_{DF}=0$

$$N_{DB}=\frac{-20}{\sqrt{5}}\ \text{kN}$$

$$N_{BD}=-\frac{40}{\sqrt{5}}\ \text{kN}$$

BA 段：　　　　$N_{AB} = -（40 + 10 \times 4）= -80$（kN）

轴力图见 3-25（g）所示。

从计算结果看出，若结构与荷载对称，则 M 图为对称，Q 图为反对称，N 图也是对称的，这一规律很重要，利用它可使计算工作大为简化。

内力图的校核

截取刚架任一部分，通常可取一个节点进行校核，验算隔离体上外力、内力是否满足平衡条件。如取节点 B 进行校核，如图 3-25（f）所示。

$$\sum M_B = 70 - 70 = 0$$

$$\sum X = \frac{40}{\sqrt{5}} \times \frac{2}{\sqrt{5}} - \frac{40}{\sqrt{5}} \times \frac{2}{\sqrt{5}} + \frac{80}{\sqrt{5}} \times \frac{1}{\sqrt{5}} - \frac{80}{\sqrt{5}} \times \frac{1}{\sqrt{5}} = 16 - 16 + 16 - 16 = 0$$

$$\sum Y = \frac{80}{\sqrt{5}} \times \frac{2}{\sqrt{5}} + \frac{80}{\sqrt{5}} \times \frac{2}{\sqrt{5}} + \frac{40}{\sqrt{5}} \times \frac{1}{\sqrt{5}} \times 2 - 80 = 80 - 80 = 0$$

三个平衡条件均已满足，说明内力计算无误。

求出刚架的反力和必要的杆件间的约束力后，依怎样的次序求各种内力以及怎样取隔离体和利用平衡条件计算控制截面内力可有不同途径。下一个例题中作法是：①先计算各个直杆的杆端弯矩；②逐次以每个直杆为隔离体，利用力矩平衡方程求杆端剪力；③既已知各直杆的杆端弯矩和杆端剪力，一方面，其内部任一截面的弯矩和剪力都不难求得，于是可绘出各杆的 M、Q 图；另一方面，以节点为隔离体，利用力的平衡条件（投影方程）可求各杆端轴力，绘出 N 图。在超静定结构的某些解法中，是首先求出杆端弯矩的；杆端弯矩已知后，进一步计算其他内力、绘内力图便要依照上述途径。我们现在练习这种作法，也是为以后计算超静定结构预做准备。

例 3-10　试作图 3-26（a）所示刚架的内力图。

【解】

〈1〉计算反力

$H_A = -60$ kN（←），$V_A = -29$ kN（↓），$V_B = 49$ kN（↑）

〈2〉作弯矩图

AC 杆：

$M_{AC} = 0$，$M_{CA} = 120$ kN·m　（右边受拉）

CD 杆：

$M_{CD} = 135$ kN·m　（下边受拉）

$M_{DC} = 10$ kN·m　（上边受拉）

DE 杆：

$M_{DE} = 10$ kN·m　（右边受拉）

$M_{ED} = 10$ kN·m　（右边受拉）

EB 杆：

$M_{EB} = M_{BE} = 0$

EF 杆：

$M_{EF} = 10$ kN·m　（上边受拉）

$M_{FE} = 0$

杆端弯矩求出后，AC 杆的弯矩图可用拟简支梁区段叠加法作出为一三次抛物线，其他杆可由荷载与内力的微分关系根据应有变化规律作出，弯矩图见图 3-26（b）所示。

〈3〉作剪力图

以 CA 杆为例说明杆端剪力的计算方法。CA 杆的隔离体图见图 3-26（c），前面已计算出 M_{CA}，杆端剪力设为正。

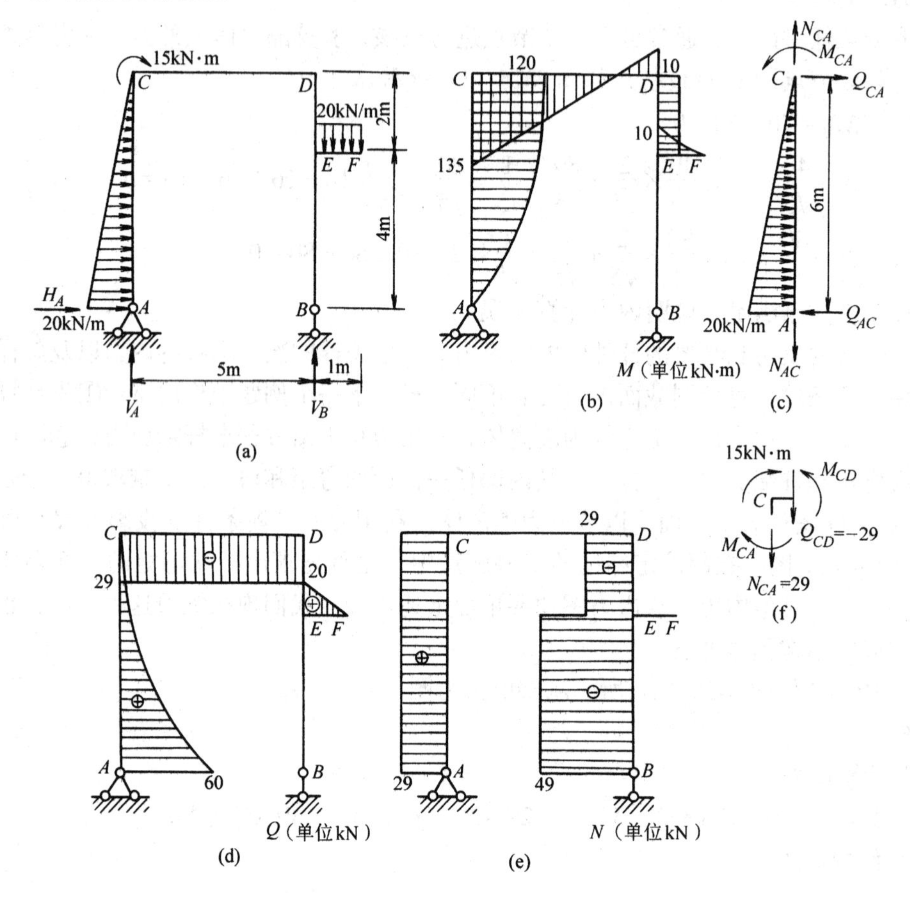

图 3-26　例 3-10 图

$$\sum M_A = Q_{CA} \times 6 - M_{CA} + \frac{1}{2} 20 \times 6 \times \frac{1}{3} \times 6 = 0$$

$$Q_{CA} = \frac{1}{6}\left(120 - \frac{1}{6} \times 20 \times 6 \times 6\right) = 0$$

$$\sum M_C = Q_{AC} \times 6 - \frac{1}{2} 6 \times 20 \times \frac{2}{3} \times 6 - 120 = 0$$

$$Q_{AC} = \frac{1}{6}(240 + 120) = 60\ (\text{kN})$$

其他杆的杆端剪力值为

CD 杆：

$Q_{CD} = -29$ kN

$Q_{DC} = -29$ kN

DE 杆：

$Q_{DE}=Q_{ED}=0$

EF 杆：

$Q_{FE}=0$，$Q_{EF}=20$ kN

EB 杆：

$Q_{EB}=Q_{BE}=0$

AC 杆中荷载为线性分布，故剪力图为曲线，如以一截面至 A 点的距离为 x，该截面的剪力 Q_x 为

$$Q_x=60-\frac{1}{2}\left(20+\frac{6-x}{6}20\right)x=60-\left(10+5\times\frac{6-x}{3}\right)x$$

整个结构的剪力图示于图 3-26（d）中。

〈4〉作轴力图

杆端剪力求得后可用节点平衡条件求出各杆的轴力。以节点 C 为例，图 3-26（f）中示出其受力图。

节点 C：

$\sum X=0 \quad N_{CD}=0$

$\sum Y=0 \quad N_{CA}-Q_{CD}=0$，$N_{CA}=29$ kN

同理，节点 D：

$\sum X=0 \quad N_{DC}=0$

$\sum Y=0 \quad N_{DE}=-29$ kN

节点 E：

$\sum X=0 \quad N_{EF}=0$

$\sum Y=0 \quad N_{EB}=-49$ kN

由支座 B 的反力 V_B，计算出 $N_{BE}=-49$ kN，与 N_{EB}的计算结果相等，这便完成了一次验算。其轴力图示于 3-26（e）中。

例 3-11 试作图 3-27（a）所示三铰刚架的内力图。

【解】

〈1〉求支座反力

以整体为隔离体求得

$V_A=-11.25$ kN（↓），$V_B=11.25$ kN（↑）

$\sum X=0 \quad H_A-H_B=-60$ kN

以铰 C 左部为隔离体，铰 C 处 $M_C=0$，对 C 截面取矩

$\sum M_C=H_A\times 6+V_A\times 4+q\times 3\times 4.5=0$

$H_A=-30$ kN（←）

$H_B=H_A+60=-30+60=30$ kN（←）

〈2〉作弯矩图

AD 杆：

$M_{AD}=0$

$M_{DA}=30\times 3-10\times 3\times 1.5=45$（kN·m）　　（右边受拉）

DC 杆：

$M_{DC}=45\ \text{kN·m}$（下边受拉）

$M_{CD}=0$

CE 杆：

$M_{CE}=0$

$M_{EC}=30\times3-10\times3\times1.5=45\ (\text{kN·m})$　　（上边受拉）

EB 杆：

$M_{EB}=45\ \text{kN·m}$　（右边受拉）

$M_{BE}=0$

AD、EB 柱有均布荷载作用，利用拟简支梁区段叠加法可绘出杆中弯矩图，结构的弯矩图示于图 3-27（b）中。

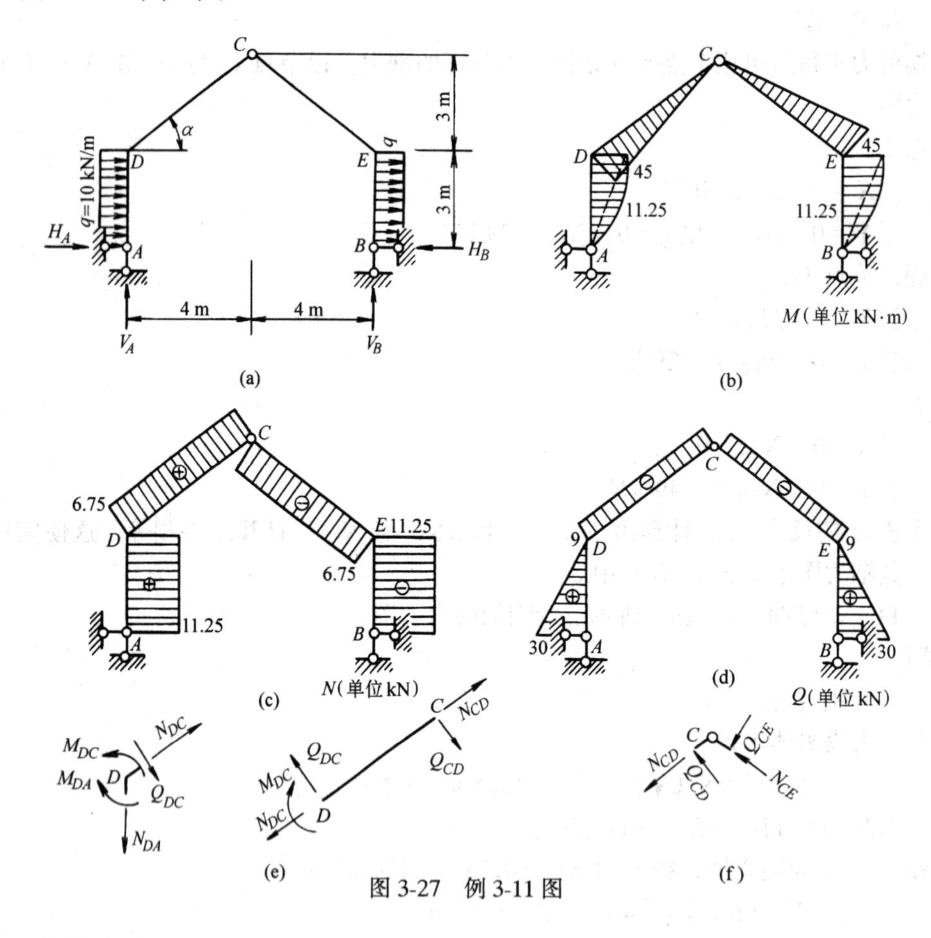

图 3-27　例 3-11 图

〈3〉 作剪力图

杆端剪力的计算方法同前，不再细述。计算结果得

$Q_{AD}=30\ \text{kN}$，$Q_{DA}=0$

$Q_{DC}=-9\ \text{kN}$，$Q_{CD}=-9\ \text{kN}$

〈4〉 作轴力图

根据节点 D 的平衡条件（图 3-27，e）求得

$N_{DA}=N_{AD}=11.25\ \text{kN}$

$N_{DC}=N_{CD}=6.75\ \text{kN}$

由于结构为对称结构，荷载为反对称荷载，所以 M、N 图具有反对称性，Q 图则为对称的。轴力、剪力图见图 3-27（c）、（d）所示。

以铰 C 为隔离体检验 $\sum Y=0$ 是否可以满足，如图 3-27（f）所示

$$\begin{aligned}\sum Y &= N_{CD}\cdot\sin\alpha+N_{CE}\sin\alpha-Q_{CD}\cdot\cos\alpha+Q_{CE}\cdot\cos\alpha\\ &=6.75\times\frac{3}{5}-6.75\times\frac{3}{5}+9\times\frac{4}{5}-9\times\frac{4}{5}\\ &=0\end{aligned}$$

说明轴力、剪力计算正确。

例 3-12 试绘出图 3-28（a）所示结构的内力图。

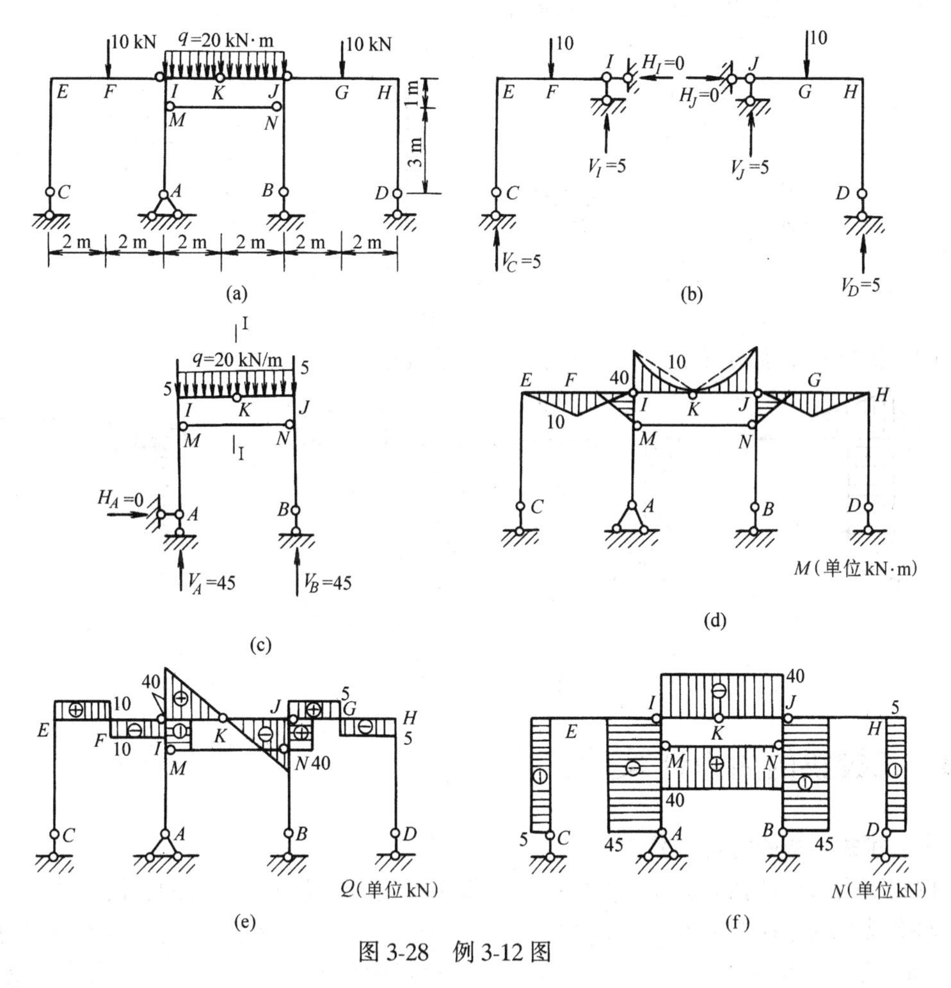

图 3-28 例 3-12 图

【解】 本图所示的结构中，基本部分是一个带拉杆的三铰刚架，两边的简支折梁是附属部分。

首先把附属部分的反力计算出来，如图 3-28（b）图右上侧所示，得 $V_C=5$ kN，$V_I=5$ kN，$H_I=0$。由于结构及荷载均为对称，故可知

$$V_C=V_D=5\ \text{kN}$$

$$V_J=V_I=5\ \text{kN}$$

$H_I = H_J = 0$

将与约束反力 V_I、V_J 等值反向的力作用在基本结构上，连同荷载一起，算出反力 V_A、V_B、H_A，图 3-28（c）。利用 I—I 截面将铰 K 及 MN 杆切开，由于铰 K 处 $M_K = 0$，取铰 K 以左部分为隔离体，由 $\sum M_K = 0$，得

$$N_{MN} \times 1 - V_A \times 2 + 5 \times 2 + 20 \times 2 \times 1 = 0$$

$$N_{MN} = 40 \text{ kN}$$

反力与拉杆内力求得后，不难绘出结构的内力图，其结果见图 3-28（d）、(e)、(f)。

思　考　题

（1）绘出图 3-29 各刚架节点的隔离体受力图。

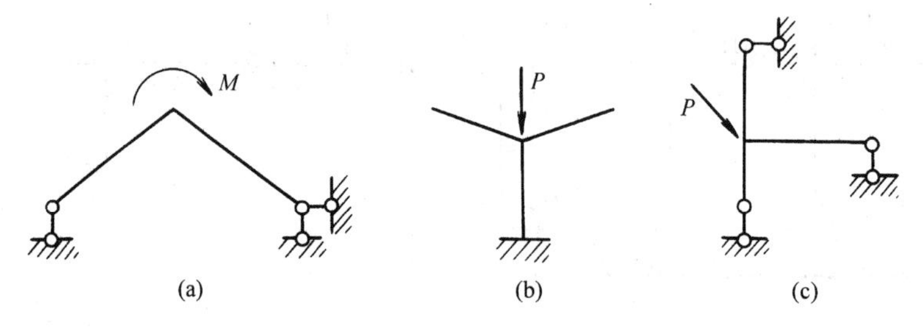

图 3-29　思考题（1）图

（2）找出图示刚架弯矩图错误之外，并加以改正。

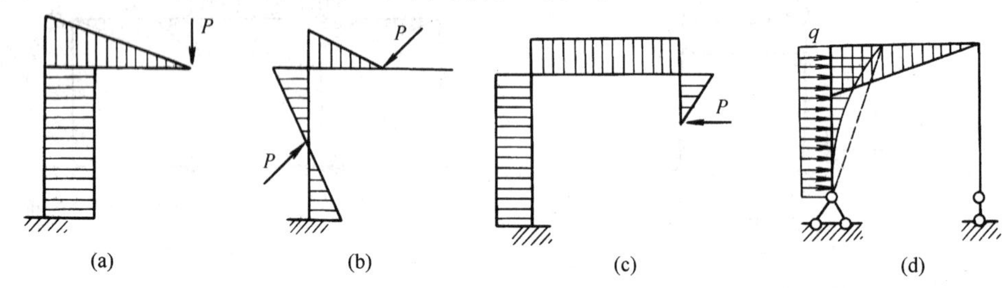

图 3-30　思考题（2）图

3.4　三铰拱的内力计算

一、拱式结构的特征及其应用

拱式结构系指杆轴为曲线，在竖向荷载作用下支座产生水平反力的结构。在竖向荷载作用下水平反力的存在是拱区别于曲梁的一个重要标志，通常也把拱结构称为推力结构。如图 3-31（a）为一三铰拱，在竖向荷载作用下不仅有竖向反力 V_A、V_B，而且有水平反力 H_A、H_B。图 3-31（b）为曲梁，在竖向荷载作用下水平反力为零，这是曲梁与拱的不同之处。由于水平反力的作用，使拱的弯矩比梁的弯矩为小。拱的优点是自重轻，用料省，故可跨越较大的空间。同时拱主要承受压力，因此可以采用抗拉性能弱而抗压性能强的材料，如砖、石、混凝土等，但拱的构造比较复杂，旋工费用高，且由于推力的作用需要有坚固的基础。

在工程中常见的拱结构除图 3-31（a）所示的三铰拱外还有图 3-32（a）、(b) 带拉杆的三铰拱，以及图 3-32（c）、(d) 所示的两铰拱及无铰拱，后两种拱为超静定结构。

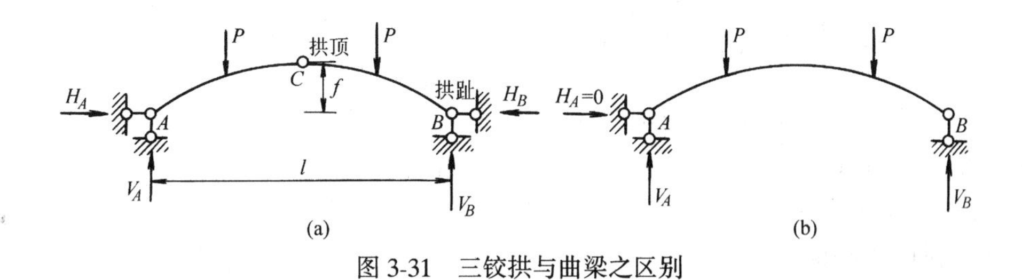

图 3-31 三铰拱与曲梁之区别

拱各部位的名称：拱的端部称为拱趾，拱中间最高点称为拱顶。由拱顶到两支座连线间的竖向距离 f 称为矢高。矢高 f 与跨度 l 之比称为拱的高跨比。拱的主要性能与拱的高跨比有关，在工程中 f/l 值通常 1～0.1 之间。

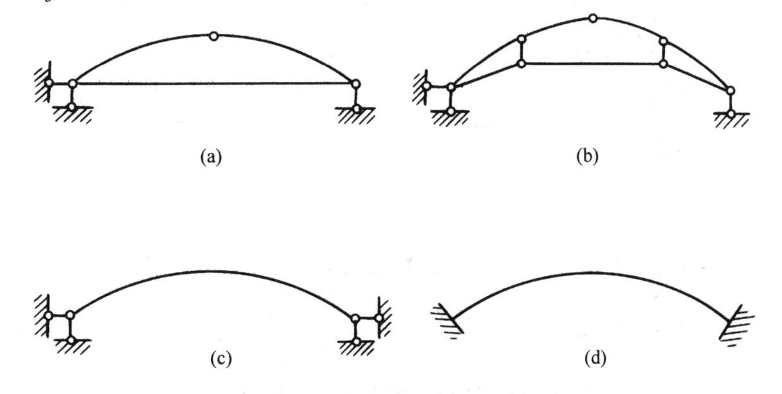

图 3-32 静定与超静定拱

(a)(b) 带拉杆的三铰拱 (c) 两铰拱 (d) 无铰拱

在三铰拱结构中，有时在两支座间或高于支座水平的位置上联以水平拉杆，并将一铰支座改为可动铰支座如图 3-32 (a) (b) 所示。拉杆内产生的拉力代替了支座推力的作用，而在竖向荷载作用下支座中便只有竖向反力，但结构内部受力与拱并无区别，故称之为带拉杆的三铰拱。这种拱常用做屋面支承结构。图 3-33 为具有拉杆的装配式钢筋混凝土三铰拱。

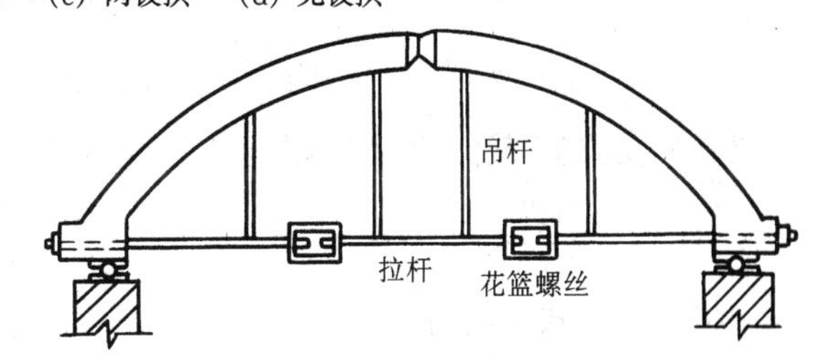

图 3-33 具有拉杆的装配式钢筋混凝土三铰拱示意图

二、竖向荷载作用下三铰拱反力与内力的计算公式

两拱趾在同一水平线上的拱应用最为广泛，我们以竖向荷载作用下此种形式的三铰拱为例，导出反力、内力的计算公式。

图 3-34 (a) 给出了三铰拱的外形尺寸及荷载。为了便于比较，另在图 3-34 (b) 示出一个与三铰拱同跨度、同荷载的简支梁。梁的反力用 V_A^0、V_B^0 表示，在竖向荷载作用下梁无水平反力，即 $H_A^0=0$。

1. 支座反力的计算公式

三铰拱有四个支座反力即 V_A、V_B、H_A 和 H_B，以拱的整体为隔离体可列出三个平衡方程，再利用顶铰处弯矩为零的条件可列出一个补充方程，因此可求解四个支座反力。

由图 3-34 (a) (b) 对比可以看出

$$V_A = V_A^0 = \frac{1}{l}\ (P_1 b_2 + P_2 b_2)$$

$$V_B = V_B^0 = \frac{1}{l}\ (P_1 a_2 + P_2 a_2)$$

由$\sum X = 0$，可得

$$H_A = H_B = H$$

其中：H 为拱的水平推力。

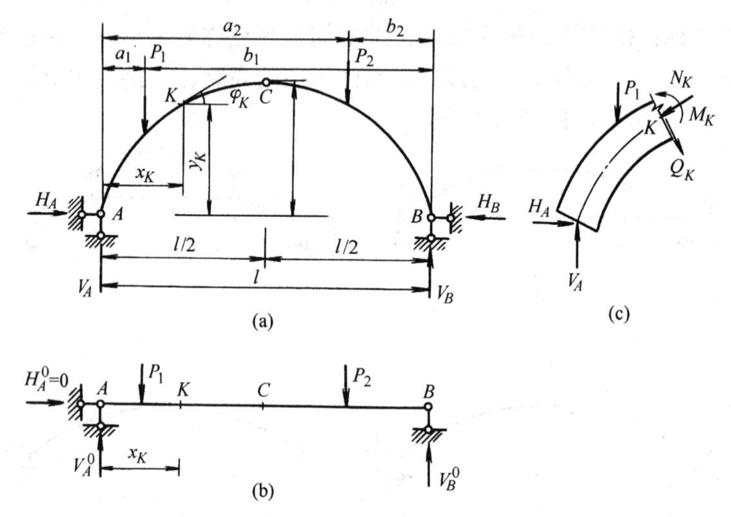

图 3-34　三铰拱的计算简图及隔离体图

利用 $M_C = 0$ 的条件，以铰 C 以左为隔离体，列出

$$\sum M_C = V_A \times l/2 - P_1\left(\frac{l}{2} - a_1\right) - H \cdot f = 0$$

注意到简支梁 C 截面的弯矩 $M_C^0 = V_A^0 l/2 - P_1\ (l/2 - a_1)$ 代入上式得

$$H = \frac{M_C^0}{f}$$

将反力公式汇集得

$$\left.\begin{aligned} V_A &= V_A^0 \\ V_B &= V_B^0 \\ H_A &= H_B = H = \frac{M_C^0}{f} \end{aligned}\right\} \qquad (3\text{-}1)$$

由推力 H 的公式可以看出推力的大小与矢高成反比。当 $f \to 0$ 时，$H \to \infty$，即三铰位于同一直线上，拱成为瞬变体系。即使 f 不为零但较小时，推力也是很大的，这就会给基础相当大的推力，因此应根据地基的耐推能力选定矢高。

2. 内力的计算公式

取与拱轴的切线成正交的任一截面 K（图 3-34（a））设此截面形心的坐标为 x_K，y_K，截面处拱轴切线与 x 轴的夹角为 φ_K。截面 K 的内力以 M_K、Q_K、N_K 表示。下面列出内力的计算公式。

〈1〉弯矩的计算公式

设弯矩以拱内侧纤维受拉为正，取 K 截面以左部分为隔离体，图 3-34（c）由弯矩的计

算法则，得

$$M_K = [V_A \cdot x_K - P(x_K - a_1)] - H \cdot y_K$$

注意到简支梁 K 截面处的弯矩为

$$M_K^0 = V_A^0 x_K - P(x_K - a_1)$$

代入上式得

$$M_K = M_K^0 - H \cdot y_K$$

即拱内任一截面的弯矩等于相应简支梁对应的弯矩减去 $H \cdot y_K$ 一项，这一项是由于拱的推力引起的，因此三铰拱的弯矩小于同跨度、同荷载的简支梁的弯矩。

〈2〉剪力的计算公式

任一截面 K 的剪力 Q_K 等于该截面一侧所有的力在该截面拱轴的法线上投影的代数和。通常规定：剪力 Q_K 使截面两侧的隔离体有顺时针转动趋势时为正，反之为负。由图 3-34（c）可得

$$\begin{aligned} Q_K &= V_A \cos\varphi_K - P_1 \cos\varphi_K - H\sin\varphi_K \\ &= (V_A - P_1)\cos\varphi_K - H\sin\varphi_K \\ &= Q_K^0 \cos\varphi_K - H\sin\varphi_K \end{aligned} \tag{3-3}$$

其中 $Q_K^0 = V_A - P_1$ 是相应简支梁 K 截面处的剪力。在图示坐标中，φ_K 在左半拱中为正，右半拱中为负，作这样的规定式（3-3）便可适用于整个拱了。

轴力的计算公式。

任一载面 K 的轴力 N_K 等于该载面一侧所有各力在该截面处拱轴的切线上投影的代数和。因拱轴常受压，故拱的轴力以压力为正，反之为负。由图 3-34（c）可知

$$\begin{aligned} N_K &= (V_A - P_1)\sin\varphi_K + H\cos\varphi_K \\ &= Q_K^0 \sin\varphi_K + H\cos\varphi_K \end{aligned} \tag{3-4}$$

其中 φ_K 的正负号与前面规定相同。

利用式（3-2）、式（3-3）、式（3-4）可计算拱中任一截面的内力。在计算之前应先根据拱轴曲线确定各个截面的几何坐标 x_K、y_K、φ_K。一般可将拱分成 8～10 等分进行计算。拱的内力图可绘在水平基线上，并注明内力图的正负号。

从拱的内力计算公式中可以看出：

（1）在竖向荷载作用下拱有水平推力，由于推力使拱中弯矩减小，因此拱的用料较省；

（2）拱中轴力一般为压力，因而拱可利用抗拉性能差、抗压性能好的材料如砖、石、混凝土等，由于推力的出现，三铰拱的基础比梁的大，当用拱作屋顶时，常使用带拉杆的三铰拱，避免产生对墙或柱的推力；

（3）式（3-1）～式（3-4）仅适用于承受竖向荷载且两端拱趾位于同一水平线上的三铰拱，当承受任意荷载或两端拱趾不位于同一水平线时可根据四个平衡条件另行推导。

例 3-13 试作图 3-35（a）所示三铰拱的内力图。拱轴线为抛物线，当坐标原点选在左支座时，其方程为

$$y = \frac{4f}{l^2}(l - x)x$$

【解】

由式（3-1）得

$$V_A = V_A^0 = \frac{1}{16}（10 \times 8 \times 12 - 100）= 53.75（kN）（\uparrow）$$

$$V_B = V_B^0 = \frac{1}{16}（100 + 10 \times 8 \times 4）= 26.25（kN）（\uparrow）$$

$$\sum Y = 53.75 + 26.25 - 80 = 0$$

说明竖向反力计算无误。

$$H_A = H_B = H = \frac{M_c^0}{f} =（53.75 \times 8 - 10 \times 8 \times 4）\times \frac{1}{4} = 27.5（kN）$$

为了绘制内力图，可将拱跨分成八等分，利用公式（3-2）、式（3-3）、式（3-4）计算与各等分点对应的拱轴截面上的内力值，见表 3-1。将这些内力值绘在水平线的各等分点上，连成曲线即为拱的内力图，见图 3-35（b）、（c）、（d）。现以与第 2 个等分点对应之截面的 M_2、Q_2、N_2 为例，计算如下。

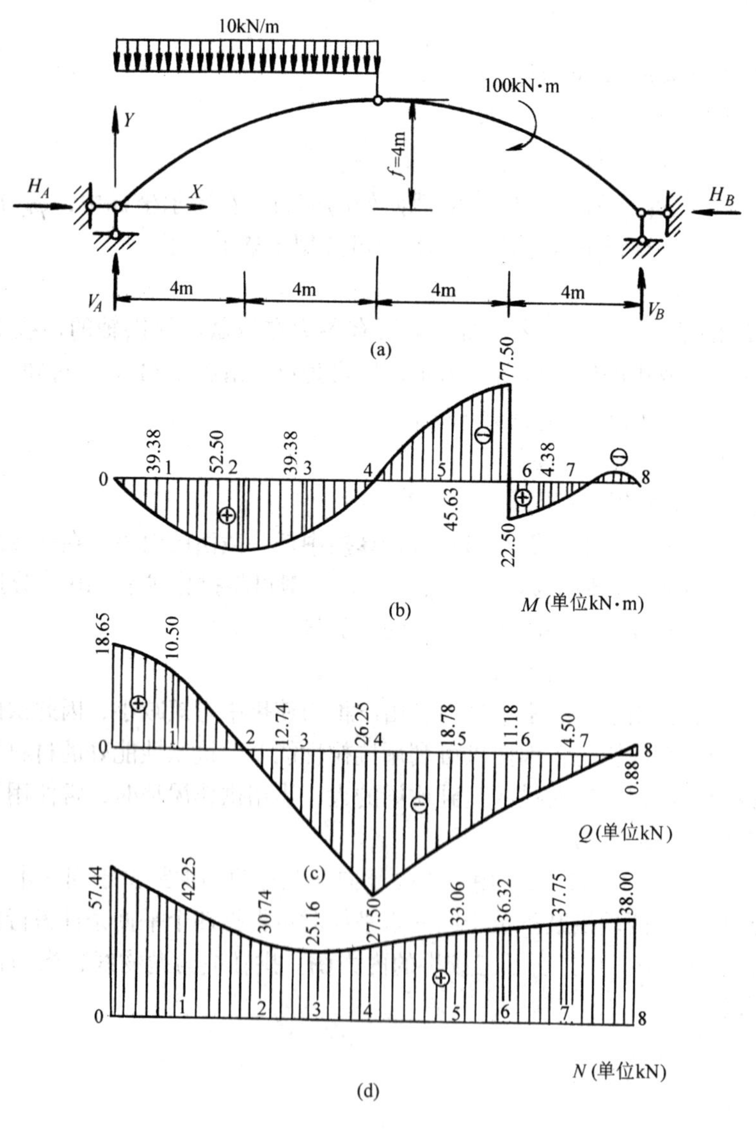

图 3-35 例 3-13 图

在第 2 个等分点处，$x_2=4$ m，由拱轴线方程可得

$$y_2=\frac{4f}{l^2}\ (l-x_2)\ x_2=\frac{4\times4}{16^2}\ (16-4)\ 4=3\ (\text{m})$$

$$\tan\varphi_2=\frac{4f}{l_2}\ (l-2x_2)\ =\frac{4\times4}{16^2}\ (16-8)\ =0.5$$

$$\varphi_2=26°34' \quad \sin\varphi_2=0.447 \quad \cos\varphi_2=0.894$$

根据式（3-2）、式（3-3）、式（3-4）求得该截面的 M_2、Q_2、N_2 如下

$$M_2=M_2^0-H\cdot y_2=53.75\times4-10\times4\times2-27.5\times3$$
$$=52.5\ \text{kN}\cdot\text{m}\ (\text{下边受拉})$$

$$Q_2=Q_2^0\cos\varphi_2-H\sin\varphi_2=\ (53.75-10\times4)\ 0.894-27.5\times0.447$$
$$=0$$

$$N_2=Q_2^0\sin\varphi^2+H\cos\varphi_2=\ (53.75-10\times4)\ 0.447+27.5\times0.894$$
$$=30.74\ (\text{kN})$$

在 $x=12$ m 处（与第 6 个等分点相应的截面上）由于集中力偶的作用，在截面左右弯矩值有突变，即

$$M_{6右}=V_B^0\times4-H\cdot y_2=26.25\times4-27.5\times3=22.5\ (\text{kN}\cdot\text{m})$$

$$M_{6左}=V_B^0\times4-100-H_{y2}=26.25\times4-100-27.5\times3$$
$$=-77.5\ (\text{kN}\cdot\text{m})$$

表 3-1　三铰拱的内力计算

拱轴分点	纵坐标 y (m)	tan	$\sin\varphi$	$\cos\varphi$	Q^0	M (kN·m)			Q (kN)			N (kN)		
						M^0	$-H\cdot y$	M	$Q^0\cos\varphi$	$-H\cdot\sin\varphi$	Q	$Q^0\sin\varphi$	$H\cdot\cos\varphi$	N
0	0	1	0.707	0.707	53.75	0	0	0	38.00	−19.44	18.56	38.00	19.44	57.44
1	1.75	0.75	0.600	0.800	33.75	87.5	−48.13	39.38	27.00	−16.50	10.50	20.25	22.00	42.25
2	3	0.50	0.447	0.894	13.75	135.0	−82.50	52.50	12.29	−12.29	0	6.15	24.59	30.74
3	3.75	0.25	0.243	0.970	−6.25	142.5	−103.13	39.38	−6.60	−6.68	−12.74	−1.52	26.68	25.16
4	4	0	0	1	−26.25	110.00	−110.0	0	−26.25	0	−26.25	0	27.50	27.50
5	3.75	−0.25	−0.243	0.970	−26.25	57.5	−103.13	−45.63	−25.46	6.68	−18.78	6.38	26.68	33.06
6 左 右	3	−0.50	−0.447	0.894	−26.25	5.0 105.0	−82.50	−77.50 +22.50	−23.47	12.49	−11.18	11.17	24.56	36.32
7	1.75	−0.75	−0.600	0.800	−26.25	52.5	−48.13	4.38	−21.00	16.50	−4.5	15.75	22.00	37.75
8	0	−1	−0.707	0.707	−26.25	0	0	0	−18.56	19.44	0.88	18.56	19.44	38.00

例 3-14　试作图 3-36（a）、（b）所示带拉杆的三铰拱式层架的内力图。

【解】　本例的屋架结构为一带拉杆的三铰拱，拉杆中的内力 H 可用式（3-1）中的第三式计算，然后用式（3-2）、式（3-3）、式（3-4）计算屋架上弦杆的内力。

〈1〉支座反力

由式（3-1）中前二式可得出

$$V_A=V_A^0=\frac{1}{12}\ (20\times6\times9)\ =90\ (\text{kN})\ (\uparrow)$$

$$V_B=V_B^0=\frac{1}{12}\ (20\times6\times3)\ =30\ (\text{kN})\ (\uparrow)$$

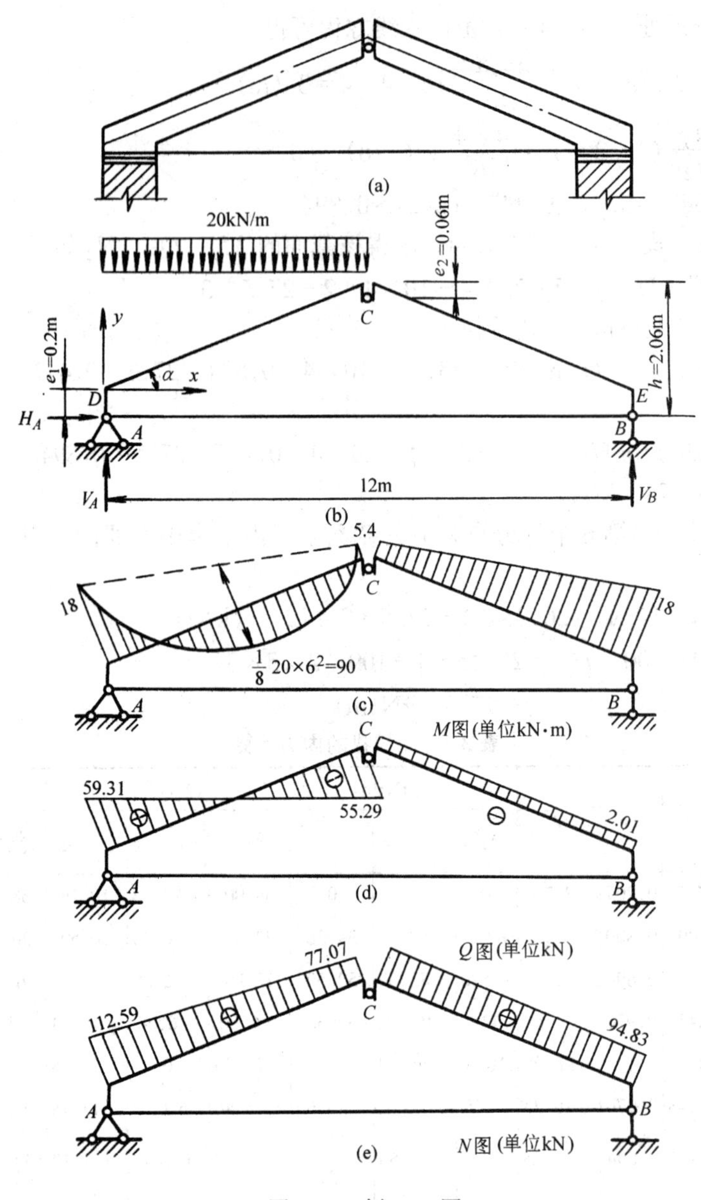

图 3-36　例 3-14 图

$$H_A = 0$$

〈2〉拉杆中的轴力 H

$$H = \frac{M_C^0}{f} = \frac{90 \times 6 - 20 \times 6 \times 3}{(2.06 - 0.06)} = 90 \text{（kN）}$$

〈3〉上弦杆中的内力

上弦杆中 K 截面的内力

$$M_K = M_K^0 - H\ (y_K + e_1)$$

$$Q_K = Q_K^0 \cos\varphi_K - H\sin\varphi_K$$

$$N_K = Q_K^0 \sin\varphi_K + H\cos\varphi_K$$

$$\tan\varphi_K = \frac{h - e_1}{l/2} = \frac{2.06 - 0.20}{6} = 0.31$$

$\varphi = 17°13'$　　　$\cos\varphi = 0.955$　　　$\sin\varphi = 0.296$

利用以上算式，求得控制点的内力如下（D、E 为上弦斜杆的两个端点）

$M_{DC} = 0 - 90 \times 0.20 = -18$（kN·m）（上边受拉）

$M_{CD} = -5.4$ kN·m（上边受拉）

$M_{CE} = -5.4$ kN·m（上边受拉）

$M_{EC} = -18$ kN·m（上边受拉）

$Q_{DC} = 90 \times 0.995 - 90 \times 0.296 = 59.31$（kN）

$Q_{CD} =$（$90 - 20 \times 6$）$\times 0.995 - 90 \times 0.296 = -55.29$（kN）

$Q_{CE} = -30 \times 0.995 + 90 \times 0.296 = -2.01$（kN）

$Q_{EC} = Q_{CE} = -2.01$ kN

$N_{DC} = 90 \times 0.296 + 90 \times 0.955 = 112.59$（kN）

$N_{CD} =$（$90 - 20 \times 6$）$\times 0.296 + 90 \times 0.955 = 77.07$（kN）

$N_{CE} = N_{EC} = -30$（-0.296）$+ 90 \times 0.995 = 94.83$（kN）

控制点的弯矩求得后，杆 CD 的弯矩图可用叠加法绘制。图 3-36（c）（d）（e）为拱式屋架上弦杆的 M、Q、N 图。

由弯矩图看出，由于拉杆中的拉力的影响以及偏心距 e_1、e_2 的存在会使屋架上弦杆端截面产生负弯矩，故屋架上弦杆中正弯矩减小，受力较为均匀。

例 3-15　计算图 3-37（a）所示圆弧三铰拱的反力及截面 D 的内力。

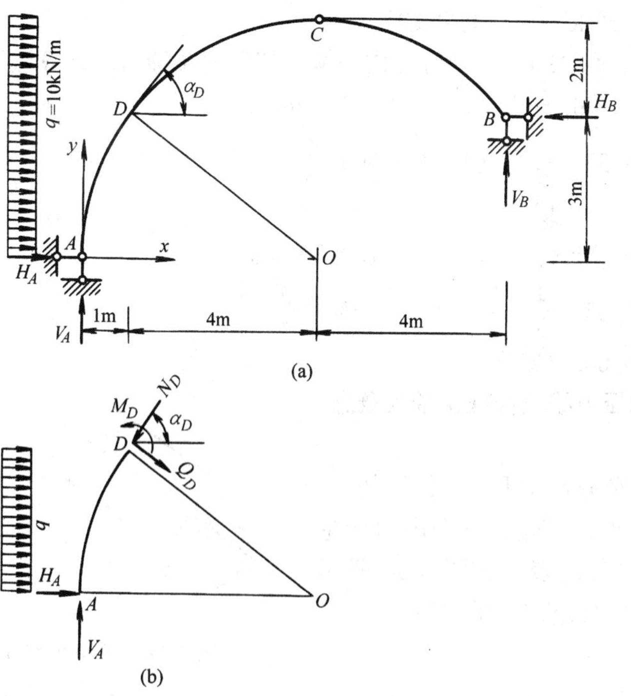

图 3-37　例 3-15 图

【解】　本例三铰拱承受水平荷载，且拱趾不在同一水平线上，计算反力及内力不能用前面推导的式（3-1）～式（3-4），下面通过算例说明其计算方法。

〈1〉计算反力

以拱整体为隔离体，列出以下平衡方程

$\sum X=0 \quad H_A-H_B+10\times5=0$

$\sum M_B=0 \quad V_A\times9-H_A\times3-10\times5\times0.5=0$

$\sum M_A=0 \quad V_B\times9+H_B\times3-10\times5\times2.5=0$

以铰 C 左侧为隔离体，得

$V_A\times5-H_A\times5-10\times5\times2.5=0$

解上述四式，得出

$V_A=-8.33$ kN（↓）

$V_B=8.33$ kN（↑）

$H_A=-33.33$ kN（←）

$H_B=16.67$ kN（←）

〈2〉求截面 D 的内力

以 AD 段为隔离体，如图 3-37（b）所示。

D 点：$x_D=1$ m，$y_D=3$ m

$\sin\alpha_D=\frac{4}{5}$，$\cos\alpha_D=\frac{3}{5}$

$$\begin{aligned}M_D &= V_A\times1-q\times3\times1.5-H_A\times3\\ &=-8.33\times1-10\times3\times1.5-(-33.33\times3)\\ &=46.66\ \text{kN·m}\ (\text{里边受拉})\end{aligned}$$

将 V_A、H_A 及荷载沿 Q_D 及 N_D 方向分解，按剪力及轴力的计算法则，得

$$\begin{aligned}Q_D &= V_A\cos\alpha_D-H_A\sin\alpha_D-10\times3\times\sin\alpha_D\\ &=-8.33\times\frac{3}{5}+(33.33-30)\frac{4}{5}\\ &=-2.33\ (\text{kN})\end{aligned}$$

$$\begin{aligned}N_D &= -V_A\sin\alpha_D-H_A\cos\alpha_D-10\times3\times\cos\alpha_D\\ &=+8.33\times\frac{4}{5}+33.33\times\frac{3}{5}-30\times\frac{3}{5}\\ &=+8.662\ (\text{kN})\end{aligned}$$

三、三铰拱的压力线及合理拱轴的概念

1．压力线

一般情况，在荷载作用下，三铰拱任一截面 K 上均有 M_K、Q_K、N_K、三个内力分量，它们可用合力 R_K 来代表，如图 3-38 所示。合力 R_K 与三个内力分量的关系式为

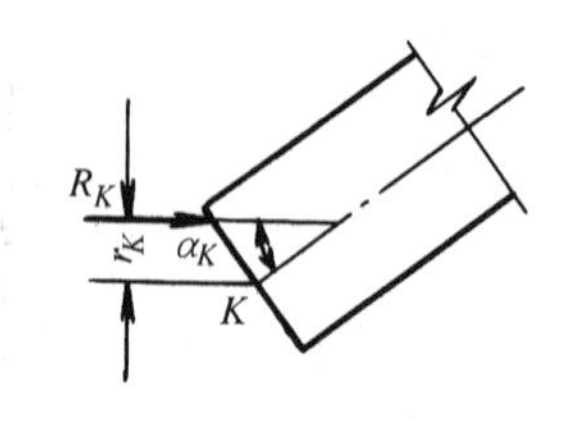

图 3-38　图 3-39 所示三铰拱截面 K 上的内力及其合力表示图

$M_K=R_K\cdot r_K$

$Q_K=-R_K\cdot\sin\alpha_K$

$N_K=R_K\cdot\cos\alpha_K$

这里 r_K 是截面形心至合力 R_K 作用线的垂直距离，α_K 是 R_K 与截面 K 外拱轴切线间的

夹角。由以上三式可知，如能确定截面 K 一边所有外力之合力 R_K 的大小、方向和作用线，K 截面的内力即可确定。若已求出三铰拱各截面上的合力（常称为总压力）的作用点，并把这些点连成折线或曲线（分布荷载作用下），则这些折线或曲线叫做三铰拱的压力线。下面以图 3-39（a）所示的三铰拱为例，说明压力线的作法。

〈1〉确定支座反力

支座反力可用数解法或图解法求得，其中 R_A 为铰支座 A 的竖向及水平反力（V_A 及 H_A）的合力。R_B 为 V_B 及 H_B 的合力。

〈2〉作拱上外力的力多边形

如图 3-39（b）所示，按 R_A、P_1、R_2、P_3、R_B 的顺序作力多边形（按力的比例尺画出），由于荷载与反力构成平衡力系，故力多边形闭合。以 R_A、R_B 的交点 O 为极点，画出射线 12 和 23，我们把由极点至力多边形顶点的连线称为射线。注意 R_A、R_B 及每一射线，即代表某一截面左边（或右边）所有外力的合力的大小和方向。例如，截面 K（图 3-39（a））以左的外力为 R_A 和 P_1，其合力即由射线 12 表示。如果我们再确定出该合力在三铰拱位置图上的作用线，便不难计算内力了。

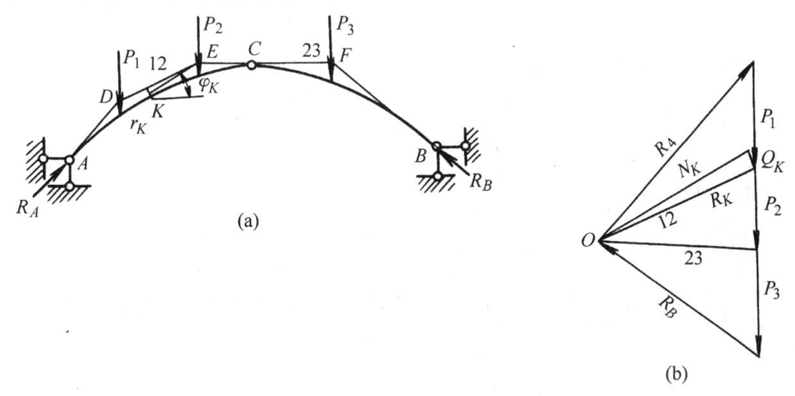

图 3-39　三铰拱压力线的作图方法

〈3〉确定这些合力的作用线需作三铰拱上力系的索多边形

如图 3-39（a）所示。首先，R_A 应通过支座 A，故在此位置图（按长度比例尺画出）上，从 A 点作出力图上 R_A 的平行线即为 R_A 的作用线；R_A 与 P_1 的作用线交于 D 点，从 D 点作 12 射线的平行线即为合力 12（R_A 与 P_1 的合力）的作用线。依此类推，合力 12 作用线与 P_2 交于 E 点，自 E 点作 23 射线的平行线即为合力 23 的作用线。最后，合力 23 的作用线与 P_3 交于 F 点，过此点作 R_B 的平行线，就是 R_B 的作用线。因铰 C 和铰支座 B 处，弯矩为零，在上述作图过程中，合力 23 的作用线应通过铰 C，R_B 的作用线应通过铰 B，这一点可以作为校核，用以检验作图是否准确。

以上各条作用线组成了一个多边形 $ADEFB$，称之为索多边形，其中每个边称为索线。索多边形的每一边，代表它以左（或以右）所有外力的合力的作用线，因此，索多边形又叫做合力多边形。又因以上各合力的拱在各个相应区段中所产生的轴力为压力，故也称为压力多边形或压力线，当拱上承受分布荷载时，可将分布荷载分段，每段范围内的均布荷载合成为一集中荷载。当然分段愈多，愈接近于实际情况。极限情形下，在分布荷载作用范围内的压力线即成为曲线。

有了压力线即可确定任一截面的内力。以截面 K 为例，截面左侧外力合力 R_K 的作用线由索多边形中 12 线表示，它的大小和方向由射线 12 确定；为求得截面 K 的剪力，可通过 K 点作拱轴的法线和切线，再将 12 射线沿 K 截面的法线和切线方向分解为两个分力，即得剪力 Q_K 和轴力 N_K（图 3-39（b））。截面 K 的弯矩等于合力 R_K 对截面形心 K 的力矩即 $M_K = r_K \cdot R_K$，r_K 为 K 点到索线 12 的垂直距离（图 3-39（a）），r_K 应按比例尺量出。

压力线在砖石及混凝土拱的设计中是很重要的概念。由于这些材料的抗拉强度低，一般要求截面上不出现拉应力，因此压力线不应超出截面的核心。如拱的截面为矩形，其截面核心高度为截面高度的 1/3，故压力线不应超出截面三等分后中段范围。

2．合理拱轴的概念

由上面分析可知，如果压力线与拱的轴线重合，则各截面形心到合力作用线的距离为零。因此，各截面的弯矩及剪力均为零，截面上只有轴力，拱处于均匀受压状态，这时材料的使用是最经济的。我们把恒载作用下使拱处于无弯矩状态的轴线称做合理拱轴线。

非竖向荷载作用于拱上时，根据三个铰的位置和荷载情况用图解法做出压力多边形，此压力多边形即是拱的合理轴线。在竖向荷载作用下，较为方便的做法是用数解法求合理轴线方程。

当三铰拱承受竖向荷载时，由式（3-2）有

$$M_K = M_K^0 - Hy_k$$

若拱轴为合理轴线，任一点弯矩值 M 应为

$$M = M^0 - Hy = 0$$

于是得

$$y = \frac{M^0}{H} \tag{3-5}$$

由此式可知，当给定拱上的荷载后，先求出相应简支梁的弯矩方程，再除以 H，即得三铰拱的合理轴线方程。

例 3-16 求图 3-40 所示三铰拱的合理轴线。

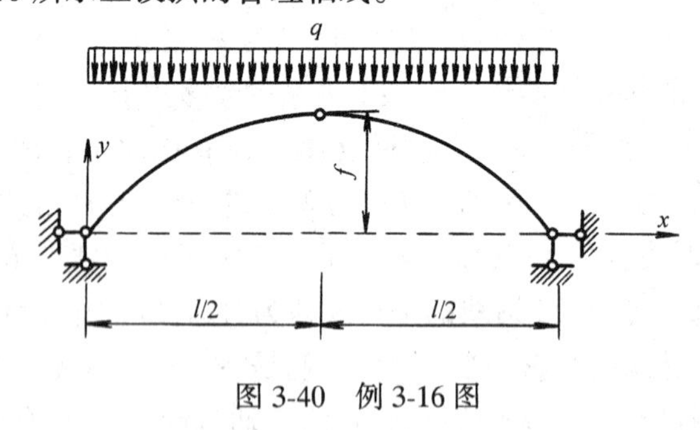

图 3-40 例 3-16 图

【解】

由式（3-5）$y = \frac{M^0}{H}$其中 M^0 为相应简支梁的弯矩。

$$M^0 = \frac{ql}{2}x - \frac{qx^2}{2} = \frac{q}{2}x\ (l - x)$$

设拱的矢高为 f，则水平推力

$$H = \frac{M_c^0}{f} = \frac{ql^2}{8f}$$

将 M^0 及 H 的表达式代入式（3-5）得到拱轴方程

$$y=\frac{4f}{l^2}x\ (l-x)$$

由此可知在沿水平方向均匀分布的竖向荷载 q 的作用下，拱的合理轴线为一抛物线。

在合理拱轴的方程中，拱高 f 可取一系列数值，可见具有不同高跨比的一组抛物线都是合理轴线。

例 3-17 图 3-41 所示的三铰拱承受三角形分布的竖向荷载，试确定其合理轴线。

【解】 根据式（3-5），先计算相应简支梁的弯矩公式。

$$M^0=\frac{ql}{2}x-\frac{1}{2}\frac{3qx}{l}\cdot x\cdot\frac{x}{3}$$

$$=\frac{qlx}{2}-\frac{qx^3}{2l}$$

$$H=\frac{M_c^0}{f}=\frac{1}{f}\left[\frac{ql}{2}\times\frac{l}{2}-\frac{1}{2}1.5q\times\frac{l}{2}\times\frac{l}{6}\right]$$

$$=\frac{1}{f}\left[\frac{ql^2}{4}-\frac{1}{24}1.5ql^2\right]=\frac{1.5ql^2}{8f}$$

$$y=\frac{\frac{qx}{2}\left(l-\frac{x^2}{l}\right)}{\frac{1.5ql^2}{8f}}=\frac{4fx\left(l-\frac{x^2}{l}\right)}{1.5l^2}$$

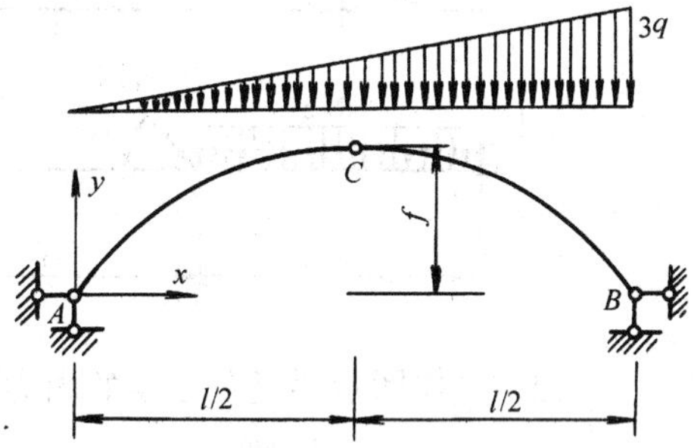

图 3-41 例 3-17 图

从上式可知，在三角形分布的竖向荷载作用下，合理拱轴线为三次抛物线。

从上述两例可以看到不同的荷载有不同的合理轴线，而工程实际中同一结构往往有各种不同的荷载状态。通常是以主要荷载作用下的合理轴线作为拱的轴线，这样，当荷载状态改变时，拱只会产生不大的弯矩。

思 考 题

（1）求三铰拱的四个反力，除反映整体平衡的三个方程外，第四个方程是怎样导出的？

（2）式（3-1）～式（3-4）的使用条件是什么？

（3）怎样利用三铰拱的压力线，求任意截面的弯矩、剪力和轴力？

（4）三铰拱的压力线超出截面核心时，有什么问题？如何可使压力线不超出截面核心。

（5）试对下面列出的荷载求出三铰拱的合理轴线。

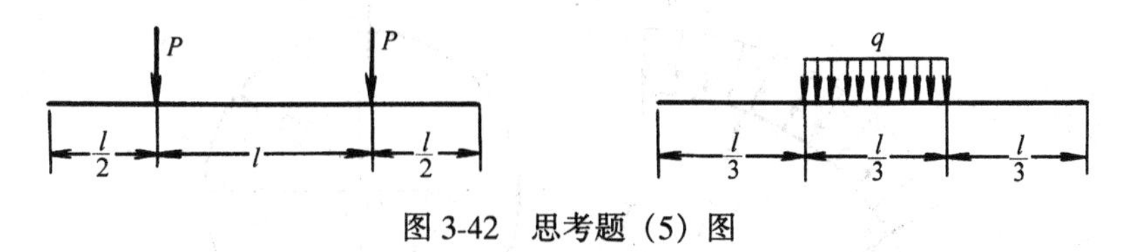

图 3-42 思考题（5）图

（6）房屋建筑的屋盖常用带拉杆的抛物线型三铰拱式屋架，这是为什么？

（7）当拱的高跨比变化时，推力的大小如何变化？

习　题

3.1　试作图示单跨静定梁的内力图。

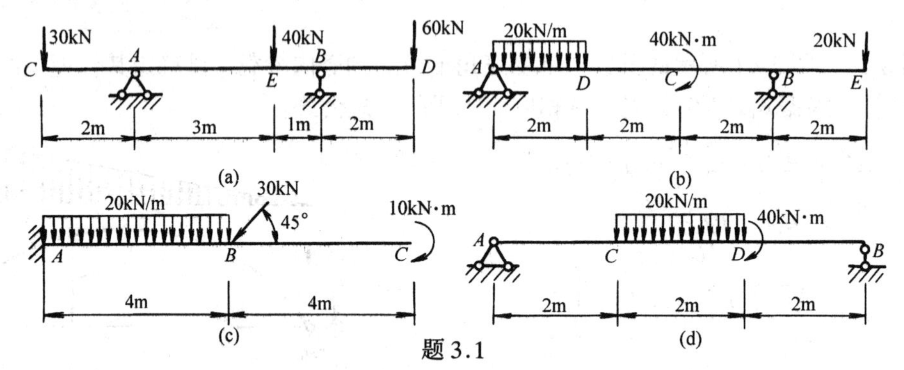

题 3.1

3.2　试作图示斜梁及曲梁的内力图。

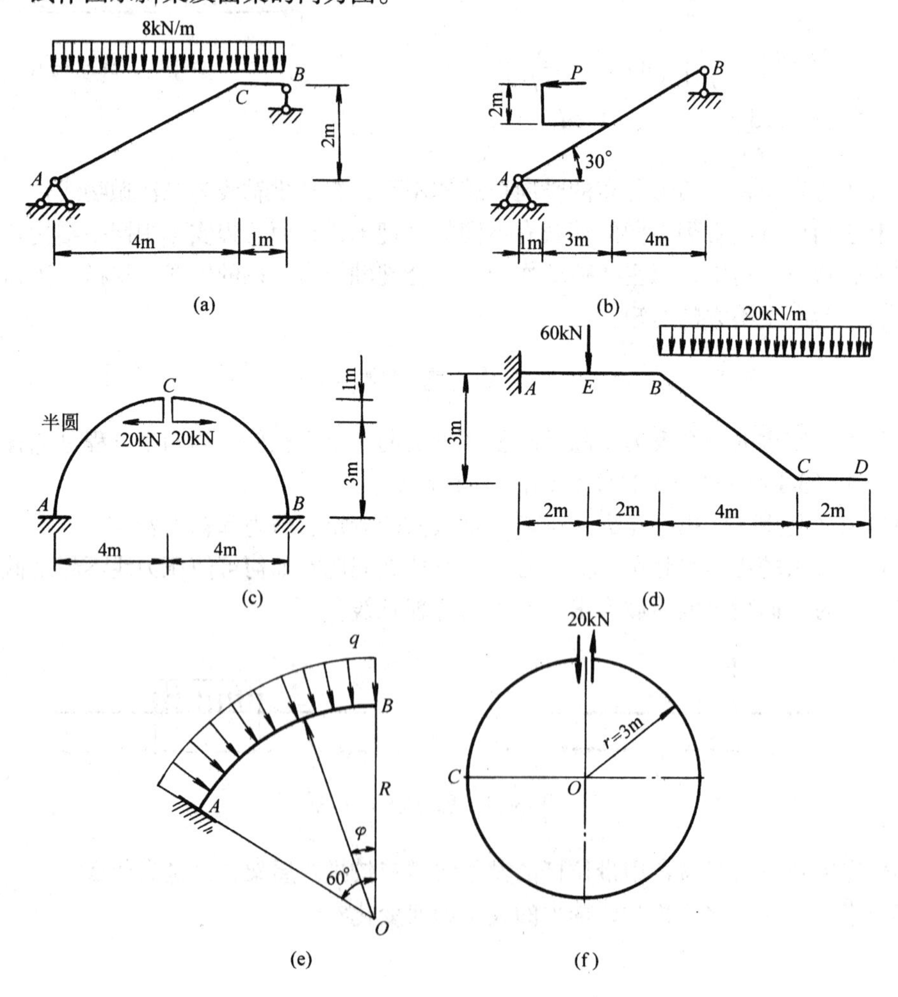

题 3.2

3.3 根据荷载与内力之间的微分关系，检查下列内力图中的错误，并加以改正。

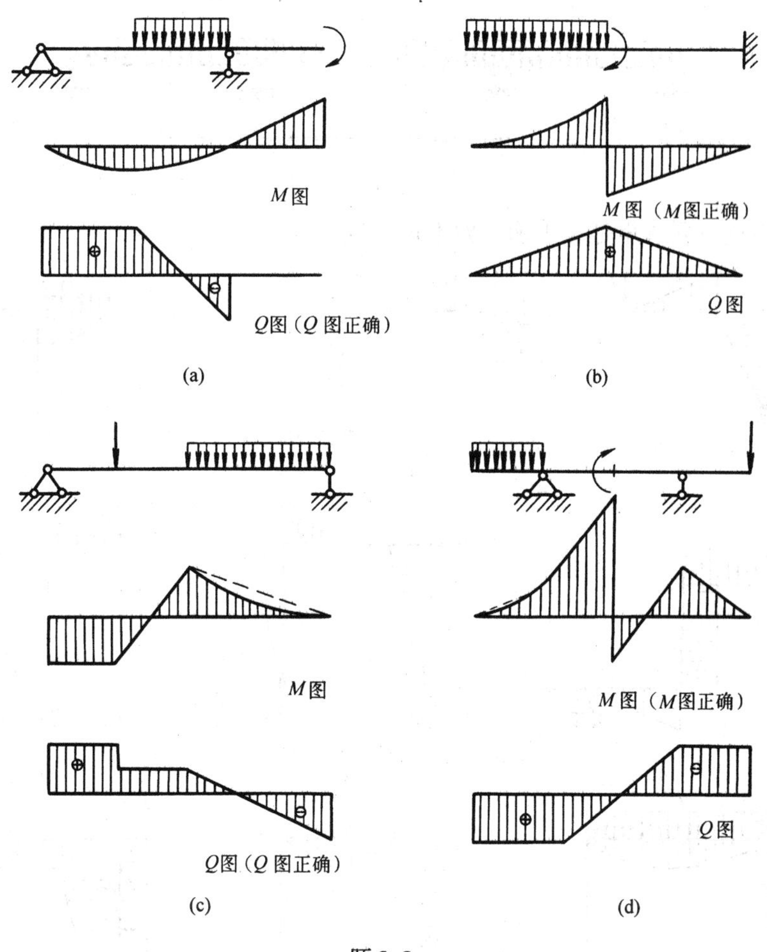

题3.3

3.4 试作出图示多跨静定梁的弯矩图。

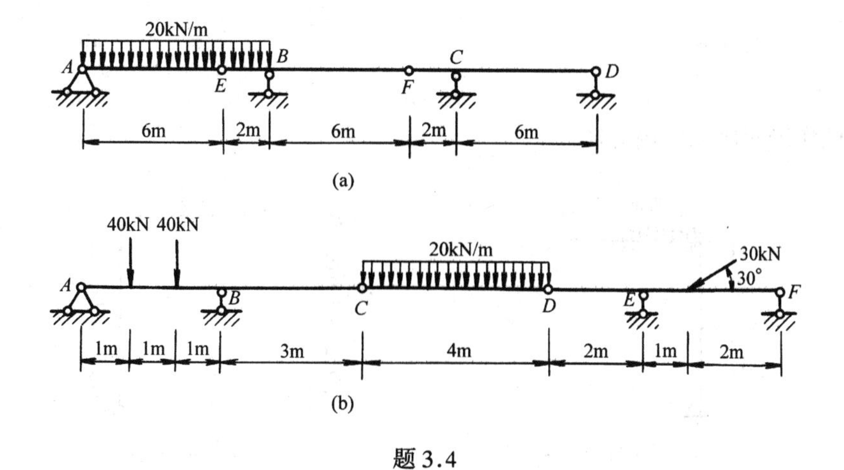

题3.4

3.5　试选择铰的位置 x，使中间一跨的跨中弯矩与支座 B、C 弯矩绝对值相等。

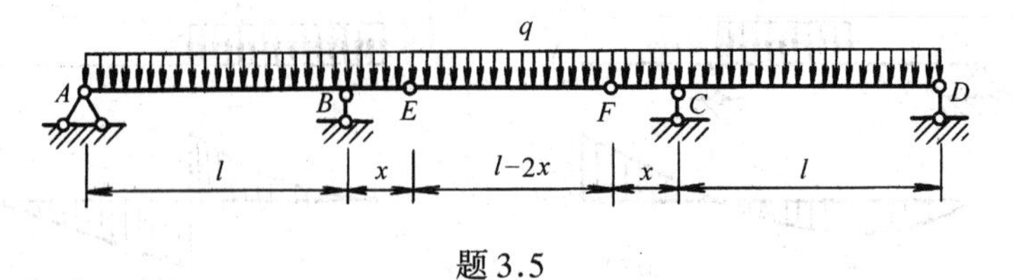

题 3.5

3.6　试检查下列弯矩是否正确，如不正确试加以改正。

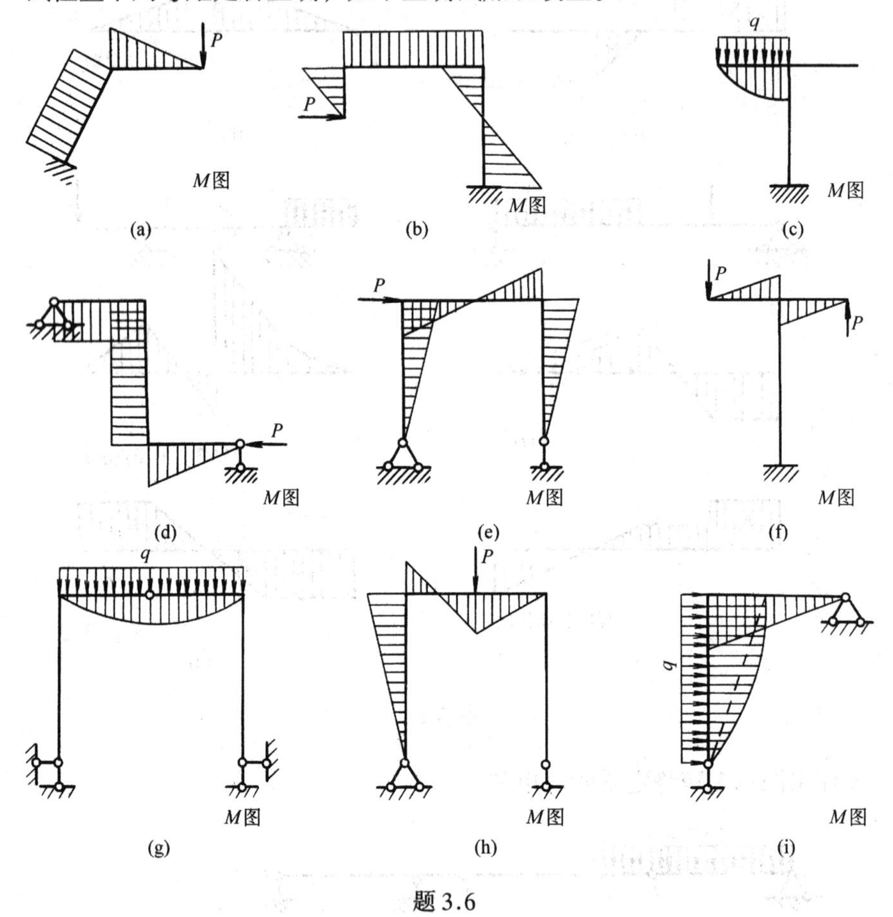

题 3.6

3.7　试作图示刚架的内力图。

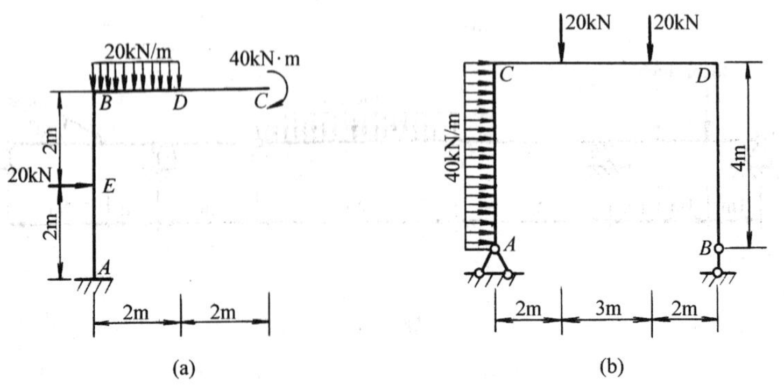

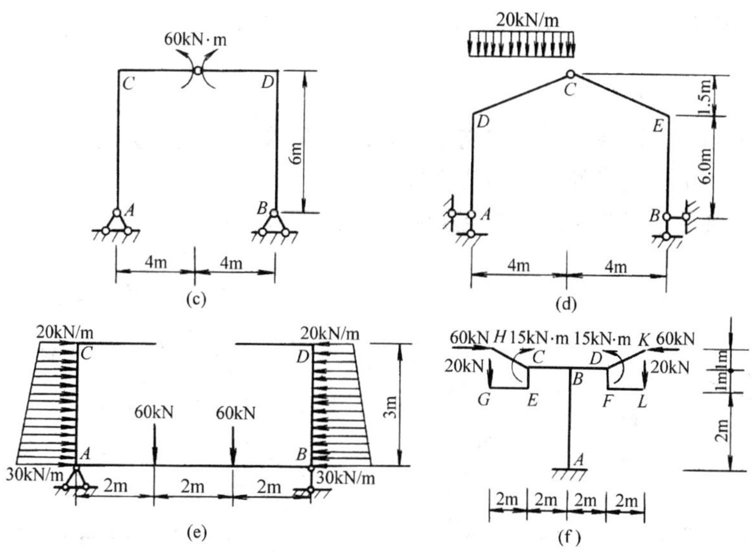

题 3.7

3.8 试作图示刚架的弯矩图。

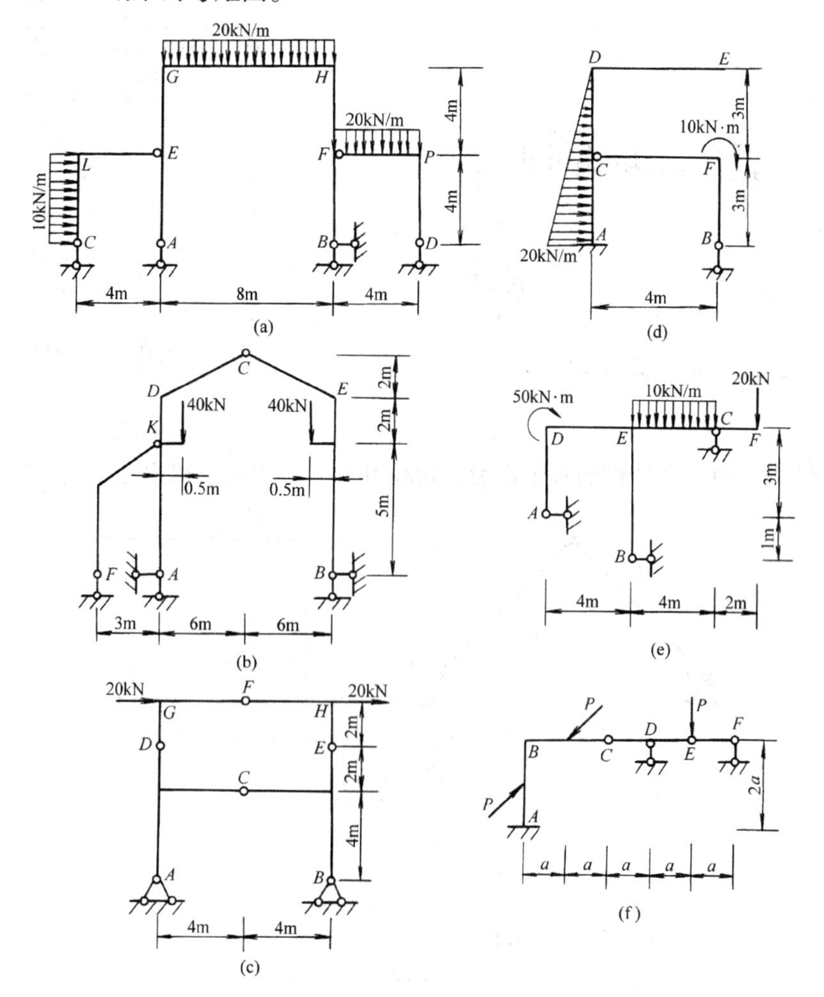

题 3.8

3.9　试作图示抛物线三铰拱的支座反力，并求截面 K 的内力。拱轴方程为

$$y=\frac{4f}{l^2}(l-x)x$$

3.10　试求图示半圆弧三铰拱的支座反力，并求截面 K 的内力。

3.11　求出图示三铰拱的合理轴线方程。

3.12　三铰圆环半径为 r，试求 AB 弧中点处 K 截面的内力。

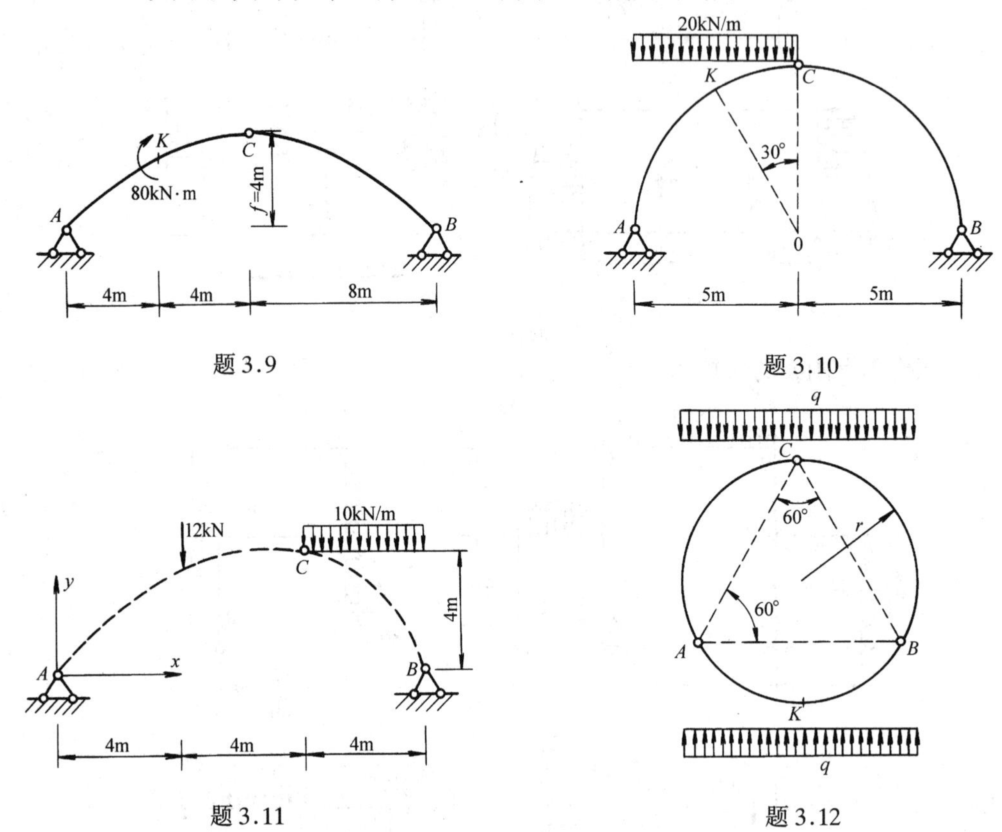

题 3.9　　题 3.10

题 3.11　　题 3.12

3.13　试求下图三个结构的水平反力，比较其大小，由此可得出什么结论？

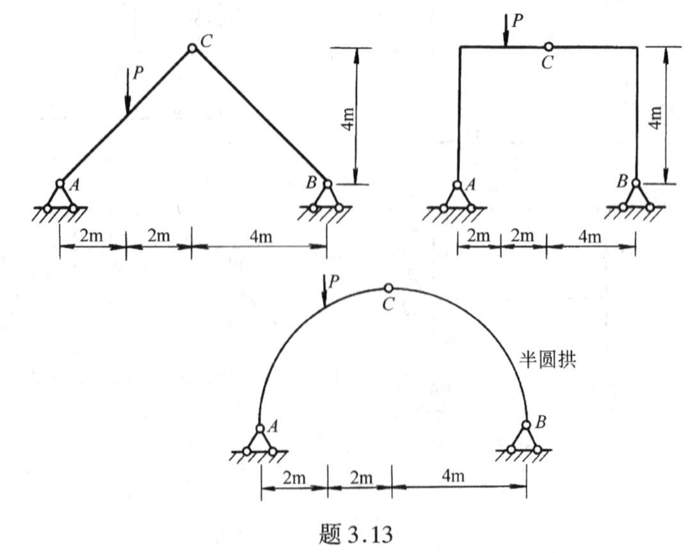

题 3.13

3.14 用数解法作带拉杆的半圆（半径为 r）三铰拱的 M、Q、N 图。

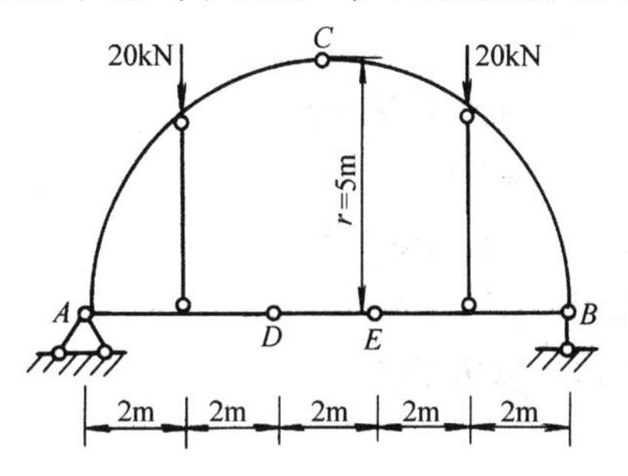

题 3.14

习 题 答 案

3.1（a） $R_A=25$ kN↑， $R_B=105$ kN↑

$M_K=-75$ kN·m（上边受拉）

$Q_{g左}=-5$ kN，$Q_{g右}=-45$ kN

3.1（b） $R_A=20$ kN↑， $R_N=40$ kN↑

$M_{C左}=-40$ kN·m（上边受拉），$Q_C=-20$ kN

$M_{C右}=0$

3.1（c） $M_A=-254.84$ kN·m（上边受拉）

$Q_A=101.21$ kN

3.1（d） $R_A=13.33$ kN↑， $R_B=26.67$ kN↑

$M_{D右}=53.35$ kN·m（下边受拉）

$M_{D右}=13.34$ kN·m（下边受拉）

$Q_D=-26.67$ kN

3.2（a） $M_C=16$ kN·m（下边受拉）

$Q_{CA}=-10.73$ kN

$M_{CA}=5.37$ kN·m

3.2（b） $R_A=-R_B=0.54P$↑

$H_A=P$→

$M_{CA}=-0.15P$（上边受拉）

$M_{CB}=-2.16P$（上边受拉）

3.2（c） $M_A=60$ kN·m（里边受拉）

3.2（d） $M_{BC}=360$ kN·m（上边受拉）

$Q_{BC}=96$ kN

$N_{BC}=72$ kN

3.2（e） $M_A=-0.5qR^2$（上边受拉）

3.2（f） $M_C=-60$ kN·m（外边受拉）

3.4（a） $M_B=-160$ kN·m（上边受拉）

3.4（b）　$M_B = -120$ kN·m（上边受拉）

3.5　$x = 0.146\ 5l$

3.7（a）　$M_{EB} = -80$ kN·m（外边受拉）

$Q_{EB} = 0$，$N_{EB} = -40$ kN

3.7（b）　$M_{CA} = 320$ kN·m（里边受拉）

$Q_{CA} = 0$，$N_{CA} = 25.71$ kN

3.7（c）　$M_{CA} = 60$ kN·m（里边受拉）

$Q_{CA} = 10$ kN

$N_{CA} = 0$

3.7（d）　$M_{DA} = 64.02$ kN·m（外边受拉）

$Q_{DA} = -10.67$ kN

$N_{DA} = -60$ kN

3.7（e）　$M_{AC} = 105$ kN·m（外边受拉）

$Q_{AC} = 75$ kN，$N_{AC} = 0$

3.7（f）　$M_{BC} = -5$ kN·m（上边受拉）

$Q_{BC} = -20$ kN，$N_{BC} = -60$ kN

3.8（a）　$M_{GA} = 160$ kN·m（外边受拉）

$Q_GA = -40$ kN，$N_{GA} = -60$ kN

3.8（b）　$M_{PA} = 4.46$ kN·m（里边受拉）

$Q_{DA} = -2.22$ kN

$N_{DA} = 0$

3.8（c）　$H_D = 20$ kN←，$V_D = 10$ kN↓

$M_{GD} = 40$ kN·m（里边受拉）

$Q_{GD} = 20$ kN，$N_{GD} = 10$ kN

3.8（d）　$M_{AC} = 120$ kN·m（外边受拉）

$Q_{AC} = 60$ kN，$N_{AC} = +2.5$ kN

3.8（e）　$M_{GD} = 80$ kN·m（里边受拉）

$Q_{ED} = 0$，$N_{ED} = 10$ kN

3.8（f）　$M_{AB} = 2$ Pa（里边受拉）

$Q_{AB} = 0$，$N_{AB} = \mathrm{P}$

3.9　$M_K = 50$ kN·m（外边受拉）

3.10　$V_A = 75$ kN↑，$H_A = 25$ kN→

$M_K = 16.88$ kN·m（里边受拉）

3.12　$M_K = \dfrac{2qr^2\ (\sqrt{3}-1)}{3}$（里边受拉）

$N_K = \dfrac{1}{3}qr\ (\sqrt{3}-1)$，$Q_K = 0$

3.14　拉杆中轴力　$N = 8$ kN（拉力）

第4章　静定桁架的计算

4.1　概　述

在1-1节中已说明，实际工程中的桁架一般都是空间桁架，但其中有很多可以分解为平面桁架进行分析。为了简化计算，选取既能反映结构的主要受力性能，而又便于计算的计算简图。通常对实际桁架的计算简图采用下列假定：

（1）各杆在两端用绝对光滑而无摩擦的理想铰相互联结；

（2）各杆的轴线都是绝对平直而且在同一平面之内并通过铰的几何中心；

（3）荷载和支座反力都作用在节点上并位于桁架的平面内。

符合上述假定的桁架称为理想平面桁架。图4-1为实际工程中的钢筋混凝土屋架。图4-2（a）为这一桁架的计算简图。

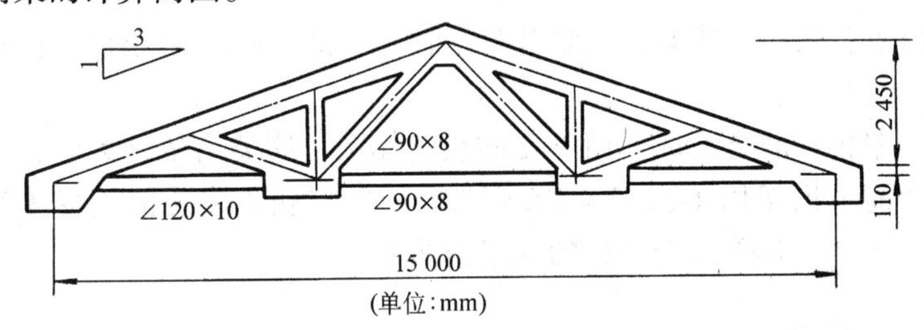

图4-1　钢筋混凝土屋架

在桁架中任取一杆，例如 CD 杆，根据上述假定，杆端受力将如图4-2（b）所示。由于杆处于平衡状态，故杆端所受二力大小相等，指向相反，作用线即是杆的轴线，这样的杆称做二力杆。

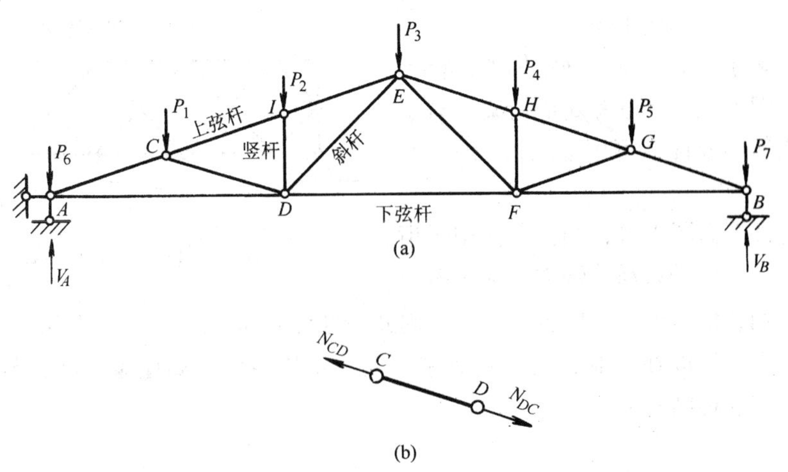

图4-2　图4-1桁架计算简图及二力杆 CD 受力图

实际工程中的桁架常不能完全符合上述假定。譬如不论是铆接或焊接成的钢屋架的节点，或是钢筋混凝土屋架用混凝土浇注的节点，它们都具有一定的刚性，并非理想铰。即使在木屋架中各杆是用榫接或螺栓联接的，节点处仍会有摩擦，节点构造也不完全符合理想铰的情况。此外，由于制造误差，杆轴不可能绝对平直，节点处各杆轴线也不一定全交于一点；杆件的自重以及作用于杆上的风荷载都不是作用于节点上的荷载等等。因此，桁架的杆件将发生弯曲而产生附加内力（其中主要是弯矩）。通常把按桁架的理想情况计算出来的内力称为主内力，而把由于实际情况与计算简图不符而产生的内力叫做次内力。本章只讨论静定桁架中主内力的计算。

图 4-2（a）中的上部斜杆称为上弦杆，下部的水平杆称为下弦杆。上下弦杆之间的杆件称为腹杆，其中联结上下弦的斜向杆称为斜杆，联接上下弦的竖向杆称为竖杆。弦杆上两相邻节点之间的区间称为节间，节点间距离称为节间长度。

桁架中杆件的布置必须满足几何不变体系组成规则的要求。当桁架是几何不变，且无多余约束时为静定桁架；当桁架是几何不变，但有多余约束时为超静定桁架。在静定桁架中根据几何组成的特点桁架可分为以下几种。

（1）由基础或一个基本三角形开始，每次用两根杆件接出一个新节点，按这一规则组成的桁架称为简单桁架。

图 4-3 所示桁架，从一个基本三角形出发，依次增加二元体，这样组成的桁架就是简单桁架。

（2）由几个简单桁架联合组成几何不变的铰结体系，这类桁架称为联合桁架。如图 4-4 所示，Ⅰ、Ⅱ两个简单桁架用 1-2、3-4、5-6 三根链杆相联，按几何不变体系的组成规则，可知该体系是几何不变，且无多余约束的静定结构。

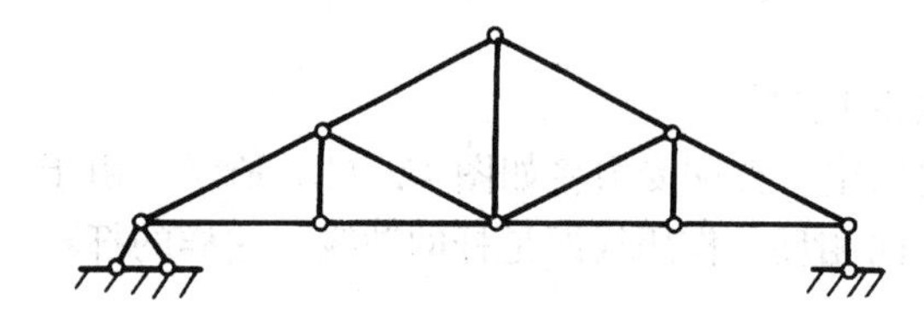

图 4-3　简单桁架

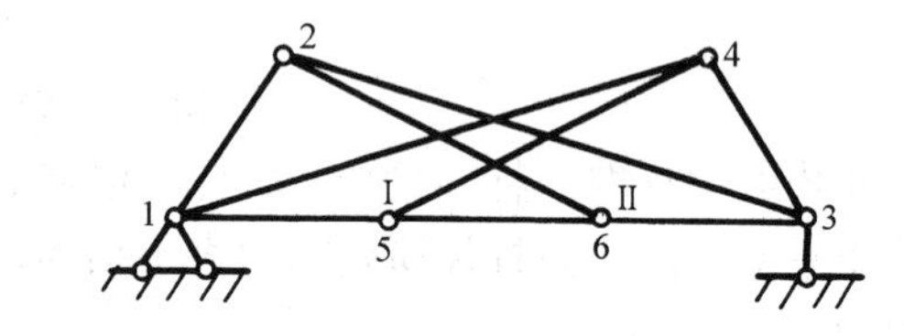

图 4-4　联合桁架

（3）凡不属于以上两类的静定桁架，称为复杂桁架，如图 4-5 所示即为复杂桁架。对于复杂桁架的几何不变性，可用零载法* 加以判断。

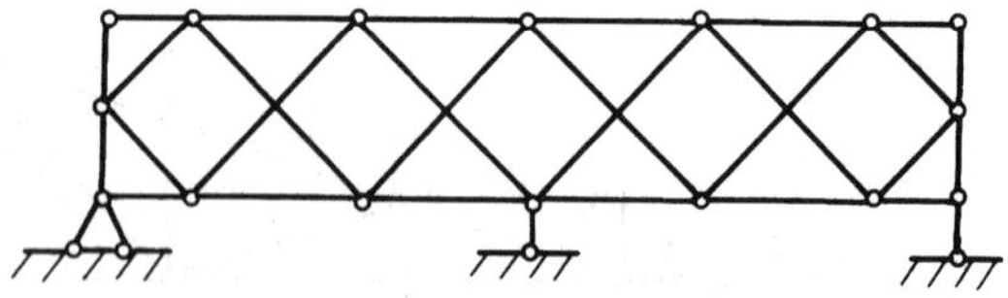

图 4-5　复杂桁架

从桁架的计算简图来看，当荷载作用于桁架节点上时，桁架各杆只承受轴力，即使考虑附加内力的影响，桁架各杆仍以轴力为主。因此，杆件截面上应力分布较为均匀，可以充分发挥材料的作用。所以在工业、民用建筑中，大跨度的结构（如屋架、吨位较大的吊车梁等）常采用桁架这种结构形式。

---

* 关于零载法，可参阅《结构力学》第三版 7-7 节，金宝桢，杨式德，朱宝华合编，朱宝华主编 . 高等教育出版社，1986 年

静定桁架的内力分析方法，有数解法及图解法。在数解法中又因隔离体选取的不同，可分为节点法与截面法。本书只介绍数解法。

4.2　静定平面桁架的计算

数解法中包括节点法、截面法和二者的联合应用，以下分别加以介绍。

一、节点法

节点法是截取桁架的节点为隔离体，隔离体上外力与内力构成平面汇交力系，因之，每个节点上可建立两个独立的平衡方程。从原则上讲，它可以解算任意形式的静定平面桁架。但为了避免解算联立方程，节点法最适用于计算简单桁架。因为简单桁架是从一个基本铰结三角形开始，依次增加二元体所组成的，其最后一个节点只包含两根杆件。求出反力后（有时不必要），从最后一个节点开始，逆组成次序依次截取各节点求解，作用于各隔离体上的未知力都不会超过两个。

在桁架的内力分析中，为使运算简便，需要注意解题的技巧。由于轴力顺沿杆轴，若将斜杆的内力分解为水平及竖向两个分力，便可利用杆件长度与其在水平或竖向投影长度之比，来表达轴力与它的分力的数值之比。这样可避免三角函数的运算。

在图 4-6（a）中，某杆 AB 的轴力 N_{AB}、水平分力 H_{AB} 和竖向分力 V_{AB} 组成一个直角三角形。杆 AB 的长度 l 与它的水平投影 l_x、竖向投影 l_y 也组成一个直角三角形如图 4-6（b）所示。由于这两个三角形各边互相平行，故两三角形相似。因而，有下列的比例关系

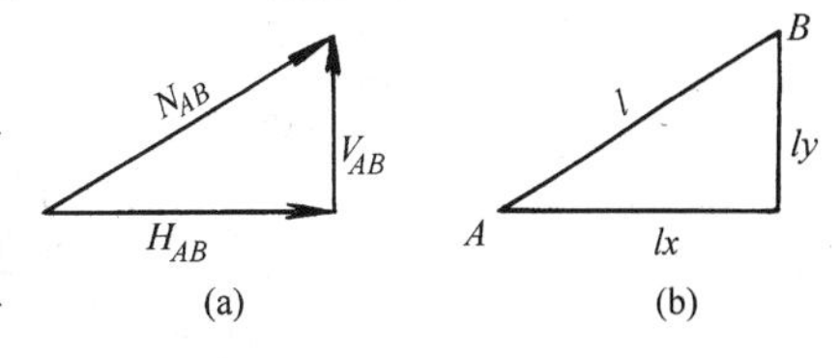

图 4-6　两个相似三角形

$$\frac{N_{AB}}{l}=\frac{H_{AB}}{l_x}=\frac{V_{AB}}{l_y}$$

利用这一关系，可由轴力 N 推算分力 H 和 V，或由分力推算轴力。桁架一般由水平杆、竖杆及斜杆组成，把斜杆内力都分解为水平及竖向分力，逐个节点运用平衡条件 $\sum X=0$ 和 $\sum Y=0$，先计算各杆内力的分力，然后再推算它们的轴力，这样计算将是十分方便的。

下面结合例题说明节点法的原则步骤和简化计算的方法。

例 4-1　用节点法计算图 4-7（a）所示桁架在半跨集中荷载作用下各杆的内力。

【解】

〈1〉计算桁架的支座反力

以桁架整体作隔离体

$$\sum M_8=0 \quad V_1\times 8-10\times 8-20\times 6-10\times 4=0$$

$$V_1=30\ \text{kN}$$

$$\sum M_1=0 \quad V_8\times 8-20\times 2-10\times 4=0$$

$$V_8=10\ \text{kN}$$

$$\sum X=0 \quad H_1=0$$

〈2〉计算各杆内力

计算各杆的内力，可从仅有两个未知力的节点 1（或节点 8）开始，并按照图 4-7（a）中 1、2、3、4、5、7、8 的顺序，依次取各节点为隔离体，利用平衡条件计算各个节点上新

增加的两个未知内力。注意在取第 8 个节点为隔离体之前，N_{68}、N_{78}已经求得，故可利用节点 8 的平衡条件进行校核。

计算时，先假定杆件的未知内力为拉力。计算结果为正，表示计算出的内力为拉力，若为负，则计算出的内力为压力。计算过程如下。

节点 1　隔离体如图 4-7（b）所示，由平衡方程$\sum Y=0$，得

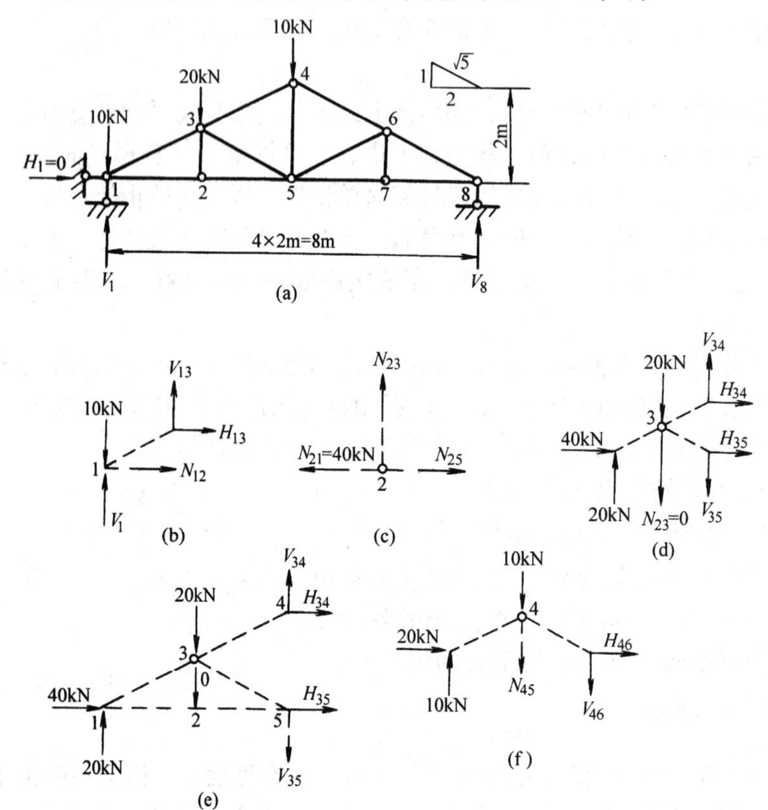

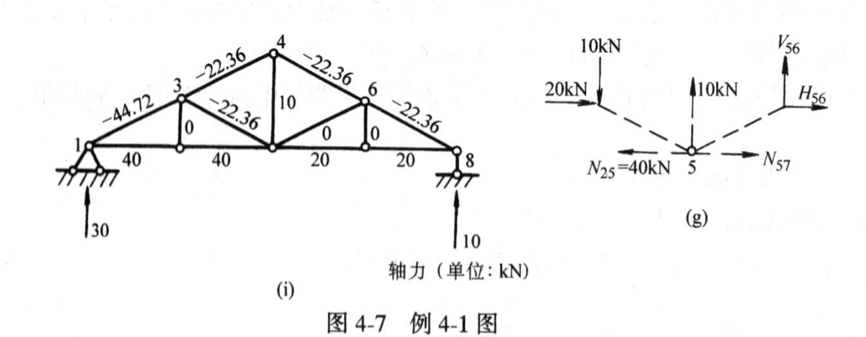

图 4-7　例 4-1 图

$$V_{13}-10+30=0$$

$$V_{13}=-20\ \text{kN}$$

由比例关系，得

$$H_{13}=\frac{2}{1}\times V_{13}=2\times(-20)=-40\ (\text{kN})$$

$$N_{13}=\sqrt{5}\times V_{13}=\sqrt{5}\times(-20)=-44.72\ (\text{kN})\ (压力)$$

由平衡方程$\sum X=0$，得

$$N_{12}+H_{13}=0$$

$$N_{12}=-H_{13}=-\ (-40)\ =40\ \text{kN}\ (\text{拉力})$$

节点 2　隔离体如图 4-7（c）所示，图中将前面已求出的 N_{12}按实际指向画出，不再标正负号，只标数值。由平衡方程

$$\sum Y=0\quad N_{23}=0$$

$$\sum X=0\quad N_{25}=N_{12}=40\ \text{kN}\ (\text{拉力})$$

节点 3　隔离体如图 4-7（d）所示，未知力为 N_{35}、N_{34}（用竖向、水平分力表示）。利用节点平衡条件$\sum X=0$，$\sum Y=0$ 可计算两个未知力。为了避免解算联立方程，将 N_{35}沿作用线在节点 5 处分解为 H_{35}、V_{35}；将 N_{34}在节点 4 处分解为 V_{34}、H_{34}；将 N_{13}在节点 1 处分解为 V_{13}、H_{13}，如图 4-7（e）（这样做的结果仍然是节点 3 处的几个汇交力的平衡问题，并没有增加其他节点的外力及内力）。然后，以节点 5 为矩心，列力矩平衡方程

$$\sum M_5=H_{34}\times 2+20\times 4-20\times 2=0$$

得　$H_{34}=-20\ \text{kN}$

利用比例关系，得

$$V_{34}=\frac{1}{2}\ (-20)\ =-10\ (\text{kN})$$

$$N_{34}=\sqrt{5}\times V_{34}=\sqrt{5}\times\ (-10)\ =-22.36\ (\text{kN})\ (\text{压力})$$

再用投影方程，由　$\sum X=H_{35}+H_{34}+40=0$

得　$H_{35}=-20\ \text{kN}$

利用比例关系，得

$$V_{35}=\frac{1}{2}\times\ (-20)\ =-10\ (\text{kN})$$

$$N_{35}=\sqrt{5}\times V_{35}=\sqrt{5}\times\ (-10)\ =-22.36\ (\text{kN})\ (\text{压力})$$

节点 4　隔离体如图 4-7（f）所示，由

$$\sum X=H_{46}+20=0$$

得　$H_{46}=-20\ \text{kN}$

利用比例关系，得

$$V_{46}=\frac{1}{2}\times\ (-20)\ =-10\ (\text{kN})$$

得　$N_{46}=\sqrt{5}\times\ (-10)\ =-22.36\ (\text{kN})\ (\text{压力})$

由　$\sum Y=10-N_{45}-10-\ (-10)\ =0$

得　$N_{45}=10\ \text{kN}$（拉力）

节点 5　取节点 5 为隔离体如图 4-7（g）所示，由

$$\sum Y=V_{56}-10+10=0$$

得　$V_{56}=0$，故 $N_{56}=0$

由　$\sum X=N_{57}-40+20=0$

得　$N_{57}=20\ \text{kN}$（拉力）

同理，相继取节点 6、7 为隔离体，可求得 $N_{67}=0$，$H_{68}=-20\ \text{kN}$，$V_{68}=-10\ \text{kN}$，$N_{68}=-22.36\ \text{kN}$（压力），$N_{78}=20\ \text{kN}$（拉力）。最后利用节点 8 的平衡条件进行校核，由

$\sum Y = N_{78} + H_{68} = 20 - 20 = 0$

$\sum Y = V_8 + V_{68} = 10 - 10 = 0$

可知计算结果无误。桁架各杆轴力表示在图 4-7（i）中。

节点平衡的特殊情况。在节点法中，利用一些节点平衡的特殊情况，常可使计算简化。这几种特殊情况如下。

（1）在不共线的两杆节点上无荷载作用时（图 4-8（b）），两杆的内力都等于零。凡内力等于零的杆件简称为零杆。

（2）三杆节点上无荷载作用时，如其中有两杆在一直线上（图 4-8（c）），则另一杆必为零杆；而在同一直线上的两杆的内力必相等且性质（指受拉或受压）相同。

（3）四杆节点上无荷载作用时，如其中两杆在一直线上，而其他两杆又在另一直线上（图 4-8（d）），则在同一直线上的两杆的内力相等且性质相同。

利用上述三条结论可判断出：图 4-8（a）所示桁架中，杆 1-2、杆 1-3、杆 2-3、杆 3-4、杆 3-5、杆 2-4、杆 5-7、杆 5-4、杆 5-6 皆为零杆。

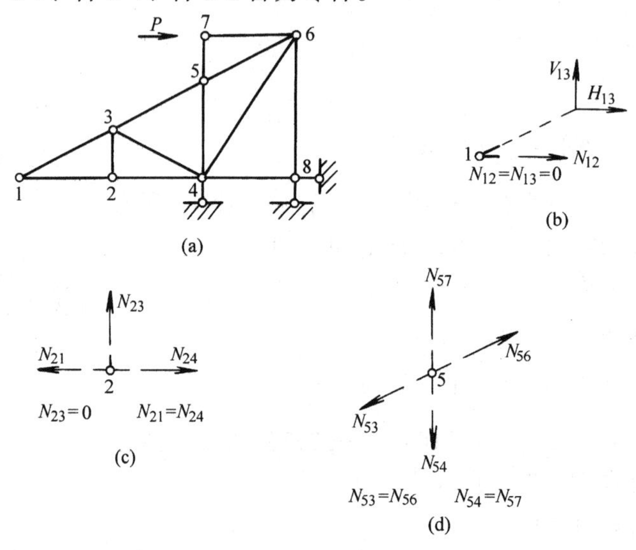

图 4-8　节点平衡的几种特殊情况及零件判断的例子

以上三条结论，都可根据适当的平衡方程推出。以情况（1）为例，在图 4-8（b）中，由$\sum Y = 0$可知 $N_{13} = 0$；再用$\sum X = 0$，可得 $N_{12} = 0$。

例 4-2　试用节点法计算图 4-9（a）所示桁架各杆的内力。

【解】

本例中的桁架，是从一个基本铰接三角形开始，依次增加二元体而组成的。计算内力可从位于右端的最后一个节点 10 开始。

先判断零杆：运用节点平衡的特殊情况所得的结论，可知图 4-9（h）中虚线所示的各杆皆为零杆。同时，因节点 5 处两非零杆 53 和 57 共线，故 $N_{53} = N_{57}$。

然后依次取 7、5、4、3、2、1 等节点为隔离体，见图（b）、（c）、（d）、（e）、（f）、（g），同上例做法，不难求出全部非零杆的内力及支座反力，在求解过程中，各节点都只有两个未知的内力，计算结果示于图 4-9（h）。

校核：桁架整体为隔离体，应用三个平衡条件可解出三个反力，与上面图 4-9（f）、（g）节点所得结果完全相同，说明计算无误。

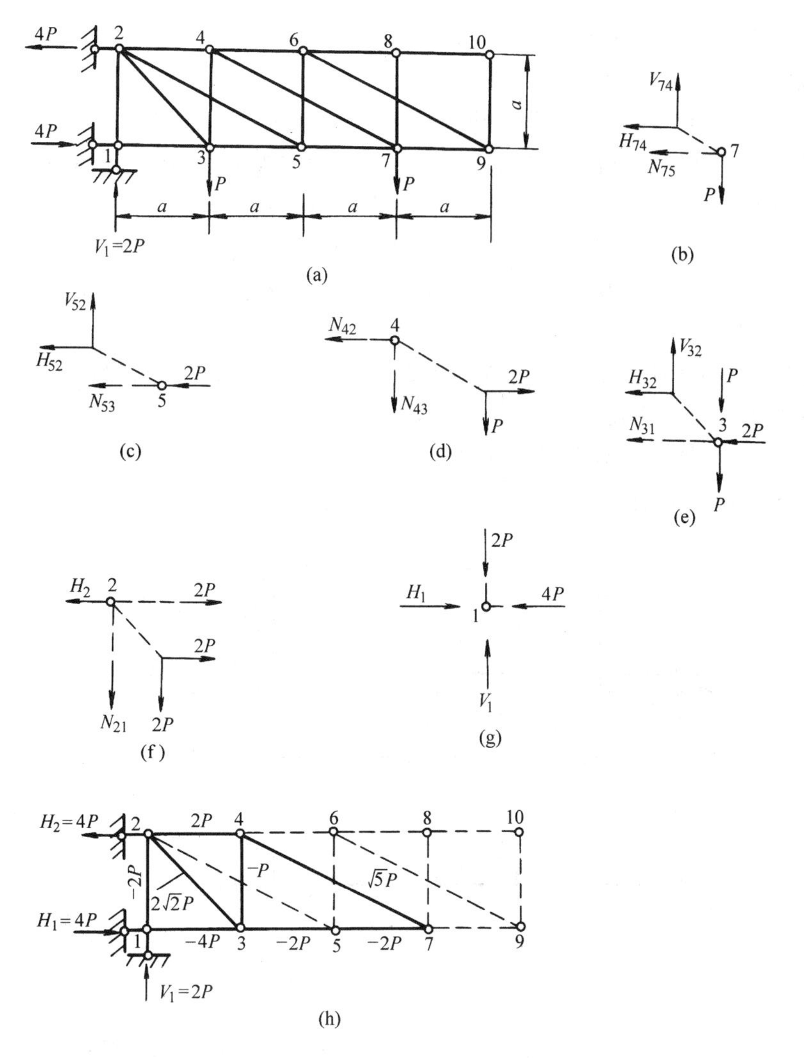

图 4-9　例 4-2 图

总括以上，我们提出应用节点法时需注意下列几点。

(1) 节点法最适用于简单桁架。一般可先作桁架的几何组成分析以确定截取节点的顺序；它恰与按二元体规则组成桁架节点的次序相反。依照这个顺序，利用所截取节点的平衡方程即可解出该节点处的全部未知力，而不会涉及其他节点的方程及未知力。

(2) 在一个节点上，也应考虑怎样做到一个方程中只出现一个未知力。若两未知力中只有一个兼有水平和竖向分力，适当地运用两个投影方程不难做到；若两个未知力都兼有以上两种分力，一般可改用力矩方程并在一个未知力的作用线上选择一适当点作为力矩中心（由矩心至另一未知力或其分力的力臂容易求出）。

总之，力求避免求解联立方程，便可减少计算工作和误差。

(3) 注意，在依次截取各节点之前，先利用节点平衡的特殊情况来判断零杆和某些杆的内力值。撤除零杆并将已知杆内力以外荷载代替，常可使以下的计算工作简化许多。

(4) 隔离体上的未知力先设为拉力；这样解方程所得答案的正负恰与通常表示轴力性质的规定相符。但隔离体上面的已知力按实际指向画出，只注数值。按这样的方法处理，较少发生错误。在下面的截面法中我们也采取这种做法。

二、截面法

截面法是用截面截取桁架两个节点以上的部分作为隔离体。隔离体上的外力与内力将构成平面一般力系。若所截杆件的未知轴力为三个，它们既不交于一点，也不互相平行则利用平面一般力系的三个平衡条件，可求解此三个未知内力值。

截面法一般应用于计算联合桁架以及桁架中少数指定杆件的内力。

根据所选用平衡方程的不同，截面法可分为力矩方程法和投影方程法。

1. 力矩方程法

力矩方程法是给作用于隔离体上的力系建立力矩平衡方程以计算轴力的方法。要达到计算简便的目的，关键是选取合理的力矩中心。

以图 4-10（a）所示桁架为例，设拟求杆 2-5、杆 2-4 和杆 3-4 的内力，用截面Ⅰ-Ⅰ截取隔离体，如图 4-10（b）所示。

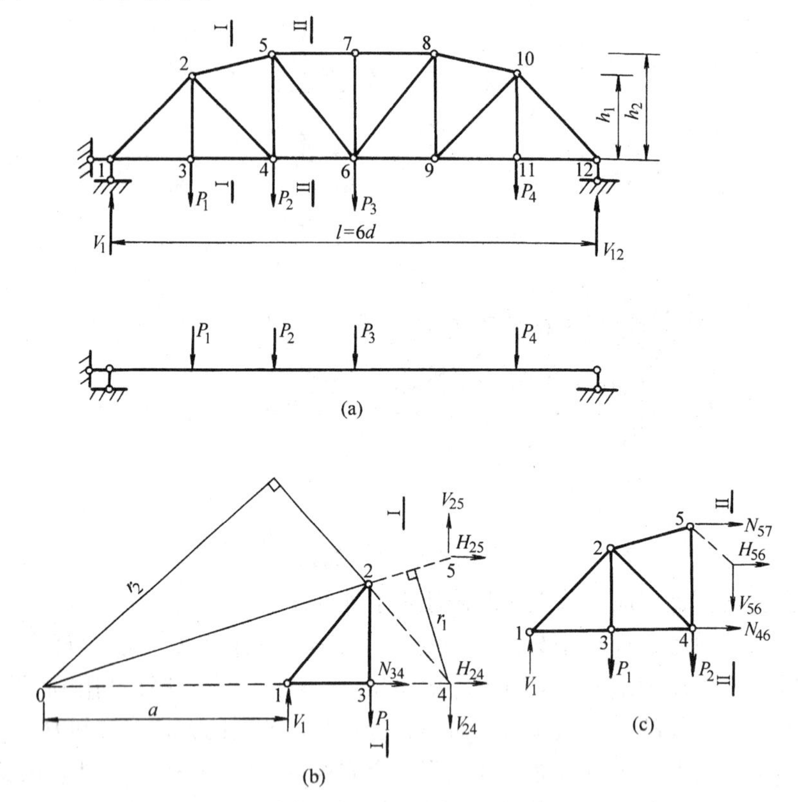

图 4-10　应用力矩方程式及投影方程式求杆内力的例子

建立平衡方程时，应尽量使每一个方程只包含一个未知力。例如，求上弦杆 2-5 的内力 N_{25}时，欲达到这一要求，可取另外两个内力未知杆 2-4 和杆 3-4 的交点 4 为矩心。又为了避免计算 N_{25}的力臂 r_1，可将 N_{25}在节点 5 处分解为两个分力 V_{25}和 H_{25}，由

$$\sum M_4 = V_1 \cdot 2d - P_1 d + H_{25} \cdot h_2 = 0$$

得

$$H_{25} = -\frac{V_1 \cdot 2d - P_1 \cdot d}{h_2} = -\frac{M_4^0}{h_2} \tag{a}$$

式中 M_4^0 为位于Ⅰ-Ⅰ截面以左的桁架的荷载和反力对节点 4 的力矩代数和，它即是与此桁架同跨度、同荷载的简支梁见图 4－10（a）相应的弯矩。已知 H_{25}后，利用比例关系即可求出 N_{25}。因 M_4^0 为正，所以式（a）等号右侧的负号表示 N_{25}为压力。

同理，求下弦杆 3-4 的内力 N_{34}时，应取杆 2-5 和杆 2-4 的交点 2 为矩心；由

$$\sum M_2 = V_1 \cdot d - N_{34} \cdot h_1 = 0,$$

得

$$N_{34} = \frac{V_1 \cdot d}{h_1} = \frac{M_2^0}{h_1} \tag{b}$$

式中 M_2^0 为相应简支梁点 2 的弯矩。因 M_2 为正，故 N_{34}为拉力。

求斜杆 2-4 的内力 N_{24}时，可取杆 2-5 及杆 3-4 的轴线的延长线的交点 0 为矩心。同样将 N_{24}在节点 4 分解为竖向和水平分力 V_{24}和 H_{24}，便易于确定所需力臂，由

$$\sum M_0 = V_1 \cdot a - p_1 (a+d) - V_{24} \cdot (a+2d) = 0$$

得

$$V_{24} = \frac{V_1 \cdot a - P_1 (a+d)}{a+2d} \tag{c}$$

上式右侧分子的正负号，亦即斜杆 2-4 的拉压性质，决定于荷载分布情况。根据 V_{24}，就可确定 N_{24}。也可利用 $N_{24} \cdot r_2 + P_1 (a+d) - V_1 \cdot a = 0$ 直接求 N_{24}，但应先求出 r_2 的大小。

2. 投影方程法

仍以图 4-10（a）所示桁架为例。设拟求 4-6 节间斜杆 5-6 的内力 N_{56}，在该节间作截面Ⅱ-Ⅱ，并取其以左部分为隔离体（图 4-10（c））。因上、下弦杆都在水平方向，若选垂直于弦杆的竖轴作为投影轴，在投影方程中便只含有未知力 N_{56}。将 N_{56}分解后，由

$$\sum Y = V_1 - P_1 - P_2 - V_{56} = 0$$

得

$$V_{56} = V_1 - P_1 - P_2 = Q_{4\text{-}6}^0 \tag{d}$$

式中 $Q_{4\text{-}6}^0$为相应简支梁在 4-6 区间的剪力。显然，此剪力的正负号与荷载分布情况有关，故斜杆 5-6 的拉、压性质，要视荷载而定。即知 V_{56}后，利用比例关系就不难计算 N_{56}了。

以上我们是针对用截面切割的隔离体上有三个未知轴力，且它们不交于一点也不相互平行的情况来讨论的。在某些情况下，若所切轴力为未知的杆件数虽多于三个，但除了拟求的一个未知力外，其他各未知力都汇交于同一点或都相互平行，则仍可应用力矩方程法或投影方程法求出该杆轴力。这是一种特殊情况，列方程方法同前，不再赘述。

三、节点法与截面法的联合应用

从第一段的分析中已看到，对于简单桁架来说，用节点法求解很方便。但是对于联合桁架，只用节点法求解会遇到困难。例如，图 4-11（a）所示联合桁架，它是由两个基本三角形 *ABC* 和 *DEF* 用三根联系联杆 *AD*、*BE* 和 *CF* 相联而成。求出支座反力后，不论从哪个节点开始计算都有三根杆件的内力是未知的，如仍单用节点法作计算，就不能避免解多元联立方程。为使计算简化，我们联合使用截面法与节点法。分析时先取图 4-11（a）中所示闭合形截面，切断三根联系杆，取出 *DEF* 部分（或 *ABC* 部分）为隔离体，先利用三个平衡条件求联系杆内力，而后再用节点法求其他杆内力便没有什么困难了。又如图 4-11（b）所示桁架，系由两简单桁架用联系杆联结而成，也是一个联合桁架，设拟求全部杆件内力，也需要先用截面法解出联系杆 *DE* 内力后，再用节点进行计算。读者试作为练习，自行分析，此处不再赘述。

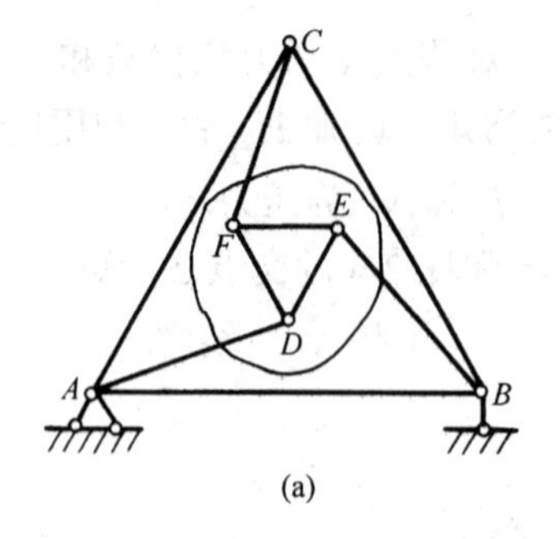

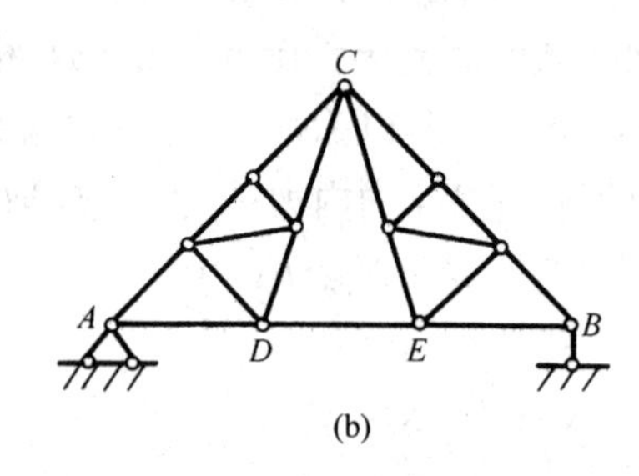

图 4-11　用截面法解联合桁架的方法

此外，在只需要求解某几根指定杆件的内力，而单独应用截面法又并不适当时，则联合应用节点法与截面法，有时会更为便利。在下面也将举例（例 4-5）阐明这种做法。

例 4-3　试用截面法求图 4-12（a）所示桁架中 a、b 及 c 杆的内力 N_a、N_b、N_c，$a=2$ m，$P_1=24$ kN，$P_2=12$ kN。

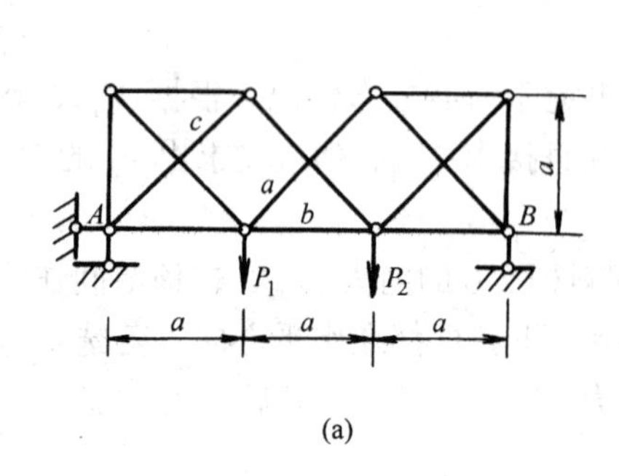

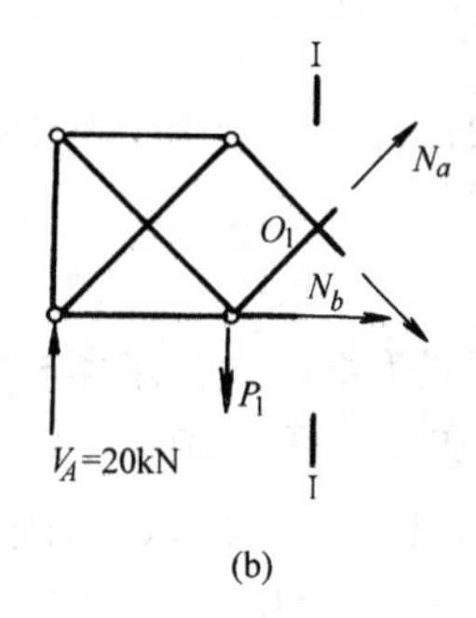

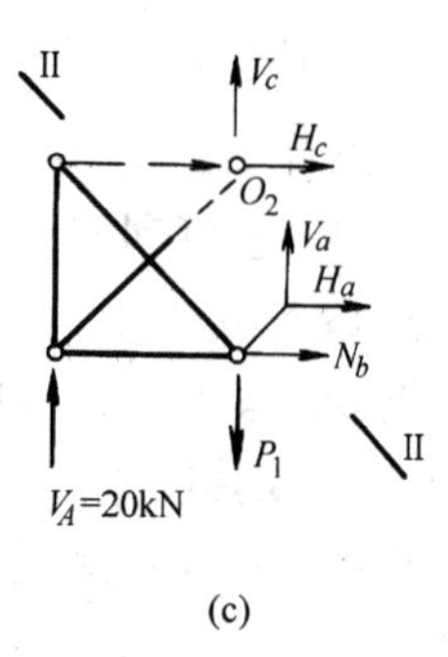

图 4-12　例 4-3 图

【解】

〈1〉求支座反力

$$V_A=20\text{ kN},\ V_B=16\text{ kN},\ H_A=0$$

〈2〉求 a、b、c 杆内力

先考虑能否做到用一截面切割桁架的一部分，使隔离体上只作用有所拟求的三个未知力 N_a、N_b 及 N_c，经分析知道，这是不可能的。

由几何组成分析可知，此桁架可看做由两个简单桁架用三个联系杆联结而成的联合桁架。故应先从切断上述联系杆入手，解出 N_a 或 N_b（或 N_a、N_b 都解出）后，再另取截面，用截面法求其余所需未知内力。

用I-I截面，取桁架左部为隔离体，如图 4-12（b）所示，以 O_1 为矩心由 $\sum M_{O1}=0$，得

$$N_b\times1-20\times3+24\times1=0,\ N_b=36\text{（kN）（拉）}$$

再取Ⅱ－Ⅱ截面左部为隔离体，并将 N_a、N_b 分解成水平及竖向分力，如图 4－2（c）所示，以 O_2 为矩心，由 $\sum M_{O2}=0$，得

$$H_a\times2+N_b\times2-20\times2=0,\ H_a=-16\text{（kN）}$$

由比例关系求出

$$V_a=-16\text{ kN},\ N_a=-16\sqrt{2}\text{（kN）（压）}$$

为了求出 N_c，将 N_c 在 O_2 处分解成垂直、水平分力，利用投影方程 $\sum Y=0$ 求出 V_c，即

$\sum Y = V_c + V_a - 24 + 20 = 0$

已知 $V_a = -16$（kN），所以 $V_c = 16 + 24 - 20 = 20$（kN）。

由比例关系，得

$N_c = 20\sqrt{2}$（kN）（拉）

例 4-4 试用截面法求图 4-13（a）所示桁架中 a、b 及 c 杆的内力。

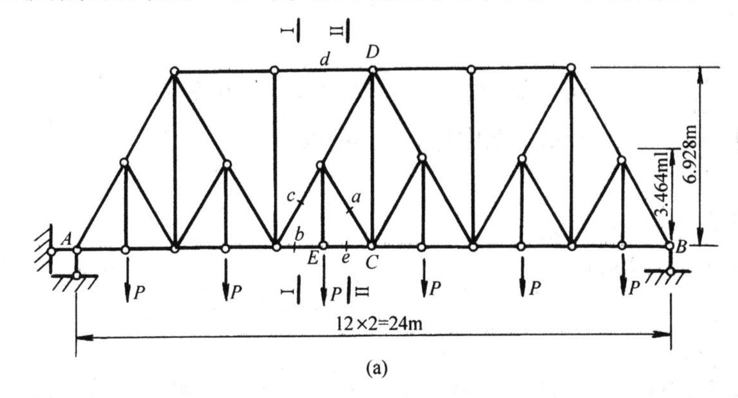

(a)

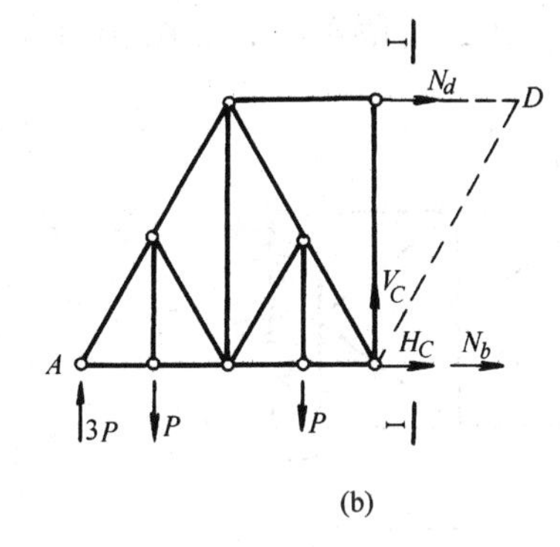

(b)

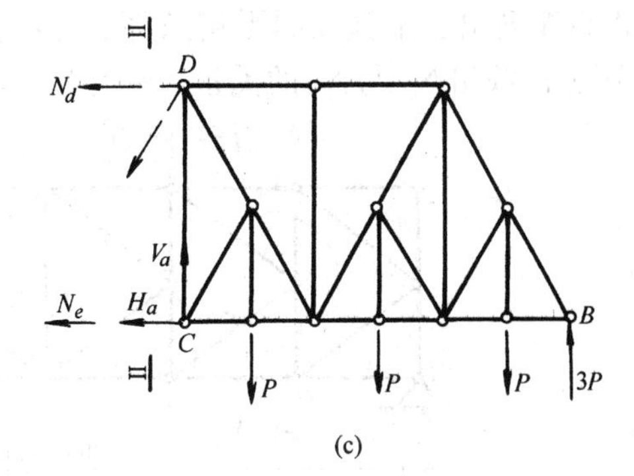

(c)

图 4-13 例 4-4 图

【解】

〈1〉计算反力。

结构及荷载均对称于中轴线，故可知反力 $V_A = V_B = 3P$，且 $H_A = 0$。

〈2〉计算 N_a、N_b、N_c。

此桁架为一联合桁架，b、c、d 杆可看做联结以左为以右部分的联系杆，分析时先从切断此三根联系杆着手。

取Ⅰ-Ⅰ截面左部为隔离体，以 D 为矩心（见图 4-13（b）），由 $\sum M_D = 0$，得

$N_b \times 6.928 - 3P \times 12 + P \times 6 + P \times 10 = 0$

$N_b = 2.887P$（拉）

再利用投影方程 $\sum Y = 0$，得

$V_c + 3P - 2P = 0$，$V_c = -P$

利用比例关系

$$N_C = \frac{\sqrt{6.928^2 + 4^2}}{6.928} V_c = \frac{7.999}{6.928} V_C = 1.15 V_C = -1.15P \text{（压）}$$

取Ⅱ-Ⅱ截面右部为隔离体如图 4-13（c）所示，在 C 点将 N_a 分解为 V_a、H_a，对 D 取矩，得

$$\sum M_D = H_a \times 6.928 + N_e \times 6.928 + P \times 2 + P \times 6 + P \times 10 - 3P \times 12 = 0$$

由节点 E 的平衡条件可得出 $N_e = N_b = 2.887P$，将此值代入上式，得

$$H_a = -0.289P$$

由比例关系得

$$N_a = \frac{\sqrt{3.464^2 + 2^2}}{2} \times H_a = 2 \times H_a = -2 \times 0.28P = -0.577P \text{（压）}$$

例 4-5 试求图 4-14（a）所示桁架中杆 a、b 的内力。

【解】

〈1〉计算支座反力

得 $V_A = V_B = 30\ \text{kN}$

$H_A = 0$

〈2〉计算 N_a、N_b

用截面Ⅰ-Ⅰ截取截面以左的部分为隔离体，如图 4-14（b）所示。在隔离体上有 4 个未知力，而只能列出三个独立的平衡条件。为此，再取节点 E 为隔离体，见图 4-14（c）所示，由节点 E 找出 N_a 与 N_c 的关系，由 $\sum X = 0$，得

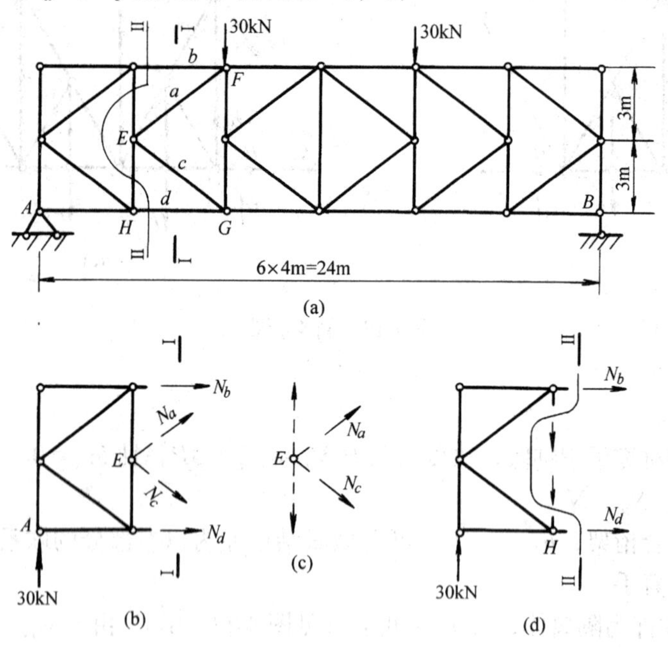

图 4-14 例 4-5 图

$$H_a + H_c = 0，\text{即 } H_a = -H_c$$

由比例关系可得 $V_a = -V_c$，然后再利用图 4-14（b）中隔离体上各力的平衡条件，由 $\sum Y = 0$，得

$$V_a - V_c + 30 = 0$$

将 $V_a = -V_c$ 代入，则

$$V_a = -15\ \text{kN}$$

利用比例关系，得

$$H_a=\frac{4}{3}\times V_a=\frac{4}{3}\times(-15)=-20(\text{kN})$$

$$N_a=\frac{5}{3}\times(-15)=-25\ (\text{kN})(\text{压力})$$

计算 N_b 时，可以 G 点为矩心建立力矩方程，为便于确定力臂将 N_a 在 F 点分解为 H_a 及 V_a，于是有

$$\sum M_G=N_b\times6+H_a\times6+30\times8=0$$

将 $H_a=-20$ 代入上式，得

$$N_b=(20\times6-30\times8)/6=-20\ (\text{kN})\ (\text{压力})$$

还可指出，在本题的 K 式桁架中，求 N_b 时也可用截面Ⅱ-Ⅱ截取其以左部分为隔离体，图 4-14（d）。因除杆 b 以外，其余三杆都通过 H 点，故以该点为矩心建立力矩方程。

$$\sum M_H=N_b\times6+30\times4=0$$

得

$$N_b=-20\ (\text{kN})\ (\text{压力})$$

4.3 静定组合结构的计算

组合结构是由只承受轴力的二力杆和承受弯矩、剪力、轴力的梁式杆所组成。用承受拉力的悬索和加劲梁构成的悬吊式结构也可归入组合结构一类。图 4-15（a）为下撑式五角形屋架，其计算图示于图 4-15（b）中。图 4-16（a）为一加劲梁，图 4-16（b）为施工时采用的临时撑架，它们都是组合结构。

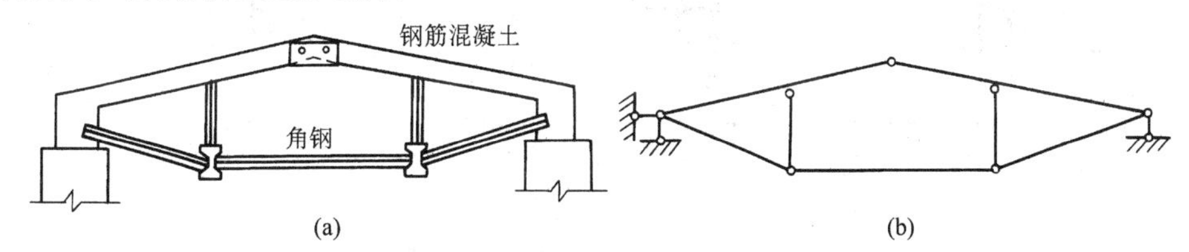

图 4-15 下撑式五角形屋架及其计算简图

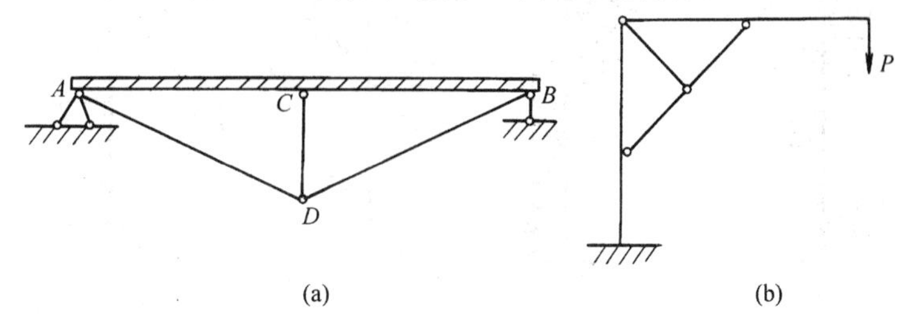

图 4-16 加劲梁与撑架计算简图

组合结构受力分析的特点是先求出二力杆中的内力，并将其作用于梁式杆上，再计算梁式杆的弯矩、剪力、轴力。计算二力杆的内力与分析桁架的内力一样，可以用节点法及截面法。但需注意，如果二力杆的一端与梁式杆相联结，则不能不加分辨地引用上节所讲述的、关于节点平衡特殊情况的结论来判定二力杆的内力。如图 4-16（a）中的 C 节点，由于 AC、

CB 不是二力杆，因此不能认为 CD 杆是零杆。

组合结构由于在梁式杆上装置了若干个二力杆，故可使梁式杆的弯矩减小，从而达到节约材料及增加刚度的目的。梁式杆及二力杆还可用不同材料，如梁式杆用钢筋混凝土、二力杆用钢材制作。当跨度大时，加劲梁还可改用加劲桁架。

例 4-6　试求图 4-17（a）所示静定组合结构的内力。

【解】

〈1〉计算反力

反力计算与三铰刚架相同，得

$$V_A = V_B = \frac{P}{2}$$

$$H_A = -H_B = \frac{P}{4}$$

〈2〉计算二力杆的内力

用Ⅰ-Ⅰ截面截断 $5C$ 及 $2C$ 两杆，取其以左部分作为隔离体；并将 $2C$ 杆的轴力分解为竖向及水平两个分力，如图 4-17（b）所示。由平衡条件

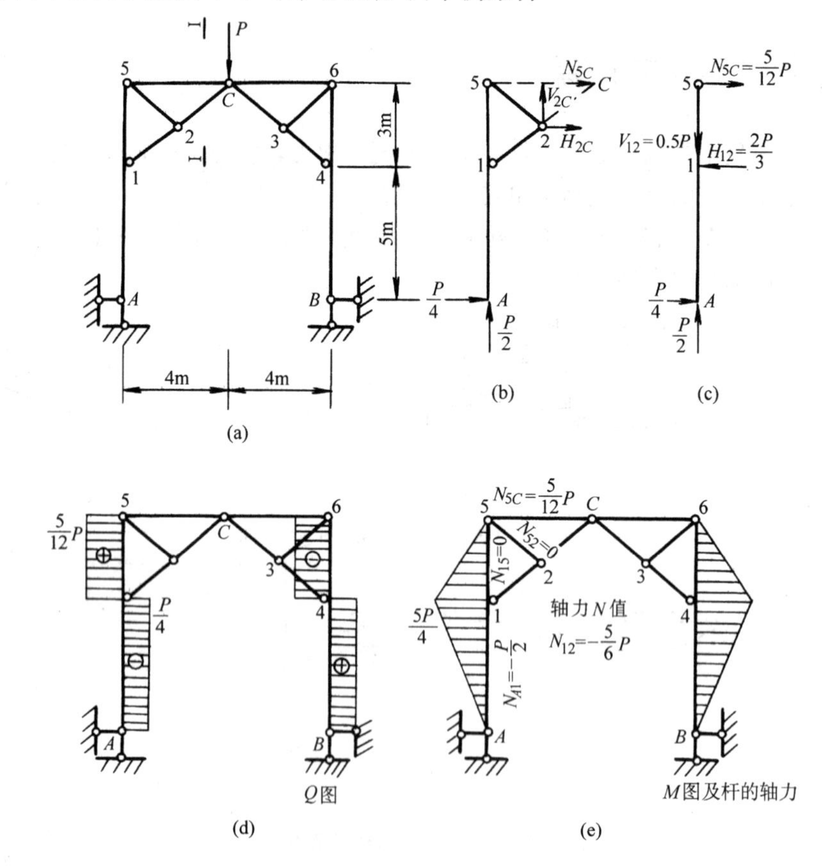

图 4-17　例 4-6 图

$$\sum Y = V_{2C} + \frac{p}{2} = 0，得$$

$$V_{2C} = -\frac{p}{2}$$

由比例关系，得

$$H_{2C}=\frac{4}{3}\times V_{2C}=\frac{4}{3}\times\left(-\frac{P}{2}\right)=-\frac{2P}{3}$$

$$N_{2C}=\frac{5}{3}\times V_{2C}=\frac{5}{3}\times\left(-\frac{P}{2}\right)=-\frac{5P}{6}\text{（压力）}$$

由$\sum X=0$，得

$$N_{5C}+H_{2C}=-\frac{P}{4}$$

于是　$$N_{5C}=-\frac{P}{4}+\frac{2P}{3}=\frac{5P}{12}\text{（拉力）}$$

由节点 2 的平衡条件，知

$$N_{25}=0$$

$$N_{21}=N_{2C}=-\frac{5}{6}P\text{（压力）}$$

〈3〉计算梁式杆的内力

将二力杆的轴力作用于梁式杆 A-5 上（图 4-17（c）），绘出 Q 图和 M 图（图 4-17（d）、（e）），由于结构与荷载均对称，故 M 图为正对称，Q 图为反对称。图 4-17（e）还示出了二力杆与柱的轴力值。

例 4-7　试计算静定组合结构（图 4-18（a））中二力杆的轴力并绘出梁式杆的弯矩图。

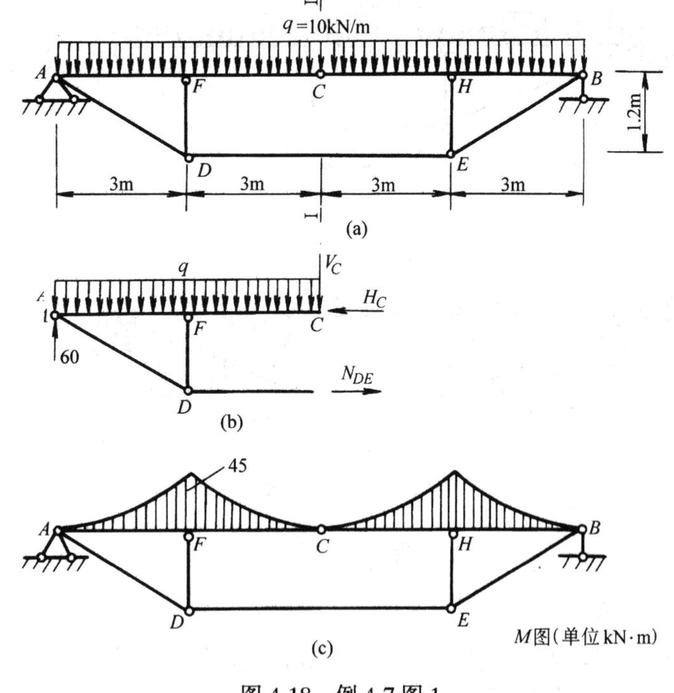

图 4-18　例 4-7 图 1

【解】

〈1〉支座反力

$$H_A=0，V_A=V_B=60\text{ kN}$$

〈2〉计算二力杆轴力

因 $H_A=0$，故可利用结构及受力情况的对称性质，只计算左半结构的内力。取Ⅰ-Ⅰ截

面以左部分为隔离体，如图 4-18（b）所示，以铰 C 为矩心建立力矩平衡方程，得

$$\sum M_c = N_{DE}\times 1.2-60\times 6+10\times 6\times 3=0$$

$$N_{DE}=150\ \text{kN}（拉力）$$

以节点 D 为隔离体，由 $\sum X=0$ 解得 $H_{AD}=150$ kN，再利用比例关系，得

$$V_{AD}=\frac{1.2}{3}H_{AD}=60\ \text{kN}$$

$$N_{AD}=\frac{\sqrt{3^2+1.2^2}}{3}H_{AD}=161.55\ \text{kN}（拉力）$$

由 $\sum Y=0$，得 $N_{FD}=-V_{AD}=-60$ kN（压力）

由于对称性，可知

$$N_{HE}=N_{FD}=-60\ \text{kN}（压力）$$

$$N_{EB}=N_{AD}=161.55\ \text{kN}（拉力）$$

〈3〉绘梁式杆的弯矩图

将 N_{AD}、N_{FD}、N_{HE}、N_{BE}杆的轴力作用于梁式杆上，并绘出 M 图如图 4-18（c）所示。从弯矩图看到本例的梁式杆只承受负弯矩且沿杆长分布不均匀。如果将二力杆 FD、HE 的位置移到图 4-19（a）所示，弯矩图即改变成 4-19（b）中的形状，这样，梁式杆上的弯矩分布便比较均匀。

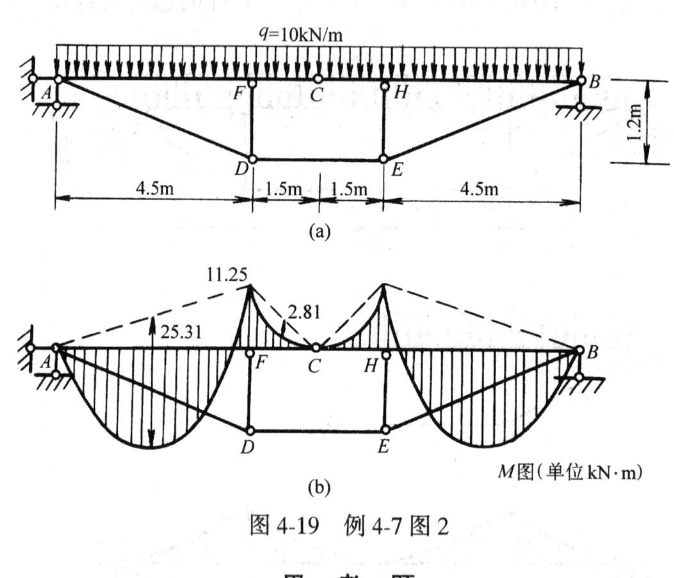

图 4-19 例 4-7 图 2

思 考 题

（1）为什么节点法最适合于解算简单桁架？

（2）在桁架的计算中，为了避免解算联立方程，可采用哪些方法？

（3）组合结构内力计算的特点是什么？

*4.4 静定空间桁架的计算

一、空间桁架计算图的基本假定

作为承重结构用的桁架都是空间桁架。前面介绍的平面桁架只是一种经过简化了的计算

图。例如，一般工业厂房的屋盖是由若干个平面桁架彼此用系杆和屋面板联结而成的空间系统（图 1-1）。但在竖向荷载作用时，我们可以近似地不考虑单片桁架之间的联系，而把它们看做是平面桁架进行计算。

实际工程中，尚有另外一类空间桁架。它们不论承受哪种荷载作用，都不能简化成平面桁架。例如网架结构、起重机塔架、飞机骨架的桁架等都属于这类空间桁架。

与平面桁架类似，分析空间桁架所取计算简图仍有下列三条基本假定：

（1）联结杆件之间的球形铰是理想铰；

（2）所有荷载均作用于节点上；

（3）杆件平直。

由于以上的假定，因此杆件均为二力杆。

二、空间桁架支座

空间桁架的支座通常有下述三种类型。

1. 平面可移动的球形铰支座

图 4-20（a）、（b）分别表示这种支座的构造示意图和计算简图，它只能约束结构在支承处的竖向移动，因而，只有一个竖向反力，并通过铰的中心。

2. 线向可移动的球形铰支座

图 4-21（a）、（b）分别表示这种支座的构造示意图和计算简图，装在圆柱形辊轴上的线向可移动的球形铰支座可用支承于两个链杆上的铰表示，该两链杆所在的平面垂直于辊轴移动的方向。这种支座有两个反力分量，它们均通过铰的中心，且作用于与移动方向相垂直的平面内。

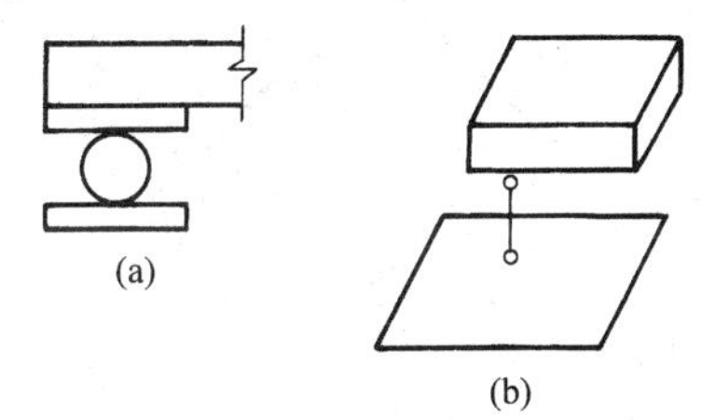

图 4-20　平面可移动的球形铰支座的构造示意图和计算简图

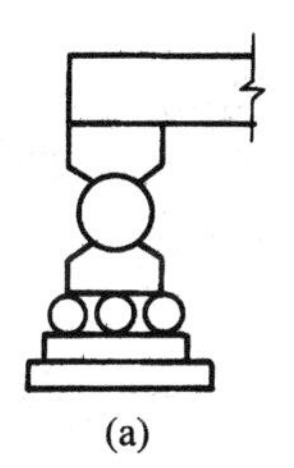

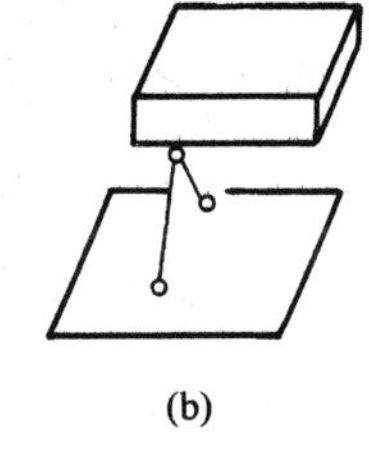

图 4-21　线向可移动的球形铰支座构造示意图和计算简图

3. 不移动的球形铰支座

图 4-22（a）、（b）分别表示该支座的构造示意图及计算简图。结构在支座处可围绕铰转动，但不能移动。这种支座有三个反力分量，它们均通过铰的中心。

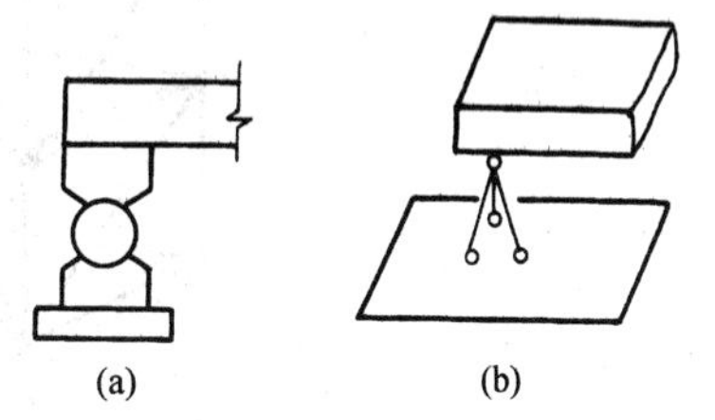

图 4-22　不移动的球形铰支座的构造示意图及计算简图

总结以上三种计算图，它们依次用一根、两根和三根支座链杆表示。一个链杆起一种约束作用。一个本身几何不变的空间结构，相当于一个刚体，它在空间有 6 个自由度。因此，若将一刚体固定于基础上，最少需不通过一条直线的六根支座链杆。

三、空间桁架的几何组成

空间桁架的节点为球形铰节点，每个自由节点在空间有三个自由度。两端由球形铰连接的直杆称为链杆，每个链杆相当于一个约束。支座的约束作用如前面所述：平面可移动的球形铰支座相当于一个约束，线向可移动的球形铰支座相当于两个约束，不移动的球形铰支座相当于三个约束。由此，空间桁架的计算自由度 W 的计算公式为

$$W = 3j - c - c_0$$

其中 j 为节点数，c 为链杆数，c_0 为支座链杆数。在 2-2 节中已讨论过，若 $W>0$，体系是几何可变的；若 $W\leqslant 0$，体系可能是几何不变的，但必须经几何组成分析，才能判断是否为几何不变。只有体系为几何不变，且 $W=0$，无多余约束的体系才是静定的空间桁架。

空间桁架的最简单的组成规则是从一个平面三角形或从基础开始，用不在同一平面内的三根链杆固定一个新的节点，如图 4-23（a）所示，依次用这种方法组成的桁架，称为简单空间桁架。由于每增加一个节点就多出了三根链杆，相应地增加了三个内力及三个平衡条件，因此用静平衡条件可以惟一地确定全部内力及支座反力。如果所增加的三根杆件在同一平面内且远端三铰在同一直线上，如图 4-23（b）所示，则是几何可变体系；若远端三铰不在一条直线上时，为几何瞬变，如图 4-23（c）所示。图 4-24（a）、（b）表示两个简单空间桁架的例子。图（a）中的桁架本身是几何不变，且无多余约束，若再用不通过一条直线又不全在相互平行的平面内的 6 根支座链杆与基础相联，便形成一静定空间桁架。图（b）中的桁架，其本身缺少约束，但与基础用球形铰联结后，整个结构是几何不变，无多余约束的。

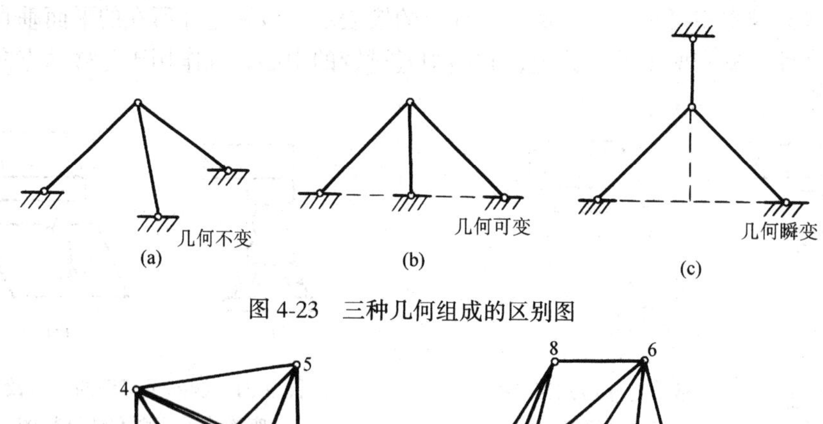

图 4-23　三种几何组成的区别图

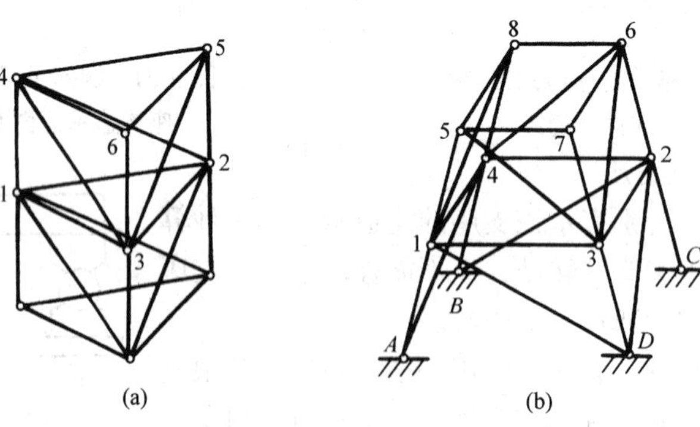

图 4-24　两个简单空间桁架的计算简图

两个简单空间桁架用不通过一直线的 6 根链杆联结而成的桁架称为联合空间桁架，如图 4-25 所示，两个简单桁架之间用 1、2、3、4、5、6 相联，按这样的方式构成的桁架。其本身具有几何不变性，且无多余约束。

凡不属于以上两类组成方式的空间桁架称为复杂空间桁架，如图 4-26 所示的网架结构即为一种复杂空间桁架。对于复杂空间桁架的几何不变性，也可用零载法来判断。

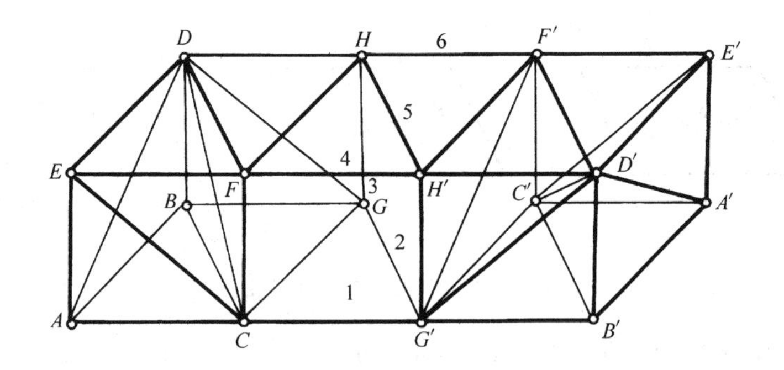

图 4-25　联合空间桁架的计算简图

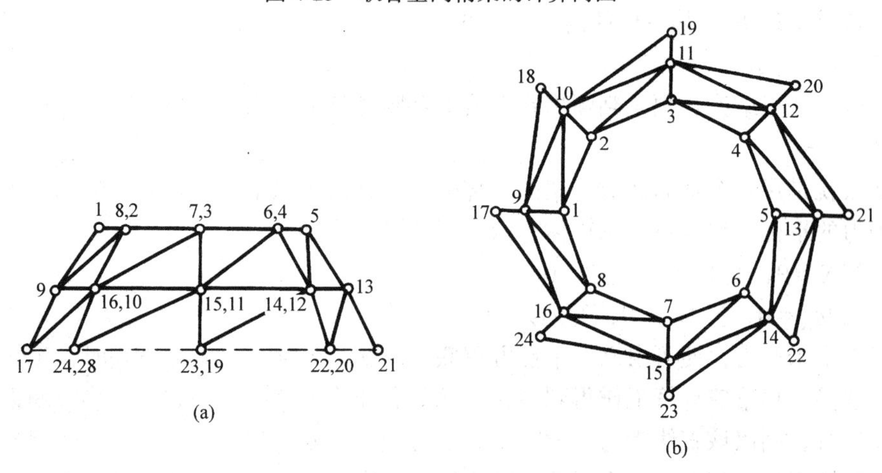

图 4-26　复杂空间桁架的计算简图

四、空间桁架的计算方法

空间桁架的内力及支座反力仍可由节点法及截面法求解。下面具体说明这两种方法。

1．*节点法*

节点法是截取节点为隔离体，节点上外力、内力构成空间汇交力系。每个节点有三个平衡条件即

$$\sum X=0,\ \sum Y=0,\ \sum Z=0$$

简单桁架每个节点处新增加的未知力不超过 3 个，故可用节点法求出全部内力。计算时所取节点的次序，应与组成桁架时增添节点的次序相反，为了避免使用三角函数，常将每个杆件的轴力 N 分解为沿直角坐标轴 x、y、z 三个方向的分力 X、Y、Z。以 l 表示任一杆 AB 的长度；l_x、l_y、l_z 表示杆件在坐标轴三个方向上的投影，则杆的轴力及其分力与杆长及其投影之间存在下述比例关系

$$\frac{X}{l_x}=\frac{Y}{l_y}=\frac{Z}{l_z}=\frac{N}{l}$$

在计算各杆内力时，利用这一比例关系将是很方便的。

与平面桁架节点平衡的某些特殊情况相类比，空间桁架也有下列几种节点平衡的特殊情况。

(1) 由三杆所交成的节点上无荷载作用时，若三杆不共面，则此三杆的轴力均为零，如图 4-27 (a) 所示。

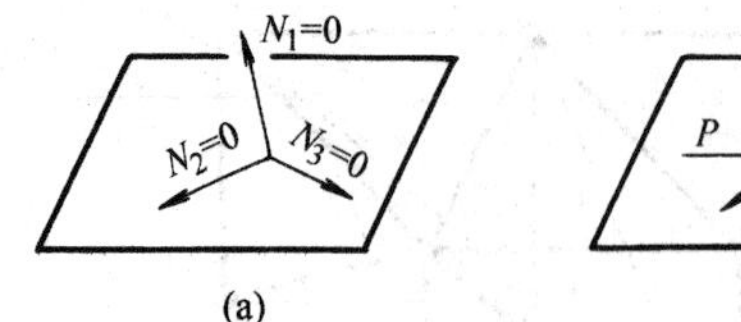

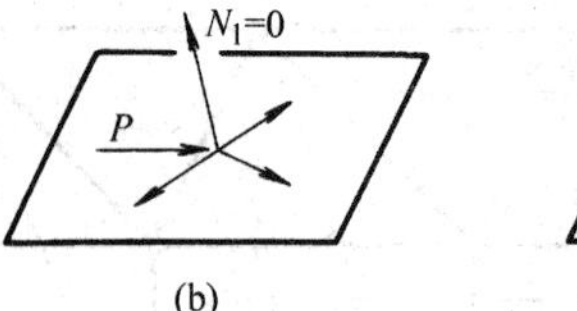

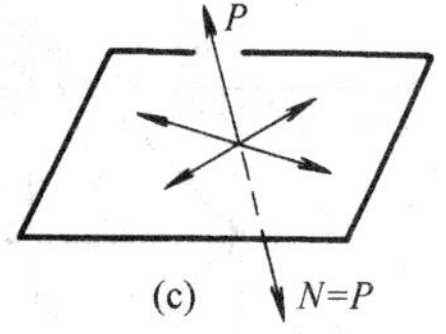

图 4-27　节点平衡的特殊情况

(2) 若节点上除某一杆外，其余各杆轴力与荷载共面，则该杆的轴力 $N=0$，如图 4-27 (b) 所示。

(3) 如果荷载 P 与某一杆件的轴力共线，而其余各杆轴力同在另一平面内，则 $N=P$，如图 4-27 (c) 所示。

利用以上几点结论，预先判断出零杆或某些特殊杆的内力，可使下面的计算更为简便。

2．截面法

截面法就是用一个截面截取桁架的一部分（包括两个以上的节点）作为隔离体，建立求解未知轴力的平衡方程。每个隔离体有六个平衡条件，即

$$\sum X=0,\ \sum Y=0,\ \sum Z=0$$
$$\sum M_X=0,\ \sum M_Y=0,\ \sum M_Z=0$$

若截面有六个未知力，便可由六个平衡方程联立求解。但在建立平衡方程时，投影轴与力矩轴应加以选择，尽量使计算工作得到简化。例如若能作一直线，令其与大多数的未知内力相交或互相平行，则以该直线为力矩轴写出力矩方程式，常可使计算简化许多。因为当力的作用线与力矩轴平行或相交时，力对该轴的力矩为零。因此用截面法解题时，力矩轴的合理选择常成为解题的关键。

下面举例说明节点法及截面法的应用。

例 4-8　试求图 4-28 (a) 所示空间桁架中各杆的内力。

【解】

本例桁架是由基础出发，按照 1-2-3-4 的顺序依次用三根链杆联结出一个节点而构成的，故为一简单桁架。与以上顺序相反，我们逐点取隔离体进行计算。

节点 4 的隔离体（图 4-28 (b)）上无外荷载作用，由讨论节点平衡特殊情况时的结论可知

$$N_{43}=N_{42}=N_{48}=0$$

从节点 3 可看出：由于荷载及杆 1-3、杆 3-2、杆 3-4 在同一平面内，只有杆 3-5 与此平面垂直，故

$$N_{35}=0$$

另外，由于杆 1-3 与荷载 P 共线，杆 3-2 在另一方向，又已知 $N_{43}=0$，故 $N_{32}=0$，$N_{31}=-10\text{ kN}$（图 4-28 (c)）。

由节点 2 的隔离体（图 4-28 (d)），根据平衡条件可以求得 $N_{21}=10\text{ kN}$，$N_{28}=N_{27}=0$。

最后，取节点 1 为隔离体（图 4-28 (e)），分别建立三个投影方程

$$\sum x=0\qquad N_{18}\times\frac{5}{\sqrt{41}}\times\frac{4}{5}+10=0$$

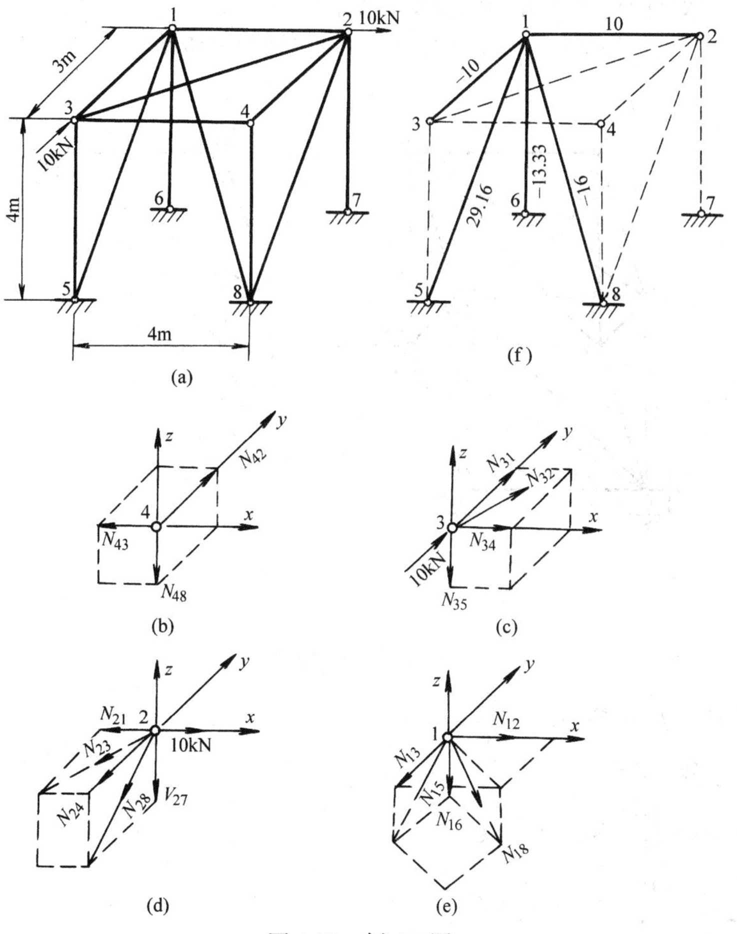

图 4-28　例 4-8 图

$$N_{18}=-\frac{\sqrt{41}}{4}\times 10=-16\ (\text{kN})\ (\text{压力})$$

$$\sum Y=0 \qquad -(-10)-N_{15}\times\frac{3}{5}-N_{18}\times\frac{5}{\sqrt{41}}\times\frac{3}{5}=0$$

$$N_{15}=29.16\ \text{kN}\ (\text{拉力})$$

$$\sum Z=0 \qquad -N_{16}-N_{15}\times\frac{4}{5}-N_{18}\times\frac{4}{\sqrt{41}}=0$$

$$N_{16}=-13.33\ \text{kN}$$

本例各杆轴力为

$N_{13}=-10$ kN（压力），$N_{18}=-16$ kN（压力），$N_{15}=29.16$ kN（拉力）

$N_{12}=10$ kN（拉力），$N_{16}=-13.33$ kN（压力）

其余各杆均为零杆，如图 4-28（f）中虚线所示。

例 4-9　试用截面法计算图 4-29（a）所示空间桁架杆 1 至杆 6 的内力。桁架外形为一立方体，且沿 X、Y、Z 轴方向的各杆长度均为 l。

【解】

由于荷载本身构成平衡力系，可知六个支座反力均为零。

用一截面截取空间桁架部分为隔离体，如图 4-29（b）所示。沿 x、y、z 方向特将 P 分解为 P_x、P_y、P_z 三个分力。设 P 与 x、y、z 三轴的夹角相等，用 α 表示，则有

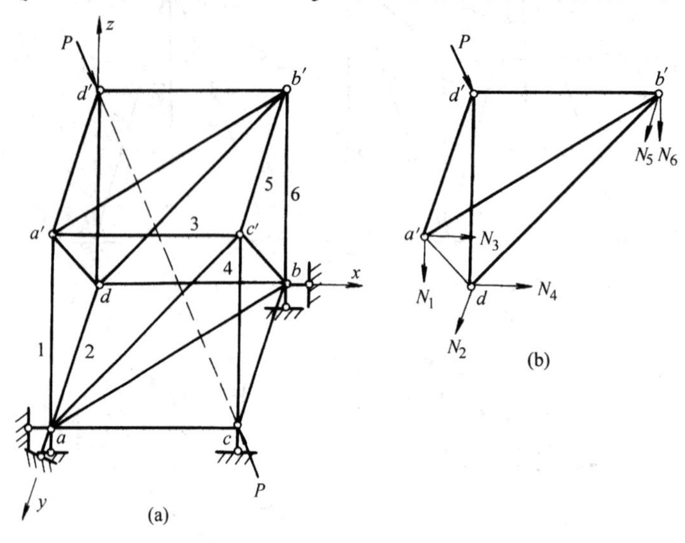

图 4-29　例 4-9 图

$$P_x = P_y = P_z = P\cos\alpha = \frac{P}{\sqrt{3}}$$

利用六个平衡条件，得

$$\sum X = 0 \quad \frac{P}{\sqrt{3}} + N_4 + N_3 = 0$$

$$\sum Y = 0 \quad \frac{P}{\sqrt{3}} + N_2 + N_5 = 0$$

$$\sum Z = 0 \quad \frac{P}{\sqrt{3}} + N_1 + N_6 = 0$$

$$\sum M_{aa'} = 0 \quad \frac{\sqrt{3}Pl}{3} + N_4 \times l + N_5 \times l = 0$$

$$\sum M_{a'c'} = 0 \quad \frac{\sqrt{3}Pl}{3} + N_2 \times l + N_6 \times l = 0$$

$$\sum M_{a'd'} = 0 \quad N_4 l - N_6 l = 0$$

联立求解上面方程，得

$$N_1 = N_2 = N_3 = N_4 = N_5 = N_6 = -\frac{\sqrt{3}}{6}P \text{（压力）}$$

五、可以分解成平面桁架计算的空间桁架

实际工程中有一类静定空间桁架，它们的组成情况可以分解为若干平面桁架，且每个平面桁架本身是几何不变，且无多余约束的。因此可将荷载也分解到各平面上去，然后解算各平面桁架，最后再将相应杆的内力叠加即可求得原空间桁架各杆的内力。图 4-30（a）示一空间桁架，将集中力 P 按杆 DA、杆 DE、杆 DF 的方向分解成 T、S、V 三个分力。同时，将原空间桁架分解成三个平面桁架，如图 4-30（b）、（c）、（d）所示。不难看出，每个平面桁架，都是几何不变，且无多余联系的，因而是静定的。分别计算三个平面桁架的内力，再

将应杆的内力叠加即得原空间桁架各杆的内力，例如，DA 杆的内力就是由图 4-30（b）与图 4-30（d）中求出的 DA 杆内力进行叠加而得。因为静定结构在荷载作用下只能有一组满足平衡条件的解答，上述内力状态能满足桁架全部节点的平衡条件，所以是真实的。

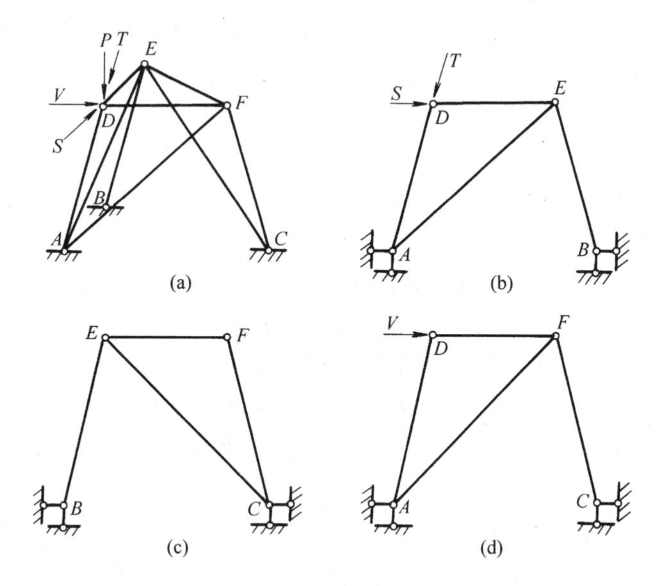

图 4-30　可分解成平面桁架计算的空间桁架计算简图

思　考　题

（1）图 4-31 所示空间桁架中，有五根支座链杆所在的两个平面是互相平行的，求第 6 根链杆反力时，应怎样运用平衡方程最为简便。

（2）空间桁架在什么情况下可以分解为平面桁架进行计算。

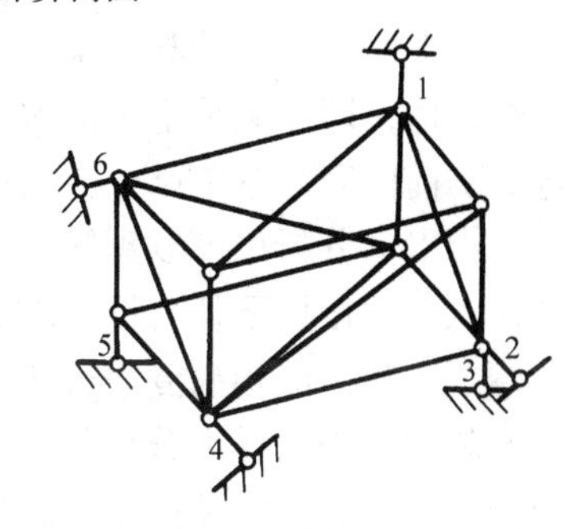

图 4-31　思考题 1 图

4.5　静定结构小结

一、静定性与几何组成分析的关系

静定结构在荷载作用下，反力与内力解答的惟一性是静定结构的特性。这一性质是由静定结构的几何组成特征——几何不变，且无多余约束所决定的。我们判断一个结构是否静定结构，就是要根据这个特征，亦即要作组成分析，考查它是否几何不变，且无多余约束。

在第二章中，我们介绍了体系几何组成分析的两种手段：求体系的计算自由度 W；运用基本组成规则分析体系的组成。后者是必须进行的，是基本的；因 W 的计算结果只能反映刚片间约束数目是否足够，而不能反映其布置是否合理。对一般体系，常不考查其计算自由度而径直进行后一种分析。需要提出的是：无论是计算 W 的数值，还是运用基本规则分析体系的组成，都要注意一个确认可作为刚片的几何不变体，它本身有无多余约束。

在几何组成分析中曾指出体系的计算自由度 W 的计算公式为

$$W = 3m - (2n + c + c_0)$$

亦即 $W=$（各刚片自由度的总和）－（全部约束数）。从静力分析的角度 W 也可理解为

$W=$（各计算单元的平衡方程数目）－（未知力的总数）。应当注意，计算单元指本身无多余约束的刚片，若刚片有多余约束，则多余约束中的力应计入未知力的总数内。

在第二章曾介绍过 $W>0$ 是几何可变体系。从静力分析的角度，当 $W>0$，则平衡方程个数多于未知力的个数。在任意荷载作用下，必然有一些平衡方程无法满足。亦不能维持平衡。

$W<0$，可能是几何不变，但有多余的约束。从静力分析的角度，当 $W<0$，则平衡方程的个数少于未知力的个数。若方程有解，此时必然有一些未知力无法用平衡方程惟一地确定，即体系中有超静定的未知力。

$W=0$，可能是几何不变，且无多余约束。从静力分析的角度，当 $W=0$，则平衡方程个数正好等于未知力的个数。这里分为两种情况：如果平衡方程有解，则解答只有一种，全部未知力是静定的。如果全部平衡方程中有一组方程属于方程个数多于未知力个数的情况，这些方程乃是未知力无法满足的方程；则余下的另一组平衡方程的个数就少于未知力的个数，因而有超静定的未知力。例如图 4-32 所示体系，根据杆件的平衡条件，可列出

$$\sum X=0 \qquad H_A-H_B=0$$

$$\sum Y=0 \qquad V_A-P=0 \quad V_A=P$$

$$\sum M_B=0 \qquad V_A\cdot l-\frac{P}{2}l=0,\ V_A=\frac{P}{2}$$

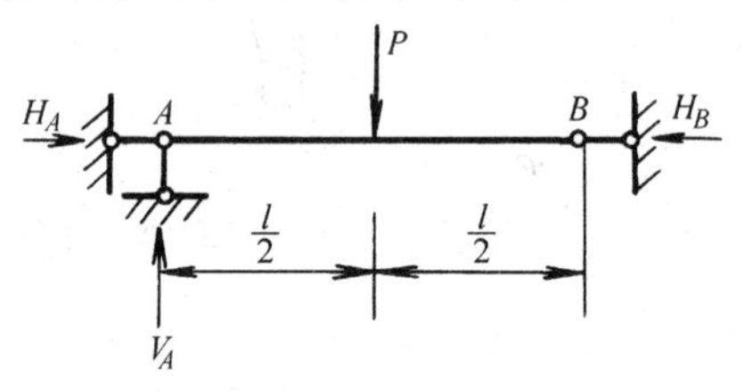

图 4-32　几何瞬变体系与静定性的关系

由上面方程的计算结果可看出，第二、第三方程的解有矛盾，即无满足平衡的解。而第一个方程又是超静定的。前面第二章中已分析过该体系是几何瞬变体系。

由以上分析也可以理解：体系只有是几何不变，且无多余约束才能保证体系是静定的。在任意荷载作用下，有惟一的解答。

二、静定结构的受力分析

静定结构的受力分析的主要内容，是利用平衡方程确定支座反力和内力，绘出结构的内力图。受力分析的关键是求解杆件之间以及杆件与基础间的约束力。例如，对多跨静定梁而言，各单梁间的铰链处和支座链杆处的约束力求出后，单梁的内力就很容易求出。又如联合桁架，必须将两个简单桁架之间的联系杆的内力求出，其余杆的内力应可用节点法依次顺利求解。这些联系杆内力可以看做两个简单桁架之间的约束力。

在结构中把哪一部分看做约束，并不是一成不变的。如图 4-33（a）所示的三铰刚架，当 CB 杆上无荷载时，CB 杆看做支座链杆。这样，AC 杆就成为荷载作用下的斜梁。如果 BC 杆上也有荷载（图 4-33（b）），BC 杆不再是二力杆，这时把铰 A、B、C 看做约束，用三铰刚架的计算方法求 AC、BC 杆的内力。又如果只有一集中荷载作用于节点 C（图 4-33（c）），我们也可把 AC、BC 杆都看做约束链杆，而将节点 C 视为被约束的对象。故在桁架结构中，各杆轴力可看做约束力。

要达到顺利、简捷地分析约束力和杆件内力的目的，正确、适当地选取隔离体和合理地运用平衡方程是重要的环节。现将应注意的几点总结如下。

（1）隔离体必须与结构的其他部分完全分开，并将隔离体上的荷载、约束反力或切割面内力等都作用上去。

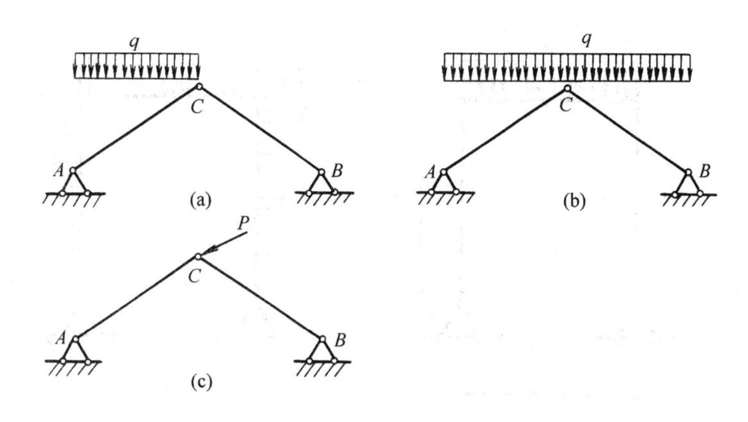

图 4-33 不同荷载下几种约束方式图

（2）根据所截断约束的性质确定应施加于隔离体的力。例如，若切断组合结构中的梁式杆，切割面内力应有弯矩、剪力、轴力；如切断了二力杆，则只有轴力。在受力分析中，往往容易疏忽这方面问题，以致发生错误。

（3）针对隔离体上全部作用力所构成的力系，建立充分、必要的平衡条件。

（4）注意选取隔离体的次序要与体系几何构成的次序相反。必要时做组成分析，先解附属部分，后解基本部分。这样能做到隔离体未知力个数不超过所列出的平衡方程的个数。

（5）灵活、合理地运用平衡方程。譬如，在分析桁架内力时，要视具体情况选用投影方程或力矩方程，并应合理选择投影轴方向或力矩中心的位置。

为了能正确地作内力分析，绘制内力图，还应注意以下事项。

（1）要掌握结构内力分布的规律及其特点：应用荷载与内力之间的微分关系来判断杆件内力图的控制截面及内力图的轮廓：要能运用拟简支梁区段叠加法绘制杆件的弯矩图。

（2）利用对称性简化计算。

很多结构都具有对称轴，若结构与荷载都对称于对称轴，则弯矩图、轴力图是对称的，剪力图是反对称的，如图 4-34 所示。反之若荷载是反对称的，则弯矩图、轴力图是反对称的，而剪力图是正对称的，如图 4-35 所示。在桁架中还可利用对称性判断零杆，如图 4-36 所示。当荷载对称时，$N_{CD}=N_{CE}=0$，图 4-36（a）。当荷载为反对称的，$N_{DE}=0$，图 4-36（b）。利用相应节点的平衡条件及杆内力间应具有的对称性或反对称性，很容易验证上述结果的正确性。

（3）要掌握对静定梁、刚架的内力图和静定桁架内力计算结果的校核方法。校核不应只是在全部计算完了后再进行，分阶段校核，方能及早发现错误，避免大量返工。

三、静定结构的一般性质

满足平衡条件的内力和反力解答的惟一性，是静定结构的基本的静力特性，根据这一性质，只要有一组解能满足全部平衡条件，它就是正确的解答。下面给出的静定结构的特性，都是在此基础上派生出来的。

（1）温度变化，支座移动及制造误差等在静定结构中不会引起内力。

如图 4-37 所示的悬臂梁，当 A 端支座倾斜 φ 角时，梁内不会产生内力。当梁发生倾斜后，由于无荷载作用，若设梁的反力、内力都为零，这组解答显然是满足整体及局部的所有平衡条件的，所以它就是惟一的、正确的解答。

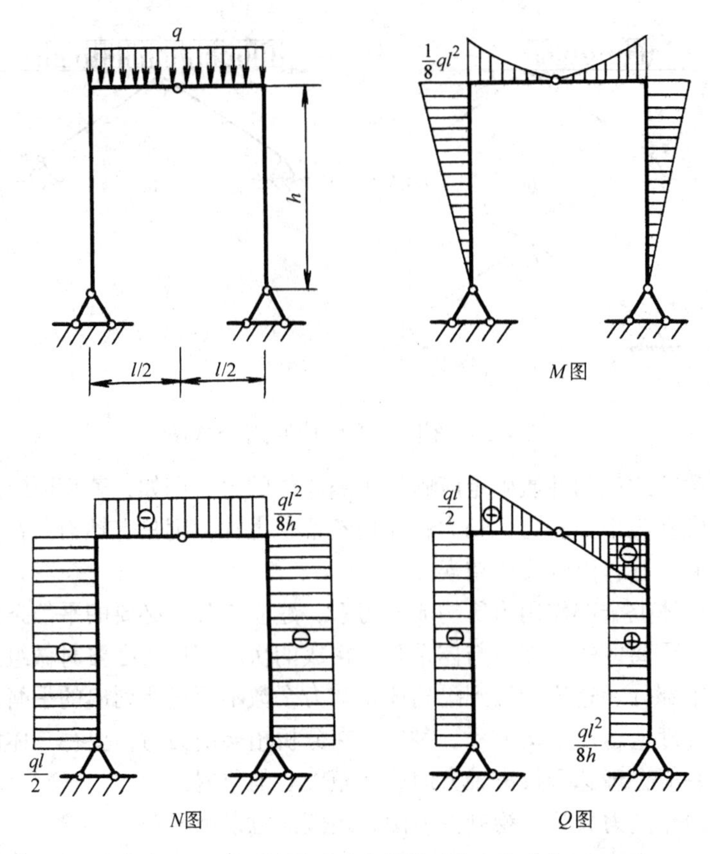

图 4-34　对称结构受对称荷载时的内力分布图

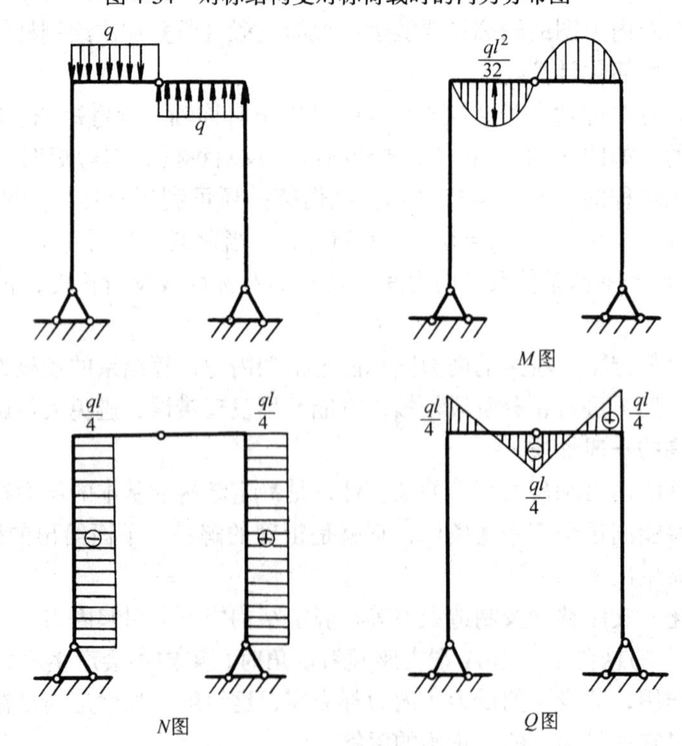

图 4-35　对称结构受反对称荷载时内力图的分布图

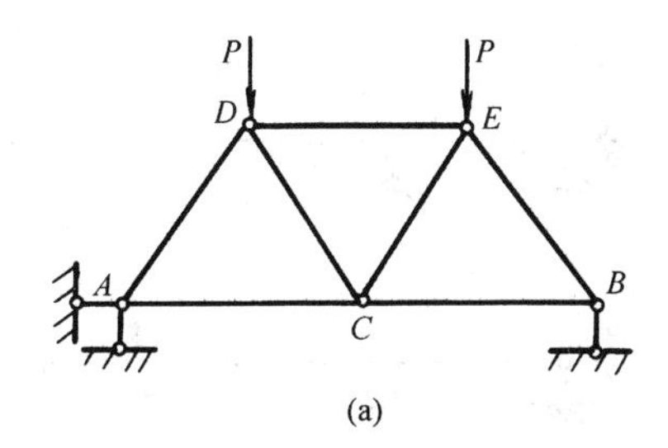

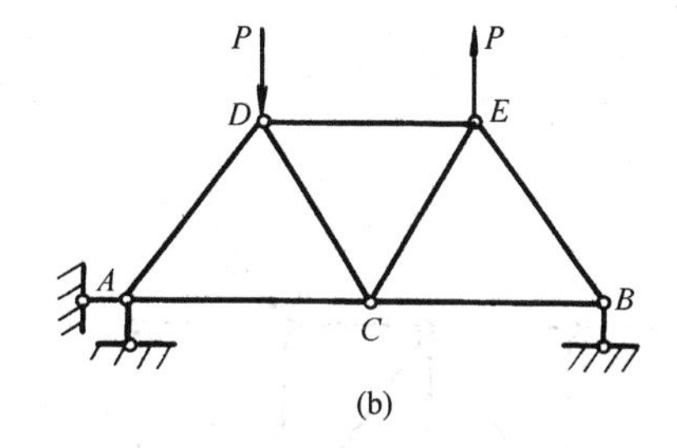

图 4-36　利用对称性判断零杆

又如图 4-38 所示的三铰刚架 ABC，由于 DC 段的长度在制造时稍短，致使拼装后的形状如图中虚线 ABC' 所示。这种情况下，三铰刚架也不会产生内力。我们可以设想先撤去 ADC 部分，使 CEB 部分绕 B 铰转动一个角度，待 C 点转至新位置 C'，而 AC' 恰等于有制造误差的 ADC 部分的 A、C 间长度，再将 ADC 部分加入。显然，在以上过程中，三铰刚架内不会产生内力。

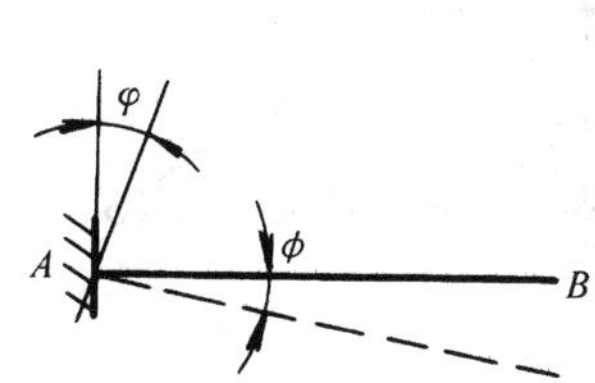

图 4-37　支座转动不产生内力之例

图 4-38　制造误差不产生内力之例

在温度变化时，静定结构可以自由变形，当然也不会产生内力。

(2) 将一平衡力系加于静定结构中某一几何不变的部分时，结构的其余部分不产生内力。

如图 4-39 所示桁架的 1-2-3-4 节间（为几何不变的）受一平衡力系 P 的作用，经计算证明，除此节间 5 根杆的内力外，其余各杆如图 4-39 中画虚线杆的内力为零。根据静定结构解答的惟一性，上述内力状态能满足结构各部分的平衡条件，故上述的结论就是真实的结论。

(3) 若在静定结构某一几何不变的部分上作荷载的等效变换，则除这部分外，其余部分的内力不变。

图 4-40（a）所示的静定多跨梁，如果中间跨作用荷载 P 用图 4-40（b）所示的等效荷载代替，可以证明除此杆外，其余部分内力不变。为了说明这一特性，我们另外给出图 4-40（c）所示的受力状态。将图 4-40（b）与图 4-40（c）中的受力状态相加，与图 4-40（a）中的受力状态完全相同。根据上述特性 2 可知，图 4-40（c）中除中间梁外，其余梁（以虚线表示）的内力为零。因此，对其余梁来说，图 4-40（b）与图 4-40（a）中的内力完全相同。故可将图 4-40（b）中荷载称为图 4-40（a）中 P 的等效荷载。

依照上述分析，计算如图 4-41（a）所示分布荷载作用下桁架的内力时，首先将承受上弦杆的分布荷载等效地集中于两端节点上，即用作用于节点上的等效集中荷载代替原来的分布荷载计算桁架各杆轴力；然后再叠加如图 4-41（b）所示的原承受荷载的上弦杆在分布荷载

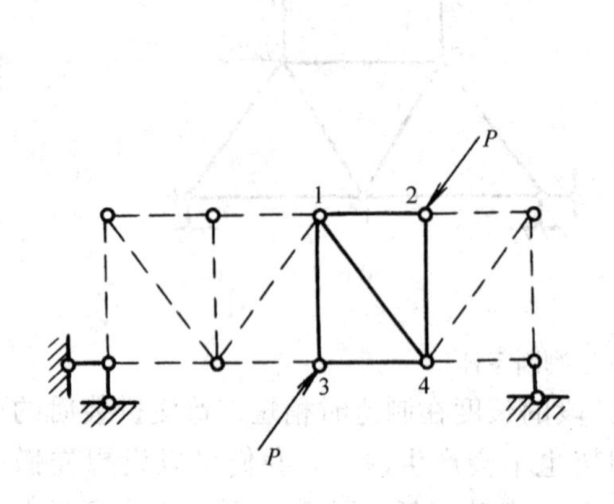

图 4-39 桁架在几何不变节间受平衡力系时，零杆的判断示意图

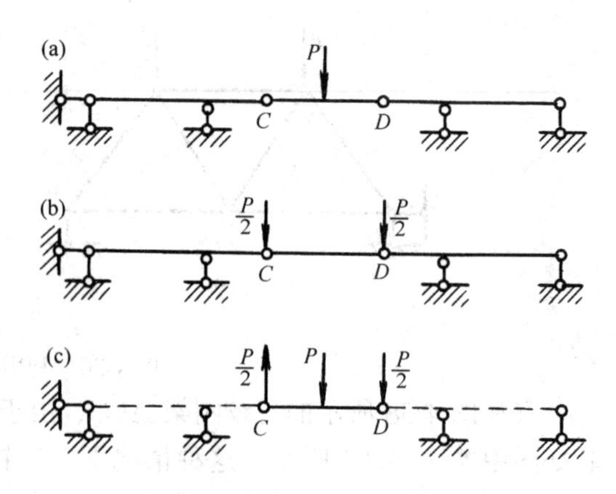

图 4-40 等效荷载代替原荷载的作用的证明示意图

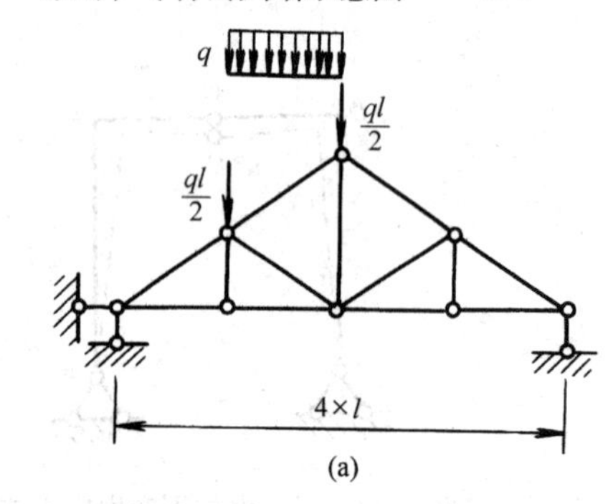

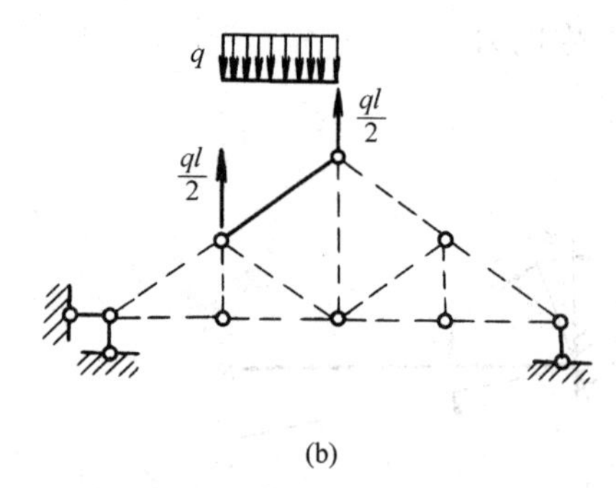

图 4-41 应用等效荷载计算桁架内力的例子

作用下的局部内力。这时可将各上弦杆看做分布荷载作用下的简支梁来计算局部内力。

四、各种结构的受力特点及其应用

前面介绍了梁、刚架、拱、桁架和组合结构等的内力分析方法及它们的受力特点。在选择结构形式时，应将各种类型结构的受力特点，与使用上的要求，可供选用的材料、施工的条件等等结合起来进行全面的分析和比较。

为了能充分利用材料的强度，杆件的受力要均匀。下面比较几种结构形式，说明其受力性能。

图 4-42 表示同跨长的几种结构，图 4-42（a）为一简支梁，在均布荷载 q 的作用下，梁的最大弯矩 $M_C^0=\frac{1}{8}ql^2$。如果将支座内移，如图 4-42（b），则跨中弯矩为零，支座处弯矩为 $-\frac{ql_2}{32}$，它等于 $\frac{1}{4}M_C^0$。图 4-42（c）为一多跨静定梁，最大弯矩绝对值为 $\frac{ql^2}{16}$，它等于 $\frac{M_C^0}{2}$。图 4-42（d）为一抛物线三铰拱，在均布荷载作用下 $M=0$。图 4-42（e）为桁架结构，将均匀荷载等效作用于节点上，所求得桁架的各杆轴力已标于图中。

综合以上各种结构，就受力性能来看，拱及桁架受力均匀，可以节省材料，所以在工程实际中简支梁多用于小跨度结构；伸臂梁、多跨静定梁、三铰刚架、组合结构可用于跨度较大的结构；而当跨度更大时，多采用桁架及具合理拱轴线的拱。

从另外角度看，各种结构形式都有它的优缺点。如简支梁施工简单，而桁架制作、拼装都比较复杂。拱是有推力的结构，要求基础能承受推力，或设置拉杆以承受推力，拱轴呈曲线形式施工比较复杂。因此，选择结构形式时，需综合考虑各方面的因素。

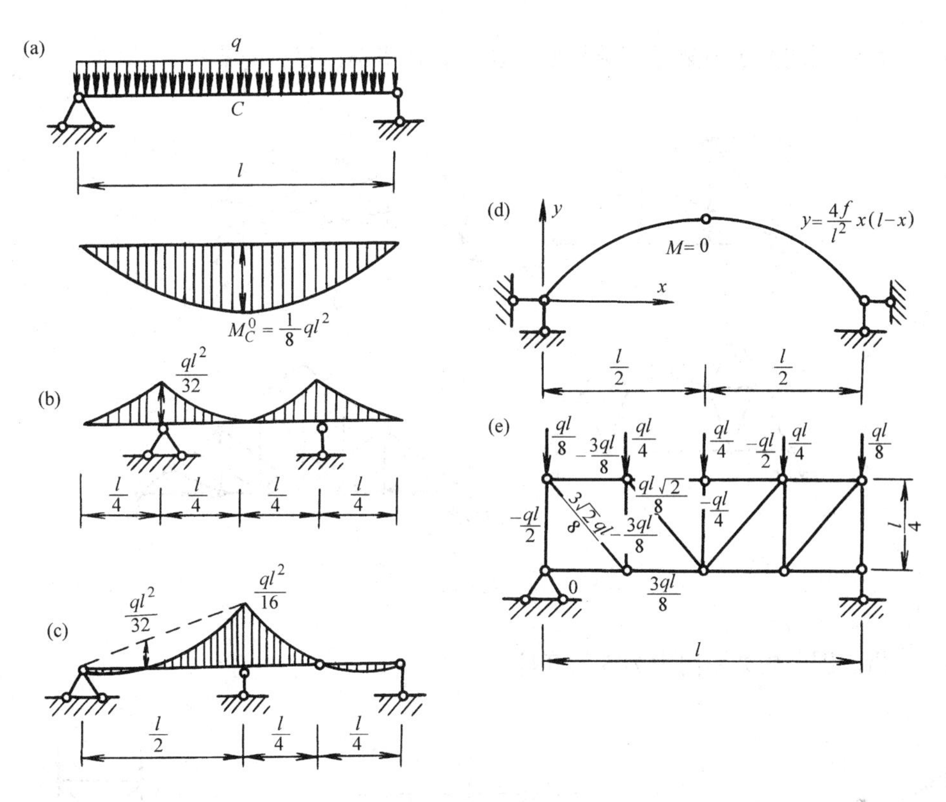

图 4-42　总长相同，荷载相同（包括等效荷载情况）的几种结构内力大小及分布的比较

思　考　题

（1）图 4-43（a）、（b）两种结构有哪些杆的内力相同？

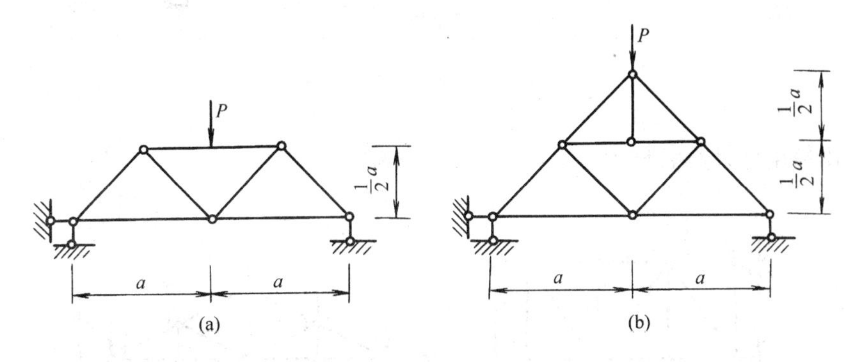

图 4-43　思考题（1）图

（2）试将受均布荷载作用的简支梁改为同跨度、同荷载的静定组合结构，并使组合结构中梁式杆的跨中弯矩为零。

（3）试证明在温度变化影响下，静定结构不会产生内力。

习　题

4.1　判断下图所示桁架是简单桁架，还是联合桁架、复杂桁架？

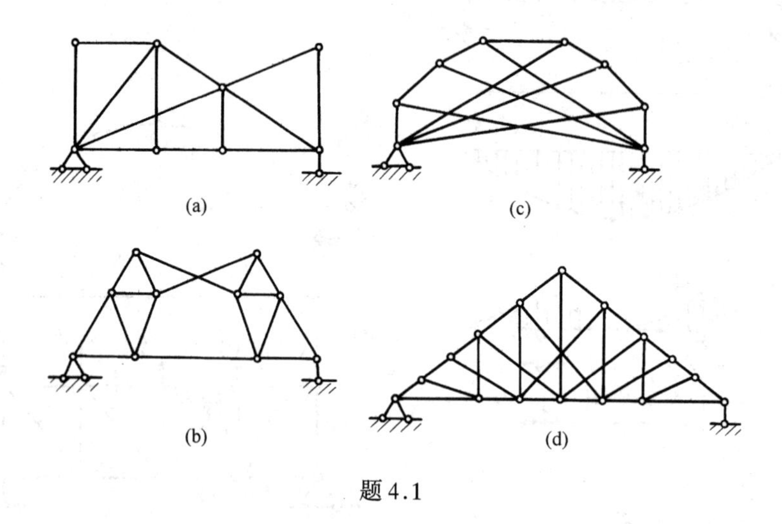

题 4.1

4.2　指出图示桁架中内力为零的杆件。

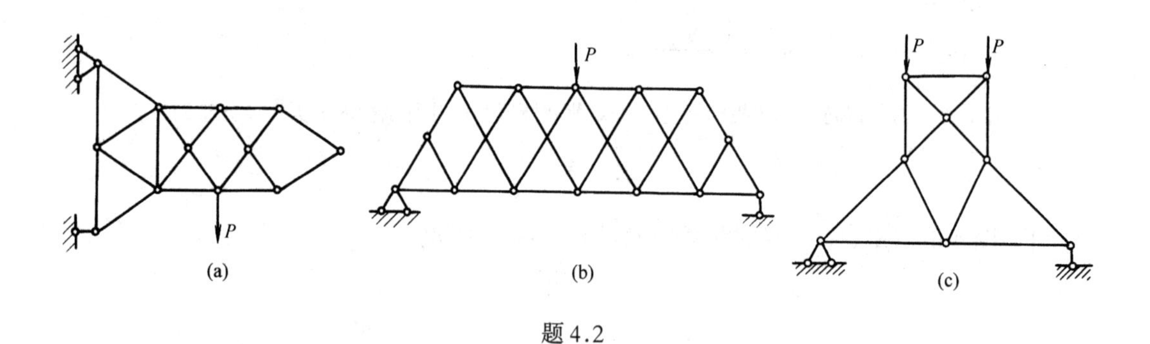

题 4.2

4.3　用数解法计算各杆内力。

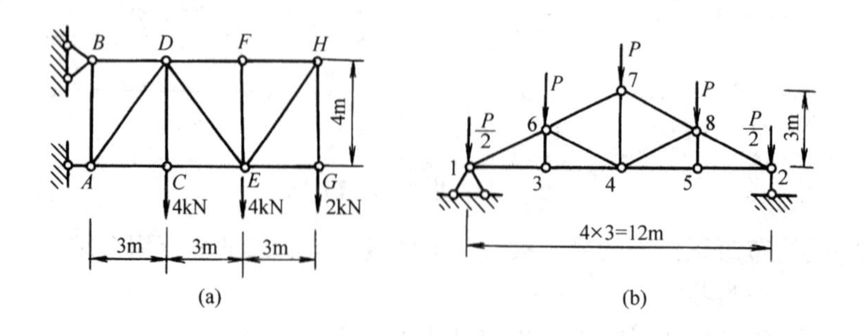

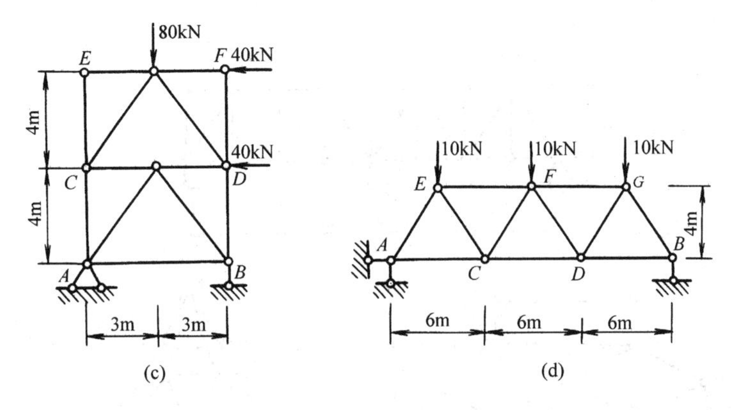

图 4.3

4.4 试用较简捷的方法计算图示桁架中指定杆的内力。

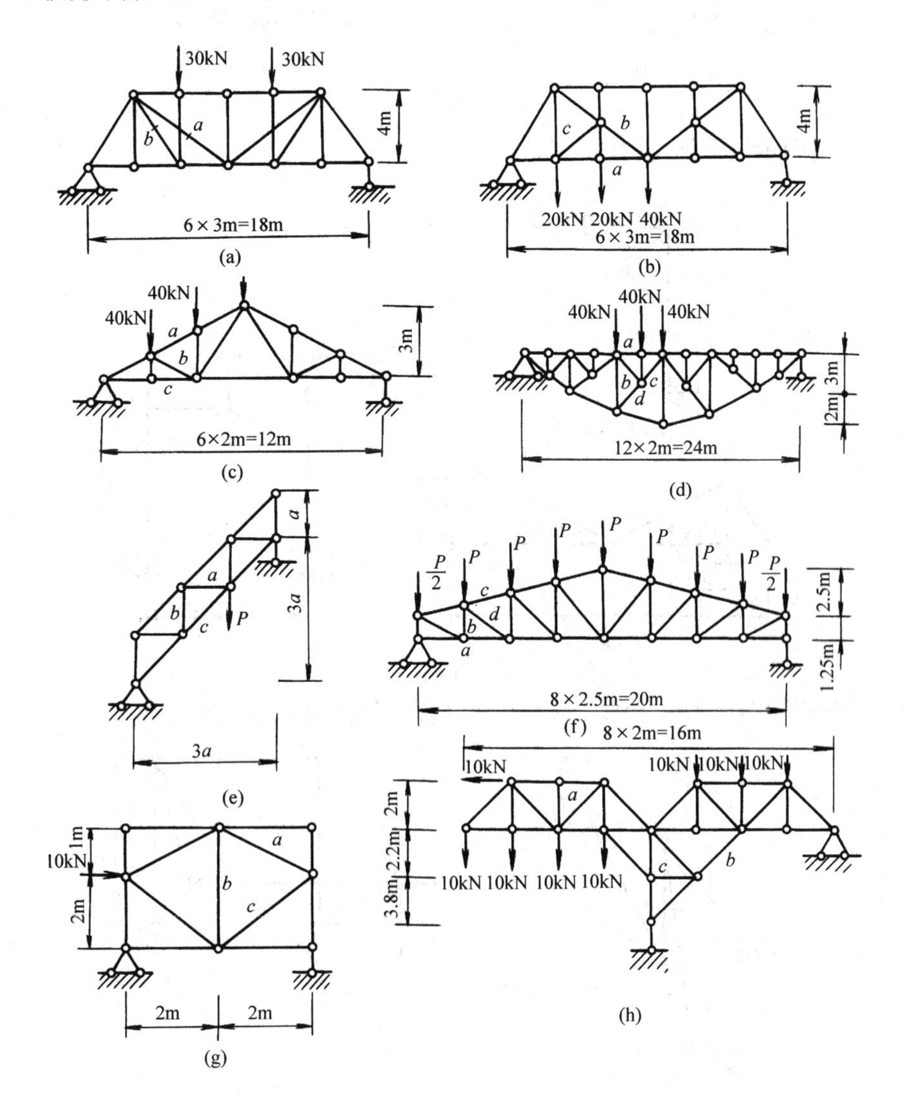

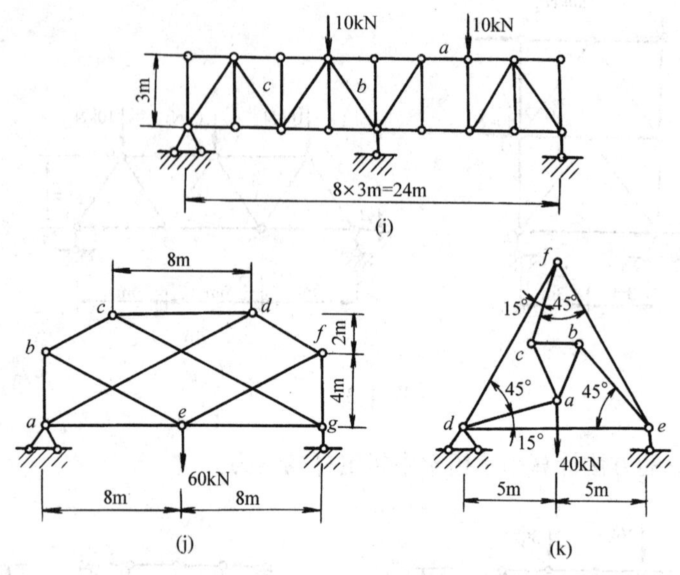

题 4.4

4.5　作出图示组合结构的内力图。

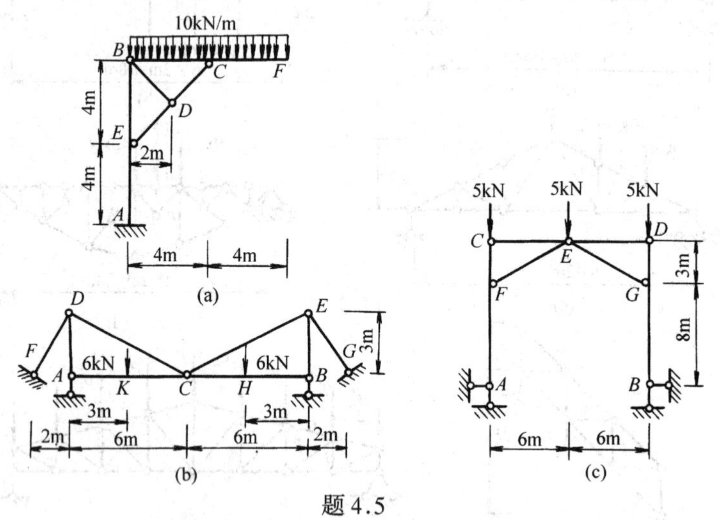

题 4.5

*4.6　分析下图所示体系的几何组成并计算空间桁架各杆的轴力。

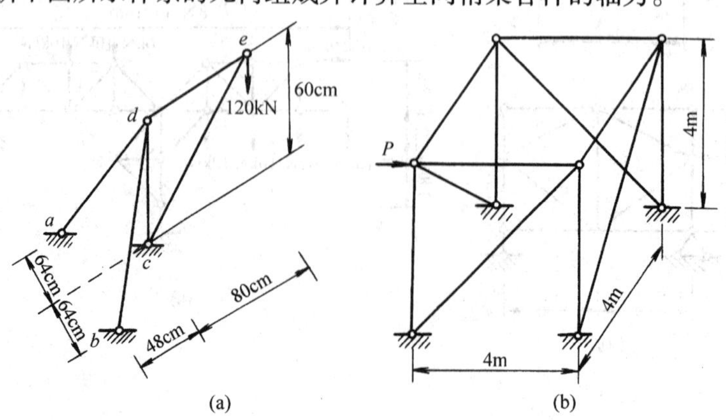

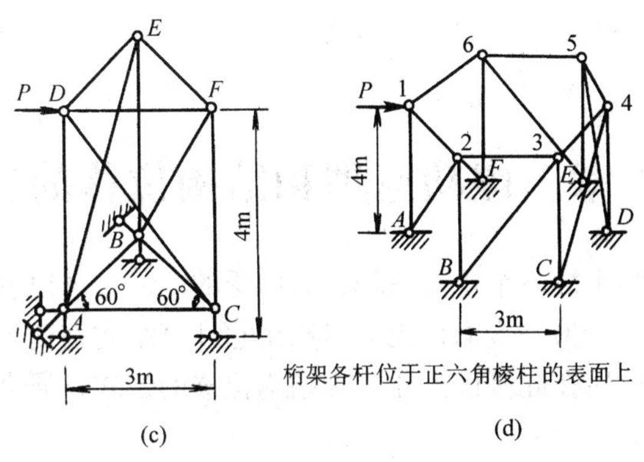

题 4.6

习题答案

4.1（a）简单桁架

（b）联合桁架

（c）联合桁架

（d）联合桁架

4.3（a）部分答案　$N_{HG}=2$ kN，$N_{GE}=0$，$N_{HE}=-2.5$ kN

$N_{HF}=1.5$ kN，$N_{BD}=13.5$ kN，$N_{AB}=10$ kN

（b）$N_{67}=-2.23P$

$N_{64}=-1.12P$

（c）$N_{DB}=-13.33$ kN

（d）$N_{EF}=-15$ kN

$N_{EC}=6.25$ kN

4.4（a）$V_a=0$，$V_b=30$ kN

（b）$N_a=52.2$ kN，$V_b=10$ kN，$V_c=10$ kN

（d）$N_b=20\sqrt{2}$ kN，$N_d=20\sqrt{2}$ kN

（e）$N_a=P/3$，$N_c=\dfrac{\sqrt{2}}{3}$ kN

（f）$V_b=P$

（g）$H_a=-\dfrac{10}{3}$ kN，$N_b=3.33$ kN

（h）$V_b=-55$ kN，$N_c=-100$ kN

（i）$V_b=-2.5$ kN，$V_c=7.5$ kN

（j）$N_{eb}=67.1$ kN　$N_{ad}=-60$ kN

（k）$N_{ad}=-6.9$ kN，$N_{be}=-18.86$ kN

$N_{ef}=-7.7$ kN，$N_{cf}=25.76$ kN

4.5（a）$N_{CD}=-113.15$ kN

$M_{CF}=80$ kN·m（上边受拉）

（b）$N_{CD}=6.71$ kN，$M_{KA}=9$ kN·m（下边受拉）

（c）$N_{CE}=3.636$ kN，$N_{EF}=-5.59$ kN

第5章 虚功原理和结构位移的计算

虚功原理是结构力学中的一个重要原理，有广泛的应用。可以利用这一原理求结构处于平衡状态时的反力和内力；另一方面，也可以利用它计算结构在变形状态下的位移。以下我们首先导出这一原理，然后在此基础上建立求结构位移的公式，研究各种因素作用下静定结构的位移计算问题。

在讨论虚功原理之前，先概述几个与计算位移有关的问题，并给出几个定义。

5.1 概 述

一、结构的位移

结构在荷载作用下产生应力和应变，因而将发生尺寸和形状的改变，这种改变称为变形。由于这种变形，使结构上各点的位置产生移动，亦即产生了位移。如图5-1（a）所示的桁架，在荷载 P 作用下，杆件产生轴力，因而引起杆件长度改变，致使结构移动到图中虚线所示的位置。此时，C 点移动的距离 $\Delta_C=\overline{CC'}$ 称为节点 C 的总位移。将 Δ_C 沿水平和竖向分解为两个分量 $\Delta_{CH}=\overline{DC'}$ 和 $\Delta_{CV}=\overline{CD}$（图5-1（b）），它们分别称为 C 点的水平位移分量和竖向位移分量，简称为水平位移和竖向位移。同时，AC 杆转动了一个角度 θ，这一角度称为杆件 AC 的角位移。

除了荷载作用会引起位移外，温度改变、支座移动、材料收缩以及制造误差等因素，虽不一定使结构都产生应力和应变，但一般来说都会使结构产生位移。例如图5-2所示的悬臂梁，由于其下方的温度 t_2 高于其上方的温度 t_1，梁将产生如图中虚线所示的变形，从而使其上任一截面 C 发生竖向位移 Δ_{CV}、水平位移 Δ_{CH} 称角位移 θ_C。又如图5-3所示的梁，由于支座 B 处地基的沉陷，梁将移到虚线所示的位置。此时，截面 C 也将产生竖向位移 Δ_C 和角位移 θ_C。

上述各位移都属于绝对位移。此外，还有相对位移。例如图5-4所示的刚架，在荷载 P 作用下，发生如虚线所示的变形。A、B 两点的水平位移分别为 Δ_{AH} 和 Δ_{BH}，它们之和 $(\Delta_{AB})_H=\Delta_{AH}+\Delta_{BH}$，称为 A、B 两点的水平相对线位移。A、B 两个截面的转角分别为 θ_A 及 θ_B，它们之和 $\theta_{AB}=\theta_A+\theta_B$，称为两个截面的相对角位移。

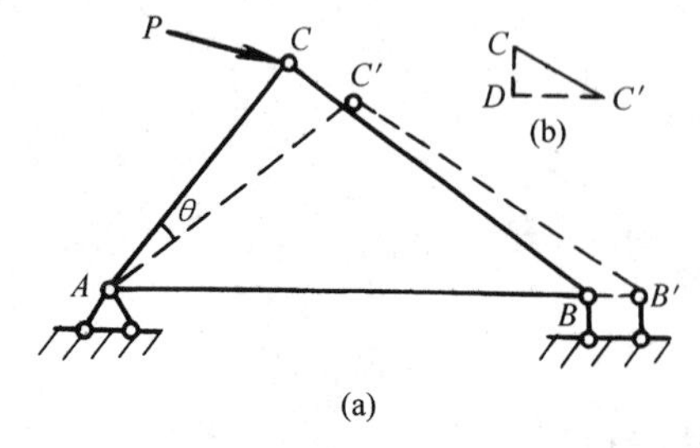

图5-1 桁架的变形和位移

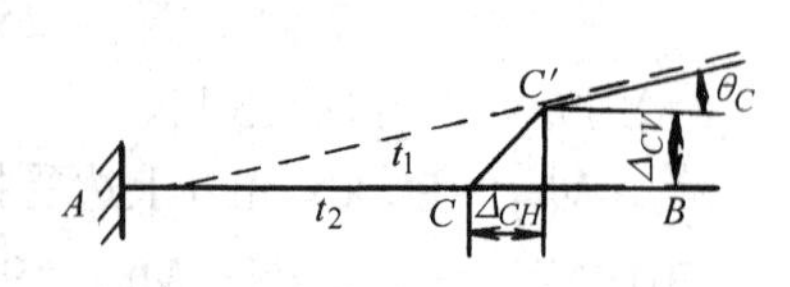

图5-2 悬臂梁的变形和位移

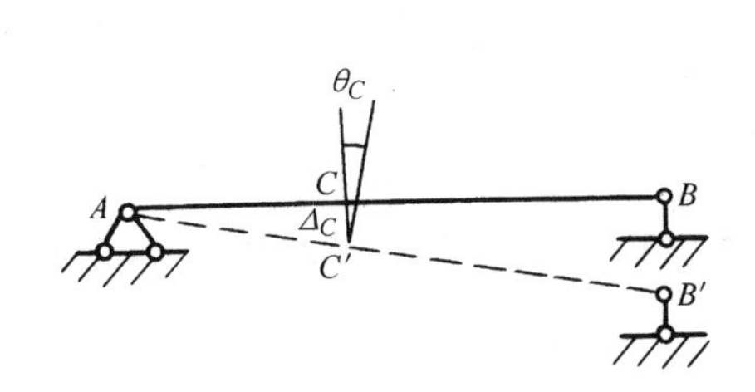

图 5-3　简支梁由于支座移动引起 C 截面的位移

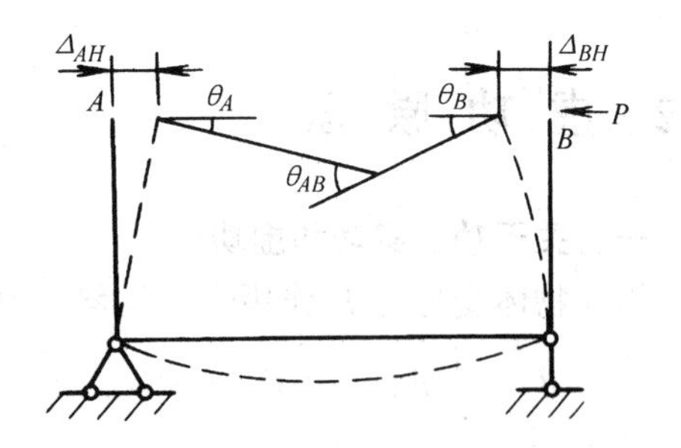

图 5-4　刚架在荷载作用下 AB 两截面的相对线位移及相对角位移

所有各种位移无论是线位移或是角位移，无论是绝对位移或是相对位移，都将统称为广义位移。

二、计算结构位移的目的

在结构设计中，除了必须使结构满足强度要求外，还必须要求结构具有足够的刚度，即保证结构在使用过程中不致产生过大的变形，以符合工程中使用的要求。因此，为了验算结构的刚度，需要计算结构的位移。

其次，以后我们将会看到，在弹性范围内计算超静定结构的反力和内力时，单用静力平衡条件不能惟一地确定它们，还必须考虑位移条件。因此，位移计算是超静定结构计算的基础，是分析超静定结构必不可少的一个组成部分。

此外，在结构的制作、架设、养护等过程中，往往需要预先知道结构的变形情况，以便采取一定的施工措施。因此，也需要进行位移的计算。

三、计算位移的有关假定

在求结构的位移时，为了使计算简化，常采用如下的假定：

(1) 结构的材料服从虎克定律，即应力与应变成线性关系；

(2) 结构的变形很小，不致影响荷载的作用，这样，在建立平衡方程式时，可以忽略结构的变形，仍然应用结构变形前的原有几何尺寸；同时，由于变形微小，应变与位移成线性关系；

(3) 结构各部分之间为理想联结，不需考虑摩擦阻力等的影响；

(4) 当一直杆在杆端承受轴向力并因同时有横向力的作用而弯曲时，不考虑由于杆弯曲所引起的杆端轴向力对弯矩及弯曲变形等的影响（分析稳定问题时除外）。

对于实际的大多数工程结构，按照上述假定计算的结果具有足够的精确度。满足上述条件的理想化的体系，其位移与荷载之间为线性关系，常称为线性变形体系。当荷载全部卸除后，位移即全部消失。对于此种体系，计算其位移时可以应用叠加原理。

位移与荷载之间呈非线性关系的体系称为非线性变形体系。线性变形体系和非线性变形体系统称为变形体系。本书仅讨论线性变形体系的位移计算。

思　考　题

(1) 何谓绝对位移？何谓相对位移？试举例说明。

(2) 满足什么条件才是线性变形体系？

5.2 虚 功 原 理

一、关于功、实功和虚功

设一物体受外力 P 作用产生位移。力由于位移而做功。设以 T 代表力 P 所做的功，则

$$T=\int_s \mathrm{d}T=\int_s P\cos(\overline{P},\overline{\mathrm{d}s})\mathrm{d}s \tag{5-1}$$

式中 $(\overline{P},\overline{\mathrm{d}s})$ 代表力 P 与作用点位移方向的夹角，$\mathrm{d}s$ 代表位移微段。一般说来，力所做的功与其作用点的移动路线的形状、路程的长短有关。但对于大小和方向都不变的常力，它所做的功则只与其作用点的起迄位置有关。若体系上作用一常力 P，力作用点的总位移为 D，而 D 与力 P 之间夹角为 α，则由式（5-1）可知，力 P 所做的功为

$$T=P\Delta \tag{5-2}$$

$$\Delta=D\cos\alpha$$

式中 Δ 为总位移 D 在力 P 方向的投影，称为与 P 相应的位移。为了以下讨论的方便，可以将 P 理解为广义力，Δ 可以理解为与其相应的广义位移。例如，若 P 代表作用于体系一个截面上的力偶，则 Δ 即代表该截面所发生的相应角位移；若 P 代表一对力偶，则 Δ 即代表两个作用面所发生的相应的相对角位移。广义力与广义位移的乘积具有功的量纲。

需要指出的是：在定义“功”时，我们对产生位移的原因并未给予任何限制。也就是说，位移可以是由于力 P 产生的，也可以是由于其他原因引起的，这两种情况今后都将会遇到。

首先讨论第一种情况。设有一悬臂梁承受荷载 P 如图 5-5 所示。取静力加载方式，即荷载从零逐渐增加到 P 值。对于线性变形体系来说，位移与荷载成正比，故力 P 作用点的位移也将由零按比例逐渐增加到最后值 Δ，在其中任一位置处，位移 y 与相应的荷载 P_y 之间的关系为

$$y=fP_y \tag{a}$$

式中 f 为比例常数。当荷载由 P_y 增至 $P_y+\mathrm{d}P$，相应的位移将由 y 增至 $y+\mathrm{d}y$。略去高阶微量，在发生 $\mathrm{d}y$ 的过程中 P_y 可以看做常量，于是相应的元功为

$$\mathrm{d}T=P_y\cdot\mathrm{d}y \tag{b}$$

因 $P_y=P$ 时，$y=\Delta$，故由式（a）可得 $f=\Delta/P$。再将 $P_y=y/f=Py/\Delta$ 代入式（b），并在 $y=0\sim\Delta$ 范围内积分，则得 P 所做的功

$$T=\int_s \mathrm{d}T=\int_0^{\Delta}\frac{P}{\Delta}y\mathrm{d}y=\frac{1}{2}P\Delta \tag{5-3}$$

即图 5-6 中三角形 OAB 的面积。以上这种力与位移之间存在直接的依赖关系，（见式(a)），力由于其自身所引起的位移而做功，这种功称为实功。若体系为线性变形体系，则实功即等于力与其相应位移两者的乘积再乘以$\frac{1}{2}$。

其次我们再分析位移与做功的力无关的情况，这种功称为虚功。在虚功中，力与位移分别属于同一体系的两种彼此无关的状态。其中力所属的状态称为力状态或第一状态，而位移所属的状态则称为位移状态或第二状态。今有一悬臂梁，其上 C 点处作用有荷载 P，如图 5-7（a）所示。设梁由于其他原因（如另外的荷载作用、温度变化或支座移动等）又产生位

移，如图 5-7（b）所示。这时 C 点相应于力 P 方向的位移为 Δ；这种情况即分别构成虚功的力状态和位移状态。

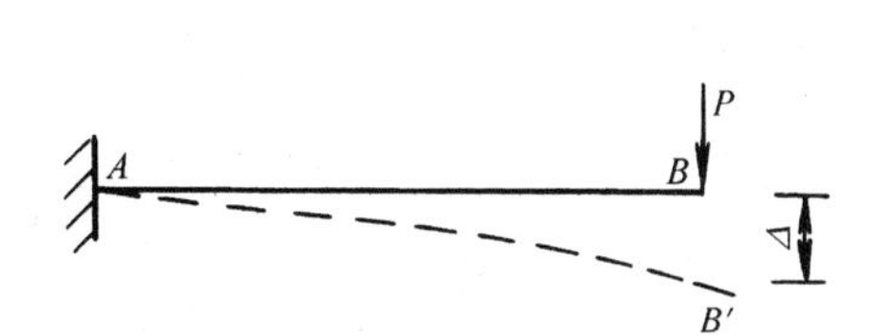

图 5-5　承受荷载 P 的悬臂梁

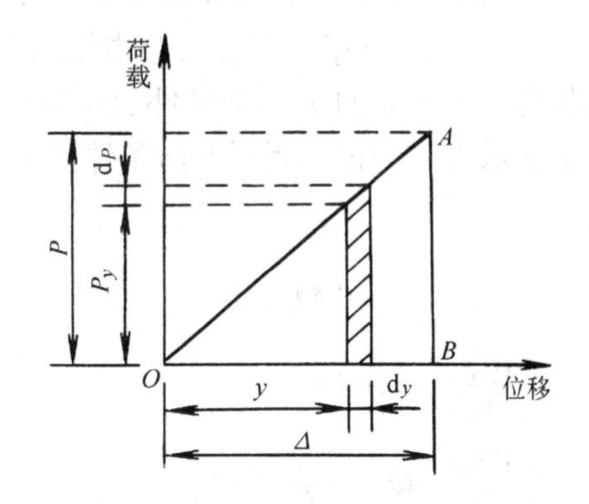

图 5-6　静力加载方式荷载与位移的关系图

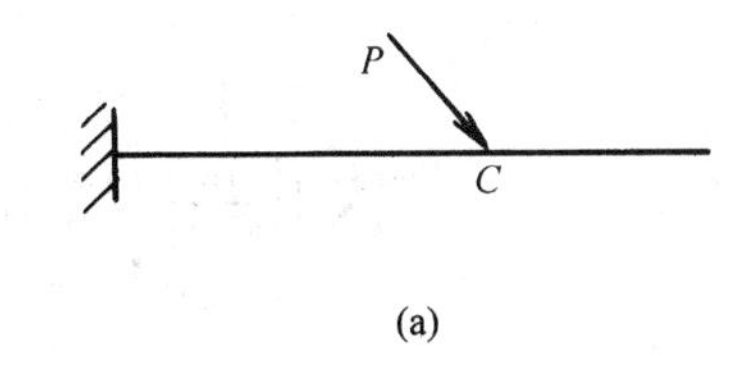

(a)

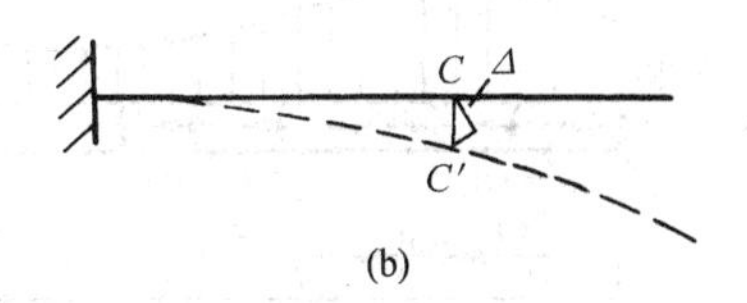

(b)

图 5-7　虚功中两种彼此无关的状态

（a）力状态（第一状态）　（b）位移状态（第二状态）

本章讨论虚功原理，目的是为了研究结构的某种实际状态。如果研究的是某种实际状态的未知力，我们即取此实际状态为力状态，而根据所求的实际状态的未知力，虚设一位移状态，这种状态下的位移称为虚位移。反之，如果研究的是某种实际状态的未知位移，我们即取实际状态为位移状态，而按照所求的位移虚设一力状态，这种状态下的力称为虚力。对于所谓的"虚"位移或者"虚"力，应该强调的是：

（1）假设的这种虚位移（或虚力）与所研究的实际力系（或实际位移）完全无关，可以独立地按照我们的目的而虚设；

（2）假设的虚位移（或虚力）在所研究的结构上应该是可能存在的位移（或力）状态，亦即虚位移应该满足结构的变形谐调条件，虚设力系应该满足结构的平衡条件*。

对于虚功，无论假设的是虚位移还是虚力，由于力的大小和方向在位移过程中并不改变，故应按式（5-2）计算，也就是说，在力与位移的乘积上不应再乘以 $\frac{1}{2}$。例如图 5-7 所示梁的两种状态，力 P 所做的虚功应该是

$$T = P\Delta$$

二、变形杆件体系的虚功原理

1. 体系的力状态和位移状态应该满足的条件

以悬臂梁为例说明上述两种状态应满足的条件。悬臂梁一端固定，另一端自由。在固定

* 关于这两种条件的详细叙述见下段内容。

端截面处，位移为已知值，此种边界称为位移边界。自由端截面上的力是已知值，此种边界称为力的边界。悬臂梁同时具有以上两种边界，有一定的典型意义。图 5-8（a）示一 A 端为固定端的悬臂杆件，其上作用有横向分布荷载 q（s）、轴向分布荷载 p（s）和分布外力偶 m（s），N_B^*、Q_B^*、M_B^* 为自由端面上的外力。在这些力的共同作用下，杆件 AB 处于平衡状态。图 5-8（b）示为杆件 AB 中一个微段的受力情况，其上荷载及切割面上的力皆以图中所示方向为正。利用平衡条件 $\sum S=0$，$\sum Y=0$ 和 $\sum M=0$，可得以下三个平衡微分方程

$$\left.\begin{aligned}&\frac{\mathrm{d}N}{\mathrm{d}s}=-p(s)\\&\frac{\mathrm{d}Q}{\mathrm{d}s}=-q(s)\\&\frac{\mathrm{d}M}{\mathrm{d}s}+Q=-m(s)\end{aligned}\right\}\tag{5-4}$$

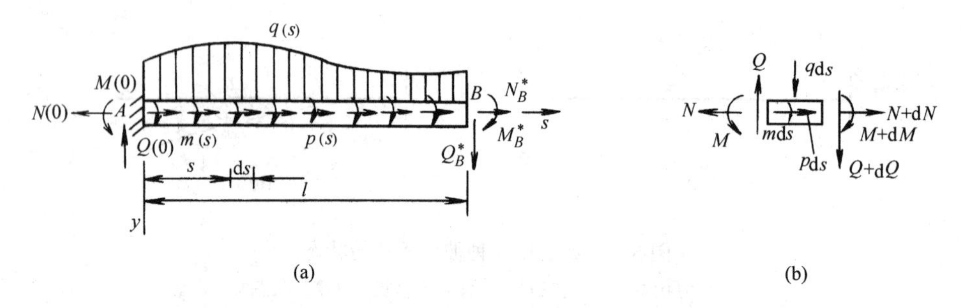

图 5-8　悬臂杆所受荷载及微段隔离体图

自由端为力给定的边界，为了满足平衡，有以下力的边界条件

$$s=l\text{ 处：}\quad\left.\begin{aligned}N(l)&=N_B^*\\Q(l)&=Q_B^*\\M(l)&=M_B^*\end{aligned}\right\}\tag{5-5}$$

固定端为位移给定的边界，该处的未知杆端力（N（0）、Q（0）和 M（0））可由平衡条件确定。

若杆件的内、外力分布满足式（5-4）和式（5-5），则称这种状态能满足静力平衡条件，或称它是静力可能的力状态。

图 5-9（a）示同一杆件 AB 由于某种原因所产生的微小变形状态。设 u、v 分别表示杆轴上任一点 1 的轴向和横向位移，并以指向坐标轴的正向为正。φ 表示挠曲线在该点处的切线的倾角，并以顺时针方向为正，这样有

$$\frac{\mathrm{d}v}{\mathrm{d}s}=\varphi\tag{5-6}$$

由于剪切变形的影响，变形后杆件的截面（假定仍保持为平面）不再垂直于变形后的挠曲线，我们以 θ 表示 1 点截面的转角（$\theta\neq\varphi$），并设 θ 也以顺时针方向为正。

在 1 点附近截取一长为 ds 的微段 12，这一微段在变形后移动 1′2′。我们将总位移分解为刚体位移（与变形无关的位移）和变形位移（与变形有关的位移）。设想先以截面 1 为准，微段 12 发生刚体位移 u、v、θ 而移到位置 1′2″（见图 5-9（b），微段尺寸已放大）；然后使

微段产生轴向、剪切和弯曲变形（5-9（c）），从而使截面 2 变形到 2′。设以 ε、γ、κ 分别表示 1 处的轴向应变（以伸长为正）、剪切角（以 s、y 轴正向之间夹角的变小为正）和杆轴变形后的曲率（以向上凸为正），则由图 5-9（b）、（c）可以看出有以下关系为

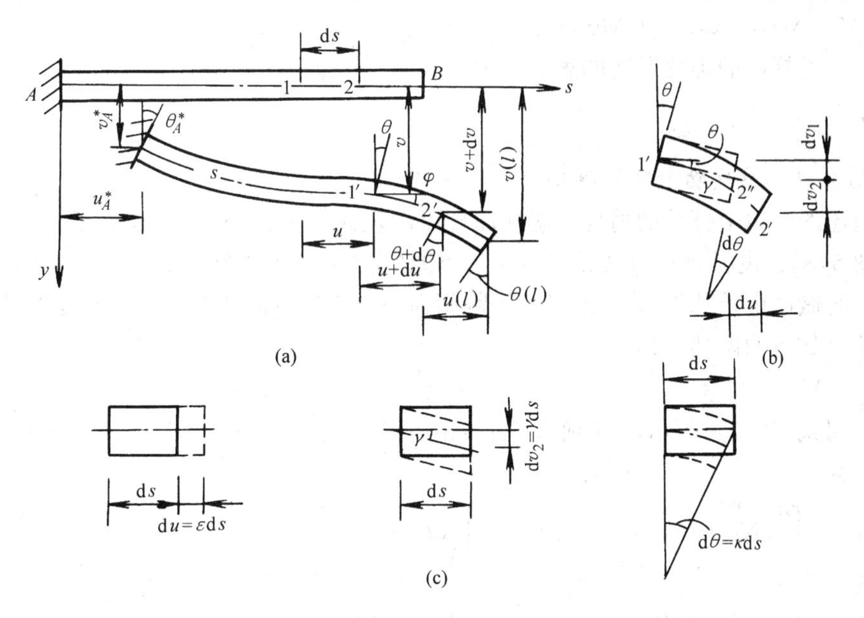

图 5-9　悬臂杆的变形状态

$$du = \varepsilon ds,\ dv = dv_1 + dv_2 = \theta ds + \gamma ds,\ d\theta = \kappa ds$$

或
$$\frac{du}{ds} = \varepsilon,\ \frac{dv}{ds} = \theta + \gamma,\ \frac{d\theta}{ds} = \kappa \tag{5-7}$$

此外，在固定端处有位移边界条件

$s=0$ 处：
$$\left.\begin{aligned} u(0) &= u_A{}^* \\ v(0) &= v_A{}^* \\ \theta(0) &= \theta_A{}^* \end{aligned}\right\} \tag{5-8}$$

式中，$u_A{}^*$、$v_A{}^*$、$\theta_A{}^*$ 为给定的 A 端杆端位移（支座沉陷）。

若杆件的位移状态满足式（5-7）（位移 u、v、θ 需是连续函数）和式（5-8），则称这种状态能满足变形谐调条件，或称它们是几何可能的位移状态。

2. 虚外功和虚变形功的计算

为了推导虚功原理，我们先推导杆件的某种受力状态（图 5-8）由于另一与其无关的位移状态（图 5-9）而做的虚功（虚外功、虚变形功）表达式。

首先计算杆件 AB 的虚外功（外力虚功）。我们设想将杆件 AB 从力状态的固定端处切开，使该处内力变为外力，然后令它经历位移状态的位移。于是由图 5-8、图 5-9 可得虚外功（用 T 表示）的表达式

$$\begin{aligned} T = {} & [N_B{}^* u(l) + Q_B{}^* v(l) + M_B{}^* \theta(l) - N(0) u_A{}^* - Q(0) v_A{}^* - M(0) \theta_A{}^*] \\ & + \int_A^B (pu + qv + m\theta) ds \end{aligned} \tag{5-9}$$

其次，考虑虚变形功。作用于 AB 杆上一微段（图 5-8（b））的轴力、剪力和弯矩（统

称为切割面内力）与微段上的外荷载构成一平衡力系。此平衡力系由于刚体位移并不做功，由于图 5-9（c）所示变形位移所作的功（考虑 $q\mathrm{d}s$ 等荷载及内力增量 $\mathrm{d}N$、$\mathrm{d}Q$、$\mathrm{d}M$ 所作的功为高阶微量，已略去）为

$$dV = N\varepsilon\mathrm{d}s + Q\gamma\mathrm{d}s + M\kappa\mathrm{d}s$$

沿 AB 积分，得杆件的虚变形功的表达式为

$$V = \int_A^B (N\varepsilon + Q\gamma + M\kappa)\mathrm{d}s \tag{5-10}$$

3．变形杆件体系虚功原理的推导

对于上述的一单个杆件的情况，虚功原理可以表述如下："杆件 AB 处于一静力可能的力状态（图 5-8），设另有一与其无关的几何可能的位移状态（图 5-9），则前者的外力由于后者的位移所做的虚外功 T 等于前者的切割面内力由于后者的变形所做的虚变形功 V"。用式子表达就是如下的虚功方程

$$T = V \tag{5-11}$$

证：利用式（5-7）所示的几何关系：$\varepsilon\mathrm{d}s = \mathrm{d}u$、$\kappa\mathrm{d}s = d\theta$、$\gamma\mathrm{d}s = dv - \theta\mathrm{d}s$，式（5-10）可改写为

$$V = \int_A^B (N\mathrm{d}u + Q\mathrm{d}v + M\mathrm{d}\theta) - \int_A^B Q\theta\mathrm{d}s$$

利用关系式

$$\mathrm{d}(uN + vQ + \theta M) = (u\mathrm{d}N + v\mathrm{d}Q + \theta\mathrm{d}M) + (N\mathrm{d}u + Q\mathrm{d}v + M\mathrm{d}\theta)$$

V 可再改写为

$$V = \int_A^B \mathrm{d}(uN + vQ + \theta M) - \int_A^B (u\mathrm{d}N + v\mathrm{d}Q + \theta\mathrm{d}M) - \int_A^B Q\theta\mathrm{d}s$$

$$= [uN + vQ + \theta M]_A^B - \int_A^B \left[u\frac{\mathrm{d}N}{\mathrm{d}s} + v\frac{\mathrm{d}Q}{\mathrm{d}s} + \theta(\frac{\mathrm{d}M}{\mathrm{d}s} + Q)\right]\mathrm{d}s$$

或

$$V = [u(l)N(l) + v(l)Q(l) + \theta(l)M(l) - u(0)N(0) - v(0)Q(0)]$$

$$- \theta(0)M(0) - \int_A^B \left[u\frac{\mathrm{d}N}{\mathrm{d}s} + v\frac{\mathrm{d}Q}{\mathrm{d}s} + \theta(\frac{\mathrm{d}M}{\mathrm{d}s} + Q)\right]\mathrm{d}s \tag{5-12}$$

由于杆件 AB 的力状态在 B 端满足边界条件式（5-5），位移状态在 A 端满足边界条件式（5-8），故式（5-9）、式（5-12）等号右侧的第一项必然相等。再由平衡微分方程（5-4）可知，上述二式等号右侧的积分项也必相同。由此得到 $T = V$。即

$$N_B{}^* u(l) + Q_B{}^* v(l) + M_B{}^* \theta(l) - N(0)u_A{}^* - Q(0)v_A{}^* - N(0)\theta_A{}^*$$

$$+ \int_A^B (pu + qv + m\theta)\mathrm{d}s$$

$$= \int_A^B (N\varepsilon + Q\gamma + M\kappa)\mathrm{d}s \tag*{(5-11)$_1$}$$

以上我们以悬臂杆件为例介绍了虚功原理。在虚功方程（5-11）$_1$ 中，等号左边为分布荷载和杆端力所做的虚功，其中包括了当固定端有强迫位移时反力所做的虚功；等号右边为杆件的虚变形功。如果位移状态的 A 端没有沉陷，即 $u_A{}^* = v_A{}^* = \theta_A{}^* = 0$，则力状态的 A 端反力不做虚功，在式（5-11）$_1$ 中便不再包含固定端反力的虚功项。

现在将虚功原理推广到杆件体系的情况。以图 5-10 所示的刚架为例，来建立其两种状态（力状态和位移状态——图中未表示）之间的虚功原理。设取各杆件为隔离体，在力状态

中每个杆件各自为一平衡力系，是静力可能的力状态。另一方面，由于整个体系的位移是谐调的（位移连续，满足位移边界条件），每个杆件都处于几何可能的位移状态，我们可以对每个杆件应用虚功原理并都有类似式（5-11)$_1$所示的关系，将这些虚功关系式相叠加，可得杆件体系的虚功方程（$T=V$）为

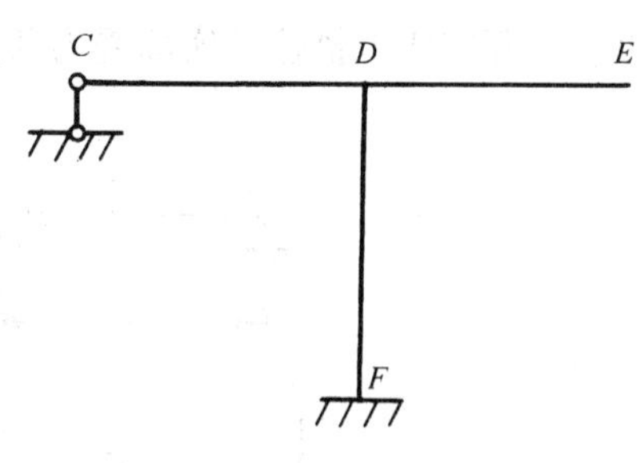

图 5-10　表示虚功原理推广到杆系的例子

$$\sum_i N_i^* u_i + \Sigma Q_i^* v_i + \Sigma M_i^* \theta_i + \sum_j N_j u_j^* + \Sigma Q_j v_j^* + \Sigma M_j \theta_j^* + \sum_k \int (pu + qv + m\theta)\mathrm{d}s = \sum_k \int (N\varepsilon + Q\gamma + M\kappa)\mathrm{d}s \tag{5-13}$$

式中等号左边为杆端力和分布荷载所做的虚功。其中下角标 i 表示给定外力的杆端量；下角标 j 表示给定位移的杆端量；k 表示杆件号。在式（5-13）中杆端力与杆端位移方向一致时虚功取正号，否则取负号。对于图 5-10 所示的体系，E 端为给定外力的杆端；F 端为给定位移的杆端；C 端在竖向给定了位移，而在水平和转动方向上给定了外力；至于各杆件的 D 端，属于内部节点。由于在力状态中节点 D 处于平衡，亦即取节点 D 为隔离体时，作用于节点 D 的各杆端力构成平衡力系；又由于在位移状态中，各杆在 D 处的位移是谐调一致的；所以各杆在 D 端的杆端力所做的虚功将互相抵消。因此，在式（5-13）中不包括内部节点处杆端力的虚功项。归纳以上几点，式（5-13）表明：刚架上全部外力的虚外功等于总虚变形功。由此可知，对于由若干杆件组成的体系，虚功原理同样成立。

若体系未变形（即 ε、γ、κ 全为零），只是由于支座移动或转动而发生刚体位移，则虚功方程变为

$$T=0 \tag{5-14}$$

这就是刚体的虚功原理。

三、虚功原理的两种应用形式——虚位移原理与虚力原理

1. 应用虚功原理求未知力——虚位移原理

我们应用虚功原理求某一体系的未知力时，即以体系的实际的内、外力状态作为力状态，再根据所要求的未知力适当选择虚位移。

图 5-11（a）示一承受荷载 P 的静定伸臂梁，设拟求 A 端的支座反力 X。为了使虚外功的表达式中包括未知力 X，在虚位移状态中应该有沿力 X 方向的位移。为此，我们撤除与力 X 相应的约束，而以力 X 代替其作用。于是原结构成为一几何可变体系（自由度为 1），这一体系在外力 X、V_B、H_B 和 P 的共同作用下维持平衡，图 5-11（b）。选择与约束条件相符合的位移状态如图 5-11（c）所示。由这一状态取虚位移，按式（5-14）可以写出以下虚功方程

$$T = X\Delta_X + P\Delta_P = 0 \tag{c}$$

式中 Δ_X、Δ_P 分别为沿 X 和 P 方向的位移，且设与力的指向相同者为正。由图 5-11（c）得 $\Delta_X = l\theta$，$\Delta_P = l_1\theta$。代入式（c），得

$$X = -P\frac{\Delta_P}{\Delta_X} = -P\frac{l_1}{l}$$

以上这种用于实际的力状态与虚位移状态之间的虚功原理称为虚位移原理。由此建立的

虚功方程实质上描述了实际受力状态的平衡关系［式（c）相当于$\sum M_B=0$］。

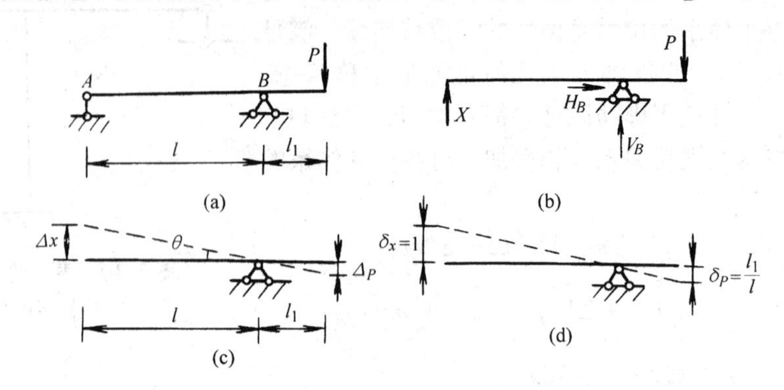

图 5-11　应用虚功原理求未知力

由于所设的 Δ_X 的大小并不影响拟求的未知力 X 的数值，为了方便，可以设 $\Delta_X=\delta_X=1$，图 5-11（d），此时 $\Delta_P=\delta_P=l_1/l$，故 $X=-P\delta_P=-Pl_1/l$。这种应用虚位移原理求未知力而沿该力方向虚设一单位位移的方法，常称为“单位位移法”。

例 5-1　试用单位位移法计算图 5-12（a）所示静定梁上截面 B 的弯矩 M_B。

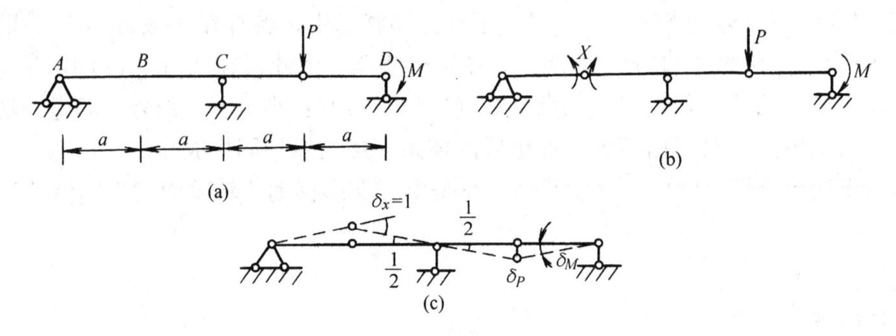

图 5-12　例 5-1 图

【解】　先将与 M_B 相应的约束除去，即在截面 B 处加置一个铰，使梁成为一几何可变体系。再将与 M_B 的作用相当的未知力 X 和荷载 P 及 M 加在此一体系上（图 5-12（b）），然后使这一体系沿 X 的正方向发生单位角位移，得图 5-12（c）所示的虚位移状态。由几何关系可得

$$\delta_P=\frac{a}{2},\ \delta_M=\frac{1}{2}$$

由方程（5-14）有

$$X\times1+P\delta_P-M\delta_M=0$$

得

$$X=-P\delta_P+M\delta_M=-\frac{Pa}{2}+\frac{M}{2}$$

2. 应用虚功原理求位移——虚力原理

应用虚功原理求某一体系的未知位移时，即以体系的实际的位移状态作为虚功原理的位移状态，再根据所要求的未知位移适当选择虚力。

设图 5-13（a）所示伸臂梁的支座 A 向上移动一已知距离 c，现拟求 D 点的竖向位移 Δ_{DV}。为了使虚外功的表达式中包括未知位移 Δ_{DV}，我们在 D 点沿竖向加一外力 P，并以此

为梁的虚力状态如图 5-13（b）所示。这一虚力状态由于图（a）所示的位移而做虚功，虚功方程为

$$P\Delta_{DV} - V_A c = 0$$

得
$$\Delta_{DV} = c\frac{V_A}{P}$$

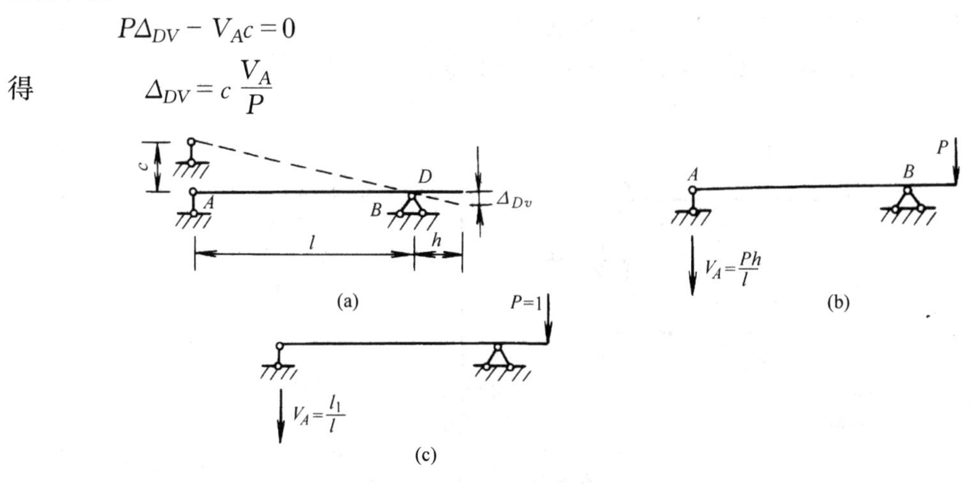

图 5-13　应用虚功原理求位移

由虚力状态的平衡条件$\sum M_B=0$，有$\frac{V_A}{P}=l_1/l$，代入上式，得

$$\Delta_{DV} = c\frac{l_1}{l}$$

以上这种用于虚设的力状态与实际位移状态之间的虚功原理称为虚力原理。由此建立的虚功方程实质上描述了各实际位移之间的几何关系。

为了便于计算，可以命虚设的力 $P=1$（图 5-13（c）），这种求位移的方法即称为“单位荷载法”。本章就是讨论用这种方法来求结构的位移。

思　考　题

（1）试说明计算常力做功与变力做功的区别。

（2）体系处于平衡时需满足什么条件?

（3）什么是体系的变形谐调条件?

（4）虚功原理与虚功方程是如何推证出来的？如何应用?

（5）为什么说虚力状态下的虚功方程本质上描述了结构的实际位移状态的几何关系？为什么说虚位移状态下的虚功方程则描述了结构的实际受力状态的平衡关系?

5.3　平面杆件结构位移计算的一般公式　单位荷载法

现在讨论建立平面杆件结构位移计算的一般公式。

设图 5-14（a）所示刚架（图示为一超静定刚架，但无论结构为静定或超静定，以下讨论和所得公式均适用）由于荷载、支座位移和温度变化等作用而发生变形，如图中虚线所示。

现拟用单位荷载法求刚架上某点 K 的实际位移$\overline{KK'}$沿某指定方向 K-K 的投影 Δ_{Ka}。为此取图 5-14（a）中刚架的实际状态作为虚力原理的位移状态（第二状态）。然后选取一个

与 Δ_{Ka}相应的单位荷载，即在 K 点沿K-K 方向加虚单位力$P_K=1$，如图5-14（b）所示，并取这个虚拟状态作为虚力原理的力状态（第一状态）。

根据以上两种状态按式（5-13）建立虚功方程，得

$$\Delta_{ka}+\overline{R_k}'C_a'+\overline{R_k}''C_a''=\Sigma\int\overline{N_k}\varepsilon_a\mathrm{d}s+\Sigma\int\overline{Q_k}\gamma_a\mathrm{d}s+\Sigma\int\overline{M_k}\kappa_a\mathrm{d}s$$

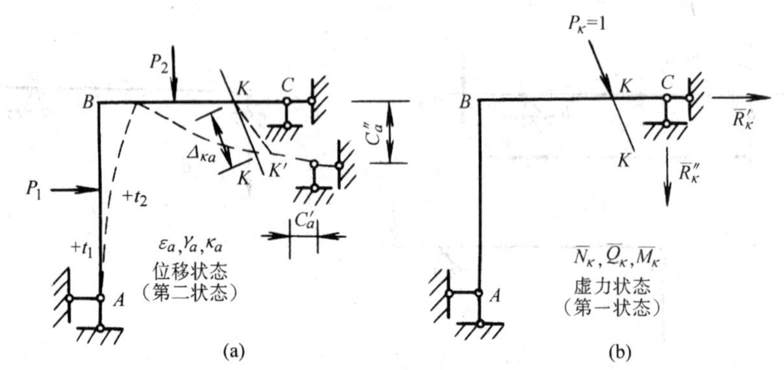

图5-14　用单位荷载法计算 Δ_{ka}的两种状态

或
$$\Delta_{Ka}=\Sigma\int\overline{N_K}\varepsilon_a\mathrm{d}s+\Sigma\int\overline{Q_K}\gamma_a\mathrm{d}s+\Sigma\int\overline{M_K}\kappa_a\mathrm{d}s-\Sigma\overline{R_K}C_a \tag{5-15}$$

式中 ε_a、γ_a 和 κ_a 分别为实际状态的轴向应变、剪切角和曲率；$\overline{R_K}$、$\overline{N_K}$、$\overline{Q_K}$和$\overline{M_K}$分别为虚拟状态的反力、轴力、剪力和弯矩。式（5-15）就是计算结构位移的一般公式。它可以用于计算静定或超静定平面杆件结构由于荷载、温度变化和支座沉陷等因素的作用所产生的位移，并且适用于弹性或非弹性材料的结构。

应用式（5-15），每次可以计算一个线位移在任一方向的投影。所加的虚单位力其指向可以任意假设，如果计算结果为正值，即表示位移的实际方向与所设虚单位力的方向相同，否则相反。

此外，式（5-15）不仅可以用于计算结构的线位移，而且可以计算任一广义位移，只要虚力状态中的单位力是与所计算的广义位移相对应的广义力即可。下面就几种情况具体加以说明。

（1）设要求图5-15（a）、(b）所示结构上 C 点的竖向线位移，可在该点沿所求位移方向加一单位力。

（2）设要求图5-15（c）、(d）所示结构上截面 A 的角位移，可在该截面处加一单位力偶。若要求图5-15（e）所示桁架中 AB 杆的角位移，则应加一单位力偶，构成这一力偶的两个集中力，其值为$1/d$，各作用于该杆的两端并与杆轴垂直，这里 d 为该杆的长度。

（3）设要求图5-15（f）所示结构上 A、B 两点沿其连线方向的相对线位移，可在该两点沿其连线加上两个方向相反的单位力。

（4）设要求图5-15（g）所示结构切口 C 两侧截面在竖直方向的相对线位移，可在这两个截面上加两个方向相反的单位力。

（5）设要求梁或刚架上两个截面的相对角位移，可在这两个截面上加两个方向相反的单位力偶（图5-15（h）所示为求铰 C 处左右杆端的相对角位移）。若要求桁架中两根杆件的相对角位移，则应加两个方向相反的单位力偶（图5-15（i））。

以上几种情形都是根据所求的广义位移来设出对应的广义力。虚功方程中的外力虚功项即为广义力与相应的广义位移的乘积。注意到广义力仍是一种单位力，所以可以应用式（5-

15）来计算各种广义位移。

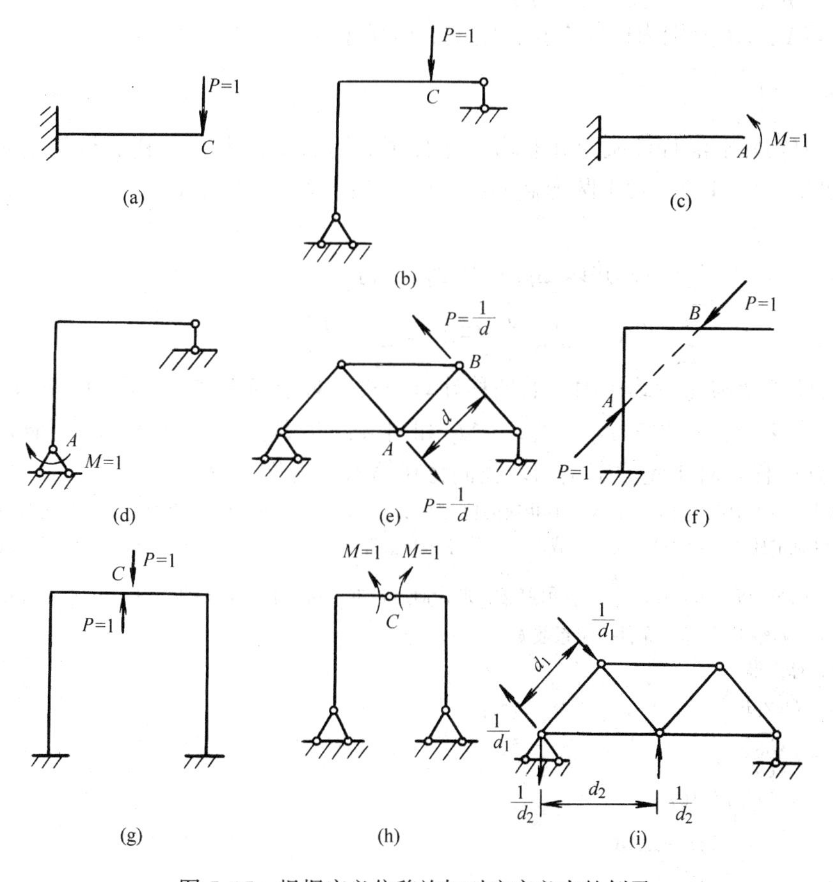

图 5-15　根据广义位移施加对应广义力的例子

思　考　题

(1) 为什么说计算结构位移的一般公式（5-15）既适用于静定结构，又适用于超静定结构？既适用于计算荷载引起的位移，又适用于计算温度变化、支座沉陷引起的位移？

(2) 若结构同时受有荷载作用、产生支座沉陷和温度改变，如何计算它的位移？

(3) 求位移时，为什么要引用一个单位荷载状态？单位荷载的施加要依据什么原则？最后计算出的位移值是否包含了单位荷载的影响？

(4) 何谓广义力？何谓广义位移？何谓广义力做功？试举出几种广义力做功的例子。

5.4　静定结构在荷载作用下的位移计算

由于只考虑荷载作用，我们设结构的支座位移 Ca 为零，故式（5-15）成为

$$\Delta_{Ka} = \sum\int \overline{N_K}\varepsilon_a \mathrm{d}s + \sum\int \overline{Q_K}\gamma_a \mathrm{d}s + \sum\int \overline{M_K}\kappa_a \mathrm{d}s \tag{a}$$

又因不考虑温度变化，故上式中的微段变形只决定于由荷载所产生的内力。现以 N_P、Q_P、M_P 分别表示轴力、剪力和弯矩，按材料力学中的公式，有

$$\varepsilon_a=\frac{N_p}{EA},\ \gamma_a=k\frac{Q_p}{GA},\kappa_a=\frac{M_p}{EI} \tag{b}$$

式中 EA、GA、EI 分别为杆件的拉伸刚度、剪切刚度和弯曲刚度，而

$$k=\frac{A}{I^2}\int_A\frac{S^2}{b^2}\mathrm{d}A\ ^* \tag{5-16}$$

为考虑剪应力实际上沿杆件截面并非均匀分布而引用的修正系数，其值与截面的形状有关。对于矩形截面：$k=1.2$；对于圆形截面：$k=10/9$；对于工字型截面：$k=A/A_1$（A_1 为腹板面积）。

将式（b）代入式（a），并以 Δ_{KP}代替 Δ_{Ka}，得

$$\Delta_{KP}=\Sigma\int\frac{\overline{N_K}N_P}{EA}\mathrm{d}s+\Sigma\int k\frac{\overline{Q_K}Q_P}{GA}\mathrm{d}s+\Sigma\int\frac{\overline{M_K}M_P}{EI}\mathrm{d}s \tag{5-17}$$

这就是平面杆件结构在荷载作用下的位移计算公式。对于静定结构，用静力平衡条件求得由虚单位力（广义力）产生的$\overline{N_K}$，$\overline{Q_K}$，$\overline{M_K}$和由实际荷载产生的 N_P，Q_P，M_P，即可用式（5-17）计算位移。对于超静定结构，我们将在第六章再作讨论。

* 由荷载产生的剪应力 τ_P（y）及与其相应的剪应变 γ_P（y）$=\tau_P$（y）$/G$ 在截面上并非均匀分布（其值与各点至中性轴的距离 y 有关）。因此，截面实际上将发生翘曲。但为了简化，在位移计算中我们假设截面仍为平面。取统一的平均剪切角 $\gamma_a=\frac{kQ_P}{GA}$表示剪切变形，而后根据“由简化计算和非简化计算所得到的剪切虚变形能（$\mathrm{d}V_Q$）应该相等”这一条件确定系数 k。

按照简化计算，得

$$\begin{aligned}\mathrm{d}V_Q'&=\overline{Q_K}\gamma_a\mathrm{d}s\\&=k\frac{\overline{Q_K}Q_P}{GA}\mathrm{d}s\end{aligned} \tag{c}$$

按照非简化计算（参看图 5-16）

$$\begin{aligned}\mathrm{d}V_Q''&=\int_A\overline{\tau_K}(y)\gamma_P(y)\mathrm{d}A\mathrm{d}s\\&=\int_A\overline{\tau_K}(y)\frac{\tau_P(y)}{G}\mathrm{d}A\mathrm{d}s\end{aligned}$$

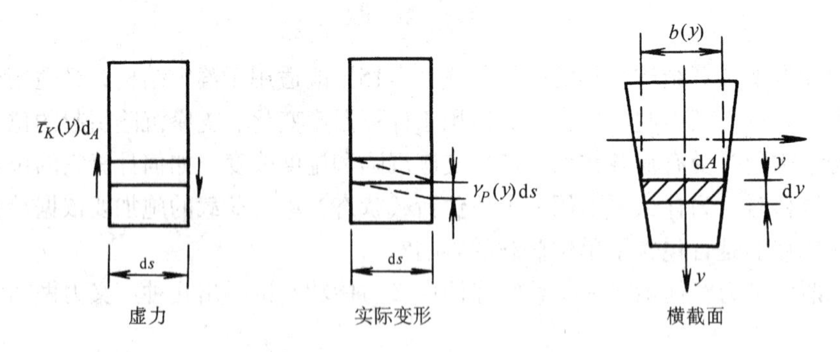

图 5-16　非简化计算时微段上虚功的两种状态图

将$\overline{\tau_K}$（y）$=\frac{\overline{Q_K}S(y)}{Ib(y)}$和 τ_P（y）$=\frac{Q_PS(y)}{Ib(y)}$（S（y）是 y 点以上或以下面积对中性轴的面积矩）代入上式，得

$$\mathrm{d}V_Q''=\frac{\overline{Q_K}Q_P}{GI^2}\int_A\frac{S^2}{b^2}\mathrm{d}A\mathrm{d}s \tag{d}$$

再使 $\mathrm{d}V_Q'=\mathrm{d}V_Q''$，即得式（5-16）。

对于不同类型的结构，式（5-17）尚可简化。

(1) 梁和刚架：对于梁和刚架，轴向变形和剪切变形的影响与弯曲变形比较可以略去不计，故式 (5-17) 即简化为

$$\Delta_{KP} = \Sigma\int \frac{\overline{M_K}M_P}{EI}\mathrm{d}s \tag{5-18}$$

(2) 桁架：由于桁架的内力只有轴力，而一般说来，轴力和截面又都沿杆长 l 不变，故式 (5-17) 简化为

$$\Delta_{KP} = \Sigma \frac{\overline{N_K}N_P l}{EA} \tag{5-19}$$

(3) 组合结构：对于组合结构中同时受弯并有轴力作用的杆件，可以只考虑弯曲变形的影响，而对于只受轴力的杆件则应考虑其轴向变形的作用，这样，式 (5-17) 即简化为

$$\Delta_{KP} = \Sigma\int \frac{\overline{M_K}M_P}{EI}\mathrm{d}s + \Sigma \frac{\overline{N_K}N_P l}{EA} \tag{5-20}$$

例 5-2 试计算图 5-17 (a) 所示桁架节点 C 的竖向位移。设各杆的 EA 等于同一常数。

【解】 由于桁架及其荷载均为对称，故只需计算桁架对称轴左侧（或右侧）各杆的内力。

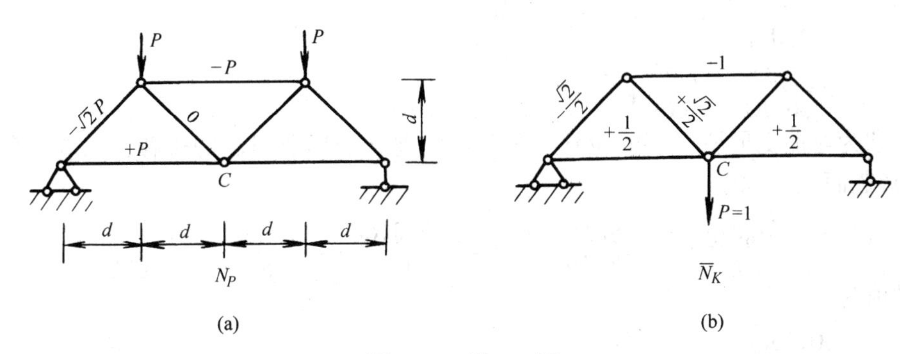

图 5-17 例 5-2 图

在节点 C 加一竖向单位力，计算出轴力 $\overline{N_K}$ 示于图 5-17 (b)。由荷载所产生的轴力 N_P 示于图 5-17 (a) 中。由式 (5-19) 可得

$$\begin{aligned}\Delta_{CV} &= \frac{1}{EA}\Sigma \overline{N_K}N_P l \\ &= \frac{1}{EA}\left[2\times(-\sqrt{2}P)\times(-\frac{\sqrt{2}}{2})\times\sqrt{2}d + 2\times P\times\frac{1}{2}\times 2d + (-P)\times(-1)\times 2d\right] \\ &= \frac{2Pd}{EA}(2+\sqrt{2}) = 6.83\frac{Pd}{EA}\downarrow\end{aligned}$$

计算结果为正值，表示节点 C 的位移与虚拟力的方向相同，即向下。

例 5-3 试求图 5-18 (a) 所示简支梁中点 C 的竖向位移 Δ，并将剪切变形和弯曲变形对位移的影响加以比较。设梁的截面为矩形。

【解】 取虚力状态如图 5-18 (b) 所示。由于梁承受竖向荷载作用，故轴力 $N=0$，即内力只有弯矩和剪力。取支座 A 为坐标原点，当 $0\leqslant x\leqslant\frac{l}{2}$ 时，实际状态下梁的内力为

$$M_p = \frac{1}{2}qlx - \frac{1}{2}qx^2，\ Q_P = \frac{1}{2}ql - qx$$

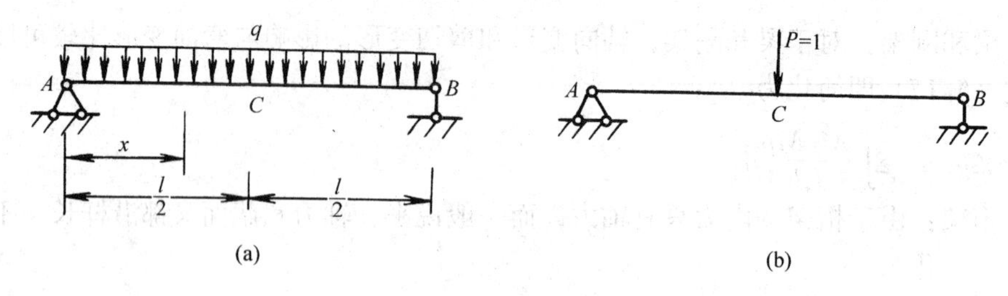

图 5-18　例 5-3 图

虚单位力作用下梁的内力为

$$\overline{M_K}=\frac{1}{2}x,\ \overline{Q_K}=\frac{1}{2}$$

将以上各式代入式（5-17）进行积分，即可求出 C 点的竖向位移

$$\begin{aligned}\Delta &= 2\Big[\int_0^{l/2}\frac{\overline{M_K}M_P}{EI}\mathrm{d}x+\int_0^{l/2}\frac{k\,\overline{Q_K}Q_P}{GA}\mathrm{d}x\Big]\\ &= 2\Big[\frac{1}{EI}\int_0^{l/2}\frac{x}{2}\Big(\frac{1}{2}qlx-\frac{1}{2}qx^2\Big)\mathrm{d}x+\frac{k}{GA}\int_0^{l/2}\frac{1}{2}\Big(\frac{1}{2}ql-qx\Big)\mathrm{d}x\Big]\\ &= \frac{q}{2EI}\int_0^{l/2}(lx^2-x^3)\mathrm{d}x+\frac{kq}{2GA}\int_0^{l/2}(l-2x)\mathrm{d}x\\ &= \frac{5ql^4}{384EI}+\frac{kql^2}{8GA}\downarrow\end{aligned}$$

其中第一项为弯曲变形所引起的位移，第二项为剪切变形所引起的位移，二者分别简写为（注意矩形截面 $k=1.2$）

$$\Delta_M=\int\frac{\overline{M_K}M_P}{EI}\mathrm{d}s=\frac{5ql^4}{384EI}\qquad \Delta_Q=\int\frac{k\,\overline{Q_K}Q_P}{GA}\mathrm{d}s=\frac{kql^2}{8GA}=\frac{0.15ql^2}{GA}$$

它们的比值为

$$\frac{\Delta_Q}{\Delta_M}=\frac{\dfrac{0.15ql^2}{GA}}{\dfrac{5ql^4}{384EI}}=11.52\frac{EI}{GAl^2}$$

设梁的泊桑比 $\nu=\frac{1}{3}$，则 $\frac{E}{G}=2\ (1+\nu)\ =\frac{8}{3}$；设梁高为 h，对于矩形截面，$\frac{I}{A}=\frac{h^2}{12}$。代入上式即得

$$\frac{\Delta_Q}{\Delta_M}=11.52\times\frac{E}{G}\times\frac{I}{A}\times\frac{1}{l^2}=11.52\times\frac{8}{3}\times\frac{1}{12}\times\Big(\frac{h}{l}\Big)^2=2.56\Big(\frac{h}{l}\Big)^2$$

当梁的高跨比 $\frac{h}{l}=\frac{1}{10}$ 时，$\frac{\Delta_Q}{\Delta_M}=2.56\%$，即剪切引起的位移仅为弯曲影响的 2.56%，故可略去不计。由上述分析可知，在计算梁的位移时，对于截面高度远小于跨度的梁来说，一般可不考虑剪切变形的影响，而可直接用式（5-18）。

例 5-4　试求图 5-19（a）所示刚架 A 端截面的角位移 θ_A。已知柱的弯曲刚度为 EI，梁的弯曲刚度为 $2EI$，分布荷载集度为 q。

【解】　取虚力状态如图 5-19（b）所示。实际荷载与单位荷载所引起的弯矩分别为（以内侧受拉为正）

横梁 BC　　　$M_P=\frac{1}{2}qax,\ \overline{M_K}=\frac{1}{a}x$

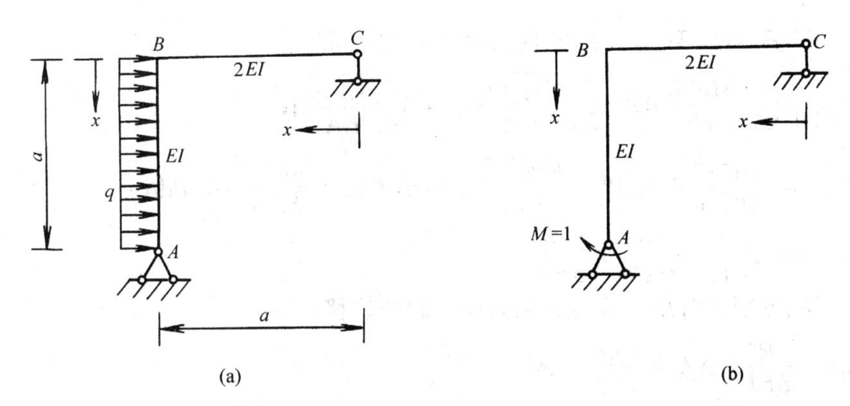

图 5-19　例 5-4 图

坚柱 AB　　$M_P=\frac{1}{2}qa^2-\frac{1}{2}qx^2$，$\overline{M_K}=1$

代入位移公式（5-18），得

$$\theta_A=\Sigma\int\frac{\overline{M_K}M_P}{EI}\mathrm{d}s=\int_0^a\frac{\frac{1}{a}x\cdot\frac{1}{2}qax}{2EI}\mathrm{d}x+\int_0^a\frac{\frac{1}{2}q(a^2-x^2)\cdot 1}{EI}\mathrm{d}x$$

$$=\frac{qa^3}{12EI}+\frac{q}{2EI}(a^3-\frac{1}{3}a^3)=\frac{5qa^3}{12EI}\ \swarrow$$

例 5-5　图 5-20(a) 所示半径为 R 的圆弧形曲梁，上面有竖向均布荷载 q 作用，试求 B 点的竖向位移 Δ_{BV}。已知 EI,EA,GA 均为常数。

【解】　取圆心 O 为坐标原点。与 OB 线成 θ 角的截面 C 上的内力 M_P,N_P，和 Q_P(图 5-20(b)) 为

$$\left.\begin{aligned}M_p&=\frac{1}{2}q(R\sin\theta)^2\\N_p&=qR\sin^2\theta\\Q_p&=qR\sin\theta\cos\theta\end{aligned}\right\}\qquad(a)$$

在 B 点加一竖向单位力 $P=1$，得虚力状态如图 5-20（c）所示。此状态下的内力为

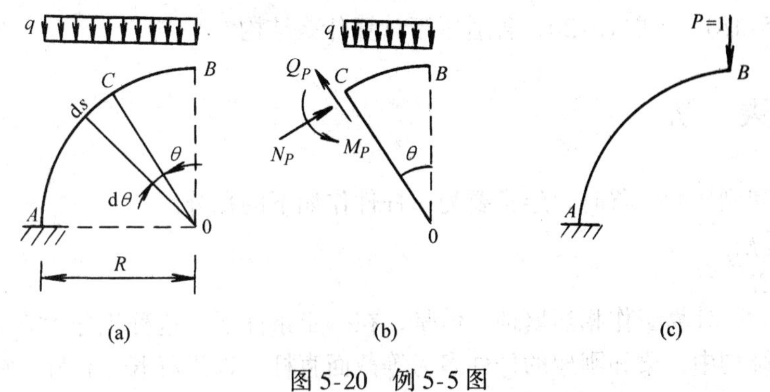

图 5-20　例 5-5 图

$$\left.\begin{aligned}\overline{M_K}&=R\sin\theta\\\overline{N_K}&=\sin\theta\\\overline{Q_K}&=\cos\theta\end{aligned}\right\}\qquad(b)$$

将式（a）、式（b）及 $\mathrm{d}s = R\mathrm{d}\theta$ 代入式（5-17），得

$$\begin{aligned}\Delta_{BV} &= \int_B^A \frac{\overline{M_K}M_P}{EI}\mathrm{d}s + \int_B^A \frac{k\,\overline{Q_K}Q_P}{GA}\mathrm{d}s + \int_B^A \frac{\overline{N_K}N_P}{EA}\mathrm{d}s \\ &= \frac{qR^4}{2EI}\int_0^{\frac{\pi}{2}}\sin^3\theta\mathrm{d}\theta + \frac{kqR^2}{GA}\int_0^{\frac{\pi}{2}}\sin\theta\cos^2\theta\mathrm{d}\theta + \frac{qR^2}{EA}\int_0^{\frac{\pi}{2}}\sin^3\theta\mathrm{d}\theta \\ &= \frac{qR^4}{3EI} + \frac{kqR^2}{3GA} + \frac{2qR^2}{3EA}\end{aligned}$$

上式中右边三项分别为弯矩、剪力和轴力所引起的位移。令

$$\Delta_{BV}^{M} = \frac{qR^4}{3EI},\ \Delta_{BV}^{Q} = \frac{kqR^2}{3GA},\ \Delta_{BV}^{N} = \frac{2qR^2}{3EA}$$

设梁的截面为矩形 $b \times h$，则 $k = 1.2$，$\frac{I}{A} = \frac{h^2}{12}$。此外，取 $G = 0.4E$，则有

$$\frac{\Delta_{BV}^{Q}}{\Delta_{BV}^{M}} = \frac{\frac{kqR^2}{3GA}}{\frac{qR^4}{3EI}} = \frac{1}{4}\ \left(\frac{h}{R}\right)^2$$

$$\frac{\Delta_{BV}^{N}}{\Delta_{BV}^{M}} = \frac{\frac{2qR^2}{3EA}}{\frac{qR^4}{3EI}} = \frac{1}{6}\ \left(\frac{h}{R}\right)^2$$

截面高度 h 一般情况下比半径 R 要小得多，可见剪力和轴力对变形的影响甚小，故可忽略不计。

上述结论是根据曲梁而得出的。对截面高度远小于曲率半径的拱结构，同样也可得出相同的结果。因此，计算拱结构在荷载作用下所产生的位移时，一般也只考虑弯曲变形的影响。此时，位移计算公式就为式（5-18）。但当拱的压力线与拱轴线相近时，则计算位移还应考虑轴向变形的影响。

思 考 题

（1）应用式（5-17）的条件是什么？

（2）式（5-18）～式（5-20）各适用于计算什么结构？

5.5 图 乘 法

在计算梁和刚架的位移时，经常要为一杆件作如下的积分

$$\int \frac{\overline{M_K}M_P}{EI}\mathrm{d}s \tag{a}$$

当荷载较复杂时，计算工作相当繁琐。但是，在一定条件下，这种积分运算可以得到简化。

实际工程结构中，梁和刚架的杆件多为等截面直杆。即沿杆长 EI 为一常数，此时上式可写为

$$\frac{1}{EI}\int \overline{M_K}M_P\mathrm{d}s \tag{b}$$

此外，在计算梁和刚架的位移时，弯矩 $\overline{M_K}(s)$ 表达式通常皆为变量 s 的分段一次式，亦即 $\overline{M_K}$

图形多是由直线段所组成。这种情况可以用图乘法来计算上述的积分：$\int \overline{M_K} M_P \mathrm{d}s$。

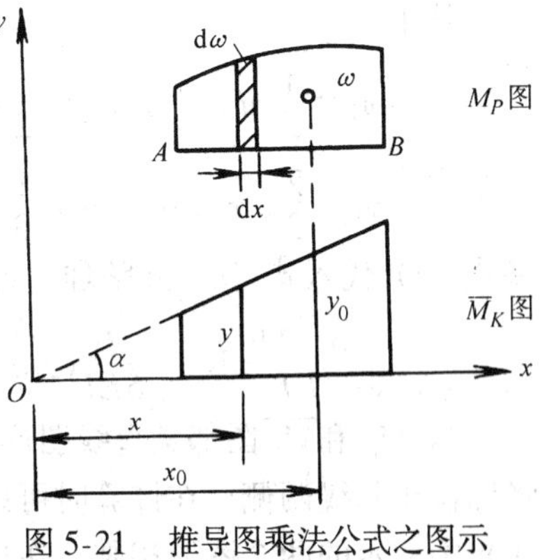

图 5-21　推导图乘法公式之图示

图 5-21 表示 AB 段杆的两个弯矩图，其中由荷载引起的 M_P 图（称为荷载弯矩图）为曲线，由单位力引起的 $\overline{M_K}$图（称为单位弯矩图）为一直线。对于图示的坐标轴，$\overline{M_K} = x \cdot \tan\alpha$，代入积分式得

$$\int_A^B \overline{M_K} M_P \mathrm{d}s = \int_A^B x \cdot \tan\alpha \cdot M_P . \mathrm{d}x$$

$$= \tan\alpha \int_A^B x M_P \mathrm{d}x = \tan\alpha \int_A^B x \mathrm{d}\omega \quad \text{(c)}$$

式中 $\mathrm{d}\omega = M_P \mathrm{d}x$ 表示M_P 图的微面积，因而积分$\int_A^B x \mathrm{d}\omega$ 就是M_P 图的面积ω 对于y 轴的面积矩。这个面积矩可以写为

$$\int_A^B x \mathrm{d}\omega = \omega \cdot x_0 \tag{d}$$

其中 x_0 为 M_P 图的形心到y 轴的矩离。将式（d）代入式（c）得

$$\int_A^B \overline{M_K} M_P \mathrm{d}s = \omega x_0 \tan\alpha$$

而 $x_0 \tan\alpha = y_0$，y_0 为$\overline{M_K}$图中与M_P 图的形心相对应的竖标。于是式（a）可写成

$$\int_A^B \frac{\overline{M_K} M_P}{EI} \mathrm{d}s = \frac{\omega y_0}{EI} \tag{5-21}$$

这样，在计算由弯曲所引起的位移时，式（a）中积分值的计算便可以通过 M_P 图的面积与其形心下相对应的$\overline{M_K}$图的竖标相乘，再除以杆的弯曲刚度 EI 来完成。于是积分运算转化为数值乘除运算。此法即称图乘法。*

用图乘法计算位移时必须满足两个条件：（1）杆件应是等截面直杆，EI = 常数；（2）两个弯矩图中至少有一个是直线图形，y_0 必须取自直线图形。

应用图乘法的正负规则是：两个弯矩图在基线的同一侧时，乘积 ωy_0 为正，否则为负。

下面指出应用图乘法的几个具体问题。

当结构的某一根杆件的$\overline{M_K}$图为折线形时，可将$\overline{M_K}$分成几个直线段部分，然后将各部分分别按图乘法计算，最后进行叠加。

如果两个图形都是直线，y_0 可以取自其中任一个图形。

当图形的形心位置不易确定时，可以将图形分解成几个容易确定各自形心位置的部分，而后将这些部分分别与另一图形作图乘法运算，再将所得结果求代数和。例如，对图 5-22（a）所示的两个梯形应用图乘法，可不必求梯形的形心位置，而将其中一个梯形（设为 M_P 图）分成两个三角形，分别图乘后再叠加，即

$$\frac{1}{EI}\int \overline{M_K} M_p \mathrm{d}s = \frac{1}{EI}(\omega_1 y_1 + \omega_2 y_2) \tag{e}$$

---

* 若考虑剪切变形影响，计算位移时便要作积分：$\int \frac{k\,\overline{Q_K} Q_P}{GA} \mathrm{d}s$。仿照本节推导方法，在一定条件下，同样可根据$\overline{Q_K}$和 Q_P 图用图乘法简化运算。

其中

$$\left.\begin{aligned}\omega_1=\frac{1}{2}al,\qquad \omega_2=\frac{1}{2}bl\\ y_1=\frac{2}{3}c+\frac{1}{3}d,\ y_2=\frac{1}{3}c+\frac{2}{3}d\end{aligned}\right\}\qquad\text{(f)}$$

将式（f）代入式（e）并整理，可得

$$\int\frac{\overline{M_K}M_P}{EI}\mathrm{d}s=\frac{l}{6EI}(2ac+2bd+ad+bc)\qquad(5\text{-}22)$$

当 M_P 和$\overline{M_K}$图都是直线图形时，可以广泛地直接应用式（5-22）。若 a，b，c，d 四个竖标位于基线两侧，在计算时可以规定位于基线某一侧者为正，另一侧即为负。例如图5-22（b）中所示的两个图形相乘，在用式（5-22）计算时，我们可以取位于上侧的为正，下侧的为负，即竖标 a、d 取正值，b、c 取负值（在图 5-22（b）中的 M_P 和$\overline{M_K}$图上，分别以虚线作辅助线，可将 M_P 图分为 ABC 和 ABD 两个三角形，与其形心相对应的$\overline{M_K}$图上的竖标也不难求出，读者试对图 5-22（b）作图乘运算以检验式（5-22）的正确性）。如果相乘的两个图形中有一个为三角形，也可以应用式（5-22）计算，这时只要取相应的三角形角点处的竖标为零即可。

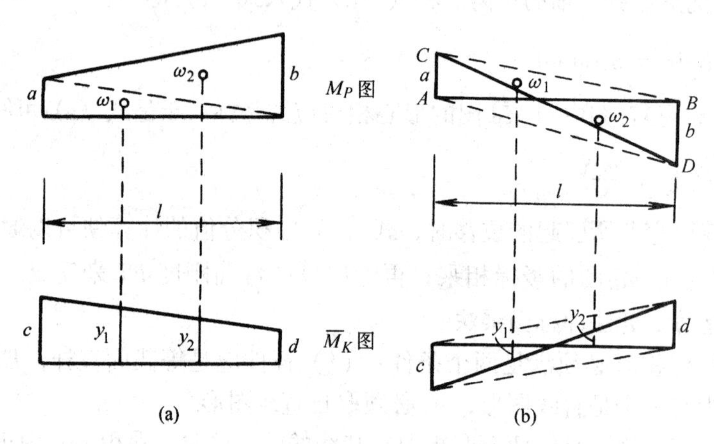

图 5-22　两个梯形的图乘法之图示

对于图 5-23 所示由于均布荷载 q 所引起的 M_P 图，可以把它看作是两端弯矩竖标所连成的梯形 $ABCD$（当有一端为零时则为三角形）与相应简支梁在均布荷载作用下的弯矩图叠加而成，后者即为虚线 CD 与曲线之间所围部分。将 M_P 图分解成上述两个简单图形后，分别与$\overline{M_K}$图作图乘计算，再求代数和，即得所求结果。

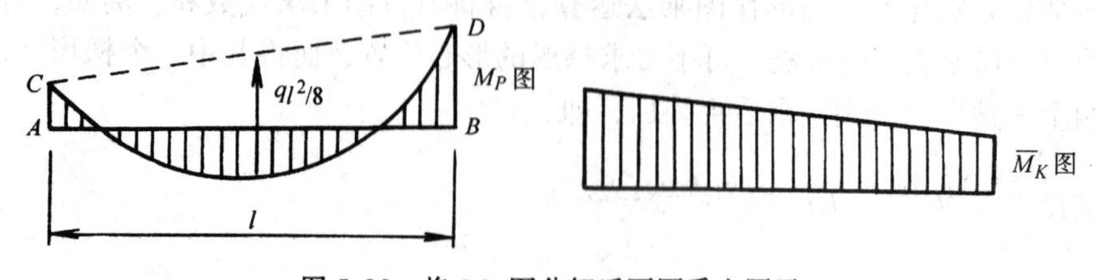

图 5-23　将 M_P 图分解后再图乘之图示

图 5-24 给出了位移计算时常见的几种曲线的面积和形心的位置。在应用抛物线图形的

公式时，必须注意图形在顶点处的切线应与基线平行。

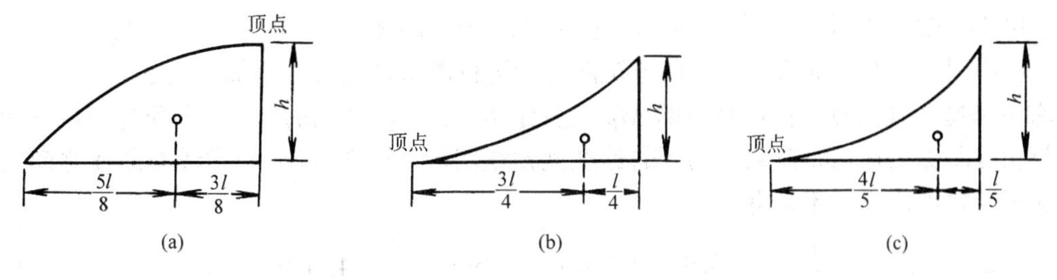

图 5-24　图形之形心位置

(a) 二次抛物线 $\omega=\frac{2}{3}lh$；(b) 二次抛物线 $\omega=\frac{1}{3}lh$；(c) 三次抛物线 $\omega=\frac{1}{4}lh$

例 5-6　试用图乘法计算图 5-25（a）所示简支梁跨中截面 C 的竖向位移 Δ_{CV} 和 B 端的角位移 θ_B。设 EI 为常数。

【解】

〈1〉计算 C 点的竖向位移 Δ_{CV}

作出 M_P 图和在 C 点作用单位力 $P=1$ 时的 $\overline{M_K}$ 图如图为 5-25（b）、（c）所示，由于 $\overline{M_K}$ 图是折线，故需分段进行图乘，然后叠加。因两个弯矩图均为对称，故只需取一半进行计算再乘以 2 即可。图乘得 C 点竖向位移。

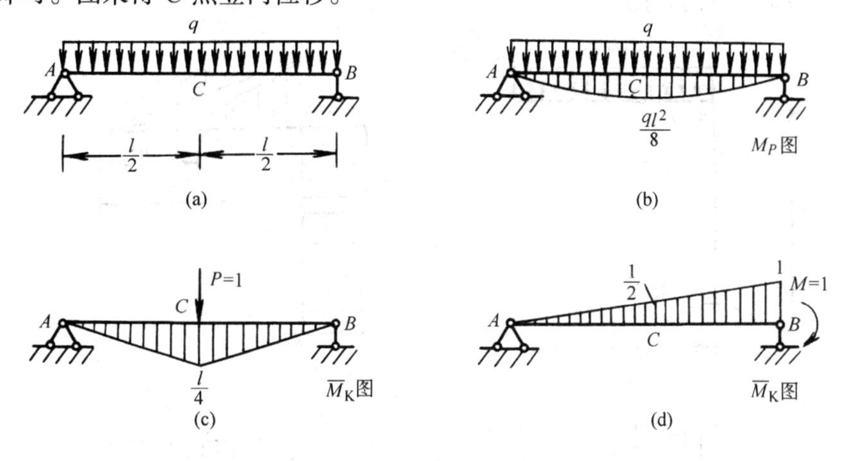

图 5-25　例 5-6 图

$$\Delta_{CV}=\frac{1}{EI}\times2\left[\left(\frac{2}{3}\times\frac{l}{2}\times\frac{1}{8}ql^2\right)\times\left(\frac{5}{8}\times\frac{l}{4}\right)\right]=\frac{5ql^4}{384EI}\downarrow$$

〈2〉计算 B 端角位移 θ_B

在 B 端加单位力偶，单位弯矩图如图 5-25（d）所示，将图（b）与图（d）相乘得

$$\theta_B=-\frac{1}{EI}\left(\frac{2}{3}\times l\times\frac{1}{8}ql^2\right)\times\frac{1}{2}=-\frac{ql^3}{24EI}\uparrow$$

式中最初所用的负号是因为相乘的两个图形在基线的两侧，最后结果中的负号表示 θ_B 实际转动方向与所加单位力偶的方向相反，即为逆时针方向转动。

例 5-7　试用图乘法计算图 5-26（a）所示折梁 C 端的竖向位移 Δ_{CV}，和角位移 θ_C。设 $EI=1.5\times10^5\ \mathrm{kN\cdot m^2}$

【解】

〈1〉计算 C 端的竖向位移Δ_{CV}

作出 M_P 图，如图 5-26（b）所示。在 C 端加竖向单位力，单位弯矩图如图 5-26（c）所示。应用图乘法时，需将梁、柱的弯矩图分别进行图乘，然后再叠加。在 M_P 图中 BC 梁的 C 端不是抛物线顶点，但可将梁的 M_P 图看作是由 B、C 两端的弯矩竖标所连成的三角形图形与相应简支梁在均布荷载作用下的标准抛物线图形（即图（b）中虚线与曲线之间所包含的面积）叠加而成。于是得

$$\Delta_{CV}=\frac{1}{EI}\left[\left(\frac{1}{2}\times300\ \text{kN·m}\times6\ \text{m}\right)\times4\ \text{m}-\left(\frac{2}{3}\times45\ \text{kN·m}\times6\ \text{m}\right)\times3\ \text{m}\right]+\frac{1}{EI}(300\ \text{kN·m}\times6\ \text{m})\times6\ \text{m}$$

$$=\frac{13\ 860\ \text{kN·m}^3}{EI}=\frac{13\ 860\ \text{kN·m}^3}{1.5\times10^5\ \text{kN·m}^2}=0.092\ 4\ \text{m}=9.24\ \text{cm}\downarrow$$

〈2〉计算 C 端的角位移θ_C

在 C 端加单位力偶$M=1$，单位弯矩图如图 5-26（d）所示。将图（b）与图（d）相乘得

$$\theta_C=\frac{1}{EI}\left[\left(\frac{1}{2}\times300\times6\right)\times1-\left(\frac{2}{3}\times45\times6\right)\times1\right]+\frac{1}{EI}(300\times6)\times1$$

$$=\frac{2\ 520}{EI}=\frac{2\ 520}{1.5\times10^5}=0.016\ (\text{rad})\ \circlearrowright$$

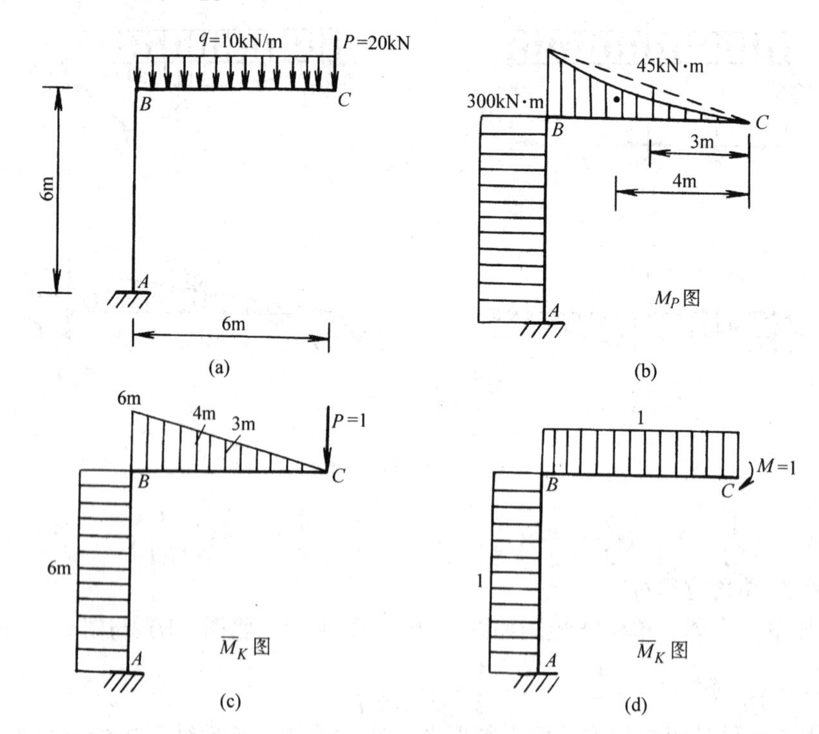

图 5-26　例 5-7 图

例 5-8　试求图 5-27（a）所示结构上 C、D 两点之间的距离变化Δ_{C-D}。设各杆 EI 为常数。

【解】　为计算 C、D 两点之间距离的变化，需在 C、D 点上沿两点连线方向加一对指

向相反的单位力作为虚力状态。分别作出 M_P 图和 $\overline{M_K}$图（图 5-27（b）、（c））。

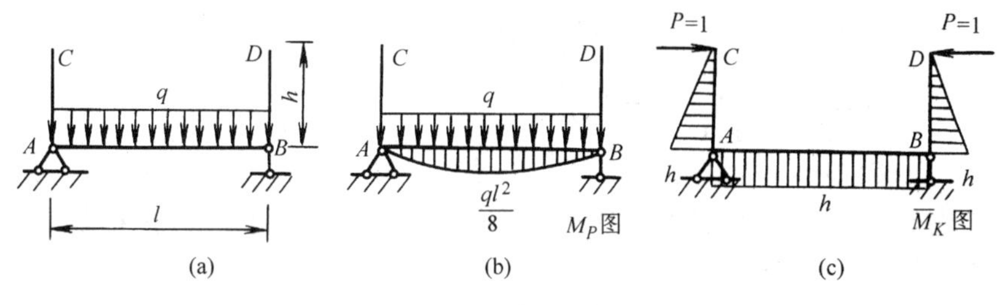

图 5-27　例 5-8 图

应用图乘法即可求得　$\Delta_{C-D}=\frac{1}{EI}\times\frac{2}{3}\times\frac{1}{8}ql^2\times l\times h=\frac{qhl^3}{12EI}\rightarrow\leftarrow$

计算结果为正号，表示 C、D 两点相对移动方向与所设的一对单位力的指向相同，即 C、D 两点相互靠近。

例 5-9　试求图 5-28（a）所示组合结构 D 端的竖向位移 Δ_{DV} 和铰 C 处两侧截面的相对转角 θ_C。已知 $E=200$ GPa；受弯杆件截面惯性矩 $I=3\ 200\ \text{cm}^4$；拉杆 BE 的截面积 $A=16\ \text{cm}^2$。

【解】　作出实际荷载下弯矩图并求出 BE 杆轴力如图 5-28（b）所示。

（1）求 Δ_{DV}：在 D 端加一竖向单位力，单位弯矩图和 BE 杆轴力示于图 5-28（c）。按式（5-20）并作图乘，得

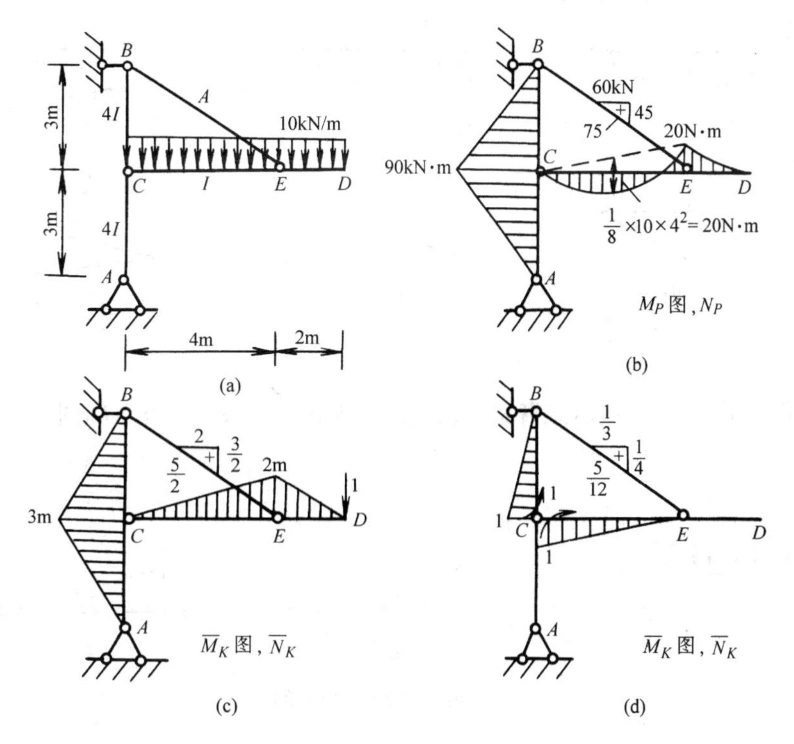

图 5-28　例 5-9 图

$$\Delta_{DV}=\frac{1}{EI}\left[\frac{1}{3}\times20\times2\times\frac{3}{4}\times2+\frac{1}{2}\times20\times4\times\frac{2}{3}\times2-\frac{2}{3}\times20\times4\times\frac{1}{2}\times2+\frac{1}{4}\times2\times\frac{1}{2}\times90\times3\times\frac{2}{3}\times3\right]+\frac{1}{EA}\times75\times\frac{5}{2}\times5$$

$$=\frac{1}{EI}(155)+\frac{1}{EA}(937.5)$$

$$=0.025\,9\ (\mathrm{m})\downarrow$$

（2）求相对转角 θ_C：在 C 铰两侧加一对单位力偶，作 $\overline{M_K}$ 图并求 BE 杆轴力，如图 5-28（d）所示。同理按式（5-20）得

$$\theta_C=\frac{1}{EI}\left[-\frac{1}{2}\times20\times4\times\frac{1}{3}+\frac{2}{3}\times20\times4\times\frac{1}{2}+\frac{1}{4}\times\frac{1}{2}\times90\times3\times\frac{2}{3}\right]+\frac{1}{EA}\times75\times\frac{5}{12}\times5$$

$$=\frac{1}{EA}(35.83)+\frac{1}{EA}(156.25)$$

$$=0.005\,8\ (\mathrm{rad})\ \curvearrowleft\curvearrowright$$

思 考 题

（1）应用图乘法的条件是什么？使用时要注意哪几点？总结一下自己作题时易犯的错误。

（2）图乘法能应用于拱结构吗？为什么？

（3）下列图乘运算是否正确？

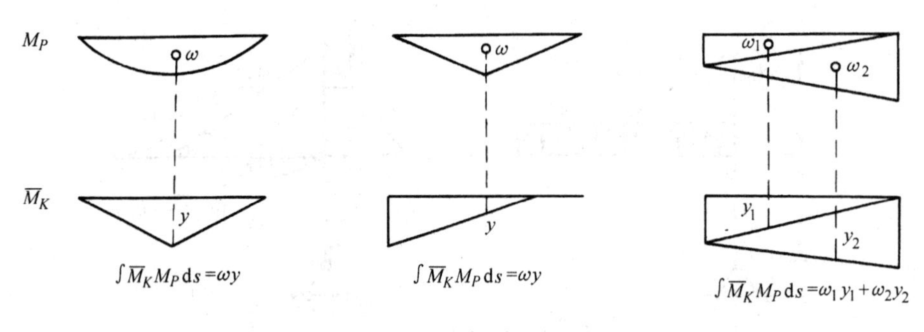

图 5-29 思考题（3）图

（4）若求图 5-30（a）所示悬臂梁自由端的竖向位移，按下式作 M_P 图与 $\overline{M_K}$ 图的图乘计算是否正确？试说明理由。

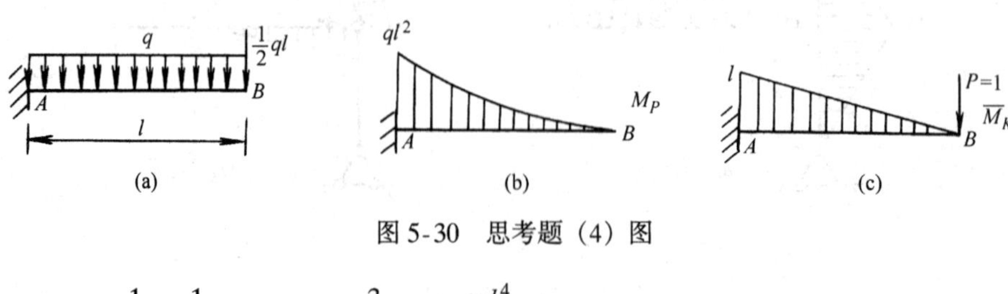

图 5-30 思考题（4）图

$$\Delta_{BV}=\frac{1}{EI}\left(\frac{1}{3}\times ql^2\times l\times\frac{3}{4}l\right)=\frac{ql^4}{4EI}\downarrow$$

5.6 静定结构由于温度改变和支座移动引起的位移

静定结构由于温度改变和支座移动等因素的作用，虽然不产生内力，但将产生位移。下面利用单位荷载法来计算这种位移。

一、由于温度改变引起的位移

静定结构受温度变化的影响时，各杆能自由变形而不产生内力。只要先求出各微段变形 $\varepsilon_a \mathrm{d}s$、$\kappa_a \mathrm{d}s$ 等的表达式，而后代入式（5-15），即得此种情况的位移计算公式。

我们从结构的某一杆件上截取任一微段 $\mathrm{d}s$。设微段上侧的温度升高 t_1，下侧温度升高 t_2，而 $t_1 > t_2$（图5-31）。为了计算的简化，假定温度沿杆截面的高度 h 按直线规律变化，因而在发生变形之后，截面仍然保持为平面。设以 h_1 和 h_2 分别表示截面形心轴线至上下最外纤维的距离，t_0 表示轴线处温度的升高值。按比例关系则得

$$t_0 = \frac{h_1 t_2 + h_2 t_1}{h} \qquad \text{(a)}$$

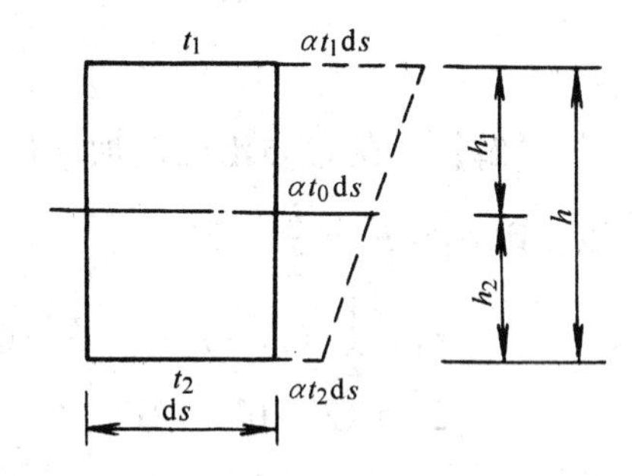

图 5-31　微段 ds 上温度分布图

设 α 为材料的线膨胀系数，微段 $\mathrm{d}s$ 由于温度改变所产生的轴向变形为

$$\varepsilon_a \mathrm{d}s = \alpha t_0 \mathrm{d}s \qquad \text{(b)}$$

而微段两个截面的相对转角为

$$\kappa_a \mathrm{d}s = \frac{\alpha t_1 \mathrm{d}s - \alpha t_2 \mathrm{d}s}{h} = \frac{\alpha\ (t_1 - t_2)}{h}\mathrm{d}s = \alpha\ \frac{\Delta t}{h}\mathrm{d}s \qquad \text{(c)}$$

式中 $\Delta t = t_1 - t_2$ 为杆件上下侧温度改变之差因为温度改变并不产生剪应变，故

$$\gamma_a \mathrm{d}s = 0 \qquad \text{(d)}$$

将以上式（b）、式（c）、式（d）的微段变形代入式（5-15），并以 Δ_{ki} 代替 Δ_{ka}（由于不考虑支座移动，故 $c_a = 0$），得

$$\Delta_{Ki} = \sum(\pm)\int \overline{N_K}\alpha t_0 \mathrm{d}s + \sum(\pm)\int \overline{M_K}\alpha\ \frac{\Delta t}{h}\mathrm{d}s \qquad (5\text{-}23)$$

这就是计算结构由于温度改变所引起的位移的一般公式。如果每一杆件沿其全长温度改变相同且截面高度不变，则上式可改写为

$$\begin{aligned}\Delta_{Ki} &= \sum(\pm)\alpha t_0\int \overline{N_K}\mathrm{d}s + \sum(\pm)\alpha\ \frac{\Delta t}{h}\int \overline{M_K}\mathrm{d}s \\ &= \sum(\pm)\alpha t_0 \omega_{\overline{N}_K} + \sum(\pm)\alpha\ \frac{\Delta t}{h}\omega_{\overline{M}_K} \qquad (5\text{-}24)\end{aligned}$$

式中 $\omega_{\overline{N}_K}$ 为 $\overline{N}_K$ 图的面积，$\omega_{\overline{M}_K}$ 为 $\overline{M}_K$ 图的面积。在应用该公式时，右边两项的正负号按如下规定来选取：若虚力状态中由于虚内力的变形与由于温度改变所引起的变形方向一致，则取正号，反之则取负号。

与承受荷载的情况不同，在计算由于温度改变所引起的位移时，不能略去轴向变形的影响。

例 5-10　试求图 5-23（a）所示折梁 C 点的竖向位移。已知各杆外侧温度无变化，内侧温度上升 12℃，各杆的截面相同且形心轴在杆件截面高度的 1/2 处，线膨胀系数为 α。

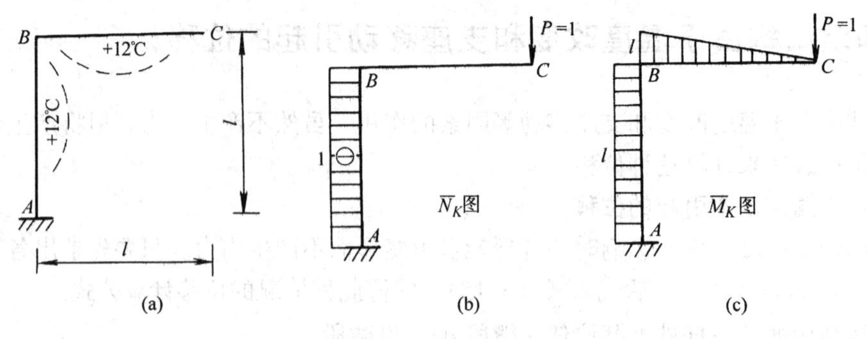

图 5-32 例 5-10 图

【解】 在 C 点沿竖向加单位力 $P=1$，作出相应的$\overline{N_K}$、$\overline{M_K}$图如图 5-32（b）、（c）所示。因 $h_1=h_2=\frac{h}{2}$，有

$$t_0=\frac{1}{2}(t_1+t_2)=\frac{1}{2}(0°+12°)=6℃$$

$$\Delta t=12°-0°=12℃$$

又

$$\omega_{\overline{N}_K}=1\times l=l$$

$$\omega_{\overline{N}_K}=l\times l+\frac{1}{2}l\times l=\frac{3}{2}l^2$$

杆件由于温度改变而发生的弯曲变形（如图中虚弧线所示）和轴向变形分别与由于$\overline{M_K}$及$\overline{N_K}$所产生的变形方向相反，故应用式（5-24）计算时应取负号。将上述各值代入后即可求得 C 点的竖向位移。

$$\Delta_{CV}=-\alpha\times 6\times l-\alpha\times\frac{12}{h}\times\frac{3}{2}l^2=-6\alpha l-18\frac{\alpha l^2}{h}\uparrow$$

所得结果为负值，表示 C 点位移与单位力方向相反，即实际位移向上。

二、由支座移动引起的位移

静定结构由于支座移动并不产生内力和变形，只会产生刚体位移。命式（5-15）中的 $\varepsilon_a=\gamma_a=\kappa_a=0$，并用 Δ_{Kc}代替 Δ_{Ka}，得

$$\Delta_{Kc}=-\sum\overline{R_K}c_a \qquad (5\text{-}25)$$

这就是由于支座移动所引起的结构位移的计算公式。公式中 c_a 为实际的支座位移。$\overline{R_K}$为与 c_a 相应的由虚单位力所产生的支座反力。$\overline{R_K}$与 c_a 方向一致时二者相乘后取正号，否则取负号。

例 5-11 图 5-33（a）示一静定刚架，若支座 A 发生如图所示的位移；$a=1.0$ cm，$b=1.5$ cm。试求 B 点的水平位移 Δ_{BH}、竖向位移 Δ_{BV}及其总位移。

【解】 在 B 点处分别加一水平和竖向的单位力，求出支座反力如图 5-33（b）、（c）所示。由式（5-25）得

$$\Delta_{BH}=-(-1\times a+1\times b)=a-b=-0.5\ (\text{cm})\leftarrow$$

$$\Delta_{BV}=-(-1\times b)=b=1.5\ (\text{cm})\downarrow$$

B 点的总位移为

$$\Delta_B=\sqrt{\Delta_{BH}^2+\Delta_{BV}^2}=1.58\ (\text{cm})$$

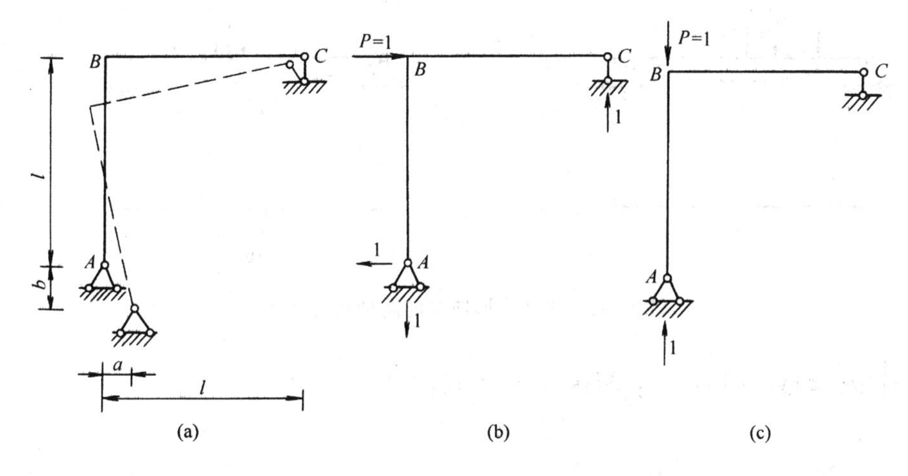

图 5-33　例 5-11 图

若静定结构同时承受荷载、温度改变和支座移动的作用，则计算其位移的一般公式即为

$$\Delta_{ka} = \sum\int \frac{\overline{M_K}M_P}{EI}\mathrm{d}s + \sum\int \frac{\overline{N_K}N_P}{EA}\mathrm{d}s + \sum\int \frac{k\,\overline{Q_K}Q_P}{GA}\mathrm{d}s + \sum(\pm)\int \overline{N_K}\alpha t_0\mathrm{d}s + \sum(\pm)\int \alpha\,\overline{M_K}\frac{\Delta t}{h}\mathrm{d}s - \sum \overline{R_K}c_a \quad (5\text{-}26)$$

思　考　题

（1）为什么说计算由于温度改变所引起的位移时不能忽略轴向变形的影响？试用一个具体例子加以验证。

（2）温度改变是否会引起杆件的剪切变形？为什么？

5.7　线性变形体系的几个互等定理

从虚功原理出发，可以进一步推导出线性变形体系的几个互等定理，即：功的互等定理，位移互等定理，反力互等定理和反力与位移互等定理等。这几个互等定理在结构分析中常要用到，下面分别加以讨论。

一、功的互等定理

图 5-34（a）、（b）表示一线性变形体系的两种受力状态。状态Ⅰ表示体系承受任意分布的横向荷载 $q_1(x)$*，其位移、变形和内力分别为 $y_1(x)$，ε_1、γ_1、κ_1 和 M_1、Q_1。状态Ⅱ表示体系承受任意分布的横向荷载 $q_2(x)$，其位移、变形和内力分别为 $y_2(x)$ ε_2、γ_2、κ_2 和 M_2、Q_2。首先令状态Ⅰ的力系经历状态Ⅱ的变形和位移，其虚功方程为

$$\int_0^l q_1(x)y_2(x)\mathrm{d}x = \int_0^l M_1\kappa_2\mathrm{d}x + \int_0^l Q_1\gamma_2\mathrm{d}x \quad \text{(a)}$$

再令状态Ⅱ的力系经历状态Ⅰ的变形和位移，则虚功方程为

* 为简便计，这里只考虑了横向荷载作用。在结构为线性变形体系的假定下，不计入轴向与横向荷载产生内力、变形的相互影响。以下的论证方法也适用于多种荷载情况。

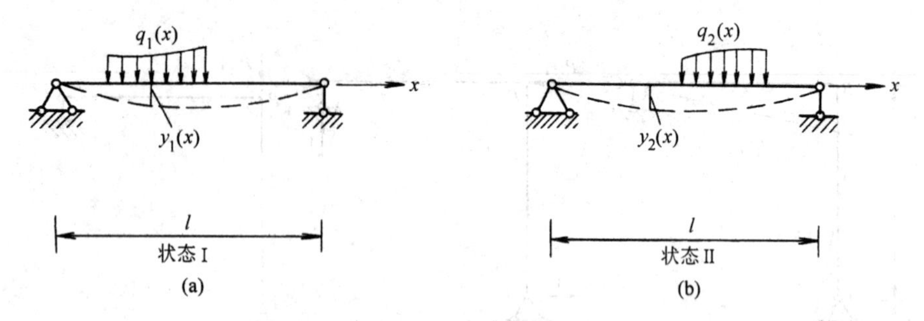

图 5-34 线性变形体系的两种受力状态

$$\int_0^l q_2(x)y_1(x)\mathrm{d}x = \int_0^l M_2\kappa_1\mathrm{d}x + \int_0^l Q_2\gamma_1\mathrm{d}x \tag{b}$$

注意到

$$\kappa_1 = \frac{M_1}{EI}, \quad \gamma_1 = \frac{kQ_1}{GA}$$
$$\kappa_2 = \frac{M_2}{EI}, \quad \gamma_2 = \frac{kQ_2}{GA}$$

代入式（a）和式（b），有

$$\int_0^l q_1(x)y_2(x)\mathrm{d}x = \int_0^l \frac{M_1M_2}{EI}\mathrm{d}x + \int_0^l \frac{kQ_1Q_2}{GA}\mathrm{d}x$$
$$\int_0^l q_2(x)y_1(x)\mathrm{d}x = \int_0^l \frac{M_2M_1}{EI}\mathrm{d}x + \int_0^l \frac{kQ_2Q_1}{GA}\mathrm{d}x$$

于是得

$$\int_0^l q_1(x)y_2(x)\mathrm{d}x = \int_0^l q_2(x)y_1(x)\mathrm{d}x \tag{5-27}$$

这就是功的互等定理，可叙述如下：在线性变形体系中，状态Ⅰ的外力由于状态Ⅱ的位移所作的虚功等于状态Ⅱ的外力由于状态Ⅰ的位移所作的虚功。

二、位移互等定理

设体系上 1 点和 2 点处分别作用单位力（$P_1=1$ 和 $P_2=1$）而构成两种状态，如图 5-35（a）、(b) 所示。图中 δ_{21}表示由于单位力 $P_1=1$ 所引起的与 P_2 相应的位移，δ_{12}表示由于单位力 $P_2=1$ 所引起的与 P_1 相应的位移。位移 δ_{ij}的第一个下标表示此位移是与力P_i 相应的，第二个下标表示位移是由力 P_j 所引起，而符号“δ”则专用以表示产生位移的力乃是一无量纲的单位力（$P_j=1$）。

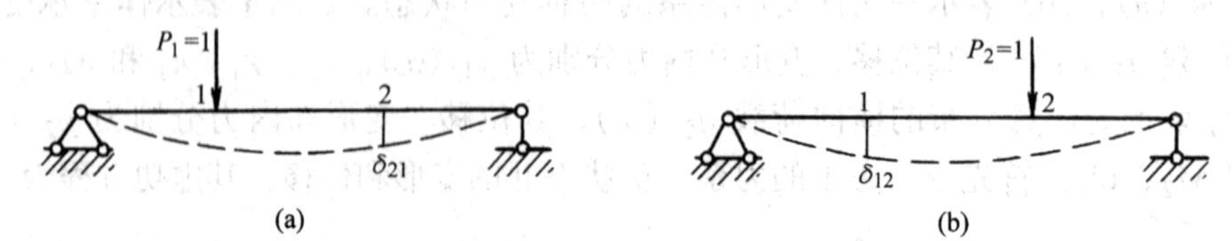

图 5-35 位移互等的两种状态

对图（a）和图（b）这两种状态应用功的互等定理，由式（5-27）有

$$1\cdot\delta_{12} = 1\cdot\delta_{21}$$

即

$$\delta_{12} = \delta_{21} \tag{5-28}$$

这就是位移互等定理。即由单位力 $P_2=1$ 所引起与力 P_1 相应的位移 δ_{12}，等于由单位力 $P_1=1$ 所引起与力 P_2 相应的位移 δ_{21}。力 P_1、P_2 可以是广义力，这时 δ_{12}和 δ_{21}就是相应的广义位移。无论是哪种广义力和广义位移，式（5-28）所示的互等关系不仅在数值上相等，而且在量纲上也相同。例如图 5-36 所示简支梁，若在跨中 C 点加一集中力$P_1=P$（图 5-36）(a)，B 端的转角为

$$\delta_{BC}=\theta_B=\frac{Pl^2}{16EI} \tag{c}$$

若在 B 端加一力偶$P_2=M$（图 5-36（b）），则跨中 C 点挠度为

$$\delta_{CB}=\Delta_C=\frac{Ml^2}{16EI} \tag{d}$$

由以上两式可以看出：若 $P_1=P$ 为无量纲的单位值，这相当在式（c）两侧都除以 P，所得 $\delta_{21}=\dfrac{\theta_B}{P}$具有“1/力”的量纲。若 $P_2=M$ 也为无量纲的单位值，这相当在式（d）两侧都除以 M，所得 $\delta_{12}=\dfrac{\Delta_C}{M}$也即具有“1/力”的量纲。总之，$\delta_{12}$和 δ_{21}等实际上都是由力所引起的位移与力本身的比值，所以也称为位移影响系数。

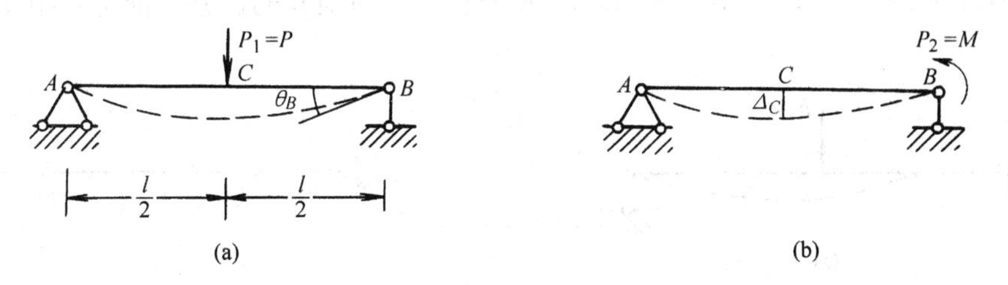

图 5-36　$\delta_{BC}=\delta_{CB}$的例子

三、反力互等定理

利用功的互等定理还可以导出反力互等定理。如图 5-37 所示为两个支座分别发生单位位移的两种状态。其中图 5-37（a）表示支座 1 处发生单位位移 $\Delta_1=1$，设此时在支座 1 处的反力为 r_{11}，支座 2 处的反力为 r_{21}。图 5-37（b）表示支座 2 处发生单位位移 $\Delta_2=1$，设此时在支座 1 处的反力为 r_{12}，支座 2 处的反力为 r_{22}。反力 r_{ij}的第一个下标表示此反力是与位移Δ_i 相应的，第二个下标表示产生此反力的原因是位移 Δ_j，符号“r”则用以表示此反力系由一无量纲的单位位移（$\Delta_j=1$）所引起。

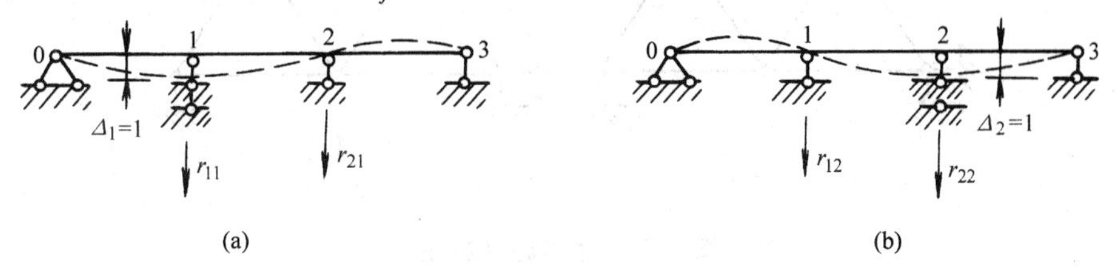

图 5-37　反力互等的两种状态

对上述两种状态应用功的互等定理，则得

$$r_{11}\times 0+r_{21}\times 1=r_{12}\times 1+r_{22}\times 0$$

即

$$r_{12}=r_{21} \tag{5-29}$$

这就是反力互等定理。它表示支座 1 由于支座 2 的单位位移所引起的反力 r_{12}，等于支座 2 由于支座 1 的单位位移所引起的反力 r_{21}，而且量纲也相同。这一关系适用于体系中任何两个支座上的反力。应该注意，在两种状态中，同一支座的反力和位移应是对应的（即：两者的乘积为虚功）。

四、反力与位移互等定理

应用功的互等定理还可以导出一种状态中的反力与另一种状态中的位移具有互等关系，叫做反力与位移互等定理。以图 5-38 所示两种状态为例，其中图 5-38（a）表示单位荷载 $P_2=1$ 作用于 2 点时，支座 1 处的反力偶为 r_{12}'，并设其指向如图中所示；图 5-38（b）表示支座 1 处顺 r_{12}'方向发生一单位转角 $\theta_1=1$ 时，截面 2 处沿 P_2 作用方向的位移为 δ_{21}'。对于上述两种状态应用功的互等定理，则得

$$r_{12}'\times 1+1\times\delta_{21}'=0$$

即

$$r_{12}'=-\delta_{21}' \tag{5-30}$$

这就是反力与位移互等定理。即由于单位荷载使体系中某一支座所产生的反力，等于该支座发生与反力方向相一致的单位位移时在单位荷载作用处所引起的位移，惟符号相反，而且量纲也相同。

图 5-38　反力与位移互等的两种状态

思　考　题

（1）功的互等定理只适用于线性变形体系，试说明理由。

（2）试以图 5-39 所示桁架的两种受力状态为例，论证功的互等定理。

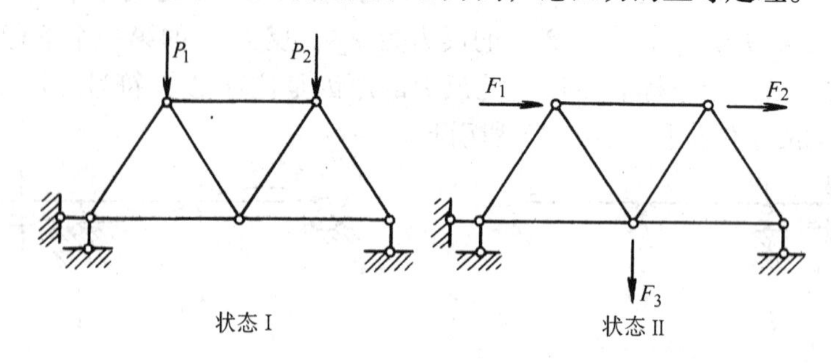

图 5-39　思考题（2）图

习　　题

5.1～5.2　试用单位位移法求图示结构中指定的反力或内力。

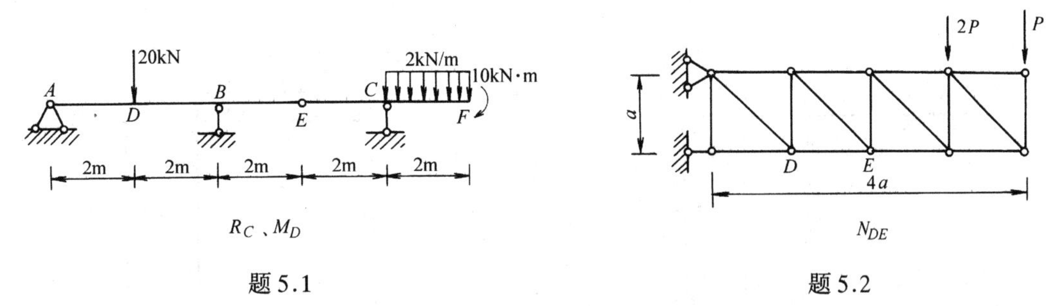

题 5.1　　　　题 5.2

5.3　试用图示结构证明功的计算不能应用叠加原理，即证明 $T_{P1}+T_{P2}\neq T_{P1+P2}$。

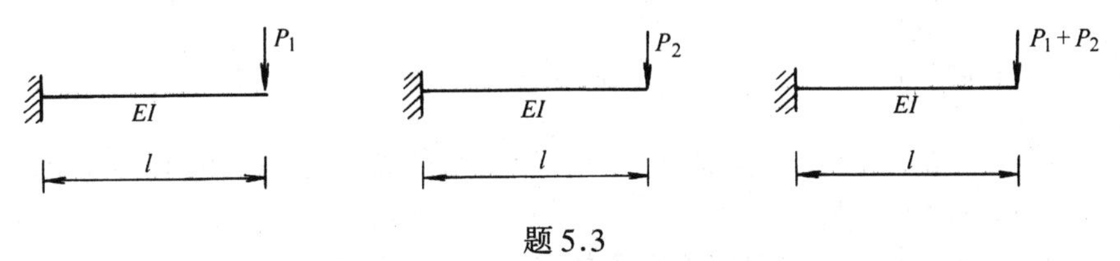

题 5.3

5.4～5.7　用位移公式计算图示各梁中指定截面的位移。设 EI 为常数并略去剪力的影响。

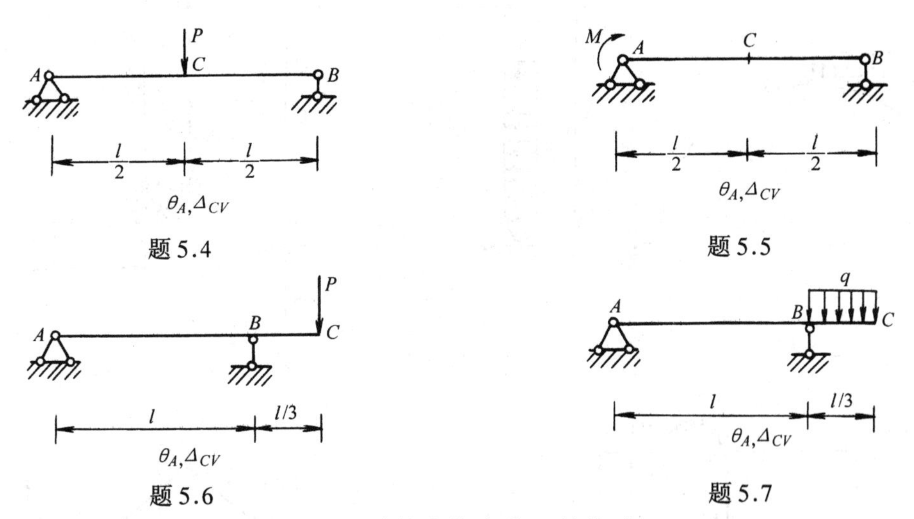

题 5.4　　　　题 5.5

题 5.6　　　　题 5.7

5.8～5.11　用位移公式计算图示结构中指定截面的位移。

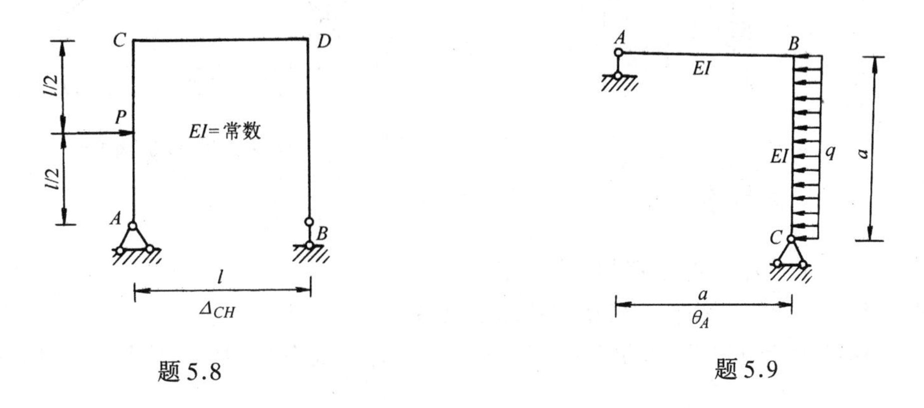

题 5.8　　　　题 5.9

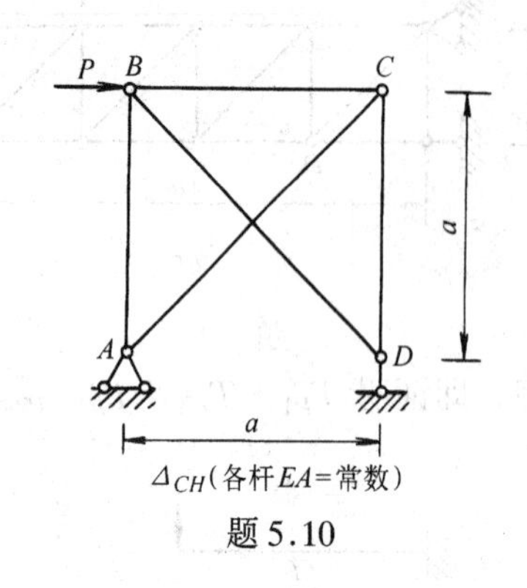

题 5.10

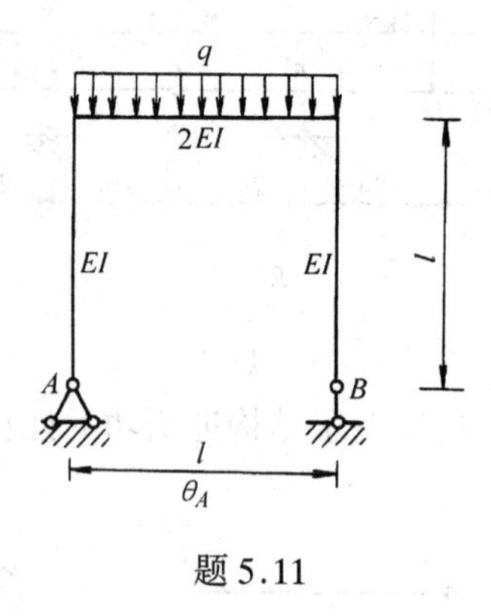

题 5.11

5.12　半径为 R 的半圆形三铰拱左半跨承受均布荷载 q 作用，求 C 铰处的水平位移。已知 EI、EA、GA 均为常数。

5.13～5.16　用图乘法计算图示结构中各指定截面的位移。

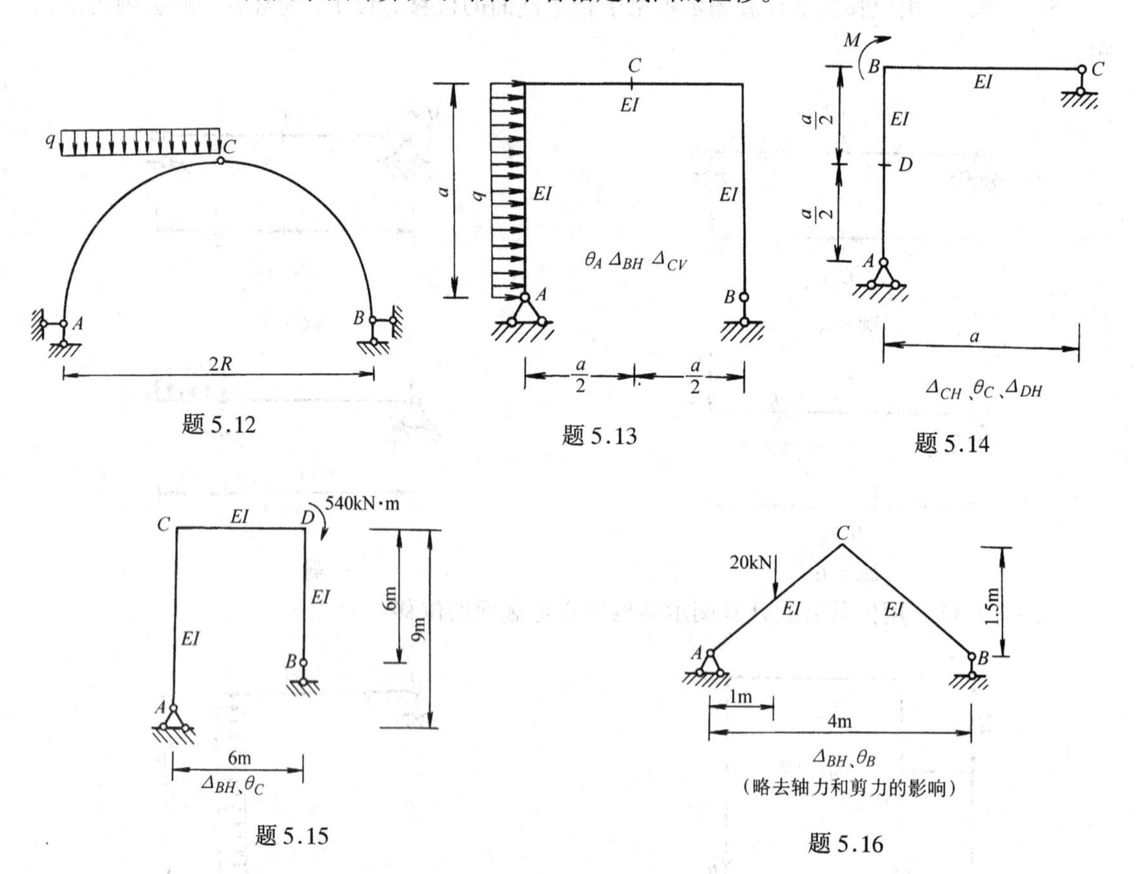

题 5.15

题 5.16

5.17　求图示各阶形柱 B 点的水平位移。

5.18～5.19　求图示结构中各指定截面的位移。

5.20　求图示结构中 D 点的竖向位移及铰 B 左右两截面的相对角位移。设 EI 等于常数。

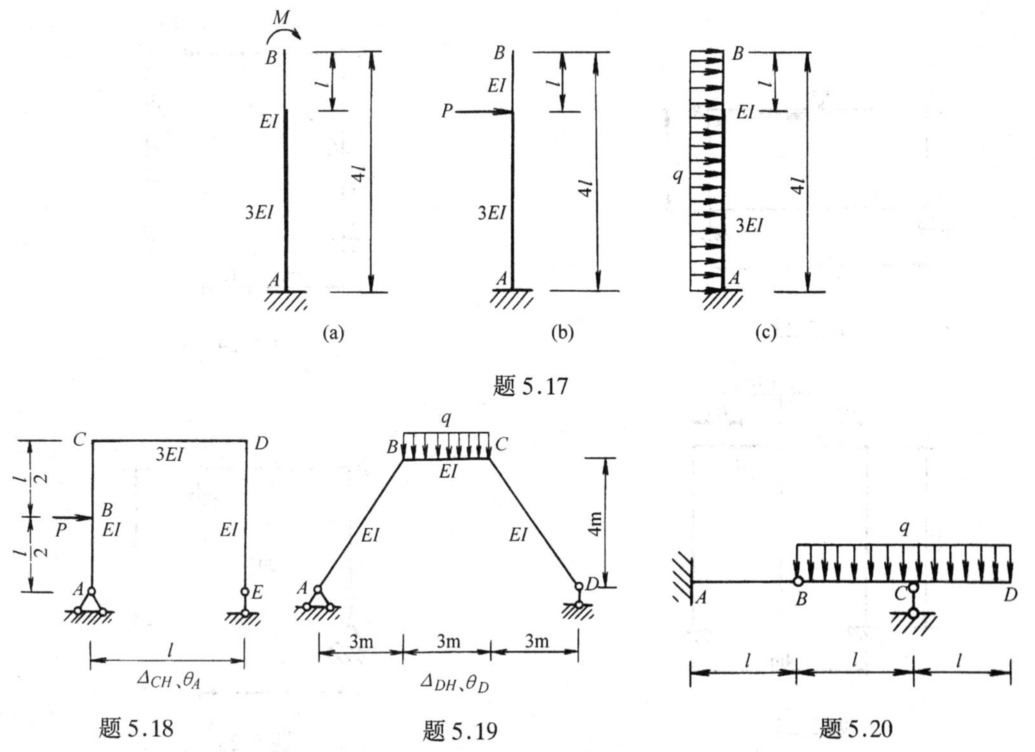

题 5.17

题 5.18　　题 5.19　　题 5.20

5.21　求图示结构中铰 C 左右两截面的相对角位移。

5.22　结构的两种荷载情况如图（a)、(b）所示，试求：(1) A、B 两点的水平及竖向相对线位移；(2) A、B 两截面的相对角位移。设 EI 为常数。

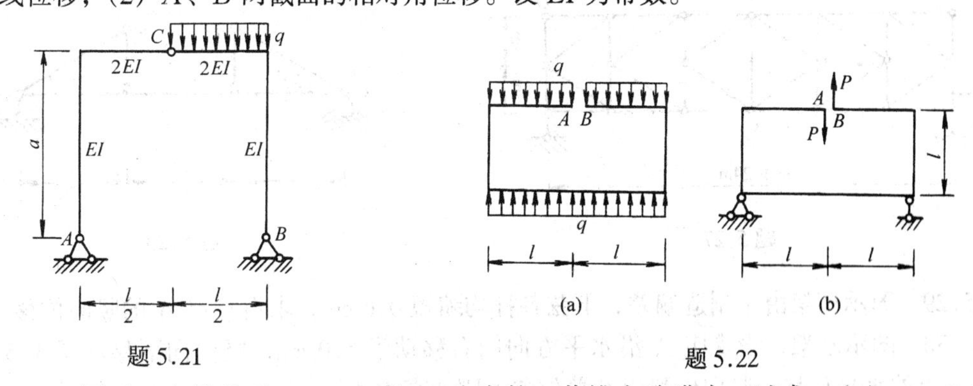

题 5.21　　题 5.22

5.23　图示一水槽截面，$ACDB$ 的 EI 为常数。若槽内贮满水，试求：(1) A、B 两点间的距离变化；(2) A、B 两截面的相对角位移。

5.24　求图示结构中 a 点的竖向位移。已知：$E=210$ GPa，$A=12\ \text{cm}^2$，$I=3\ 600\ \text{cm}^4$。

5.25　图示对称刚架在对称轴通过的截面处有长为 1 cm 的缺口，今欲在 A、B 两点处施加集中力以使该缺口恰好弥合，问所需施加集中力的大小和方向。已知各杆 $EI=8\times10^7\ \text{kN·cm}^2$。

5.26　图示刚架各杆截面为矩形，截面高度为 h。设其内部温度增加 20℃，外部增加 10℃，材料的线膨胀系数为 α。试计算 C 点的水平位移。

5.27　图示桁架 AB 杆温度上升了 t 度而 AC 杆下降了 t 度，求 D 点的水平位移。设线膨胀系数为 α，各杆的截面积相同。

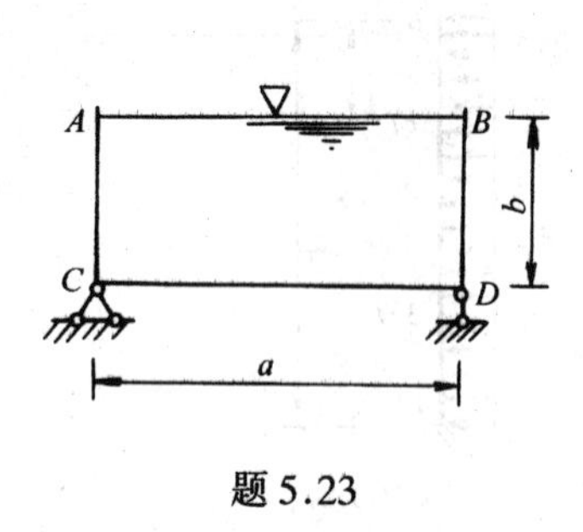

题 5.23

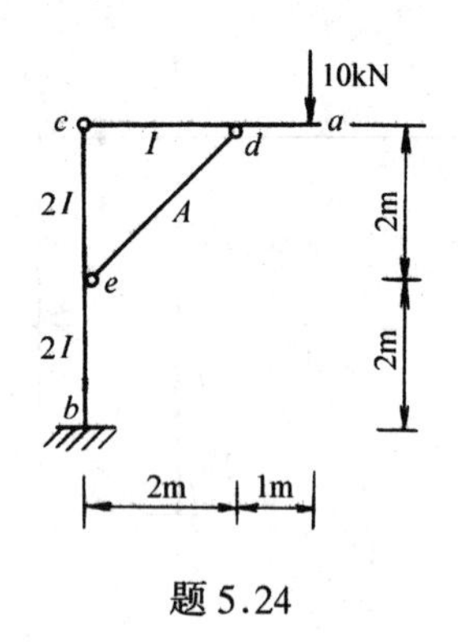

题 5.24

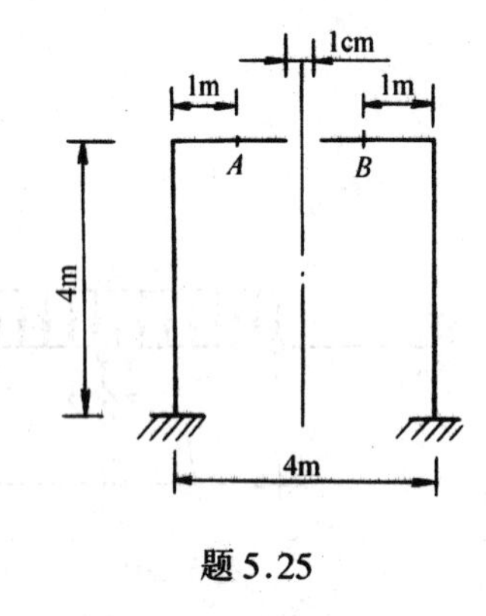

题 5.25

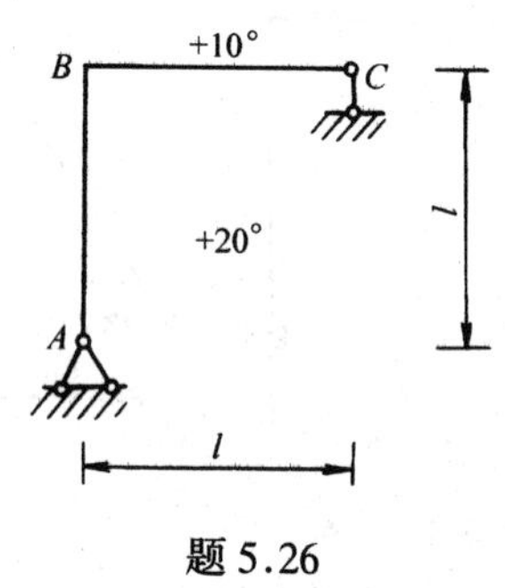

题 5.26

5.28 梁 CD 下面加热 t℃，其它部分温度不变，试求 A、B 两点的水平相对位移。设梁 CD 截面为矩形，高为 h，材料的线膨胀系数为 α。

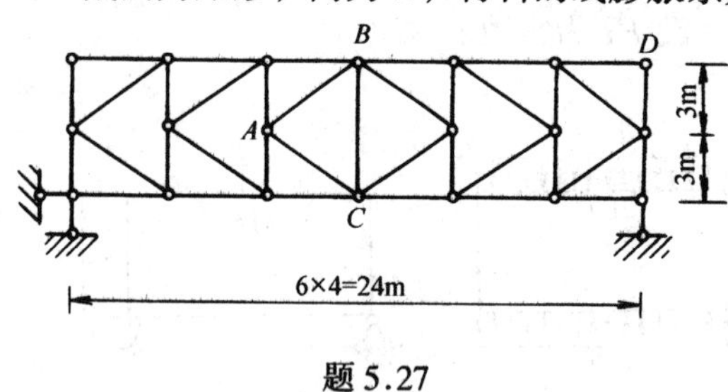

题 5.27

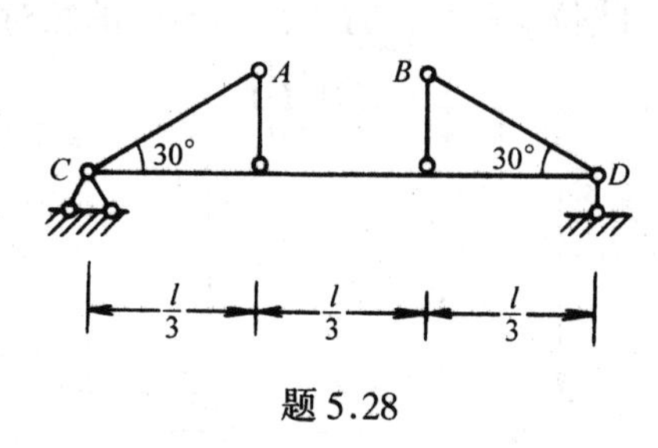

题 5.28

5.29 图示桁架由于制造偏差，下弦各杆均缩短 0.6 cm，求右端点 A 的竖向位移。

5.30 图示刚架，设支座 A 沿水平方向向右移动了 1.0 cm，竖向向下移动了 1.5 cm。试求 C 点的水平位移、竖向位移以及总位移。刚架高为 l。

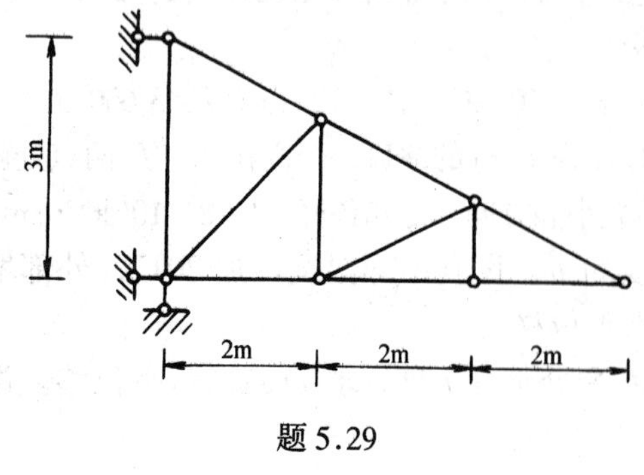

题 5.29

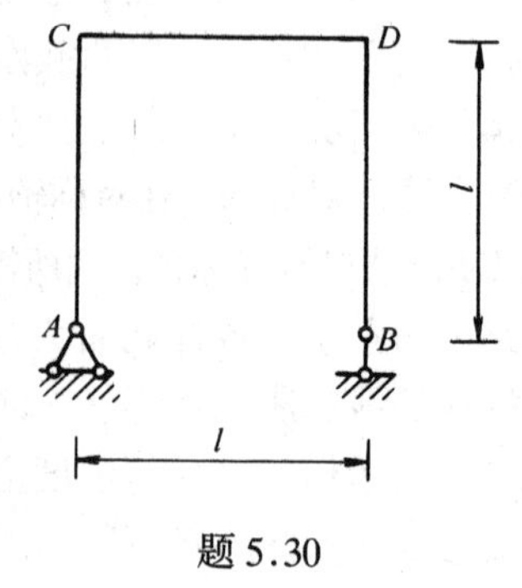

题 5.30

习题答案

5.4 答案：$\theta_A=\dfrac{Pl^2}{16EI}\downarrow$，$\Delta_{CV}=\dfrac{Pl^3}{48EI}\downarrow$

5.5 答案：$\theta_A=\dfrac{Ml}{3EI}\downarrow$，$\Delta_{CV}=\dfrac{Ml^2}{16EI}\downarrow$

5.6 答案：$\theta_A=\dfrac{Pl^2}{18EI}\uparrow$，$\Delta_{CV}=\dfrac{4Pl^3}{81EI}\downarrow$

5.7 答案：$\theta_A=\dfrac{ql^3}{108EI}\uparrow$，$\Delta_{CV}=\dfrac{5ql^4}{648EI}\downarrow$

5.8 答案：$\Delta_{CH}=\dfrac{19Pl^3}{48EI}\rightarrow$，

5.9 答案：$\theta_A=\dfrac{qa^3}{12EI}\downarrow$

5.10 答案：$\Delta_{CH}=(2\sqrt{2}+1)\dfrac{Pa}{EA}\rightarrow$，

5.11 答案：$\theta_A=\dfrac{ql^3}{48EI}\downarrow$

5.13 答案：$\theta_A=\dfrac{qa^3}{2EI}\downarrow$，$\Delta_{BH}=\dfrac{11qa^4}{24EI}\rightarrow$，

$\Delta_{CV}=\dfrac{qa^4}{32EI}\downarrow$，

5.14 答案：$\Delta_{CH}=\dfrac{Ma^2}{3EI}\rightarrow$，$\theta_C=\dfrac{Ma}{6EI}\uparrow$

$\Delta_{DH}=\dfrac{Ma^2}{6EI}\rightarrow$，

5.15 答案：$\Delta_{BH}=\dfrac{11\ 340}{EI}\leftarrow$（分子单位为 kN·m^3）

$\theta_C=\dfrac{540}{EI}\uparrow$（分子单位为 kN·m^2）

5.16 答案：$\Delta_{BH}=\dfrac{34.38}{EI}\rightarrow$（分子单位为 kN·m^3）

$\theta_B=\dfrac{15.63}{EI}\uparrow$（分子单位为 kN·m^2）

5.17 （c）部分答案：$\Delta_{BH}=10.75\dfrac{ql^4}{EI}\rightarrow$

5.18 答案：$\Delta_{CH}=\dfrac{41Pl^3}{144EI}\rightarrow$，$\theta_A=\dfrac{31Pl^2}{72EI}\downarrow$

5.19 部分答案：$\theta_D=\dfrac{19.1q}{EI}\uparrow$（19.1 单位为 m^3）

5.21 答案：$\theta_C=\dfrac{qal^2}{24EI}+\dfrac{ql^3}{96EI}\downarrow\ \downarrow$

5.22 答案：（1）（a）$\Delta_H=\dfrac{5ql^4}{6EI}\rightarrow\leftarrow$，$\Delta_V=0$；（b）$\Delta_H=0$

$\Delta_V=\dfrac{10Pl^3}{3EI}\downarrow\ \uparrow$

（2）（a）$\theta=\dfrac{5ql^3}{3EI}\downarrow\ \downarrow$；（b）$\theta=0$

5.23　部分答案：$\Delta_{A-B}=\frac{b^2}{EI}\left(\frac{b^3}{15}+\frac{b^2a}{6}-\frac{a^3}{12}\right)$

若$\frac{b^3}{15}+\frac{b^2a}{6}>\frac{a^3}{12}$，则$\longleftrightarrow$；反之，则$\rightarrow\leftarrow$

5.26　答案：$\Delta_{CH}=10\alpha l\left(3+\frac{l}{h}\right)\rightarrow$

5.28　答案：$\Delta_{A-B}=\alpha tl\left(\frac{2\sqrt{3}}{27}\frac{l}{h}-\frac{1}{2}\right)\rightarrow\leftarrow$

5.29　答案：$\Delta_{AV}=3.6$ cm$\downarrow$

5.30　答案：总位移 $\Delta_C=1.58$ cm

第 6 章　用力法计算超静定结构

6.1　超静定结构的概念和超静定次数的确定

一、超静定结构的概念

所谓超静定结构，系指那些从几何组成分析来说具有几何不变性而又有多余约束的结构。在第 4 章中已经看到，这种结构的支座反力和内力只用静力平衡条件是不能确定或不能全部确定的。图 6-1 所示的梁具有一个多余约束，就几何不变性来说，我们可以将支座 B 看做是多余约束，因为没有它体系仍然能保持几何不变，能承受荷载作用。又如图 6-2 所示的桁架具有两个多余约束，我们可以将 2-4 杆和 2-6 杆看做是多余约束。所以，上述两个结构都属于超静定结构。

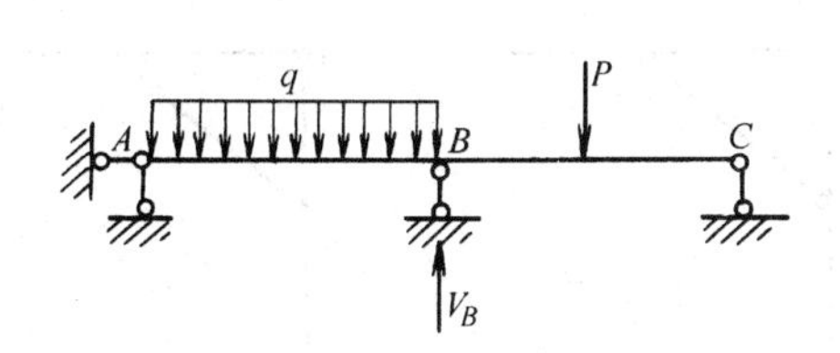

图 6-1　具有一个多余约束的超静定梁

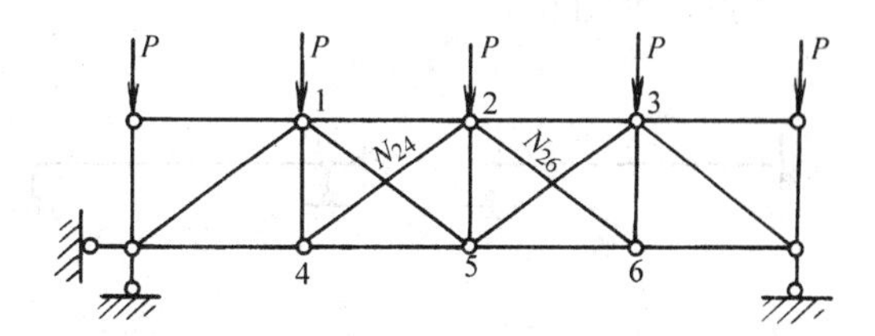

图 6-2　具有 2 个多余约束的超静定桁架

超静定结构中多余约束的选取方案不是惟一的。某个约束能不能被视作是多余的，要看它是否为维持结构的几何不变性所必需。如图 6-1 中结构，也可将支座 C 看作是多余的，还可将支座 A 处的竖向支杆看作是多余的。在图 6-2 中，也可以 1-5 杆和 3-5 杆作为多余约束，还有其他种选择多余约束的方案，读者可自行练习。这里不再一一列举了。对于一个超静定结构而言，多余约束的选取方案虽有多样性，但它们的总数目却是固定不变的，上面所讨论的超静定梁和桁架，前者多余约束总数为 1，后者为 2。

多余约束中产生的约束力称为多余未知力。在图 6-1 中，当支座 B 被认为是多余约束时，则其反力 V_B 即是多余未知力。在图 6-2 中，如果选用 2-4 杆和 2-6 杆为多余约束。则它们的内力 N_{24}和 N_{26}即是多余未知力。超静定结构中的多余未知力是不能用静力平衡条件确定的。关于如何确定多余未知力问题，我们将在 6.2 中详细讨论。

二、超静定次数的确定

通常将结构中多余约束的数目称为结构的超静定次数。判断超静定次数可以用去掉多余约束使原结构变成静定结构的方法进行。去掉多余约束的方式，一般有以下几种（在图6-3～图6-6 中，分别示出了原结构和去掉多余约束后的静定结构，并标出了所去掉的约束数）。

（1）去掉支座处的一根支杆，或切断一根链杆，这相当于去掉一个约束，如图 6-3。

（2）去掉一个铰支座或联结两刚片的单铰，这相当于去掉两个约束，见图 6-4。

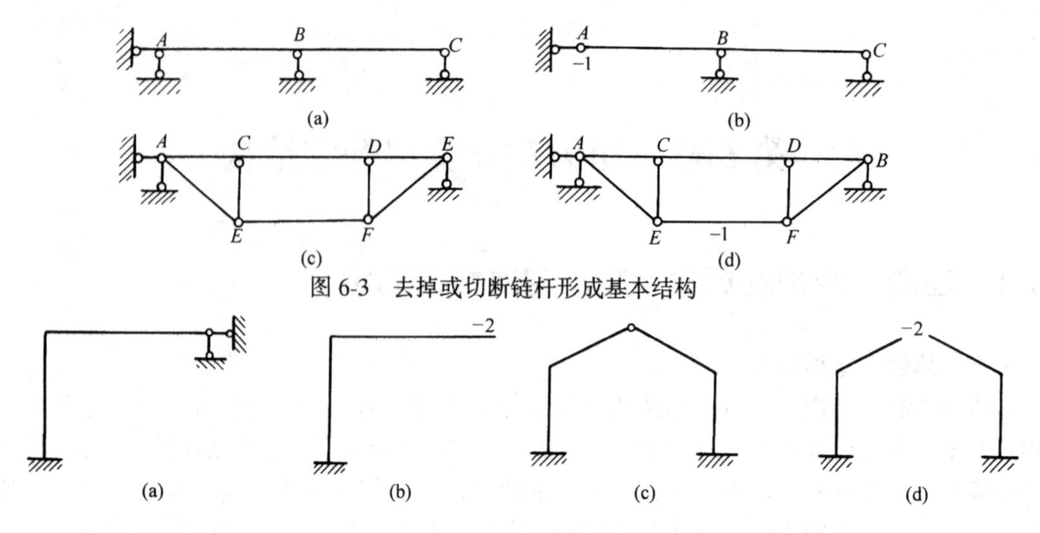

图 6-3　去掉或切断链杆形成基本结构

图 6-4　去掉或拆开单铰形成基本结构

（3）将固定端支座改成铰支座，或将连续杆件上的刚性联结改成单铰联结，相当于去掉一个约束，见图 6-5。

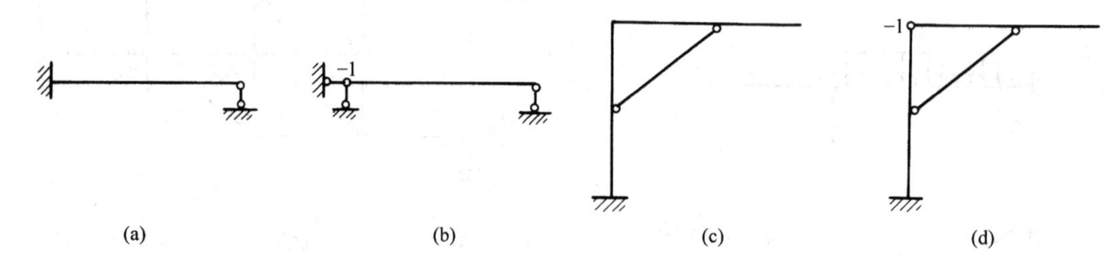

图 6-5　固定端改成铰支座及刚性联结改成单铰联结形成基本结构

（4）去掉一个固定端支座，或将刚性联结切断，相当于去掉三个约束，见图 6-6。

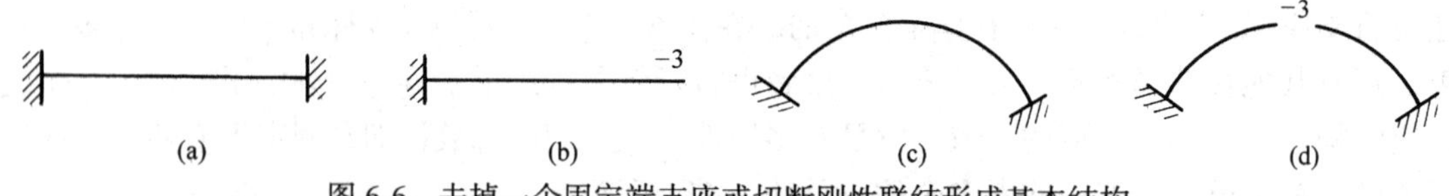

图 6-6　去掉一个固定端支座或切断刚性联结形成基本结构

应用上述去掉多余约束的基本方式，将超静定结构变成静定结构，即可确定原结构的超静定次数。图 6-3 至图 6-6 中举例表示了去掉多余约束的方式，同时也判断出了原结构的超静定次数。如图 6-3（a）所示连续梁，去掉支座 A 处的竖向支杆，则得到图 6-3（b）所示的静定梁，所以原结构是超静定一次的。又如图 6-4（c）所示单铰刚架，去掉顶点处的铰后，成为图 6-4（d）所示两个悬臂折梁，故原结构的超静定次数为 2。

对于梁和刚架来说，静定结构有三种基本类型：简支梁式，悬臂梁式和三铰刚架式*。一个超静定结构去掉多余约束，使其变成静定结构，也就是变成上述三种类型的结构或它们的组合体。图 6-7（a）是一个比较复杂的超静定结构，去掉多余约束，可以得到如图 6-7（b）、（c）、（d）所示的静定结构，它们都是基本类型的组合体。

---

*　此处对“梁”，应作广义理解，梁本身可以是折杆、曲杆等。

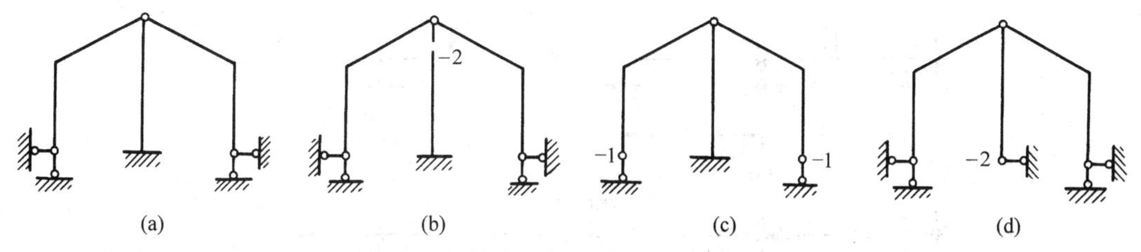

图 6-7　超静定刚架及其三种基本结构

对于某个超静定结构，去掉多余约束的方案可能有多种，因而得到的静定结构也就有多种形式，但它们必须是几何不变体系。因此，结构中有些约束是绝对不能去掉的。例如图 6-3（a）中支座 A 处的水平支杆就不能去掉，否则得到的结构变成几何可变体系，这是不允许的。像这样的约束并非多余约束，该约束未知力则可利用静力平衡条件予以确定。

思　考　题

（1）说明静定结构与超静定结构的区别，多余约束与非多余约束的区别。

（2）为什么说图 6-8 所示的结构是超静定结构。如何判断它们的超静定次数？

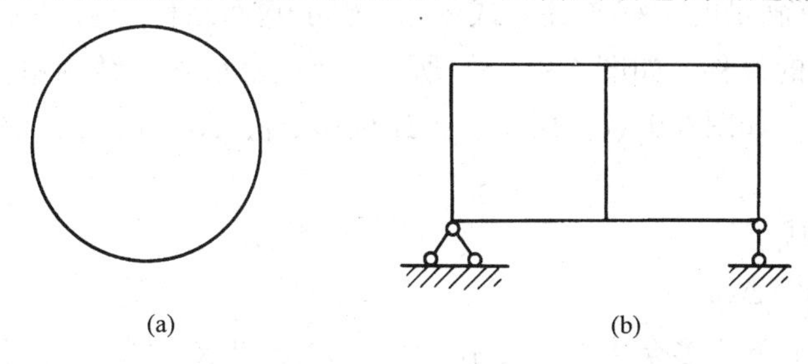

图 6-8　思考题（2）图

（3）静定结构的内力（弯矩、剪力、轴力）是静定的，它们的任意截面上的应力（正应力和剪应力）是否也是静定的？

（4）图 6-7 所示结构选取哪一种基本结构能使计算简单些？

（5）图 6-8（a）所示结构是超静定几次的？它的基本结构可选取哪几种形式？

6.2　力法原理和力法方程

一、力法原理

力法是计算超静定结构最基本的方法。下面我们通过一个具体例子说明力法原理。

图 6-9（a）是具有一个多余约束的结构。如果将 C 处的支杆看为多余约束，则其中的约束反力为多余未知力（简称多余力），用 X_1 表示。X_1 的数值和指向是不能用静力平衡条件惟一地确定的。按照力法原理，我们可以去掉多余约束，用多余力 X_1 代替它的作用，如图 6-9（b）所示。这种去掉多余约束后所得到的静定结构，称为原结构的基本结构。基本结构在外荷载 P 和多余力 X_1 共同作用下的变形和内力等显然应与原结构在外荷载 P 的作用下相同。为了求出多余未知力，我们需考察支座 C 处的位移情况。由于支座 C 处支杆的约束作用，原结构在支座 C 处的竖向位移为零。既然以多余力 X_1 代替了支座约束作用，那么

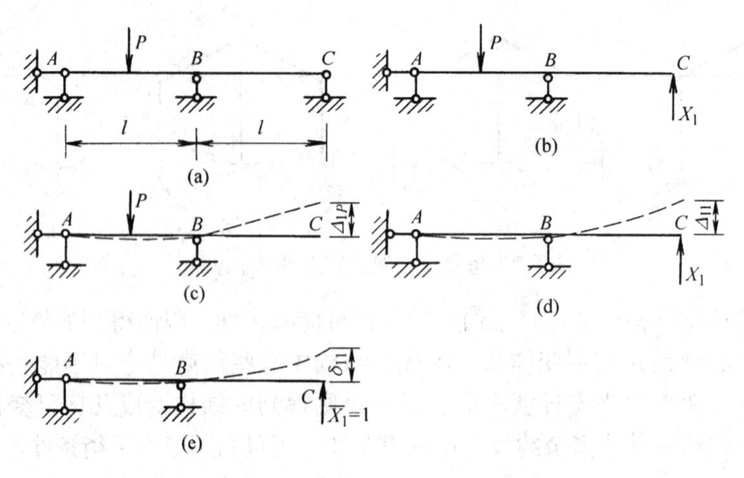

图 6-9　具有一个多余约束的结构

基本结构在 C 点的竖向位移，亦即沿 X_1 方向的位移，也应为零，即 $\Delta_1=0$。根据叠加原理

$$\Delta_1=\Delta_{11}+\Delta_{1P}=0 \tag{a}$$

这就是多余力 X_1 应满足的位移条件。式中 Δ_{11}表示基本结构单独受多余力 X_1 作用时，C 点沿多余力X_1 方向的位移，如图 6-9（d）所示。Δ_{1P}表示基本结构单独受外荷载作用时C 点沿X_1 方向的位移，如图 6-9（c）所示。上述位移 Δ_1、Δ_{11}和 Δ_{1P}，都以与所设 X_1 的方向相同时为正。

式（a）可改写成

$$\Delta_1=\delta_{11}X_1+\Delta_{1P}=0 \tag{6-1}$$

δ_{11}表示基本结构由于单位多余力$\overline{X_1}=1$ 作用时，C 点沿 X_1 方向的位移，如图 6-9（e）所示。显然 $\Delta_{11}=\delta_{11}X_1$。

由于 δ_{11}和 Δ_{1P}都是静定结构在已知外力作用下的位移，因此按上一章所介绍的方法求得后，代入式（6-1）就可计算多余力 X_1。求得 X_1 之后即可应用静力平衡条件计算基本结构在荷载 P 及多余力 X_1 共同作用下的支座反力和内力。它们也就是原结构的反力和内力。上述计算超静定结构所用的概念和方法常统称为力法原理。

二、力法方程

上面根据力法原理计算超静定结构的方法简称为力法。它的基本特点就是以多余力作为基本未知量，根据与所去掉的多余约束相应的位移条件，建立关于多余力的方程或方程组。我们称这样的方程（或方程组）为力法典型方程，简称为力法方程。式（6-1）是对应一次超静定结构的力法方程，它的一般形式是

$$\delta_{11}X_1+\Delta_{1P}=\Delta_1 \tag{6-2}$$

式中 Δ_1 是与多余约束相应的已知位移。

为了进一步说明力法原理和建立力法方程的过程，我们再举些比较复杂的例子。图 6-10（a）为二次超静定刚架，如果将支座 B 看作多余约束，则其中的约束反力为多余未知力，用 X_1 和 X_2 表示。按照力法原理，我们可以去掉多余约束，用多余力 X_1 和 X_2 代替它们作用，如图 6-10（b）所示。基本结构在外荷载和多余力 X_1、X_2 共同作用下的变形和内力等应和原结构的相同。为了求出多余力，我们需考察多余约束所限制的位移情况。由于原

结构在铰支座B处不可能有线位移，所以在荷载和多余力共同作用下，基本结构在 B 点处沿多余力 X_1 和 X_2 方向的位移都应为零，即

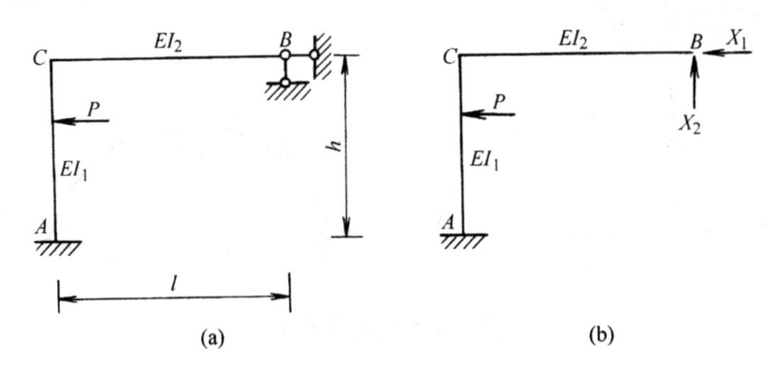

图 6-10　二次超静定刚架及其基本结构

$$\left.\begin{aligned}\Delta_1=0\\ \Delta_2=0\end{aligned}\right\} \tag{b}$$

式（b）就是求解多余力 X_1、X_2 时的位移条件。根据叠加原理，式（b）可以写成如下形式

$$\left.\begin{aligned}\Delta_1=\Delta_{11}+\Delta_{12}+\Delta_{1P}=0\\ \Delta_2=\Delta_{21}+\Delta_{22}+\Delta_{2P}=0\end{aligned}\right\} \tag{c}$$

式中 Δ_{ij}（i，$j=1$，2）表示基本结构单独承受 X_j 作用时，在 X_i 作用点沿 X_i 方向的位移；Δ_{ip}表示基本结构单独承受外荷载作用时，在 X_i 作用点沿 X_i 方向的位移。Δ_i、Δ_{ij}和Δ_{iP}都以与所设X_i 的方向相同者为正。式（c）还可以改写成以下形式

$$\left.\begin{aligned}\Delta_1=\delta_{11}X_1+\delta_{12}X_2+\Delta_{1P}=0\\ \Delta_2=\delta_{21}X_1+\delta_{22}X_2+\Delta_{2P}=0\end{aligned}\right\} \tag{6-3}$$

式中 δ_{ij}表示基本结构由于$\overline{X_j}=1$ 的作用，在 X_i 作用点沿 X_i 方向的位移称为柔度影响系数，显然 $\Delta_{ij}=\delta_{ij}X_j$。本例中，位移 δ_{ij}和Δ_{iP}如图 6-11 所示。式（6-3）即是为求多余力 X_1 和 X_2 而建立的力法方程，其中的系数和自由项都是静定结构在已知外力作用下的位移，因此可按上一章所介绍的方法进行计算。由力法方程（6-3）解得 X_1 和 X_2 后，以后的问题就是静定结构的计算问题。

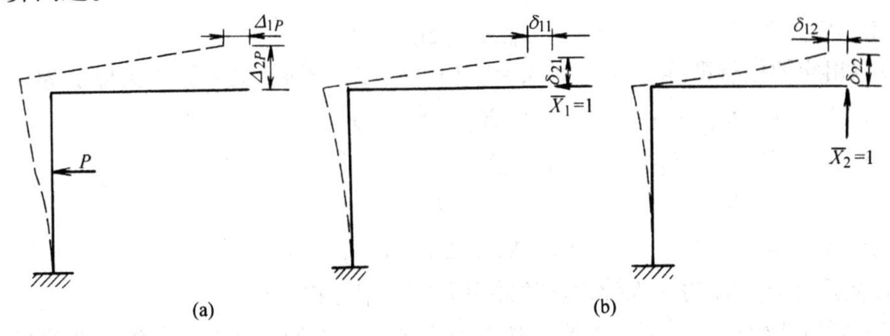

图 6-11　柔度影响系数及自由项

图 6-12（a）示一无铰拱结构，它是三次超静定的。我们将拱的顶部切开，相当于去掉三个多余约束，用多余力 X_1、X_2、X_3 代替多余约束的作用，得到图 6-12（b）所示的基本

结构。由于原结构的实际变形是处处连续的，显然，同一截面的两侧不可能有相对转动或相对移动。因此，在荷载和三个多余力的共同作用下，基本结构上切口两侧的截面沿各多余力方向的相对位移都应为零，即

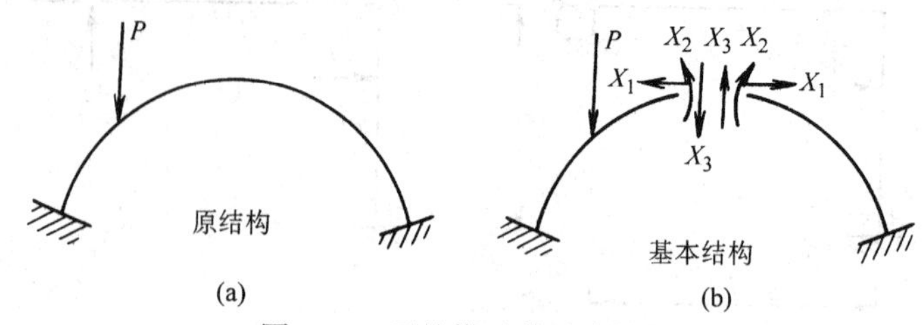

图 6-12　无铰拱及其基本结构

$$\left.\begin{aligned}\Delta_1=0\\\Delta_2=0\\\Delta_3=0\end{aligned}\right\}\tag{d}$$

根据叠加原理，式（d）可以写成

$$\left.\begin{aligned}\Delta_1=\delta_{11}X_1+\delta_{12}X_2+\delta_{13}X_3+\Delta_{1P}=0\\\Delta_2=\delta_{21}X_1+\delta_{22}X_2+\delta_{23}X_3+\Delta_{2P}=0\\\Delta_3=\delta_{31}X_1+\delta_{32}X_2+\delta_{33}X_3+\Delta_{3P}=0\end{aligned}\right\}\tag{6-4}$$

式（6-4）即是为求解多余未知力 X_1、X_2、X_3 而建立的力法方程组。其中的系数和自由项都是已知外力作用下基本结构的切口处两侧截面的相对移动或相对转动。它们可以按上一章所介绍的方法进行计算。

用同样的分析方法，我们可以建立力法的一般方程。对于 n 次超静定的结构，用力法计算时，可去掉 n 个多余约束，得到静定的基本结构，并作用以与多余约束作用相当的 n 个多余力。与此相应，基本结构应满足 n 个已知的位移条件，据此，可以建立 n 个关于多余力的力法方程：

$$\left.\begin{aligned}\delta_{11}X_1+\delta_{12}X_2+\delta_{13}X_3+\cdots+\delta_{1n}X_n+\Delta_{1P}=\Delta_1\\\delta_{21}X_1+\delta_{22}X_2+\delta_{23}X_3+\cdots+\delta_{2n}X_n+\Delta_{2P}=\Delta_2\\\cdots\cdots\cdots\cdots\cdots\cdots\cdots\cdots\cdots\cdots\cdots\cdots\\\delta_{n1}X_1+\delta_{n2}X_2+\delta_{n3}X_3+\cdots+\delta_{nn}X_n+\Delta_{nP}=\Delta_n\end{aligned}\right\}\tag{6-5}$$

当与多余力相应的位移都等于零，即 $\Delta_i=0$（$i=1$、2、$\cdots n$）时，则上式即变为

$$\left.\begin{aligned}\delta_{11}X_1+\delta_{12}X_2+\delta_{13}X_3+\cdots+\delta_{1n}X_n+\Delta_{1P}=0\\\delta_{21}X_1+\delta_{22}X_2+\delta_{23}X_3+\cdots+\delta_{2n}X_n+\Delta_{2P}=0\\\cdots\cdots\cdots\cdots\cdots\cdots\cdots\cdots\cdots\cdots\cdots\cdots\\\delta_{n1}X_1+\delta_{n2_2}+\delta_{n3}X_3+\cdots+\delta_{nn}X_n+\Delta_{nP}=0\end{aligned}\right\}\tag{6-6}$$

式（6-5）就是力法方程的一般形式。常称为力法典型方程。

在以上的方程组中，等号左方位于从左上方至右下方的一条主对角线上的位移影响系数 δ_{ii} 称为主系数。主对角线两侧的其他位移影响系数 δ_{ij}（$i\neq j$）则称为副系数。最后一项 Δ_{iP} 称为自由项。所有系数和自由项都是基本结构上与某一多余力相应的位移，并系以与所设多余力方向一致时为正。由于主系数 δ_{ii} 代表由于单位力 $\overline{X_i}=1$ 的作用，在其本身方向所引起的

位移，它总是与该单位力的方向一致，故总是正的。而副系数 δ_{ij}（$i \neq j$）则可能为正、负或零。根据位移互等定理，有

$$\delta_{ij} = \delta_{ji} \tag{e}$$

它表明，力法方程中位于主对角线两侧对称位置的两个副系数是相等的。

基本结构通常取为静定结构，此时，力法方程（6-5）中的系数和自由项都可按上一章中求位移的方法求得。对于梁和刚架，可按下列公式或直接作积分或用图乘法计算

$$\left.\begin{aligned}
\delta_{ii} &= \sum \int \frac{\overline{M_i^2}}{EI} \mathrm{d}s \\
\delta_{ij} &= \sum \int \frac{\overline{M_i}\,\overline{M_j}}{EI} \mathrm{d}s \\
\Delta_{iP} &= \sum \int \frac{\overline{M_i} M_P}{EI} \mathrm{d}s
\end{aligned}\right\} \tag{6-7}$$

式中$\overline{M_i}$、$\overline{M_j}$和 M_P 分别代表在$\overline{X_i}=1$、$\overline{X_j}=1$ 和荷载单独作用下基本结构中的弯矩。

从力法方程中解出多余力 X_i（$i=1$，2，…，n）后，即可按照静定结构的分析方法求原结构的反力和内力，或按下述叠加公式求出弯矩

$$M = X_1 \overline{M_1} + X_2 \overline{M_2} + \cdots + X_n \overline{M_n} + M_P \tag{6-8}$$

再根据平衡条件即可求其剪力和轴力。

根据以上所述，用力法计算超静定结构的步骤可归纳如下：

（1）去掉结构的多余约束得静定的基本结构，并以多余力代替相应的多余约束的作用；

（2）根据基本结构在多余力和荷载共同作用下，沿多余力方向的位移应与原结构中相应的位移相同的条件，建立力法方程；

（3）作出基本结构的单位内力图和荷载内力图（或写出内力表达式），按照求位移的方法计算方程中的系数和自由项；

（4）将计算所得的系数和自由项代入力法方程，求解各多余力；

（5）求出多余力后，按分析静定结构的方法，绘出原结构的内力图，即最后内力图，最后弯矩图也可以利用已作出的基本结构的单位内力图和荷载内力图按公式（6-8）求得。

思　考　题

（1）用力法解超静定结构的思路是什么？何谓基本结构？

（2）力法方程的物理意义是什么？

（3）力法方程中哪些项是主系数？哪些项是副系数？副系数有什么特性？主系数为什么不得小于零？是否可以等于零？

（4）力法原理与叠加原理有什么联系？当叠加原理不适用时，是否还能用力法原理分析超静定结构？

6.3　用力法计算超静定梁和刚架

一、超静定梁的计算

在第 3 章中我们介绍了多跨静定梁的计算。现在讨论单跨超静定梁和多跨超静定连续梁

的计算问题。对于刚性支座上的连续梁，用本书第 8 章所述的力矩分配法计算最为简便。因此，这里着重讨论单跨超静定梁。

例 6-1　试作图 6-13（a）所示梁的弯矩图。设 B 端弹簧支座的弹簧刚度系数为 k，EI 为常数。

【解】　此梁是一次超静定。基本结构可以有几种方案，例如：（1）去掉支座 A 处的转动约束（将固定端换成铰支座），代以多余力 X_1，得图 6-13（b）所示的基本结构；（2）也可以去掉支座 B（弹簧支杆），代以多余力 X_1，得图 6-13（c）所示的基本结构。读者可以发现，选用基本结构（2）的方案，计算起来比较简便。对应的力法方程为

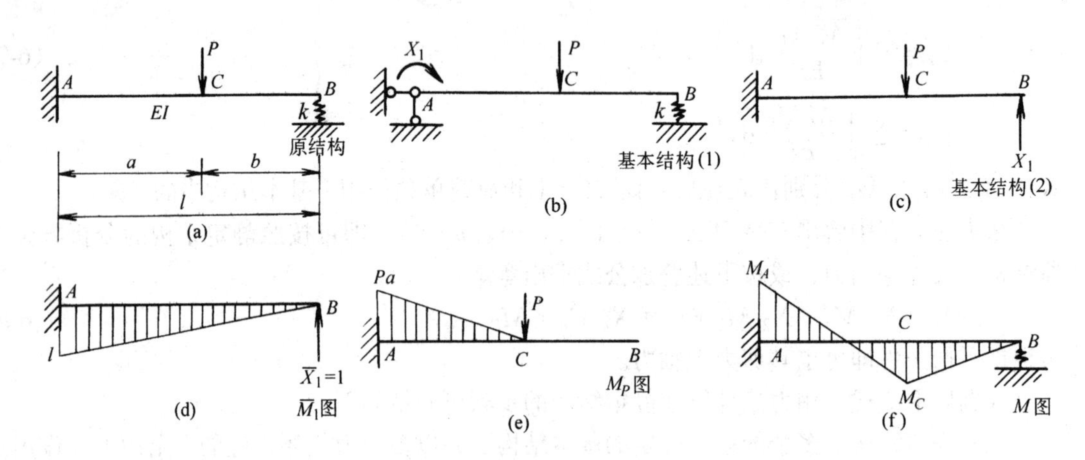

图 6-13　例 6-1 图

$$\delta_{11}X_1+\Delta_{1P}=\Delta_1$$

式中的 $\Delta_1=-\dfrac{1}{k}X_1$（负号表示 B 点的移动方向与 X_1 的指向相反）。

作基本结构的单位弯矩图（$\overline{M_1}$图）和荷载弯矩图（M_P 图），如图 6-13（d）、（e）所示。利用图乘法求得

$$\delta_{11}=\frac{l^3}{3EI},\ \Delta_{1P}=-\frac{Pa^2\ (3l-a)}{6EI}$$

将以上各值代入力法方程，解得

$$X_1=\frac{Pa^3\left(1+\dfrac{3}{2}\dfrac{b}{a}\right)}{l^3\left(1+\dfrac{3EI}{kl^3}\right)}$$

由上式可以看出，多余力 X_1 的值与弯曲刚度 EI 和弹簧刚度 k 的比值$\dfrac{EI}{k}$有关。当 $k\to\infty$相当于 B 端为刚性支承情形，此时

$$X'_1=\frac{Pa^2(3l-a)}{2l^3}=\frac{Pa^3\left(1+\dfrac{3}{2}\dfrac{b}{a}\right)}{l^3}$$

当 $k=0$，相当于 B 端为完全柔性支承（即自由端）情形，此时，$X''_1=0$。故实际上 B 端多余力(即 B 支座处竖向反力)在 X'_1 和 X''_1 之间。

求得 X_1 后，根据 $M=X_1\overline{M_1}+M_P$ 作出最后弯矩图如图 6-13（f）所示。

$$M_A=\frac{Pa}{l^2}\left[\frac{\frac{3EI}{kl}+\frac{ab}{2}+b^2}{1+\frac{3EI}{kl^3}}\right],\ M_C=\frac{Pa^3b\left(1+\frac{3}{2}\frac{b}{a}\right)}{l^3\left(1+\frac{3EI}{kl^3}\right)}$$

例 6-2 试分析图 6-14（a）所示超静定梁。设 EI 为常数。

【解】 此梁为三次超静定。取基本结构如图 6-14（b）所示。根据支座 B 处位移为零的条件，可以建立以下力法方程

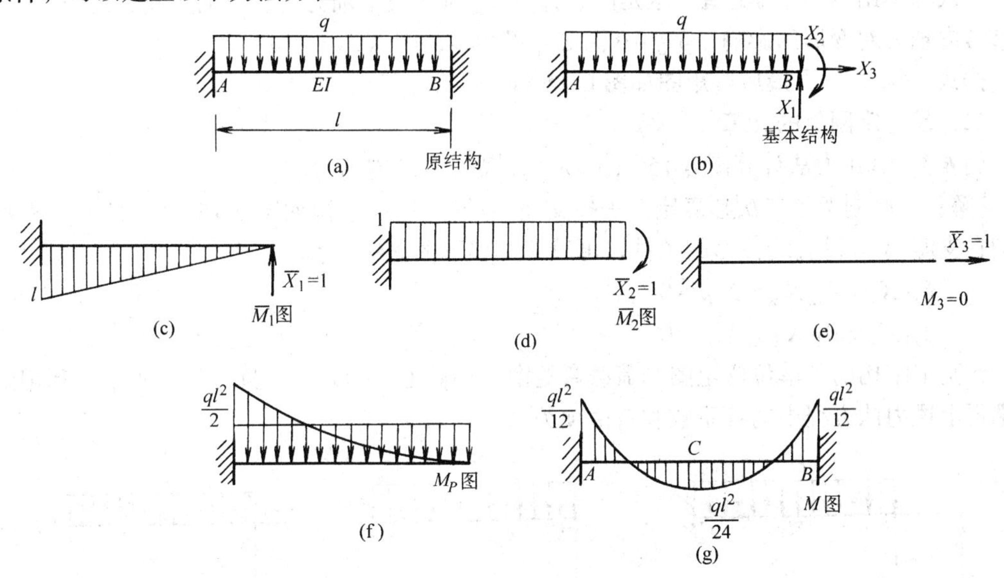

图 6-14 例 6-2 图

$$\delta_{11}X_1+\delta_{12}X_2+\delta_{13}X_3+\Delta_{1P}=0$$
$$\delta_{21}X_1+\delta_{22}X_2+\delta_{23}X_3+\Delta_{2P}=0$$
$$\delta_{31}X_1+\delta_{32}X_2+\delta_{33}X_3+\Delta_{3P}=0$$

作基本结构的单位弯矩图和荷载弯矩图，如图 6-14（c）、（d）、（e）、（f）所示。

利用图乘法求得力法方程中的各系数和自由项，为

$$\delta_{11}=\frac{1}{EI}\left(\frac{1}{2}l\times l\times\frac{2}{3}l\right)=\frac{l^3}{3EI}$$

$$\delta_{12}=\delta_{21}=-\frac{1}{EI}\left(\frac{l}{2}\times l\times 1\right)=-\frac{l^2}{2EI}$$

$$\delta_{22}=\frac{1}{EI}\ (l\times1\times1)\ =\frac{l}{EI}$$

$$\delta_{13}=\delta_{31}=\delta_{23}=\delta_{32}=\delta_{33}=0$$

$$\Delta_{1P}=-\frac{1}{EI}\left[\frac{1}{3}l\times\frac{ql^2}{2}\times\frac{3l}{4}\right]=-\frac{ql^4}{8EI}$$

$$\Delta_{2P}=\frac{1}{EI}\left[\frac{1}{3}l\times\frac{ql^2}{2}\times1\right]=\frac{ql^3}{6EI}$$

$$\Delta_{3P}=0$$

将以上各系数和自由项代入力法方程，得

$$\frac{l^3}{3EI}X_1-\frac{l^2}{2EI}X_2-\frac{ql^4}{8EI}=0$$

$$-\frac{l^2}{2EI}X_1+\frac{l}{EI}X_2+\frac{ql^3}{6EI}=0$$

$$0\times X_3+0=0$$

由前两式，求得

$$X_1=\frac{1}{2}ql,\quad X_2=\frac{1}{12}ql^2$$

由第三式求不出 X_3 的确定值。这是因为计算 δ_{33}时略去了轴力对变形的影响，所以 $\delta_{33}=0$；如果考虑轴力对变形的影响，$\delta_{33}\neq 0$ 而 Δ_{3P}仍为零，则 $X_3=0$。

按式（6-8）作出最后弯矩图如图 6-14（g）所示。

二、超静定刚架的计算

例 6-3 试用力法计算图 6-15（a）所示刚架，并绘制内力图。

【解】 此刚架是二次超静定。去掉支座 A 得到基本结构如图 6-15（b）所示。根据原结构在支座 A 处没有线位移的条件，可以建立如下的力法方程

$$\delta_{11}X_1+\delta_{12}X_2+\Delta_{1P}=0$$

$$\delta_{21}X_1+\delta_{22}X_2+\Delta_{2P}=0$$

作基本结构的各单位弯矩图和荷载弯矩图，如图 6-15（c）、（d）、（e）所示。利用图乘法求得上述力法方程中的各系数和自由项为

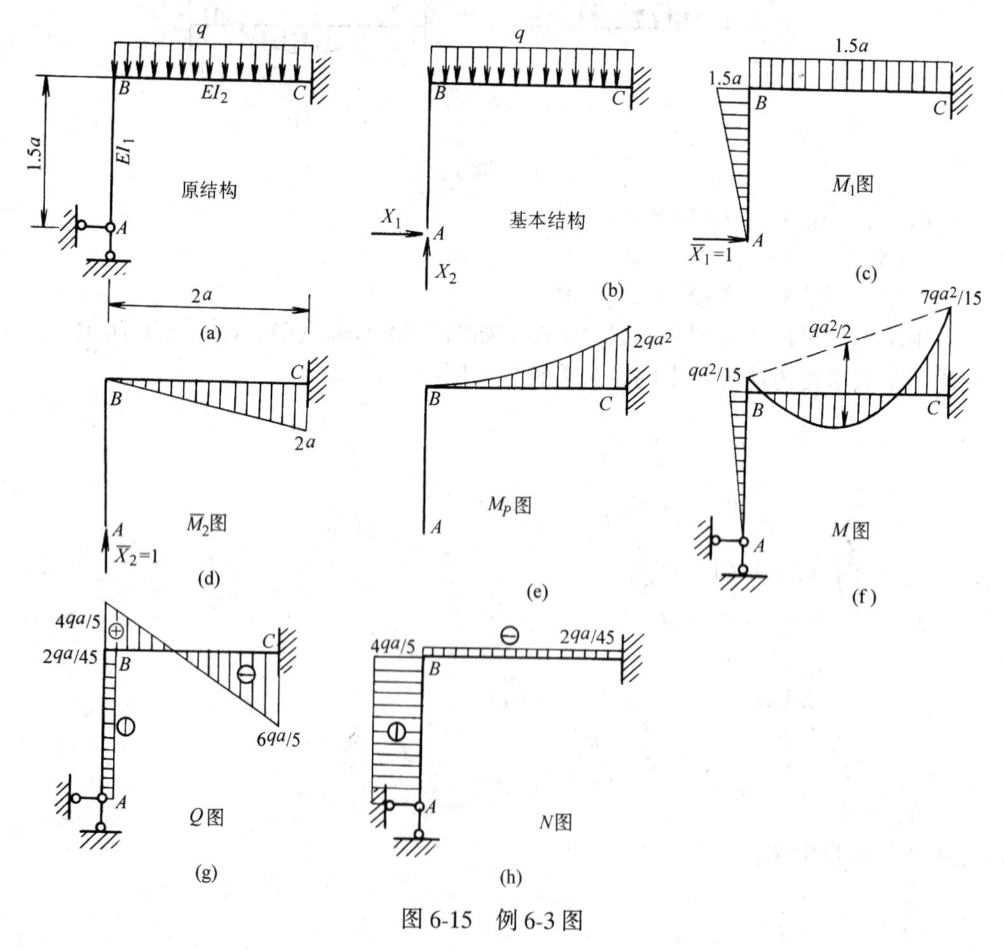

图 6-15 例 6-3 图

$$\delta_{11}=\frac{1}{EI_1}\left(\frac{1}{2}\times 1.5a\times 1.5a\times a\right)+\frac{1}{EI_2}\ (1.5a\times 2a\times 1.5a)$$

$$=\frac{1.125a^3}{EI_1}+\frac{4.5a^3}{EI_2}$$

$$\delta_{22}=\frac{1}{EI_2}\left(\frac{1}{2}\times 2a\times 2a\times\frac{2}{3}\times 2a\right)=\frac{8a^3}{3EI_2}$$

$$\delta_{12}=\delta_{21}=-\frac{1}{EI_2}\left(\frac{1}{2}\times 2a\times 2a\times 1.5a\right)=-\frac{3a^3}{EI_2}$$

$$\Delta_{1P}=\frac{1}{EI_2}\left(\frac{1}{3}\times 2a\times 2qa^2\times 1.5a\right)=\frac{2qa^4}{EI_2}$$

$$\Delta_{2P}=-\frac{1}{EI_2}\left(\frac{1}{3}\times 2a\times 2qa^2\times\frac{3}{4}\times 2a\right)=-\frac{2qa^4}{EI_2}$$

将各系数和自由项代入力法方程，得

$$\left(\frac{1}{4EI_1}+\frac{1}{EI_2}\right)4.5a^3X_1-\frac{3a^3}{EI_2}X_2+\frac{2qa^4}{EI_2}=0$$

$$-\frac{3a^3}{EI_2}X_1+-\frac{8a^3}{3EI_2}X_2-\frac{2qa^4}{EI_2}=0$$

解力法方程，求得

$$X_1=\left(1+\frac{EI_2}{4EI_1}\right)\frac{qa}{45},\qquad X_2=\left(1+\frac{EI_2}{4EI_1}\right)\frac{2qa}{5}$$

X_1、X_2 的值与 I_2、I_1 的比值有关，设 $I_2=4I_1$ 则

$$X_1=\frac{2qa}{45},\qquad X_2=\frac{4qa}{5}$$

最后作出结构的内力图，如图 6-15（f）、（g）、（h）所示。

例 6-4 试作图 6-16（a）所示刚架的弯矩图。

【解】 此刚架是三次超静定。去掉支座 B 得图 6-16（b）所示的基本结构。根据结构在支座 B 处不可能产生位移的条件，建立力法方程如下

$$\delta_{11}X_1+\delta_{12}X_2+\delta_{13}X_3+\Delta_{1P}=0$$

$$\delta_{21}X_1+\delta_{22}X_2+\delta_{23}X_3+\Delta_{2P}=0$$

$$\delta_{31}X_1+\delta_{32}X_2+\delta_{33}X_3+\Delta_{3P}=0$$

作基本结构的单位弯矩图和荷载弯矩图，如图 6-16（c）、（d）、（e）、（f）所示。用图乘法求得各系数和自由项为

$$\delta_{11}=\frac{2}{2EI}\left(\frac{1}{2}\times 6\text{ m}\times 6\text{ m}\times\frac{2}{3}\times 6\text{ m}\right)+\frac{1}{3EI}\ (6\text{ m}\times 6\text{ m}\times 6\text{ m})\ =\frac{144\text{ m}^3}{EI}$$

$$\delta_{22}=\frac{1}{2EI}\ (6\text{ m}\times 6\text{ m}\times 6\text{ m})\ +\frac{1}{3EI}\left(\frac{1}{2}\times 6\text{ m}\times 6\text{ m}\times\frac{2}{3}\times 6\text{ m}\right)=\frac{132\text{ m}^3}{EI}$$

$$\delta_{33}=\frac{2}{2EI}\ (1\times 6\text{ m}\times 1)\ +\frac{1}{3EI}\ (1\times 6\text{ m}\times 1)\ =\frac{8\text{ m}}{EI}$$

$$\delta_{12}=\delta_{21}=-\frac{1}{2EI}\left(\frac{1}{2}\times 6\text{ m}\times 6\text{ m}\times 6\text{ m}\right)-\frac{1}{3EI}\left(\frac{1}{2}\times 6\text{ m}\times 6\text{ m}\times 6\text{ m}\right)=-\frac{90\text{ m}^3}{EI}$$

$$\delta_{13}=\delta_{31}=-\frac{2}{2EI}\left(\frac{1}{2}\times 6\text{ m}\times 6\text{ m}\times 1\right)-\frac{1}{3EI}\ (6\text{ m}\times 6\text{ m}\times 1)\ =-\frac{30\text{ m}^2}{EI}$$

$$\delta_{23}=\delta_{32}=\frac{1}{2EI}\ (6\text{ m}\times6\text{ m}\times1)\ +\frac{1}{3EI}\left(\frac{1}{2}\times6\text{ m}\times6\text{ m}\times1\right)=\frac{24\text{ m}^2}{EI}$$

$$\Delta_{1P}=\frac{1}{2EI}\left(\frac{1}{3}\times126\text{ kN}\cdot\text{m}\times6\text{ m}\times\frac{1}{4}\times6\text{ m}\right)=\frac{189\text{ kN}\cdot\text{m}^3}{EI}$$

$$\Delta_{2P}=-\frac{1}{2EI}\left(\frac{1}{3}\times126\text{ kN}\cdot\text{m}\times6\text{ m}\times6\text{ m}\right)=-\frac{756\text{ kN}\cdot\text{m}^3}{EI}$$

$$\Delta_{3P}=-\frac{1}{2EI}\left(\frac{1}{3}\times126\text{ kN}\cdot\text{m}\times6\text{ m}\times1\right)=-\frac{126\text{ kN}\cdot\text{m}^2}{EI}$$

将各系数和自由项代入力法方程，化简后得

$$24X_1-15X_2-5X_3+31.5=0$$
$$-15X_1+22X_2+4X_3-126=0$$
$$-5X_1+4X_2+\frac{4}{3}X_3-21=0$$

解力法方程组得

$$X_1=9\text{ kN},\ X_2=6.3\text{ kN},\ X_3=30.6\text{ kN}\cdot\text{m}$$

按式（6-8）作出弯矩图如图 6-16（g）所示。

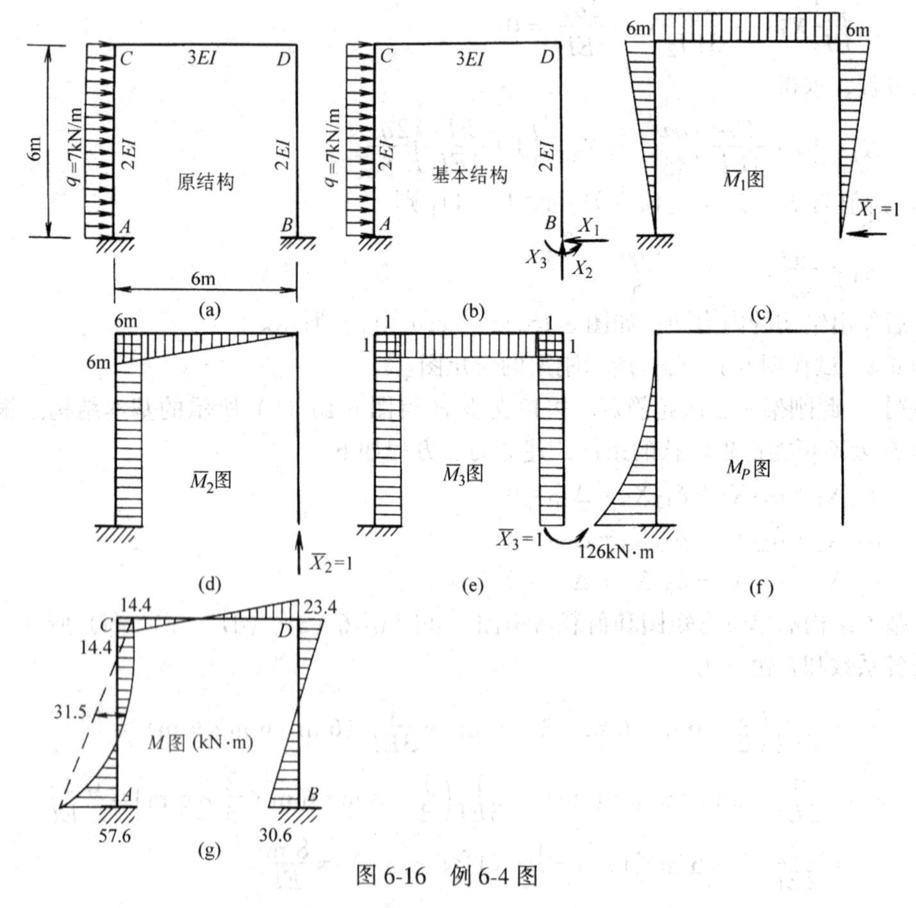

图 6-16　例 6-4 图

从以上例子可以看出，对于刚性支座上的刚架，在荷载作用下，多余力和内力的大小都只与各杆弯曲刚度 EI 的相对值有关而与其绝对值无关。当各杆系由同一种材料构成（各杆 E 值相同）时，材料的弹性模量 E 对多余力和内力的大小也无影响。但是，若我们计算结构的变形或位移，弯曲刚度的绝对值显然将直接影响所得结果。

思　考　题

（1）用力法计算超静定梁和刚架时，一般忽略剪力和轴力对位移计算的影响，在具体计算中表现在何处？

（2）试考察例 6-3 中当 I_1 与 I_2 之比值变化时最后弯矩图的变化情况。

（3）基本结构是否一定要取成静定结构？设想一下取超静定基本结构的可能性。

6.4　用力法计算超静定桁架和组合结构

一、超静定桁架的计算

用力法计算超静定桁架的原理和步骤与计算超静定梁和刚架相同。通常，桁架结构只承受节点荷载，因此桁架中的各杆只产生轴力。力法方程中的系数和自由项的计算公式为

$$\left.\begin{aligned}\delta_{ii}&=\sum\frac{\overline{N_i^2}l}{EA}\\\delta_{ij}&=\sum\frac{\overline{N_i}\overline{N_j}l}{EA}\\\Delta_{iP}&=\sum\frac{\overline{N_i}N_Pl}{EA}\end{aligned}\right\}\tag{6-9}$$

桁架各杆的最后内力可按下式计算

$$N=X_1\overline{N_1}+X_2\overline{N_2}+\cdots+X_n\overline{N_n}+N_P\tag{6-10}$$

例 6-5　试计算图 6-17（a）所示桁架的内力，设各杆的拉伸刚度 EA 相同。

【解】　此桁架为一次超静定。C、D、F、E 方框内的任一杆件可看作是多余约束。例如，截断 DE 杆，并代以多余未知力 X_1，得到图 6-17（b）所示的基本结构。按照原结构变形连续的条件，基本结构上与 X_1 相应的位移，即切口两侧截面沿杆轴方向的相对位移应为零。据此，可以建立力法方程

$$\delta_{11}X_1+\Delta_{1P}=0$$

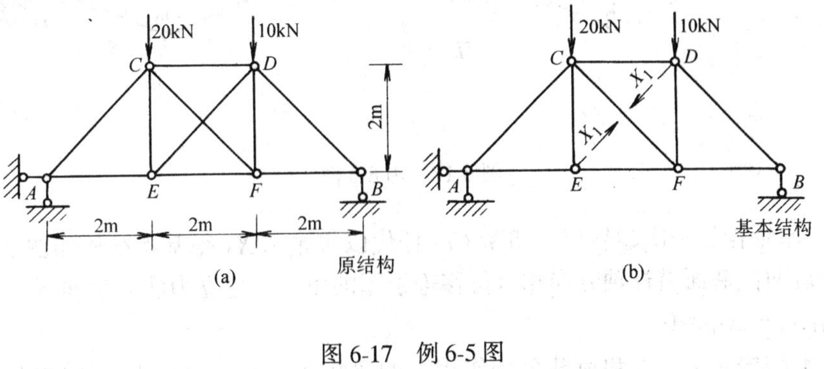

图 6-17　例 6-5 图

基本结构分别受单位力 $X_1=1$ 和荷载作用引起的各杆内力列入表 6-1，δ_{11}、Δ_{1P}、X_1 以及各杆最后内力的计算过程也已在该表中示出（因拉伸刚度的绝对值不影响计算结果，设 $EA=1$）。

表 6-1　桁架各杆内力的计算

件杆	NP (kN)	$\overline{N_1}$	$\frac{l}{EA}$ (m)	$\frac{\overline{N_1^2}l}{EA}$ (m)	$\frac{N_P\overline{N_1}l}{EA}$ (kN·m)	$X_1=\frac{-\sum N_P\overline{N_1}l}{\sum N_1^2 l}$ (kN)	$N=X_1\overline{N_1}+N_P$ (kN)
AC	−23.570	0	2.828	0	0		−23.570
BD	−18.856	0	2.828	0	0		−18.856
AE	+16.667	0	2	0	0		+16.667
BF	+13.333	0	2	0	0		+13.333
EF	+16.667	−0.707	2	1	−23.570		+15.000
CD	−13.333	−0.707	2	1	+18.858		−15.000
CF	−4.741	1	2.822	2.828	−13.333		−2.368
DE	0	1	2.822	2.828	0		+2.357
DF	+3.333	−7.707	2	1	−4.777		+1.667
CE	0	−0.707	2	1	0		−1.667
Σ				9.656	−22.761	2.357	

二、组合结构的计算

例 6-6　试计算图 6-18（a）所示的组合梁。

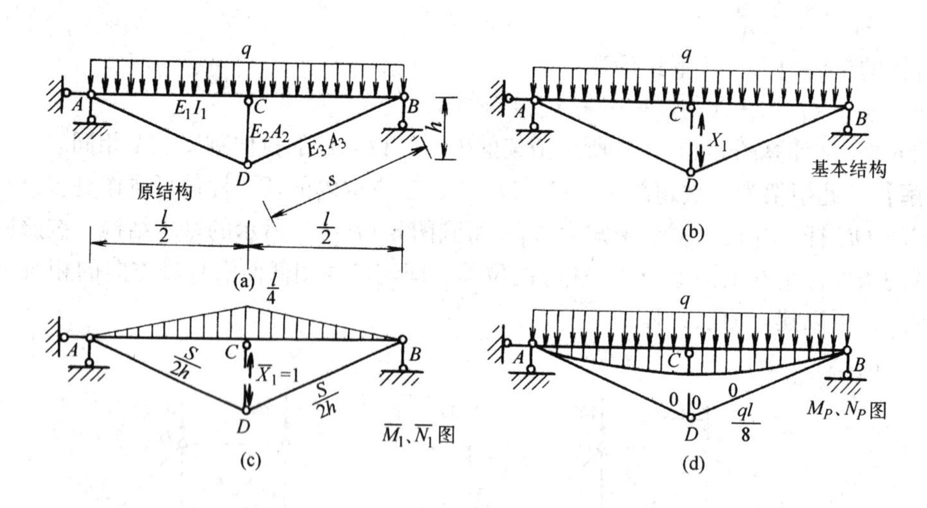

图 6-18　例 6-6 图

【解】　原结构是一次超静定，切断 CD 杆代以多余力 X_1 得基本结构如图 6-18（b）所示。根据切口两侧截面沿杆轴方向相对位移等于零的条件，建立力法方程如下

$$\delta_{11}X_1+\Delta_{1P}=0$$

绘出基本结构在 $\overline{X_1}=1$ 和荷载分别作用下的弯矩图，并求出各链杆中的轴力如图 6-18（c）、（d）所示。计算系数和自由项时，略去梁中剪力和轴力对位移的影响。利用图乘法求得

$$\delta_{11} = \int \frac{\overline{M_1^2}}{E_1 I_1} \mathrm{d}s + \Sigma \frac{N_1^2 l}{EA}$$

$$= \frac{2}{E_1 I_1}\left(\frac{1}{2} \times \frac{l}{4} \times \frac{l}{2} \times \frac{2}{3} \times \frac{l}{4}\right) + \frac{(1)^2 h}{E_2 A_2} + 2\,\frac{\left(\frac{s}{2h}\right)^2 s}{E_3 A_3}$$

$$= \frac{l^3}{48 E_1 I_1} + \frac{h}{E_2 A_2} + \frac{s^3}{2h^2 E_3 A_3}$$

$$\Delta_{1P} = \int \frac{\overline{M_1} M_P}{E_1 I_1} \mathrm{d}s + \Sigma \frac{N_{\bar{1}} N_P l}{EA}$$

$$= \frac{-2}{E_1 I_1}\left(\frac{2}{3} \times \frac{1}{8} q l^2 \times \frac{l}{2} \times \frac{5}{8} \times \frac{l}{4}\right) = -\frac{5 q l^4}{384 E_1 I_1}$$

代入力法方程解得

$$X_1 = -\frac{\Delta_{1P}}{\delta_{11}} = \frac{\dfrac{5 q l^4}{384 E_1 I_1}}{\dfrac{l^3}{48 E_1 I_1} + \dfrac{h}{E_2 A_2} + \dfrac{s^3}{2h^2 E_3 A_3}}$$

原结构 AB 梁的最后弯矩图和各链杆的轴力分别按下式计算

$$M = X_1 \overline{M_1} + M_P$$

$$N = X_1 \overline{N_1} + N_P$$

由以上结果可以看出：因为 $X_1 \overline{M_1}$与 M_P 的符号相反，故叠加后 M 的数值将比 M_P 要小。这表明横梁由于下部链杆的支承，弯矩大为减小。如果链杆的截面很大（E_2A_2 和 E_3A_3 都趋于无穷大时），则 X_1 趋近于$\frac{5}{8}ql$，即横梁的 M 图接近于两跨连续梁的M 图。如链杆的截面很小（E_2A_2 和 E_3A_3 都趋于零时），则 X_1 趋于零，即横梁的 M 图接近于简支梁的M 图。

单层厂房往往采用所谓排架结构，它是由屋架（或屋面大梁）、柱和基础组成。柱与基础为刚结，屋架与柱顶则为铰结。图 6-19（a）示一厂房排架。工程中常采用如下的近似计算方法。在屋面荷载作用下，屋架按桁架计算，计算简图如图 6-19（b）所示。当柱受水平向荷载时，屋架对柱顶只起联系作用，由于屋架在其平面内的刚度很大，所以在分析排架柱的内力时，可以不考虑桁架的变形影响，而用一根 $EA \to \infty$ 的链杆代替它，计算简图如图 6-19（c）所示。在分析中，一般以链杆作为多余约束，选用如图 6-19（d）所示的基本结构。

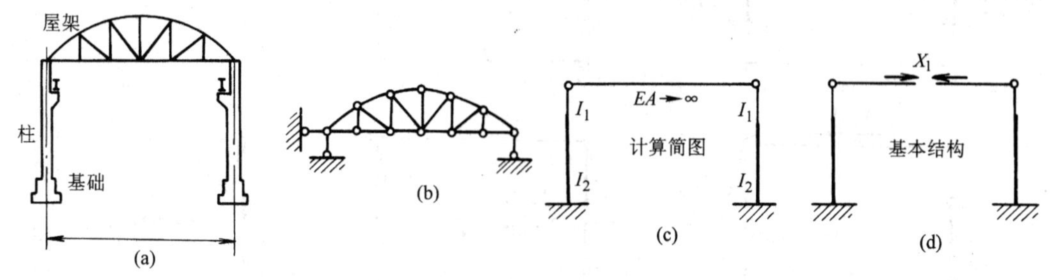

图 6-19　排架计算简图及其基本结构

例 6-7　试分析图 6-20（a）所示铰结排架在风荷载作用下柱的内力。设 $I_2 = 3I_1$。

【解】　此排架是一次超静定，切断链杆代以多余力 X_1，得基本结构如图 6-20（b）所

示。力法方程为

$$\delta_{11}X_1+\Delta_{1P}=0$$

绘出相应的单位弯矩图和荷载弯矩图如图 6-20（c）、（d）所示。由于柱子的各段惯性矩不同，系数和自由项应分段进行计算，结果为

$$\begin{aligned}\delta_{11}&=\frac{2}{EI_1}\left[\frac{1}{2}\times2\times2\times\frac{2}{3}\times2\right]+\frac{2}{3EI_1}\left[\frac{1}{2}\times6\times8\left(\frac{2}{3}\times8+\frac{1}{3}\times2\right)\right.\\&\quad\left.+\frac{1}{2}\times6\times2\left(\frac{1}{3}\times8+\frac{2}{3}\times2\right)\right]\\&=\frac{16}{3EI_1}+\frac{336}{3EI_1}=\frac{352}{3EI_1}\end{aligned}$$

$$\begin{aligned}\Delta_{1P}&=\frac{1}{EI_1}\left[\frac{1}{3}\times2\times1.6\times\frac{3}{4}\times2\right]-\frac{1}{3EI_1}\left[\frac{2}{3}\times6\times\left(\frac{1}{8}\times0.8\times6^2\right)\times\frac{2+8}{2}\right]\\&\quad+\frac{1}{3EI_1}\left[\frac{1}{2}\times6\times1.6\times\left(\frac{2}{3}\times2+\frac{1}{3}\times8\right)+\frac{1}{2}\times6\times25.6\times\left(\frac{2}{3}\times8+\frac{1}{3}\times2\right)\right]\\&\quad-\frac{1}{EI_1}\left[\frac{1}{3}\times2\times1.2\times\frac{3}{4}\times2\right]+\frac{1}{3EI_1}\left[\frac{2}{3}\times6\times\left(\frac{1}{8}\times0.6\times6^2\right)\times\frac{2+8}{2}\right]\\&\quad-\frac{1}{3EI_1}\left[\frac{1}{2}\times6\times1.2\times\left(\frac{2}{3}\times2+\frac{1}{3}\times8\right)+\frac{1}{2}\times6\times19.2\times\left(\frac{2}{3}\times8+\frac{1}{3}\times2\right)\right]\\&=\frac{1}{EI_1}\ [1.6]\ -\frac{1}{3EI_1}\ [72]\ +\frac{1}{3EI_1}\ [19.2+460.8]\\&\quad-\frac{1}{EI_1}\ [1.2]\ +\frac{1}{3EI_1}\ [54]\ -\frac{1}{3EI_1}\ [14.4+345.6]\\&=\frac{103.2}{3EI_1}\end{aligned}$$

将上述系数和自由项代入力法方程，求得多余力 X_1 为

$$X_1=\frac{\Delta_{1P}}{\delta_{11}}=-\frac{103.2}{352}=-0.293\ \text{kN}$$

按公式 $M=X_1\overline{M}_1+M_p$ 即可作出最后弯矩图如图 6-20（e）所示。

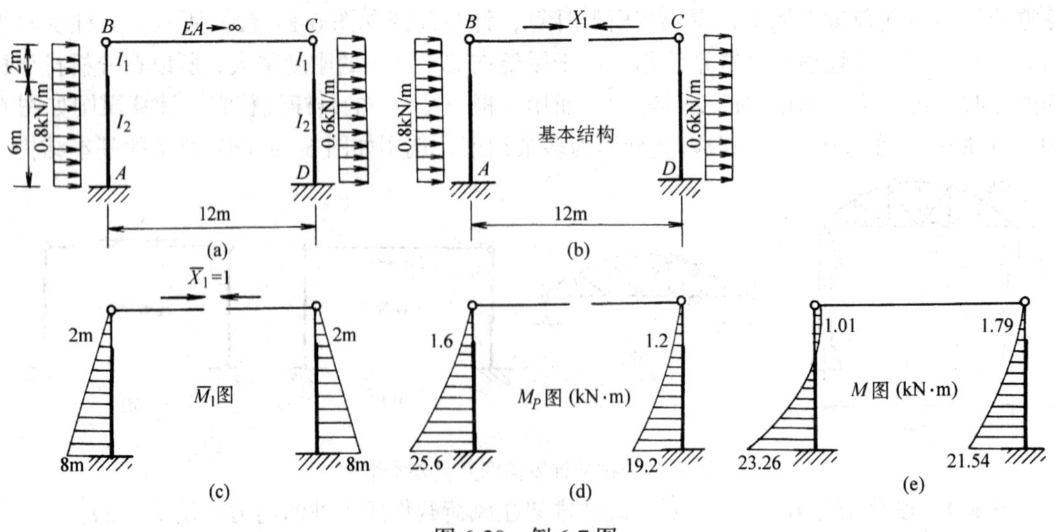

图 6-20　例 6-7 图

思 考 题

（1）试说明为什么在计算超静定桁架和排架时允许使用局部是几何可变的结构，如切断链杆后仍保留链杆为基本结构？

（2）图 6-20（a）中的排架，若链杆的 EA 为有限值，应如何进行分析？

（3）工程实际中很多梁两端都是铰支座，是一次超静定梁，为什么在横向荷载作用下可以按简支梁计算？

（4）图 6-17 是否可将 ED 杆取出后作为基本结构？力法方程应怎样列出？

6.5 用力法计算两铰拱

两铰拱（图 6-21（a））和无铰拱（图 6-21（b））是超静定拱的两种主要类型。此外，环（图 6-21（c））可看作是无铰拱的特殊情况。它们在土建、水利等工程中有广泛的应用。和前面第三章中所讲的静定拱——三铰拱一样，超静定拱的受力特点在于弯矩较小，主要是承受轴向压力。

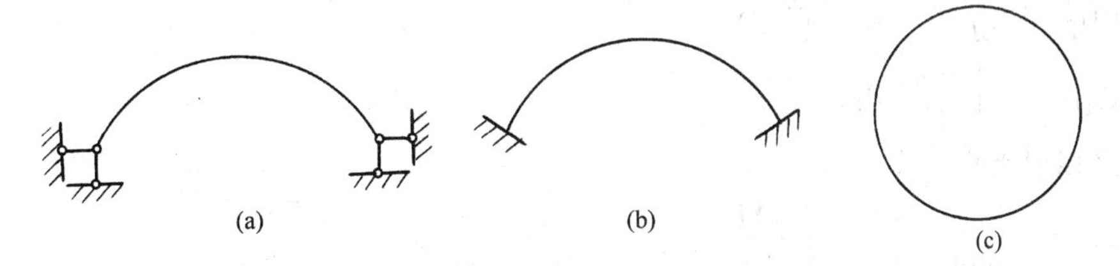

图 6-21 两铰拱和无铰拱及环的计算简图

无铰拱在荷载作用下，弯矩分布比两铰拱较为均匀，但受支座移动的影响较大，故在地基不良的情况下应避免采用。

两铰拱是一次超静定结构，其弯矩值在两支座处等于零，向拱顶逐渐增大，因此两铰拱的截面 A 通常也相应地由支座向拱顶逐渐增加。

用力法计算超静定拱，总的步骤仍如前述。若拱轴曲率较大，便应考虑它对变形的影响。但通常拱的曲率都较小，计算结果表明，此影响可以略去不计。因此在以下分析中，仍采用直杆的位移计算公式（式 5-17）。工程中的两铰拱和无铰拱，一般为对称形式。我们将在下一节结合对称性的利用问题，来讲述无铰拱的计算，本节则只介绍两铰拱的分析方法。

计算两铰拱时，通常是去掉一个支座的水平约束，而代以多余力 X_1，图 6-22（a）、(b) 示一两铰拱和相应的基本结构。由原结构在支座 B 处沿 X_1 方向的位移等于零的条件，可以建立力法方程

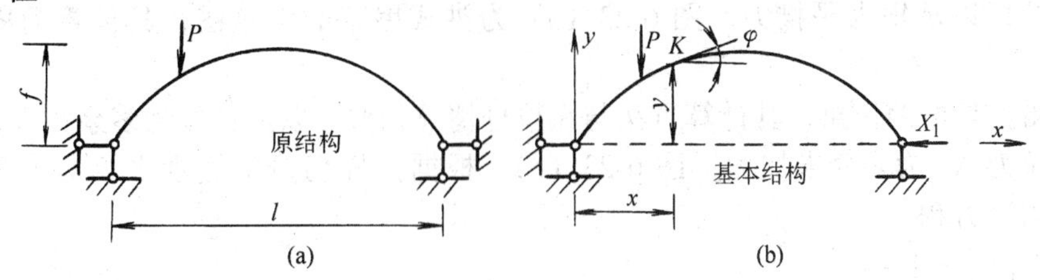

图 6-22 两铰拱及其基本结构

$$\delta_{11}X_1+\Delta_{1P}=0$$

根据分析不同尺寸的两铰拱所积累的经验表明：常用的两铰拱中，在 $f/l<\frac{1}{3}$ 和拱顶厚度 $h<\frac{l}{10}$ 的情况下（f 为拱的矢高，l 为拱的跨度），计算 δ_{11} 时可以略去剪力的影响；计算 Δ_{1P} 时，则剪力和轴力的影响都可以略去不计。

此时 δ_{11} 和 Δ_{1P} 的计算公式如下

$$\left.\begin{aligned}\delta_{11}&=\int\frac{\overline{M_1^2}}{EI}\mathrm{d}s+\int\frac{\overline{N_1^2}}{EA}\mathrm{d}s\\ \Delta_{1P}&=\int\frac{\overline{M_1}M_P}{EI}\mathrm{d}s\end{aligned}\right\}\tag{a}$$

设规定弯矩以使拱的内侧纤维受拉为正，轴力以使截面受压为正，取图 6-22（b）所示坐标系，则基本结构在 $\overline{X_1}=1$ 作用下，任意截面的内力为

$$\overline{M_1}=-y,\quad \overline{N_1}=\cos\varphi\tag{b}$$

式中 y 为拱任一截面 K 处的纵坐标，φ 为 K 点处拱轴线的切线与 x 轴所成的夹角。

将式（b）代入式（a），得

$$\delta_{11}=\int\frac{y^2}{EI}\mathrm{d}s+\int\frac{\cos^2\varphi}{EA}\mathrm{d}s$$

$$\Delta_{1P}=-\int\frac{yM_P}{EI}\mathrm{d}s$$

代入力法方程可解得

$$X_1=-\frac{\Delta_{1P}}{\delta_{11}}=\frac{\int\frac{yM_P}{EI}\mathrm{d}s}{\int\frac{y^2}{EI}\mathrm{d}s+\int\frac{\cos^2\varphi}{EA}\mathrm{d}s}\tag{6-10}$$

按上式计算 X_1 时，因拱轴为曲线，不能用图乘法代替直接积分。若拱的轴线形状、截面变化规律较复杂，直接积分会遇到困难。在这种情况下，可应用近似的数值积分法，如：可应用高等数学中的梯形公式或抛物线公式做数值求和。

对于只承受竖向荷载且两拱趾同高的两铰拱，在水平推力 H（即 X_1）求出后，拱上任意截面处的弯矩、剪力和轴力均可用叠加法求得，即

$$\begin{aligned}M&=M^0-Hy\\ Q&=Q^0\cos\varphi-H\sin\varphi\\ N&=Q^0\sin\varphi+H\cos\varphi\end{aligned}\tag{6-11}$$

式中 M^0、Q^0 分别表示相应简支梁的弯矩和剪力。

当拱的基础比较弱时，如支承在砖墙或独立柱上的两铰拱式屋盖结构，通常可在两铰拱底部设置拉杆以承担水平推力，图 6-23（a）为拱式屋架的示意图，其计算简图如图 6-23（b）所示。

对于带拉杆的两铰拱，其计算方法与无拉杆情况相似。以拉杆作为多余约束，切断后并取拉杆的拉力 X_1 为多余未加力，图 6-23（c）。根据拉杆切口两侧水平相对位移为零的条件，建立力法方程

$$\delta_{11}X_1+\Delta_{1P}=0$$

式中自由项 Δ_{1P} 的计算与无拉杆两铰拱的情况完全相同，系数 δ_{11} 的计算则除拱本身的变形外，还须考虑拉杆轴向变形的影响。在单位力 $\overline{X_1}=1$ 作用下，拉杆由于轴向变形引起的

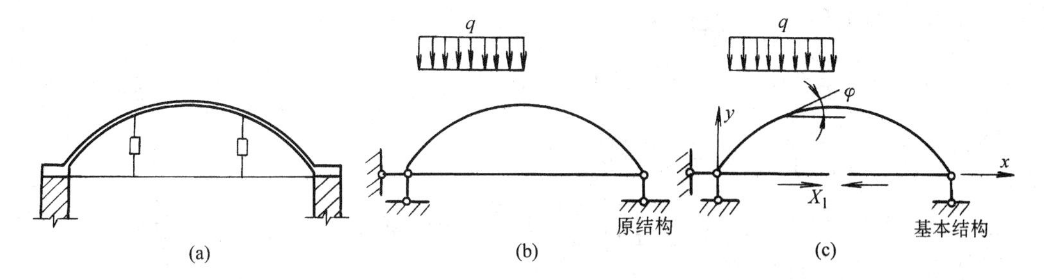

图 6-23　拱式屋架及其计算简图、基本结构图

相对位移为$\frac{l}{E_1A_1}$，其中 E_1、A_1 为拉杆的弹性模量和横截面面积。因此，多余力 X_1 的计算公式为

$$X_1 = \frac{\int \frac{yM_P}{EI}\mathrm{d}s}{\int \frac{y^2}{EI}\mathrm{d}s + \int \frac{\cos^2\varphi}{EA}\mathrm{d}s + \frac{l}{E_1A_1}} \tag{6-12}$$

求出 X_1 后，即可按式（6-11）计算拱的内力。

由式（6-12）可以看出：当拉杆的刚度很大（即 $E_1A_1 \to \infty$）时，式（6-12）与无拉杆时的式（6-10）完全一样。若拉杆的刚度很小（即 $E_1A_1 \to 0$），则拱的推力将趋于零，即拱将变成曲梁，而失去拱的特征。因此，在设计带拉杆的拱时，为了减小拱本身的弯矩，改善拱的受力状态，应适当加大拉杆的刚度。

例 6-8　图 6-24（a）示一带拉杆的等截面两铰拱，拱轴为抛物线 $y=\frac{4f}{l^2}x(l-x)$。试求集中荷载 P 作用下拉杆的内力。

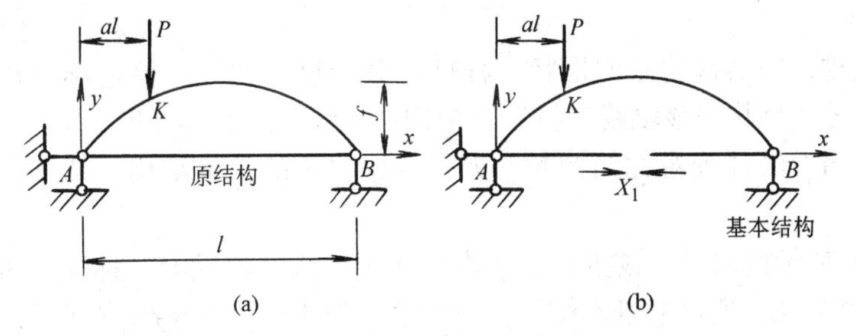

图 6-24　例 6-8 图

【解】　取基本结构如图 6-24（b）所示。为了便于计算，采用如下简化假设：（1）忽略拱身内轴力对变形的影响，即只考虑弯曲变形；（2）由于拱身较平，可近似地取 $\mathrm{d}s=\mathrm{d}x$。因此，式（6-12）即简化为

$$X_1 = \frac{\int \frac{yM_P}{EI}\mathrm{d}x}{\int \frac{y^2}{EI}\mathrm{d}x + \frac{l}{E_1A_1}} \tag{c}$$

在集中力 P 作用点 K 的两侧 M_P 的表达式不同，计算出 $R_A = P(1-\alpha)$，$R_B = P\alpha$ 即可列出：

当 $0 \leqslant x \leqslant \alpha l$ 时，　　$M_P = P(1-\alpha)x$

当 $\alpha l \leqslant x \leqslant l$ 时，　　$M_P = P\alpha(l-x)$

故式（c）中的有关积分需分段计算

$$\Delta_{1P}=-\int\frac{yM_P}{EI}\mathrm{d}x=-\frac{1}{EI}\left[\int_0^{al}P(1-\alpha)x\cdot\frac{4f}{l^2}x(l-x)\mathrm{d}x+\int_{al}^{l}P\alpha(l-x)\frac{4f}{l^2}x(l-x)\mathrm{d}x\right]$$

$$=-\frac{1}{EI}\frac{Pfl^2}{3}\ (\alpha-2\alpha^3+\alpha^4)$$

$$\delta_{11}=\int\frac{y^2}{EI}\mathrm{d}x+\frac{l}{E_1A_1}=\frac{1}{EI}\int_0^l\left[\frac{4f}{l^2}x(l-x)\right]^2\mathrm{d}x+\frac{l}{E_1A_1}=\frac{8}{15}\cdot\frac{f^2l}{EI}+\frac{l}{E_1A_1}$$

将它们代入式（c），可以求得

$$X_1=-\frac{\Delta_{1P}}{\delta_{11}}=\frac{5}{8}\cdot\frac{Pl}{f}\ (\alpha-2\alpha^3+\alpha^4)\ \eta$$

其中

$$\eta=\frac{1}{1+\frac{15}{8f^2}\cdot\frac{EI}{E_1A_1}}$$

从计算结果可以看出，拉杆中的拉力与荷载 P 成正比，而与拱的高跨比 $\frac{f}{l}$ 成反比，即拱愈扁平，拉杆承受的拉力也愈大。

思 考 题

（1）如何考虑拱轴曲率对位移计算的影响？

（2）在均布荷载 q 作用下两铰拱的合理拱轴线是否仍是抛物线 $y=\frac{4f}{l^2}x\ (l-x)$？

6.6 对称性的利用

所谓对称结构，即结构的几何形状、杆件的截面尺寸和弹性模量均对称于某一几何轴线。也就是说，若将结构绕该轴线对折后，结构在轴线两边的部分将完全重合，该轴线称为结构的对称轴。用力法计算对称结构时，如果选用对称的基本结构，计算工作可以得到简化。

图 6-25（a）所示的对称无铰拱，是三次超静定结构。如果沿对称轴通过的截面切断约束，即得如图 6-25（b）所示的基本结构。三个多余力中 X_1 和 X_2 是对称的，而 X_3 是反对称的。对应的力法方程为

$$\left.\begin{aligned}\delta_{11}X_1+\delta_{12}X_2+\delta_{13}X_3+\Delta_{1P}=0\\ \delta_{21}X_1+\delta_{22}X_2+\delta_{23}X_3+\Delta_{2P}=0\\ \delta_{31}X_1+\delta_{32}X_2+\delta_{33}X_3+\Delta_{3P}=0\end{aligned}\right\}\tag{a}$$

作单位内力图如图 6-25（c）、（d）、（e）所示。内力的计算式为

$\overline{M_1}=-y$，$\overline{Q_1}=-\sin\varphi$，$\overline{N_1}=+\cos\varphi$

$\overline{M_2}=1$，$\overline{Q_2}=0$，$\overline{N_2}=0$

$\overline{M_3}=x$，$\overline{Q_3}=\cos\varphi$，$\overline{N_3}=+\sin\varphi$

计算力法方程中的系数时求得

$$\delta_{13}=\delta_{31}=\int_A^B\frac{\overline{M_1}\ \overline{M_3}}{EI}\mathrm{d}s+\int_A^B\frac{k\overline{Q_1}\ \overline{Q_3}}{GA}\mathrm{d}s+\int_A^B\frac{\overline{N_1}\ \overline{N_3}}{EA}\mathrm{d}s=0$$

$$\delta_{23}=\delta_{32}=\int_A^B \frac{\overline{M_2}\,\overline{M_3}}{EI}\mathrm{d}s=0$$

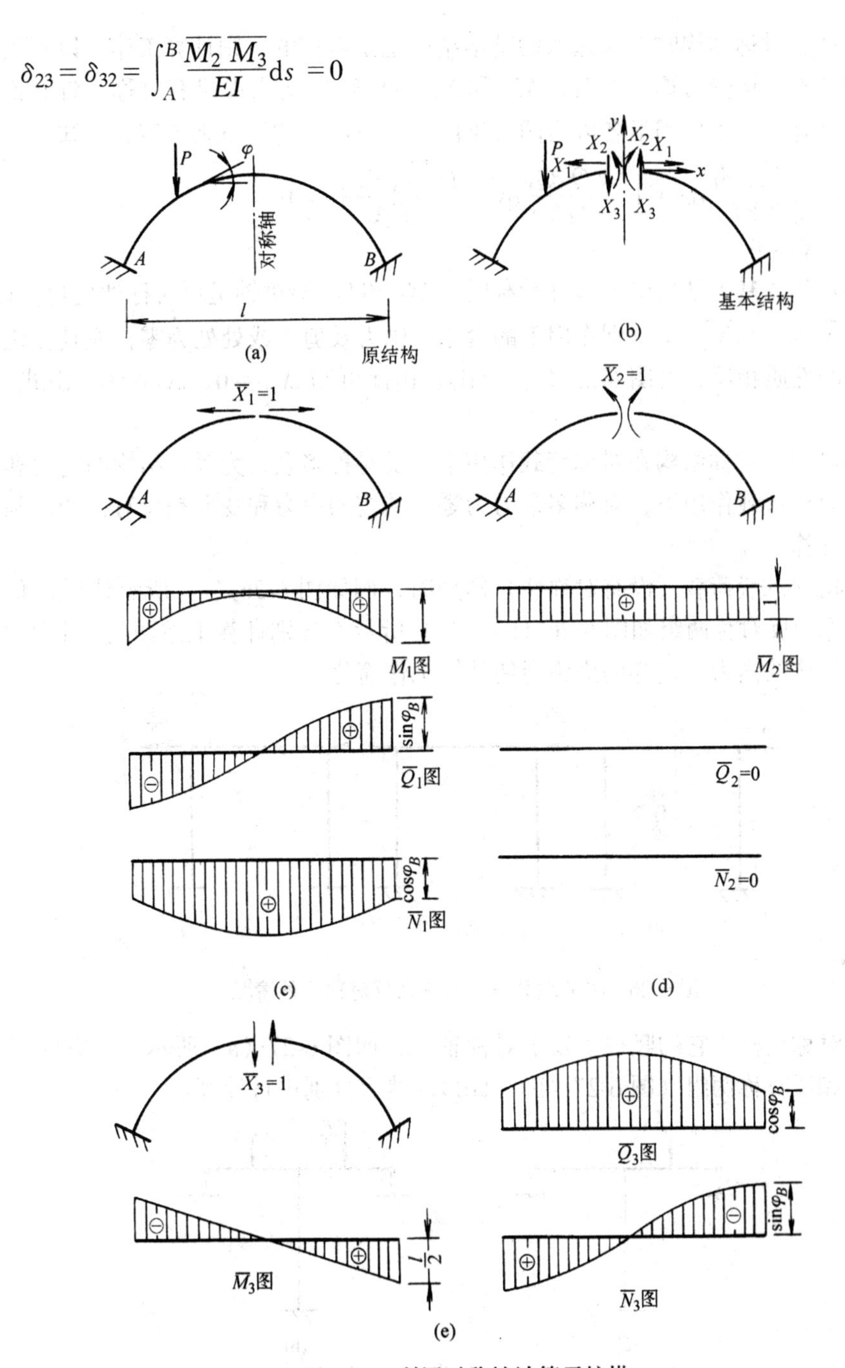

图 6-25　利用对称性计算无铰拱

这是由于在对称区间上奇函数与偶函数乘积的积分必然为零。这样，力法方程（a）即简化为

$$\left.\begin{aligned}\delta_{11}X_1+\delta_{12}X_2+\Delta_{1P}=0\\ \delta_{21}X_1+\delta_{22}X_2+\Delta_{2P}=0\\ \delta_{33}X_3+\Delta_{3P}=0\end{aligned}\right\}\tag{b}$$

这样，全部力法方程分为两组，一组只包含对称性多余力，另一组只包含反对称性多余力。

由此可知，在计算对称结构时，如选取的基本结构也是对称的，则计算工作可以得到简化。

当对称的基本结构受对称荷载时，M_P 和 N_P 沿拱轴的变化规律有对称变性，而 Q_P 有反对称性，再结合 $\overline{X_3}=1$ 作用下各内力图（见图 6-25（e））的性质来考察，可知

$$\Delta_{3P}=\int_A^B \frac{\overline{M_3}M_P}{EI}\mathrm{d}s+\int_A^B \frac{k\,\overline{Q_3}Q_P}{GA}\mathrm{d}s+\int_A^B \frac{\overline{N_3}N_P}{EA}\mathrm{d}s=0$$

由式（b）求得 $X_3=0$。

反之，当对称的基本结构受反对称荷载时，M_P 和 N_P 沿拱轴呈反对称性变化，Q_P 是对称性变化，而 $\overline{X_1}=1$ 和 $\overline{X_2}=1$ 分别作用下的弯矩、轴力及剪力或处处为零，或其变化规律恰与上述荷载下的性质相反，见图 6-25（c）、（d）。由此可知 $\Delta_{1P}=0$、$\Delta_{2P}=0$，由式（b）求得 $X_1=X_2=0$。

综上所述可知，对称结构在对称荷载作用下，反对称多余力为零，结构的内力和变形是对称的；在反对称荷载作用下，对称多余力为零，结构的内力和变形是反对称的。利用这一特性可以简化计算。

当对称结构受一般荷载（没有对称性）作用时，例如图 6-26（a）所示情形，我们可将荷载分解成对称和反对称两组如图 6-26（b）、（c）所示。分别计算上述两组荷载下的内力，叠加后即为原结构的内力。这样的措施会使计算工作简化。

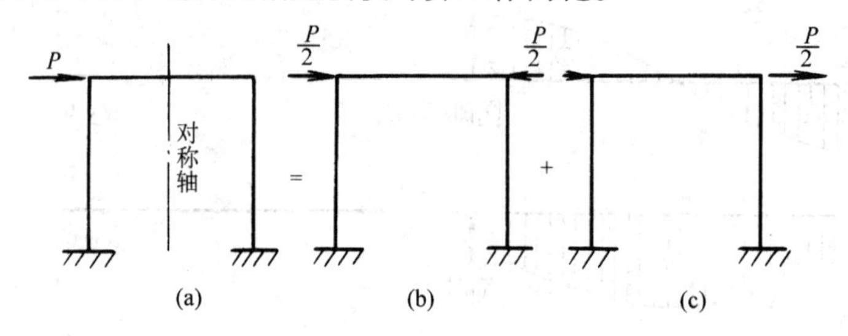

图 6-26　将荷载分解为对称及反对称两种情况

还有一类对称结构，它的竖柱正处于对称轴上，如图 6-27（a）所示。计算时，先将荷载分解成对称和反对称两组（图 6-27（b）、（c）），然后分别进行计算。

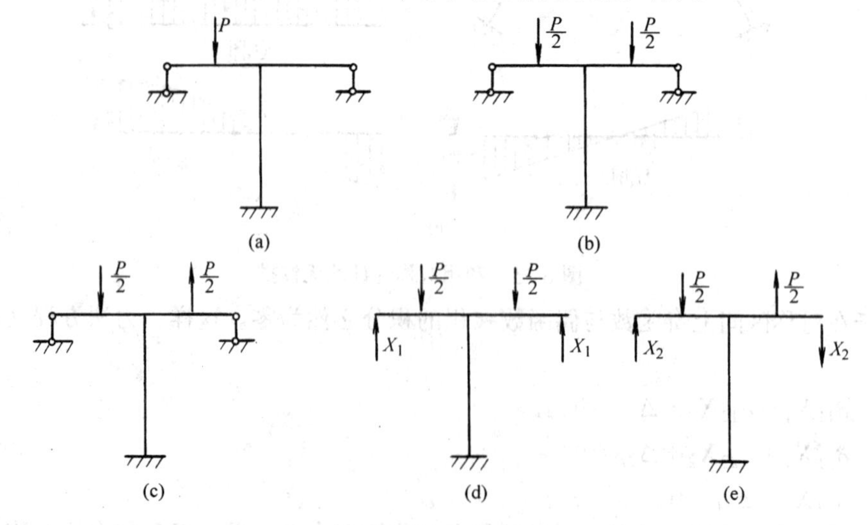

图 6-27　对称轴上有竖柱时对称性利用的例子

在图 6-27（b）、（c）中，原结构的反力和内力应分别具有对称和反对称性分布，故取它们的基本结构和多余未知力如图 6-27（d）、（e）所示。而 X_1、X_2 为广义力。对应的力法方程为

$$\delta_{11}X_1+\Delta_{1P}=0$$
$$\delta_{22}X_2+\Delta_{2P}=0$$

式中：系数 δ_{ii}应理解为基本结构由于广义力$\overline{X_i}=1$ 的作用所引起的与广义力$\overline{X_i}=1$ 相应的位移；Δ_{iP}应理解为基本结构由于处荷载的作用所引起的与广义力$\overline{X_i}=1$ 相应的位移。

例 6-9 试分析图 6-28（a）所示刚架，并绘出弯矩图。

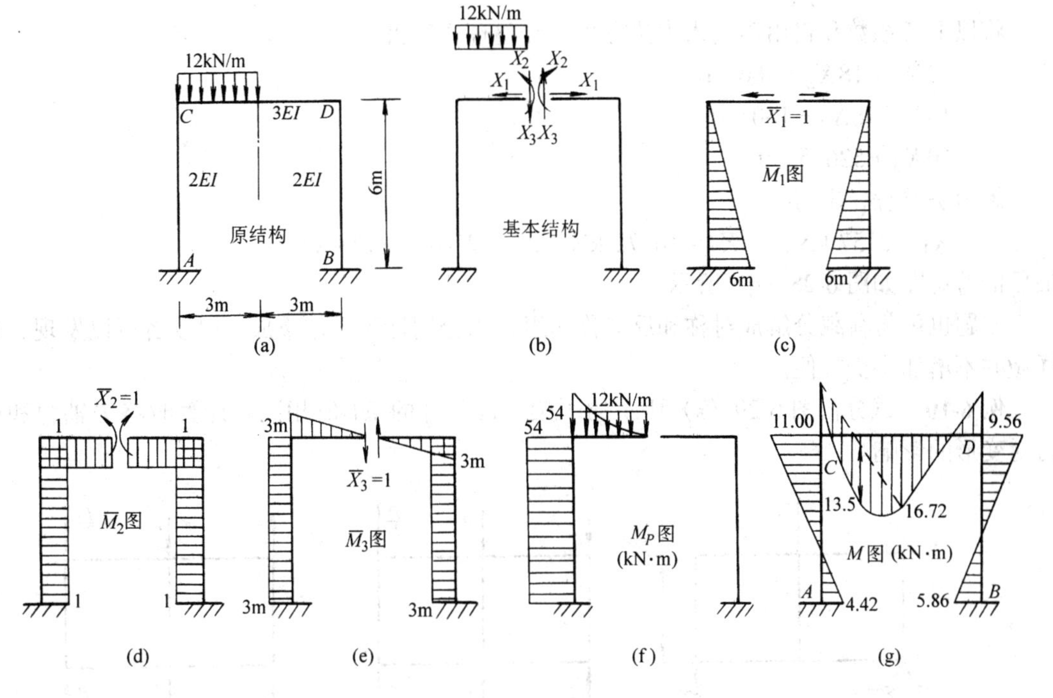

图 6-28 例 6-9 图

【解】 此刚架是三次超静定对称刚架，取对称形式的基本结构如图 6-28（b）所示，X_1、X_2 为对称性多余力，X_3 为反对称性多余力。根据前面分析，力法方程将分为两组。即

$$\left.\begin{aligned}\delta_{11}X_1+\delta_{12}X_2+\Delta_{1P}=0\\ \delta_{21}X_1+\delta_{22}X_2+\Delta_{2P}=0\end{aligned}\right\}$$
$$\delta_{33}X_3+\Delta_{3P}=0$$

作单位弯矩图和荷载弯矩图如图 6-28（c）、（d）、（e）、（f）所示。利用图乘法求得各系数和自由项为

$$\delta_{11}=\frac{1}{2EI}\times 2\left(\frac{1}{2}\times 6\ \text{m}\times 6\ \text{m}\times\frac{2}{3}\times 6\ \text{m}\right)=\frac{72\ \text{m}^3}{EI}$$

$$\delta_{22}=\frac{1}{2EI}\times 2\ (6\ \text{m}\times 1\times 1)\ +\frac{1}{3EI}\ (6\ \text{m}\times 1\times 1)\ =\frac{8\ \text{m}}{EI}$$

$$\delta_{12}=\delta_{21}=\frac{1}{2EI}\times 2\left(\frac{1}{2}\times 6\ \text{m}\times 6\ \text{m}\times 1\right)=\frac{18\ \text{m}^2}{EI}$$

$$\delta_{33}=\frac{1}{2EI}\times 2\ (6\ \text{m}\times 3\ \text{m}\times 3\ \text{m})\ +\frac{1}{3EI}\times 2\left(\frac{1}{2}\times 3\ \text{m}\times 3\ \text{m}\times\frac{2}{3}\times 3\ \text{m}\right)=\frac{60\ \text{m}^3}{EI}$$

$$\Delta_{1P}=-\frac{1}{2EI}\left(\frac{1}{2}\times 6\ \text{m}\times 6\ \text{m}\times 54\ \text{kN·m}\right)=-\frac{486\ \text{kN·m}^3}{EI}$$

$$\Delta_{2P}=-\frac{1}{2EI}(6\ \text{m}\times 54\ \text{kN·m}\times 1)-\frac{1}{3EI}\left(\frac{1}{3}\times 3\ \text{m}\times 54\ \text{kN·m}\times 1\right)$$

$$=-\frac{180\ \text{kN·m}^2}{EI}$$

$$\Delta_{3P}=\frac{1}{3EI}\left(\frac{1}{3}\times 3\ \text{m}\times 54\ \text{kN·m}\times\frac{3}{4}\times 3\ \text{m}\right)+\frac{1}{2EI}\ (6\ \text{m}\times 54\ \text{kN·m}\times 3\ \text{m})$$

$$=\frac{526.5\ \text{kN·m}^3}{EI}$$

将以上各系数和自由项代入力法方程，经整理之后得

$$72X_1+18X_2-486=0$$

$$18X_1+8X_2-180=0$$

$$60X_3+526.5=0$$

解力法方程，求得

$$X_1=2.57\ \text{kN},\quad X_2=16.72\ \text{kN·m},\quad X_3=-8.78\ \text{kN}$$

最后的弯矩图如图 6-28（g）所示。

本题也可将荷载分解成对称和反对称两组，先分别计算再作叠加。但读者可以发现，这样做并不增加多少方便。

例 6-10 试分析图 6-29（a）所示的刚架。设各杆的 EI 值相同。计算时略去轴力和剪力对变形的影响。

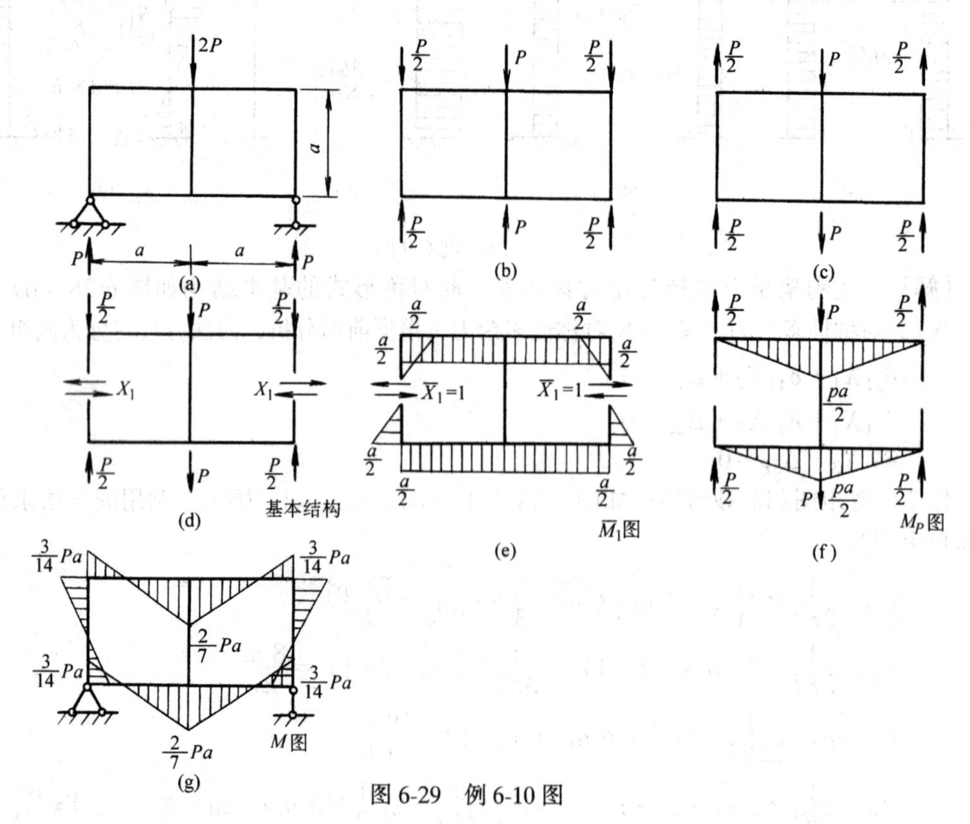

图 6-29 例 6-10 图

【解】 此刚架的支座反力是静定的，可由平衡条件求得如图 6-29（a）所示。将荷载以及支座反力分解成对称和反对称两组，见图 6-29（b）、（c）。图 6-29（b）所示为对称结构受对称荷载情况，因三竖杆都承受的是沿杆轴方向作用、自相平衡的外力，不难看出：当略去杆件的轴向变形影响时，结构中只有轴力而无弯矩和剪力产生。在图 6-29（c）中，对通过各竖杆中点的轴而言，系对称结构承受反对称荷载情况，故取基本结构如图 6-29（d）所示，此时只有一个反对称性的多余力 X_1。力法方程为

$$\delta_{11}X_1+\Delta_{1P}=0$$

作单位弯矩图和荷载弯矩图，如图 6-29（e）、（f）所示。利用图乘法求得系数和自由项为

$$\delta_{11}=\frac{4}{EI}\left(\frac{1}{2}\times\frac{a}{2}\times\frac{a}{2}\times\frac{2}{3}\times\frac{a}{2}+a\times\frac{a}{2}\times\frac{a}{2}\right)=\frac{7a^3}{6EI}$$

$$\Delta_{1P}=\frac{4}{EI}\left(\frac{1}{2}\times a\times\frac{1}{2}Pa\times\frac{a}{2}\right)=\frac{Pa^3}{2EI}$$

将上述系数和自由项代入力法方程，求得

$$X_1=-\frac{3}{7}P$$

利用公式 $M=X_1\overline{M_1}+M_P$ 求得最后弯矩图，如图 6-29（g）所示。

例 6-11 试分析图 6-30（a）所示的刚架。

【解】 结构本身有两个对称轴，外荷载对此二轴也是对称的，利用这个特点可使此三次超静定结构的计算大为简化。取基本结构如图 6-30（b）所示，切口处剪力系反对称性的未知力应为零。又考虑到结构受力的对称性和水平对称轴以上部分的平衡条件可知 $X_1=\frac{1}{2}ql$。于是，只有多余力 X_2 是待定的，力法方程为

$$\delta_{22}X_2+\Delta_{2P}=0$$

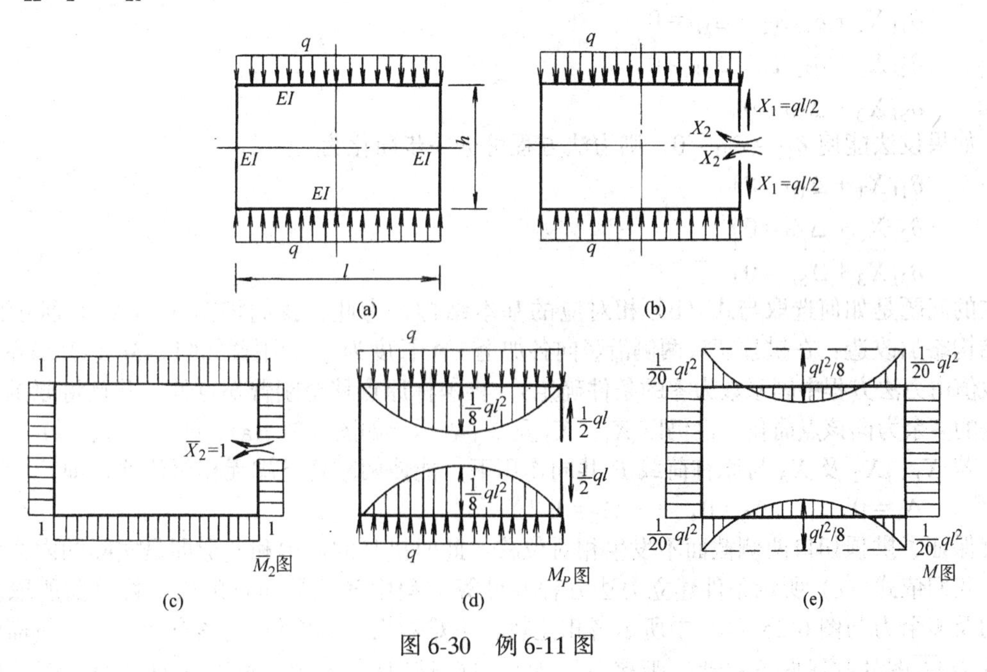

图 6-30 例 6-11 图

用图乘法求得系数和自由项为

$$\delta_{22}=\frac{2}{EI}（l\times1\times1+h\times1\times1）=\frac{2（l+h）}{EI}$$

$$\Delta_{2P}=-\frac{2}{EI}\left(\frac{2}{3}\times l\times\frac{1}{8}ql^{2}\times1\right)=-\frac{ql^{3}}{6EI}$$

将系数和自由项代入力法方程，求得

$$X_{2}=-\frac{\Delta_{2P}}{\delta_{22}}=\frac{ql^{3}}{12（l+h）}$$

当 $h=\frac{2l}{3}$时，$X_{2}=\frac{ql^{2}}{20}$，对应的弯矩图如图 6-30（e）所示。

思　考　题

（1）图 6-29（a）所示的结构其支座并不是对称的，为什么可以利用对称性以简化计算？

（2）试说明广义未知力的应用及对应的力法方程的物理意义。

（3）在对称桁架中，怎样利用对称性使计算简化？

*6.7　弹性中心法的概念

前面已经讲到过，对称结构如选用对称的基本结构时，计算工作可以简化。即相应的力法方程能分成两组，一组只包含对称性多余力，另外一组只包含反对称性多余力。这样，建立力法方程和求解过程都简便了。对于对称性无铰拱、对称刚架或对称封闭式环形结构，如再利用弹性中心法，则力法方程还可进一步简化，即力法方程组可以简化成每个方程中只包含一个多余力。下面我们结合对称无铰拱的情形加以说明。以 6.6 节中图 6-25（a）所示的无铰拱为例，选用图 6-25（b）所示的基本结构，力法方程简化为

$$\left.\begin{aligned}\delta_{11}X_{1}+\delta_{12}X_{2}+\Delta_{1P}=0\\\delta_{21}X_{1}+\delta_{22}X_{2}+\Delta_{2P}=0\\\delta_{31}X_{3}+\Delta_{3P}=0\end{aligned}\right\}\qquad(a)$$

如果设法能使 $\delta_{12}=\delta_{21}=0$，则力法方程可进一步简化为

$$\left.\begin{aligned}\delta_{11}X_{1}+\Delta_{1P}=0\\\delta_{21}X_{2}+\Delta_{2P}=0\\\delta_{31}X_{3}+\Delta_{3P}=0\end{aligned}\right\}\qquad(b)$$

现在的问题是如何选取与式（b）相对应的基本结构，为此，我们将图 6-25（b）所示的基本结构略加改造：在拱顶切口两侧沿竖向各加上一个长度为 y_s 的刚臂如图 6-31（a）所示（y_s 的数值由力法方程中副系数为零的条件确定）。将坐标原点移至刚臂端点处，并且将原拱顶切口处的多余力向该点简化。设仍以 X_1、X_2 及 X_3 表示，如图 6-31（a）、(b)、(c)、(e)。

若 X_1、X_2 及 X_3 与原有荷载 P 共同作用下，能使两刚臂下端无相对位移，即

$$\Delta_{1}=0,\qquad\Delta_{2}=0,\qquad\Delta_{3}=0\qquad(c)$$

也就保证了拱顶切口两侧截面不发生相对位移，此时拱身的内力和变形即是实际的内力和变形。我们依式（c）所示条件建立力法方程并计算方程中各系数和自由项。将目前所取基本结构及多余力与图 6-25（b）中所示者相比较，不难看出，其中仅$\overline{M_1}$图有变化，且只需将图 6-25 中$\overline{M_1}$图的基线向下移动一距离 y_s，即得目前情况的$\overline{M_1}$图，见图 6-31（d），而其他各

图是相同的。故 δ_{13}、δ_{31}、δ_{23}、δ_{32}仍皆为零，此时

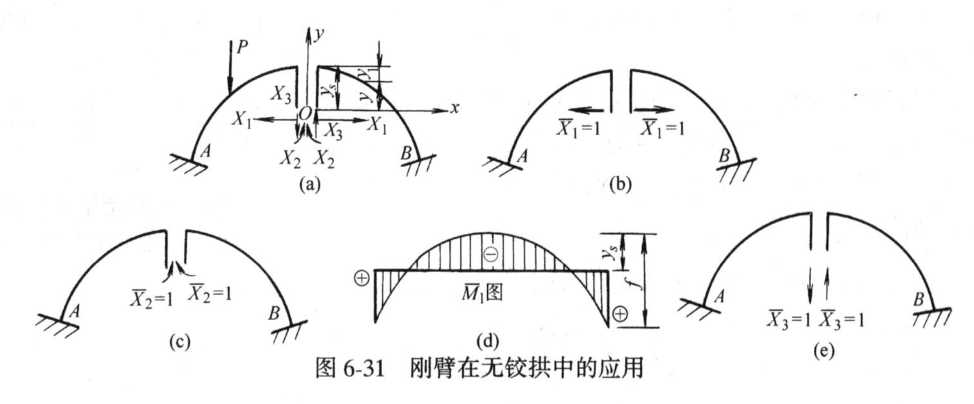

图 6-31　刚臂在无铰拱中的应用

$$\delta_{12}=\delta_{21}=\int_A^B\frac{\overline{M_1}\,\overline{M_2}}{EI}\mathrm{d}s+\int_A^B\frac{\overline{N_1}\,\overline{N_2}}{EA}\mathrm{d}s+\int_A^B k\frac{\overline{Q_1}\,\overline{Q_2}}{GA}\mathrm{d}s=\int_A^B\frac{\overline{M_1}\,\overline{M_2}}{EI}\mathrm{d}s+0+0$$

$$=\int_A^B-y\frac{\mathrm{d}s}{EI}=\int_A^B-(y_s-y_1)\frac{\mathrm{d}s}{EI}=\int_A^B y_1\frac{\mathrm{d}s}{EI}-\int_A^B y_s\frac{\mathrm{d}s}{EI}$$

在上式中，y_1 示拱轴上各点至通过拱顶之水平参考轴的纵距。令 $\delta_{12}=\delta_{21}=0$，便可求得刚臂长度 y_s 为

$$y_s=\frac{\int_A^B y_1\frac{\mathrm{d}s}{EI}}{\int_A^B\frac{\mathrm{d}s}{EI}}\tag{6-13}$$

既然所有副系数都等于零，与图 6-31（a）所示基本结构相应的力法方程便简化为式（b）所示的形式了。

我们设想沿拱轴线作宽度等于$\frac{1}{EI}$的图形，则式（6-13）就是这个图形面积的形心纵坐标（横坐标为零）。由于此图形的面积与结构材料的弹性模量 E 和截面惯性矩 I 的乘积有关故称之为弹性面积图，它的形心称为弹性中心。实际运算时，首先由式（6-13）求出弹性中心，然后由式（b）求出多余力 X_1、X_2、X_3，最后利用下列公式计算最后内力

$$\left.\begin{aligned}M&=X_1\overline{M_1}+X_2\overline{M_2}+X_3\overline{M_3}+M_P\\Q&=X_1\overline{Q_1}+X_2\overline{Q_2}+X_3\overline{Q_3}+Q_P\\N&=X_1\overline{N_1}+X_2\overline{N_2}+X_3\overline{N_3}+N_P\end{aligned}\right\}\tag{6-14}$$

思　考　题

（1）什么叫弹性中心？怎样确定弹性中心的位置？

（2）试说明式（a）和式（b）中的多余力之间有什么关系？

（3）为什么利用式（6-14）计算最后内力是正确的？

6.8　温度变化时超静定结构的计算

超静定结构具有多余约束，在温度变化时也会引起内力。例如图 6-23 所示的超静定梁，设梁的上表面温度升高了 t_1℃，下表面升高了 t_2℃，且 $t_2>t_1$。先设想去掉 B 端支座使成

为静定结构，在上述温度变化影响下，梁能自由伸长和弯曲，但 B 端截面将偏离支座 B 存在时的应有位置。为了使 B 端回复到该位置，必须施加外力迫使梁第二次变形，这便要在梁内产生内力。

计算超静定结构由温度变化所引起的内力时，只要将力法典型方程式（6-6）中的自由项 Δ_{iP} 改成基本结构由于温度改变所引起的，且与多余力 X_i 相应的位移 Δ_{it} 即可，此时的力法方程为

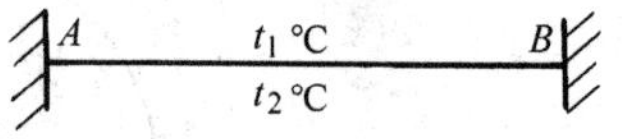

图 6-32　超静定梁上下表面温度分布图

$$
\left.\begin{aligned}
\delta_{11}X_1+\delta_{12}X_2+\cdots+\delta_{1n}X_n+\Delta_{1t}=0\\
\delta_{21}X_1+\delta_{22}X_2+\cdots+\delta_{2n}X_n+\Delta_{2t}=0\\
\cdots\cdots\cdots\cdots\cdots\cdots\cdots\cdots\cdots\cdots\cdots\\
\delta_{n1}X_1+\delta_{n2}X_2+\cdots+\delta_{nn}X_n+\Delta_{nt}=0
\end{aligned}\right\} \tag{6-15}
$$

式中各系数的计算与荷载作用时并无区别。自由项 Δ_{it} 的计算可按第五章所讲述的方法进行，由式（5-23），有

$$\Delta_{it}=\sum(\pm)\int\overline{N_i}\alpha t_0\mathrm{d}s+\sum(\pm)\int\frac{\overline{M_i}\alpha\Delta t}{h}\mathrm{d}s \tag{a}$$

若每一杆件沿其全长温度改变相同，且截面尺寸不变，则上式可以改写成

$$\Delta_{it}=\sum(\pm)\ \alpha t_0\omega_{\overline{N_i}}+\sum(\pm)\ \alpha\frac{\Delta t}{h}\omega_{\overline{M_i}} \tag{b}$$

式中 $\omega_{\overline{N_i}}$、$\omega_{\overline{M_i}}$ 分别为沿每一杆长 $\overline{N_i}$ 图、$\overline{M_i}$ 图的面积。

由于基本结构是静定的，温度改变不引起内力，所以，原结构的弯矩可按下式求出

$$M=X_1\overline{M_1}+X_2\overline{M_2}+\cdots+X_n\overline{M_n} \tag{c}$$

已知弯矩后，剪力和轴力可通过取相应隔离体，利用平衡条件解出。

例 6-12　图 6-33（a）所示刚架，各杆的内侧温度升高 20 ℃，外侧温度没有变化。试绘出弯矩图。设各杆的 EI 值相同且截面高度均为 h，温度膨胀系数为 α。

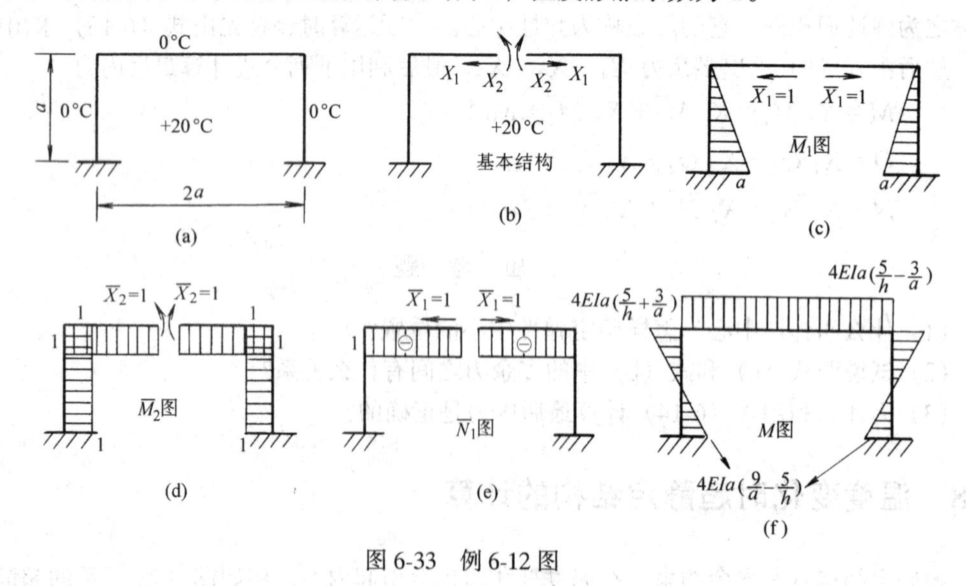

图 6-33　例 6-12 图

【解】　由于结构对称且温度变化的分布也是对称的，所以选取对称的基本结构（图 6-

33（b））以简化计算。力法方程为

$$\delta_{11}X_1+\delta_{12}X_2+\Delta_{1t}=0$$
$$\delta_{21}X_1+\delta_{22}X_2+\Delta_{2t}=0$$

利用图乘法计算系数：

$$\delta_{11}=\frac{2}{EI}\left(\frac{1}{2}\times a\times a\times\frac{2}{3}\times a\right)=\frac{2a^3}{3EI}$$

$$\delta_{12}=\frac{2}{EI}\left(\frac{1}{2}\times a\times a\times 1\right)=\frac{a^2}{EI}$$

$$\delta_{22}=\frac{4}{EI}\ (a\times1\times1)\ =\frac{4a}{EI}$$

按式（b）计算自由项

$$\Delta_{1t}=-\alpha\times10\times1\times2a+\frac{20\alpha}{h}\left(\frac{1}{2}\times a\times a\times2\right)=-20\alpha a+\frac{20\alpha a^2}{h}$$

$$\Delta_{2t}=\alpha\frac{20}{h}\ (2\times a\times1+2a\times1)\ =\frac{80\alpha a}{h}$$

将上述系数和自由项代入力法方程，解得

$$X_1=\frac{48EI\alpha}{a^2},\quad X_2=-4EI\alpha\left(\frac{5}{h}+\frac{3}{a}\right)$$

按式（c）求得 M 图，如图 6-33（f）所示。

由本例可知，温度改变时超静定结构的内力与各杆 EI 的绝对值有关，不像荷载作用时仅受各杆 EI 间比值的影响，此外，结构的内力还与 α 和 h 有关。

思 考 题

（1）为什么超静定结构在温度变化作用下会引起内力？

（2）图 6-32 所示超静定梁在温度作用下是否会引起变形？

（3）图 6-17 所示超静定桁架如无荷载作用，仅 EF 杆温度均匀上升 20℃时，计算各杆内力。（温度膨胀系数为 α）

6.9 支座移动时超静定结构的计算

超静定结构在支座移动情况下的内力计算原则上与前面所述情况类似，只是力法方程中自由项的计算有所不同。

图 6-34（a）示一超静定连续梁，设其支座 B 下沉了 c_1，支座 C 下沉了 c_2。有两种选取基本结构的方案：一种是把产生移动的支座视作多余约束；另一种是保留移动的支座而将其他的约束视作多余约束。两种方案对应的力法方程的形式不同，选用哪一种方案较为简便要视具体情况而定。

若依第一种作法将支座 B 和支座 C 视作多余约束，则基本结构如图 6-34（b）所示，根据多余约束处已知的位移条件，可以建立力法方程

$$\left.\begin{aligned}\delta_{11}X_1+\delta_{12}X_2=-c_1\\ \delta_{21}X_1+\delta_{22}X_2=-c_2\end{aligned}\right\}\qquad\text{(a)}$$

式中，c_1、c_2 前面的负号是因为已知的位移与所设多余力方向相反之故。

若取图 6-34（c）所示的基本结构，则相应的力法方程为

$$\left.\begin{array}{l}\delta_{11}X_1+\delta_{12}X_2+\Delta_{1c}=0\\ \delta_{21}X_1+\delta_{22}X_2+\Delta_{2c}=0\end{array}\right\}\tag{b}$$

式中 Δ_{ic}（$i=1, 2$）表示基本结构由于支座移动所引起的，与多余力 X_i 相应的位移。根据式（5-25），Δ_{ic}按下面的公式进行计算

$$\Delta_{ic}=-\sum\overline{R_i}C_a\tag{c}$$

针对本题（见图 6-34（d）、（e））则

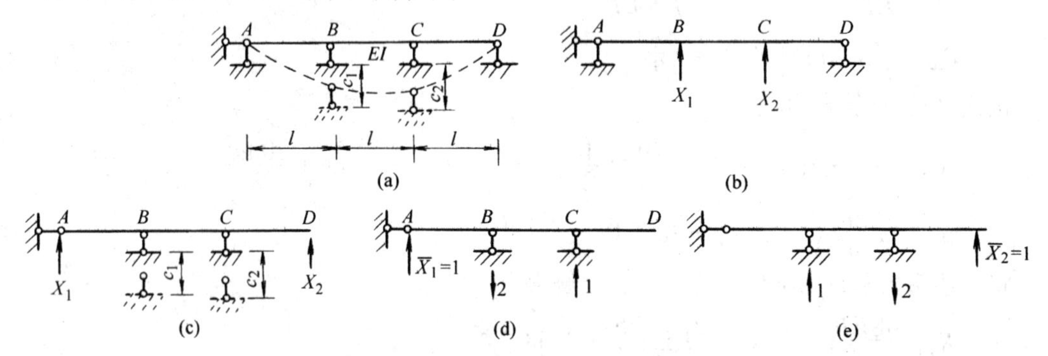

图 6-34 超静定连续梁及其基本结构

$$\Delta_{1c}=-\ (2\times c_1-1\times c_2)\ =c_2-2c_1$$
$$\Delta_{2c}=-\ (-1\times c_1+2\times c_2)\ =c_1-2c_2$$

其他有关系数的计算和最后弯矩图的绘制与前面所述相同。因静定的基本结构在支座移动下并不产生内力，原结构的弯矩计算式同 6.8 中式（c）。

例 6-13 图 6-35（a）为一次超静定刚架。设横梁截面为 40 cm×70 cm，柱子截面为 40 cm×40 cm，材料的弹性模量 $E=20$ GPa，已知支座 D 产生了移动$\Delta_{DH}=8$ cm、$\Delta_{DV}=4$ cm。试分析此刚架并绘出内力图。

【解】 取基本结构如图 6-35（b）所示。力法方程为

$$\delta_{11}X_1+\Delta_{1c}=-0.08$$

由图乘法求得（$\overline{M}_1$图见 6-35（c））

$$\delta_{11}=\frac{2}{EI_1}\left(\frac{1}{2}\times6\ \text{m}\times6\ \text{m}\times\frac{2}{3}\times6\ \text{m}\right)+\frac{1}{EI_2}\ (9\ \text{m}\times6\ \text{m}\times6\ \text{m})\ =\frac{144\ \text{m}^3}{EI_1}+\frac{324\ \text{m}^3}{EI_2}$$

按式（c）求得

$$\Delta_{1c}=-\ (0\times0.04)\ =0$$

将上述系数和 Δ_{1c}代入力法方程，解得

$$X_1=-\frac{0.08\ \text{m}}{\dfrac{144\ \text{m}^3}{EI_1}+\dfrac{324\ \text{m}^3}{EI_2}}$$

代入 E 和 I 的值后求得 $X_1=-16.7$ kN，内力图如图 6-35（e）、（f）、（g）所示。值得注意的是，多余力 X_1 的值以及内力图都与支座 D 的竖向移动无关，这是因为原结构支座 D 处的竖向支杆不是多余约束，当超静定结构发生与非多余约束相应的位移时，并不引起内力（参见图 6-35（d））。

由上述计算还可以看出，超静定结构支座移动时，所产生的内力与各杆 EI 的绝对值有关。

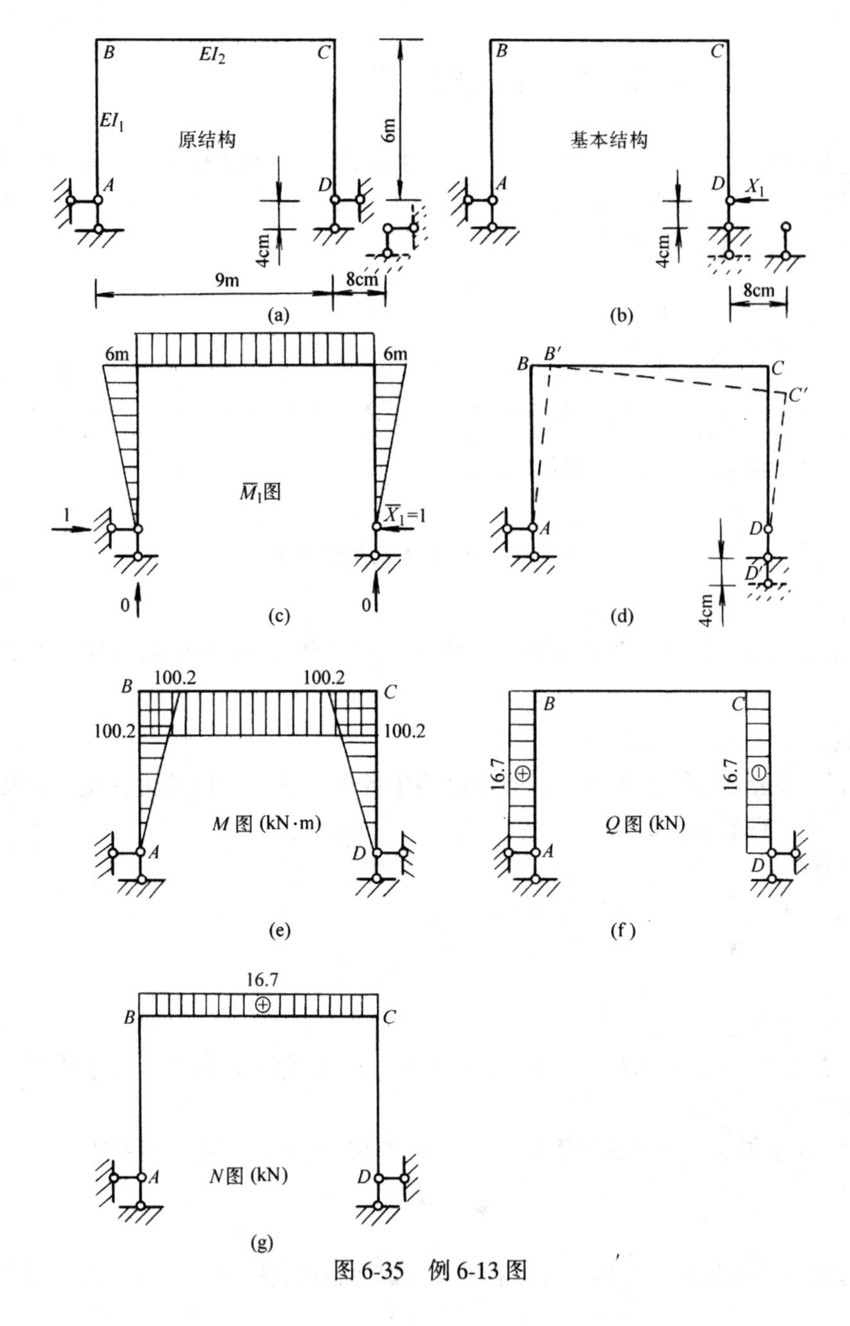

图 6-35　例 6-13 图

思　考　题

(1) 为什么超静定结构在支座移动时会产生内力?

(2) 图 6-19 (a) 所示的排架当柱子的基础发生竖向移动时，整个结构会不会产生内力?为什么?

(3) 计算超静定结构时，在什么情况下只需给定各杆 EI 的比值? 在什么情况下则需给定 EI 的绝对值?

6.10 有制造误差时超静定结构的计算

超静定结构由于材料收缩或制造误差也会引起内力。例如图 6-36（a）所示桁架的 ab 杆在制造时短了 e_1，cd 杆长了 e_2。ab 杆可以看作是多余约束，cd 杆则不是。取基本结构如图 6-36（b）所示。力法方程为

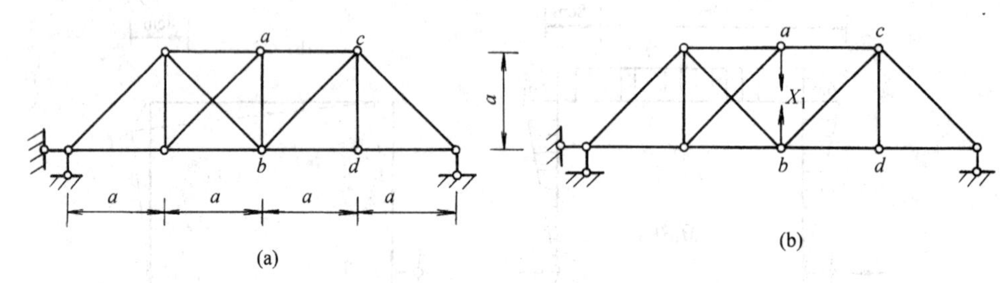

图 6-36 超静定桁架及其基本结构

$$\delta_{11}X_1+\Delta_{1r}=0$$

Δ_{1r}表示基本结构由于制造误差的原因所产生的，与多余力 X_1 相应的位移。由虚功原理不难推得

$$\Delta_{1r}=\sum(\overline{N_1}e) \tag{a}$$

式中$\overline{N_1}$表示在多余力$\overline{X_1}=1$作用下，基本结构中各杆的轴力，以拉力为正；e 表示各杆的制造误差，以较准确值偏长为正。

针对本题

$$\Delta_{1r}=1\times(-e_1)+0\times e_2=-e_1$$

所以

$$X_1=-\frac{(-e_1)}{\delta_{11}}=\frac{e_1}{\delta_{11}}$$

由计算看出 X_1 的值与 cd 杆的制造误差无关！这是因为 cd 杆不是多余约束，它的制造误差不会使结构产生内力。

多余力 X_1 求得后，其他的运算步骤与前面讲述的相同，此处不再赘述。

思 考 题

什么情况下制造误差不引起内力？能否有意识地利用制造误差来改善结构受力情况？试举例说明。

6.11 超静定结构的位移计算

在第 5 章中我们讲述了静定结构的位移计算。其一般公式为

$$\Delta_{Ka}=\sum\int\frac{\overline{M_K}M}{EI}ds+\sum\int\frac{\overline{N_K}N}{EA}ds+\sum\int\frac{k\,\overline{Q_K}Q}{GA}ds+\sum(\pm)\int\overline{N_K}at_0ds$$
$$+\sum(\pm)\int\alpha\,\overline{M_K}\,\frac{\Delta t}{h}ds-\sum\overline{R_K}C_a \tag{6-26}$$

对于超静定结构，只要求出多余力，将多余力也当作荷载与原荷载同时加在基本结构上，则静定基本结构在上述荷载、温度改变、支座移动共同作用下所产生的位移也就是原超静定结构的位移。这样，计算超静定结构的位移问题通过基本结构转化成了静定结构的位移计算，因而式（5-26）仍可应用。此时，式中的 M、Q、N 是基本结构由于外荷载和各多余力 X_i 共同作用下的内力（即原超静定结构的实际内力）；而$\overline{M_K}$、$\overline{Q_K}$、$\overline{N_K}$和$\overline{R_K}$为基本结构由于虚单位力$P=1$ 的作用所引起的内力和支座反力。t_0、Δt、C_a 分别为基本结构所承受的温度改变和支座移动，它们即是原结构的温度改变和支座移动。

由于超静定结构的内力并不因所取的基本结构不同而有所改变，因此我们可以将其内力看作是按任一基本结构而求得的。这样，在计算超静定结构的位移时，也就可以将所设单位力 $P=1$ 施加于任一基本结构作为虚力状态。为了使计算简化，我们应当选取单位内力图比较简单的基本结构。

例 6-14 试求图 6-37（a）所示超静定刚架横梁中间截面的转角 θ_D 和竖向位移Δ_{DV}。

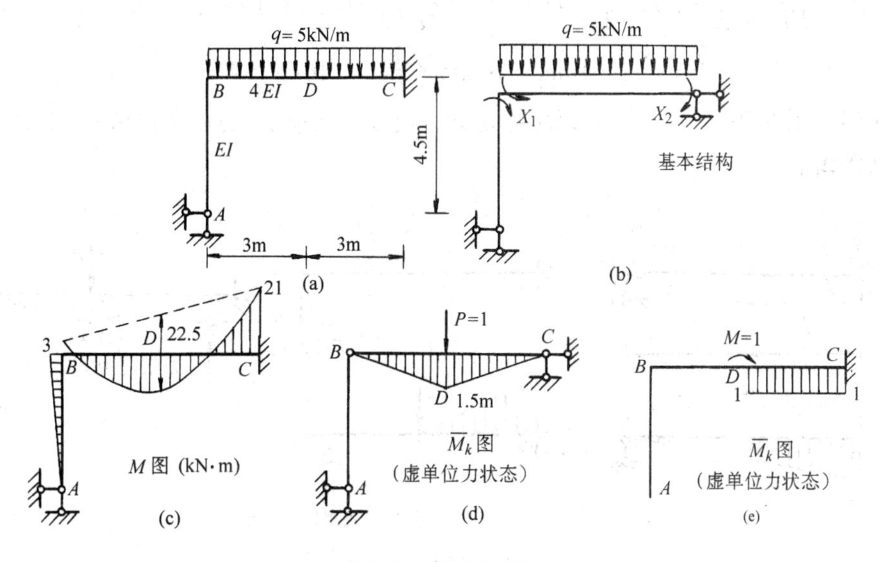

图 6-37 例 6-14 图

【解】 此刚架是二次超静定。取基本结构及多余力如图 6-37（b）所示，并求得最后弯矩图，图 6-37（c）。为求 Δ_{DV}，在基本结构的 D 点施加集中力 $P=1$ 构成虚单位力状态，按式（5-18）利用图乘法求得

$$\Delta_{DV}=\frac{1}{4EI}\left[-\frac{1}{2}\times6\times1.5\times\left(\frac{3+21}{2}\right)+2\times\frac{2}{3}\times3\times\left(\frac{1}{8}\times5\times6^2\right)\times\frac{5}{8}\times1.5\right]$$

$$=\frac{1}{4EI}\left[-54+\frac{675}{8}\right]=\frac{243\ \text{kN}\cdot\text{m}^3}{32EI}\ (\downarrow)$$

为了计算简便起见，求 θ_D 时可以采用图 6-37（e）所示的虚单位力状态，求得

$$\theta_D=\frac{1}{4EI}\left[\frac{2}{3}\times3\times\left(\frac{1}{8}\times5\times6^2\right)\times1-\left(\frac{12+21}{2}\right)\times3\times1\right]=-\frac{9\ \text{kN}\cdot\text{m}^2}{8EI}\ (\uparrow)$$

例 6-15 试求例 6-12 中刚架横梁中点的竖向位移。

【解】 在例 6-12 中已求出结构的弯矩图（图 6-33（f）），取基本结构如图 6-38（a）所示。在横梁的中点处作用集中力 $P=1$ 以构成虚单位力状态，与单位力相应的弯矩、轴力图

分别绘于图 6-38（b）、（c）。

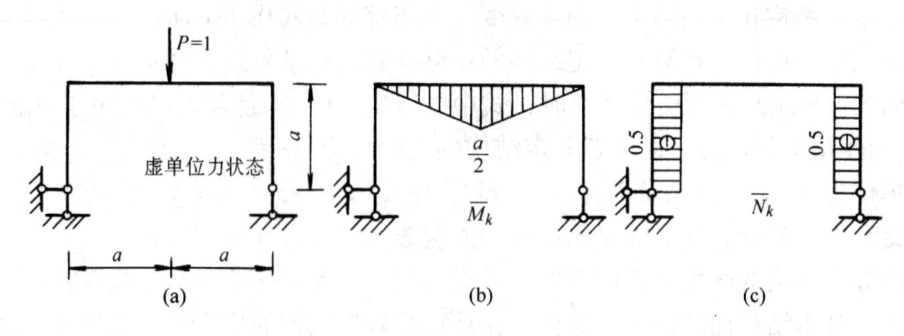

图 6-38　例 6-15 图

由式（5-26）求得

$$\Delta=\frac{1}{EI}\left[-\frac{1}{2}\times2a\times\frac{a}{2}\times4EI\alpha\left(\frac{5}{h}+\frac{3}{a}\right)\right]-0.5\alpha\times10\times a\times2+a\cdot\frac{20}{h}\times\frac{1}{2}\times2a\times\frac{a}{2}$$

$$=-2\alpha a^2\left(\frac{5}{h}+\frac{3}{a}\right)-10\alpha a+10\alpha a^2\times\frac{1}{h}=-16\alpha a\ (\uparrow)$$

例 6-16　图 6-39（a）示一单超超静定梁，设固定支座 A 处发生转角 φ，试求梁中点 C 的竖向位移 Δ_{CV}。

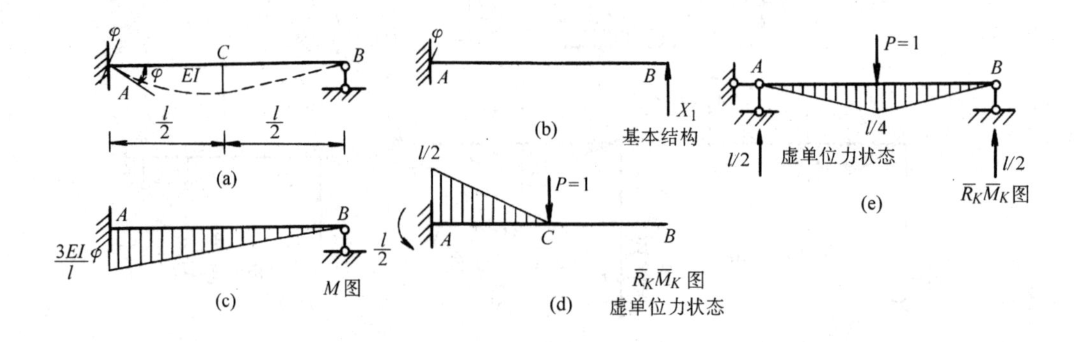

图 6-39　例 6-16 图

【解】　取基本结构如图 6-39（b）所示，经计算后求得最后弯矩图，$M_{AB}=\frac{3EI}{l}\varphi$，如图 6-39（c）所示，为求 Δ_{CV} 在基本结构的 C 点施加单位竖向力 $P=1$，并解出相应的支座反力 $\overline{R_K}$ 和绘出 $\overline{M_K}$ 图（图 6-39（d））。由式（5-26）求得

$$\Delta_{CV}=\frac{1}{EI}\left(-\frac{1}{2}\times\frac{l}{2}\times\frac{l}{2}\times\frac{5}{6}\times\frac{3EI}{l}\varphi\right)+\frac{l}{2}\times\varphi=\frac{3l\varphi}{16}\ (\downarrow)$$

如果取图 6-39（e）所示的虚单位力状态，这意味着求内力时，用的基本结构是简支梁，此时基本结构并不因支座 A 转动而产生位移（表现在图 6-39（e）中，与此转动相应的 $\overline{R_K}$ 为零），故应用式（5-26）时，$-\sum\overline{R_K}C_a$ 项应为零。这样求得

$$\Delta_{CV}=\frac{1}{EI}\left[\frac{1}{2}\times l\times\frac{1}{4}\times\frac{1}{2}\left(\frac{3EI\varphi}{l}\right)\right]=\frac{3l\varphi}{16}\ (\downarrow)$$

与前面得到的结果相同。

思　考　题

(1) 求图 6-37 (a) 所示结构横梁中点的竖向位移 Δ_{DV}时，是否可用图 6-40 所示的情形作为虚单位力状态？为什么？

(2) 试证明计算超静定结构由于支座移动引起的位移时，如果采用原结构（超静定）上作用相应的单位力作为虚单位力状态，则有如下结果

$$\Delta = -\sum R_K C_a$$

(提示：利用功的互等定理证明之)

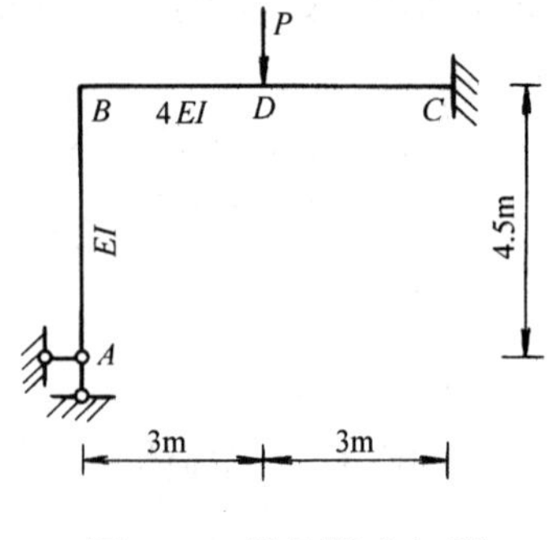

图 6-40　思考题 (1) 图

6.12　超静定结构最后内力图的校核

内力图是结构设计的依据，因此，在求得内力图后，应该进行校核，以保证它的正确性。首先应根据各内力之间以及内力和荷载集度之间的微分关系进行定性分析。如集中荷载作用处剪力图有突变，弯矩图有折角等。其作法在校核静定结构内力图时已经介绍，不再赘述。

除了上述一些定性方面的检查外，在定量方面正确的内力图必须同时满足平衡条件和位移条件。现以图 6-41 (a) 所示刚架及其最后内力图 (6-41 (b)、(c)、(d)) 为例，说明最后内力图的校核方法。

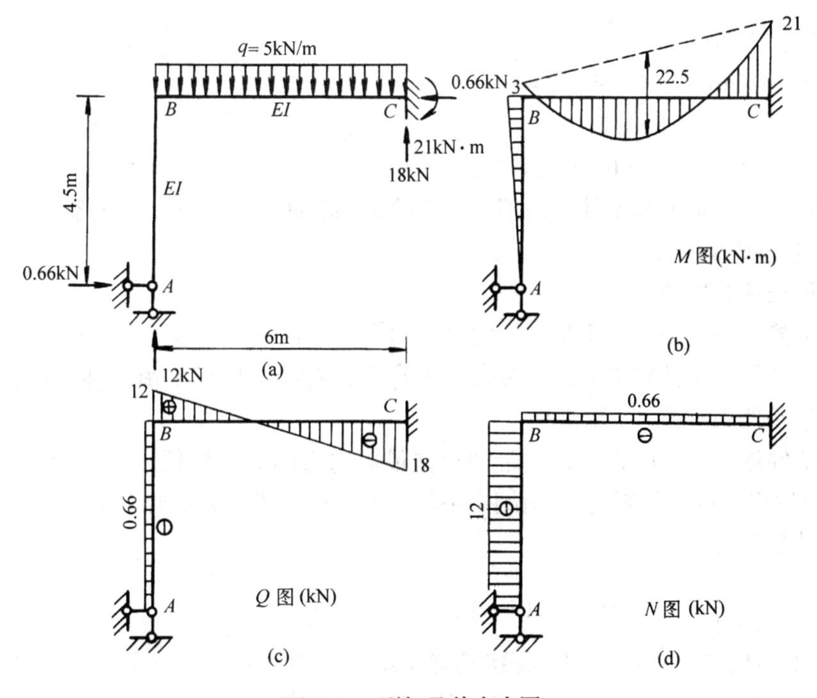

图 6-41　刚架及其内力图

一、平衡条件的校核

即从结构中任意截取的某一部分都应满足平衡条件。一般的作法是截取节点和截取杆件，也可截取结构的某一部分，检查它是否满足平衡条件。

从结构整体看：

$$\sum X = 0.66\ \text{kN} - 0.66\ \text{kN} = 0$$

$$\sum Y = 12\ \text{kN} + 18\ \text{kN} - 5\ \text{kN/m} \times 6\ \text{m} = 0$$

$$\sum M_C = 12\ \text{kN} \times 6\ \text{m} - 0.66\ \text{kN} \times 4.5\ \text{m} - \frac{1}{2} \times 5\ \text{kN/m} \times (6\ \text{m})^2 + 21\ \text{kN·m} = 0$$

所以满足整体平衡条件。

截取 AB、BC 杆为隔离体及节点 B 隔离体，如图 6-42（a)、(b)、(c）所示。

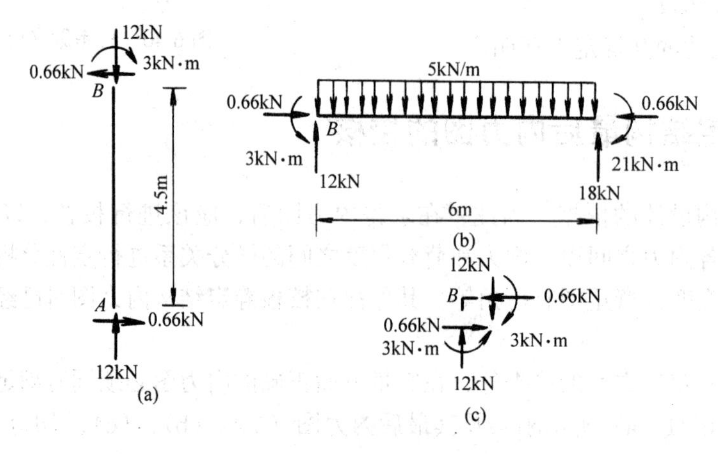

图 6-42　图 6-41 中刚架 P 部分隔离体图

对于 AB 杆隔离体：

$$\sum X = 0.66\ \text{kN} - 0.66\ \text{kN} = 0$$

$$\sum Y = 12\ \text{kN} - 12\ \text{kN} = 0$$

$$\sum M_A = 13\ \text{kN·m} - 0.66\ \text{kN} \times 4.5\ \text{m} = 0$$

所以 AB 杆隔离体满足平衡条件。同理，可以验证 BC 杆隔离体满足平衡条件。不难看出节点 B 隔离体也是平衡的。

二、位移条件的校核

仅仅满足静力平衡条件还不足以说明最后内力图是正确的，这是因为最后内力图是在求得多余力之后按平衡条件求出的，而多余力本身是否有误，单靠平衡条件是检查不出来的，尚需进行位移条件的校核。

按位移条件进行校核的方法，通常即根据最后内力图验算沿任一多余力 X_i（$i=1$、2、$\cdots n$）方向的位移，看它是否与实际位移相符。对于 n 次超静定刚架来说，一般即校核最后弯矩图是否满足下式

$$\Delta_i = \sum \int \frac{\overline{M_i} M}{EI} \mathrm{d}s = 0 \qquad (i=1、2、\cdots, n) \tag{a}$$

式中 $\overline{M_i}$ 为基本结构的单位弯矩图。n 次超静定结构利用了 n 个位移条件才求出多余力，所以严格说来，校核时也应校核 n 个位移，但一般只作少量的几个即可。

进行位移条件校核时，并非一定要用原来计算多余力时所采用的基本结构和位移条件；也可选取另外的基本结构，并可验算其他已知的，但并非求多余力时所应用的位移条件。例如，设求解图 6-41（a）中结构时，系以 A 端铰支座为多余约束，得出最后弯矩图如图 6-41（b）所示。为校核位移条件，仍以去掉 A 端约束后的悬臂折梁作为基本结构，分别作各单位弯矩图，如图 6-43（a）和图 6-43（b）所示。利用图乘法求得

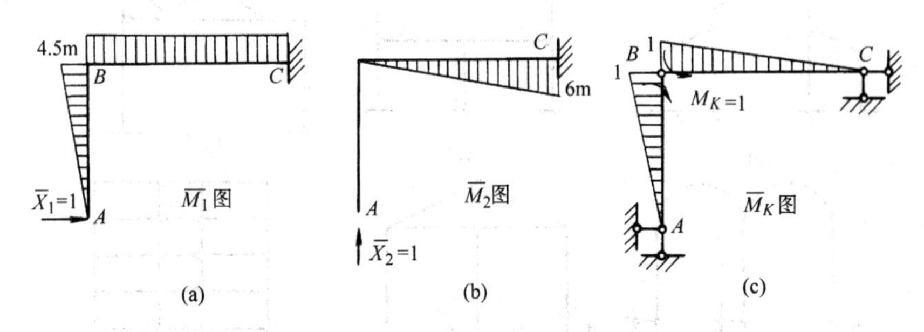

图 6-43　对图 6-41 刚架校核位移条件时几种虚设力系

$$\Delta_{AH}=\frac{1}{EI}\left(\frac{1}{2}\times 4.5\ \text{m}\times 4.5\ \text{m}\times\frac{2}{3}\times 3\ \text{kN}\cdot\text{m}\right)-\frac{1}{4EI}\left[\frac{2}{3}\times 6\ \text{m}\times 22.5\ \text{kN}\cdot\text{m}-\left(\frac{3\ \text{kN}\cdot\text{m}+21\ \text{kN}\cdot\text{m}}{2}\right)\times 6\ \text{m}\right]\times 4.5\ \text{m}=0$$

$$\Delta_{AV}=\frac{1}{4EI}\left[\frac{2}{3}\times 6\ \text{m}\times 22.5\ \text{kN}\cdot\text{m}\times\frac{1}{2}\times 6\ \text{m}\times-\frac{1}{2}\times 6\ \text{m}\times 6\ \text{m}\left(3+\frac{2}{3}\times 18\right)\text{kN}\cdot\text{m}\right]=0$$

验算表明，最后弯矩图满足所验算的位移条件。

对于此例，我们也可取图 6-43（c）所示的基本结构，来验算原结构之 B 节点两侧截面应无相对转动的条件。为此绘出$\overline{M_K}$图（图 6-43（c）)，由图乘法得

$$\theta=\frac{1}{EI}\left(\frac{1}{2}\times 4.5\ \text{m}\times 3\ \text{kN}\cdot\text{m}\times\frac{2}{3}\times 1\right)+\frac{1}{4EI}\left[-\frac{2}{3}\times 6\ \text{m}\times 22.5\ \text{kN}\cdot\text{m}\times\frac{1}{2}+\frac{1}{2}\times 6\ \text{m}\times 1\left(3+\frac{1}{3}\times 18\right)\text{kN}\cdot\text{m}=0\right.$$

这说明，最后弯矩图能满足所验算的位移条件。

最后需要指出，上述有关校核的内容是针对超静定结构受荷载作用情况进行讨论的，至于温度改变、支座移动等所产生的最后内力图的校核问题，应注意位移条件的验算会有所改变。因为验算工作是在基本结构上进行的，由最后弯矩图与单位弯矩图$\overline{M_i}$作图乘法运算的结果并不总是等于原结构的位移 Δ_i，尚需考虑温度改变、支座移动等使基本结构产生的位移。所以在一般情况下计算位移时，应该用式（5-26)。

习　　题

6.1　试确定图示各结构的超静定次数。

6.2～6.5　试用力法计算图示超静定梁，并绘出 M、Q 图。

6.6～6.13　试用力法计算图示结构，并绘其内力图。

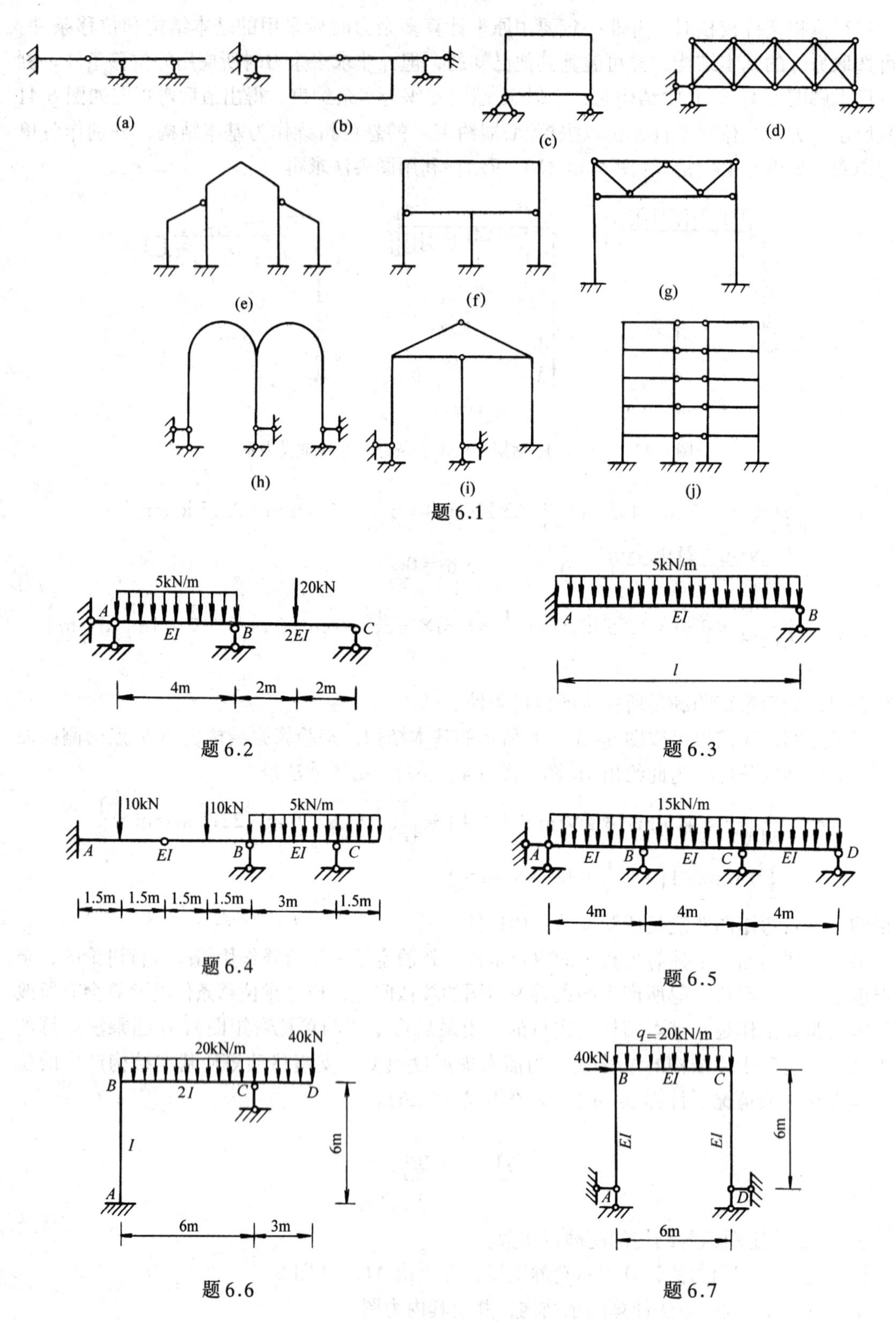

题 6.1

题 6.2

题 6.3

题 6.4

题 6.5

题 6.6

题 6.7

6.14～6.17　试求图示桁架各杆的轴力。设各杆的 EA 均相同。

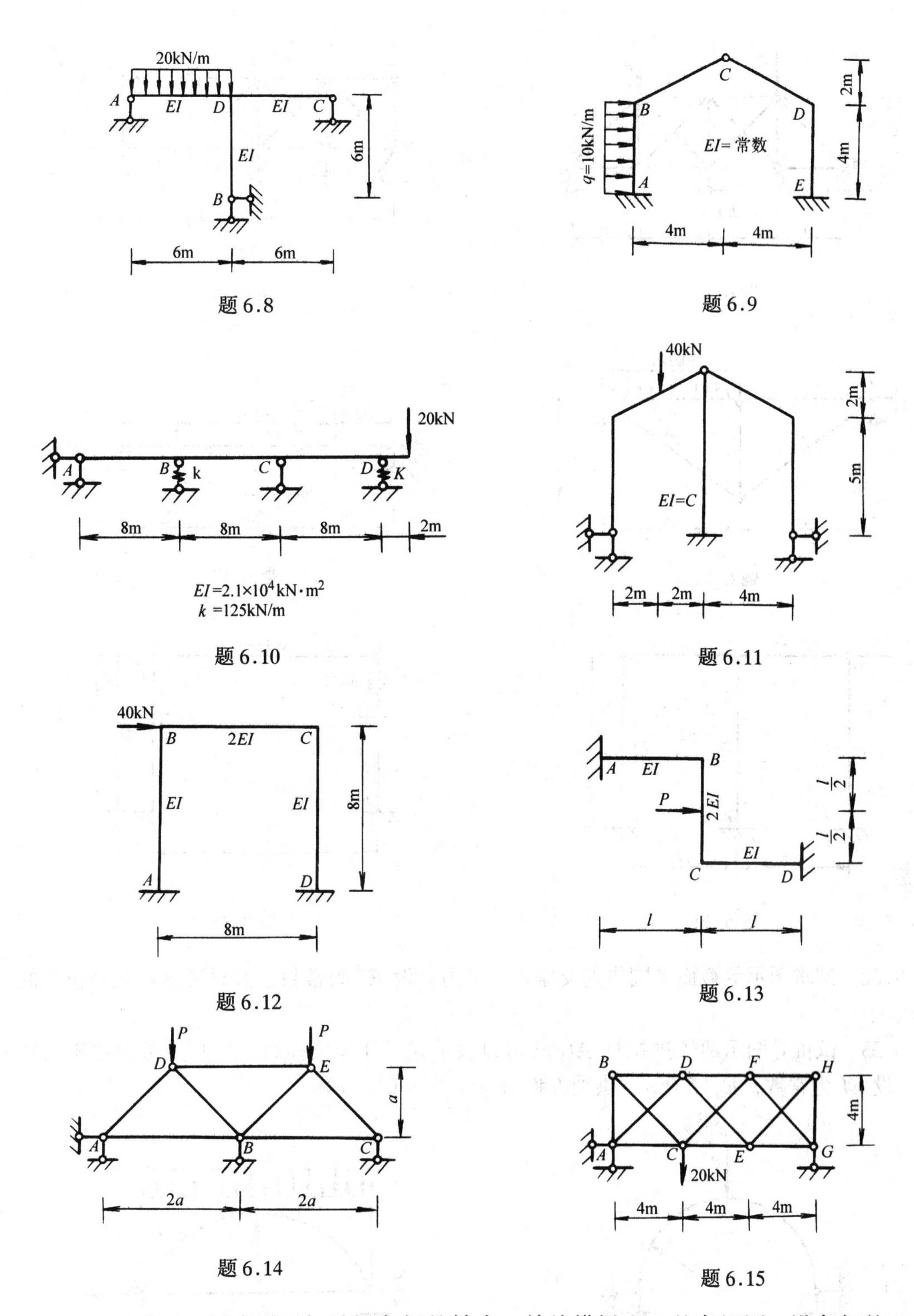

6.18～6.19　试求图示加劲梁各杆的轴力，并绘横梁 AB 的弯矩图。设各杆的 EA 相同，$A=\dfrac{I}{16}$（分母的单位：m^2）。

6.20～6.21　试用力法计算图示排架的内力。

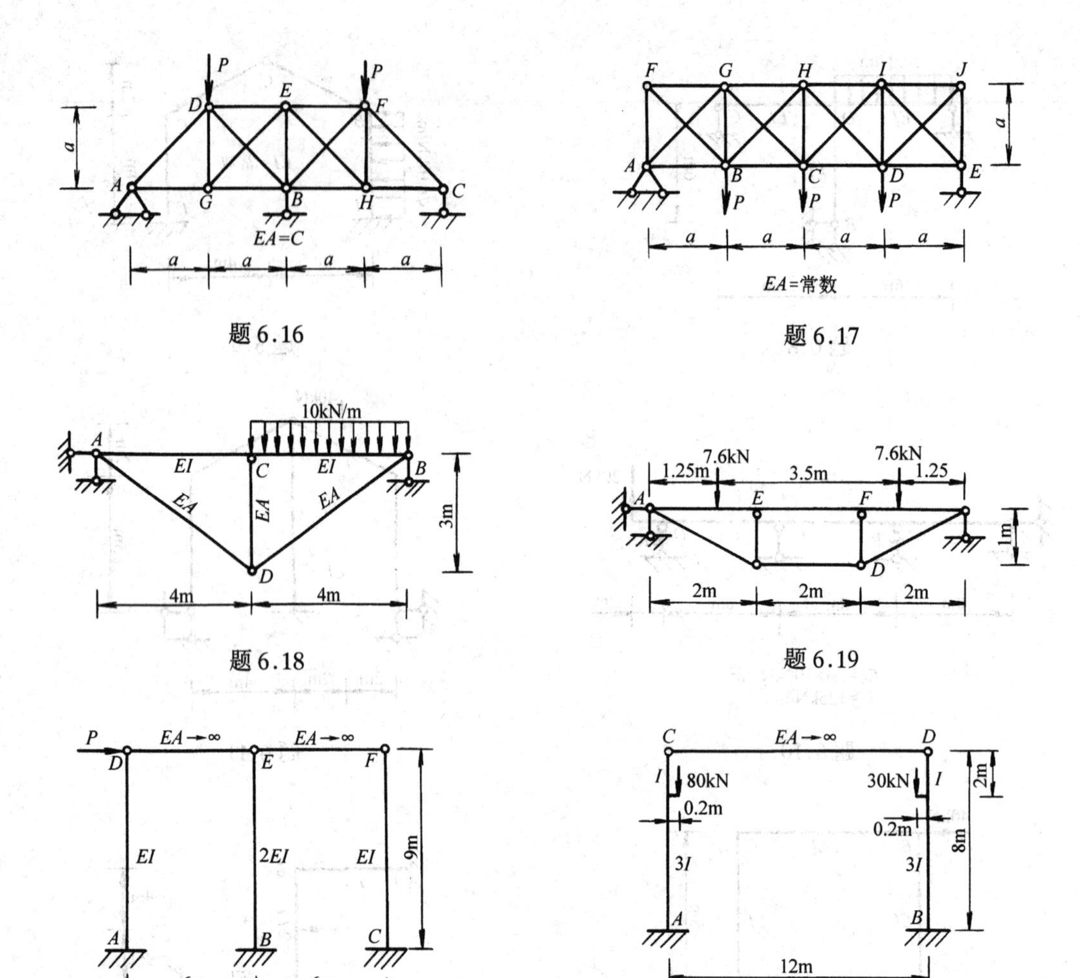

题 6.16

题 6.17

题 6.18

题 6.19

题 6.20

题 6.21

6.22　试求图示等截面半圆拱的支座水平推力。设 EI 为常数，并只考虑弯矩对位移的影响。

6.23　试推导图示两铰拱拉杆 AB 的内力表示式（计算位移时，拱身只考虑弯矩的影响）。设 EI 为常数，$E_1:E=n$，拱轴方程为 $y=\dfrac{4f}{l^2}x(l-x)$。

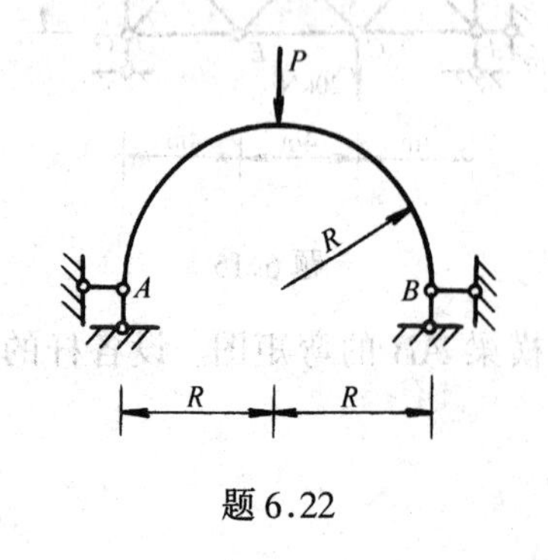

题 6.22

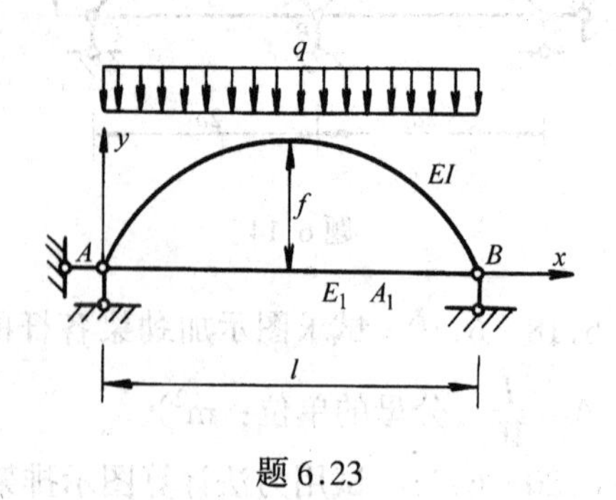

题 6.23

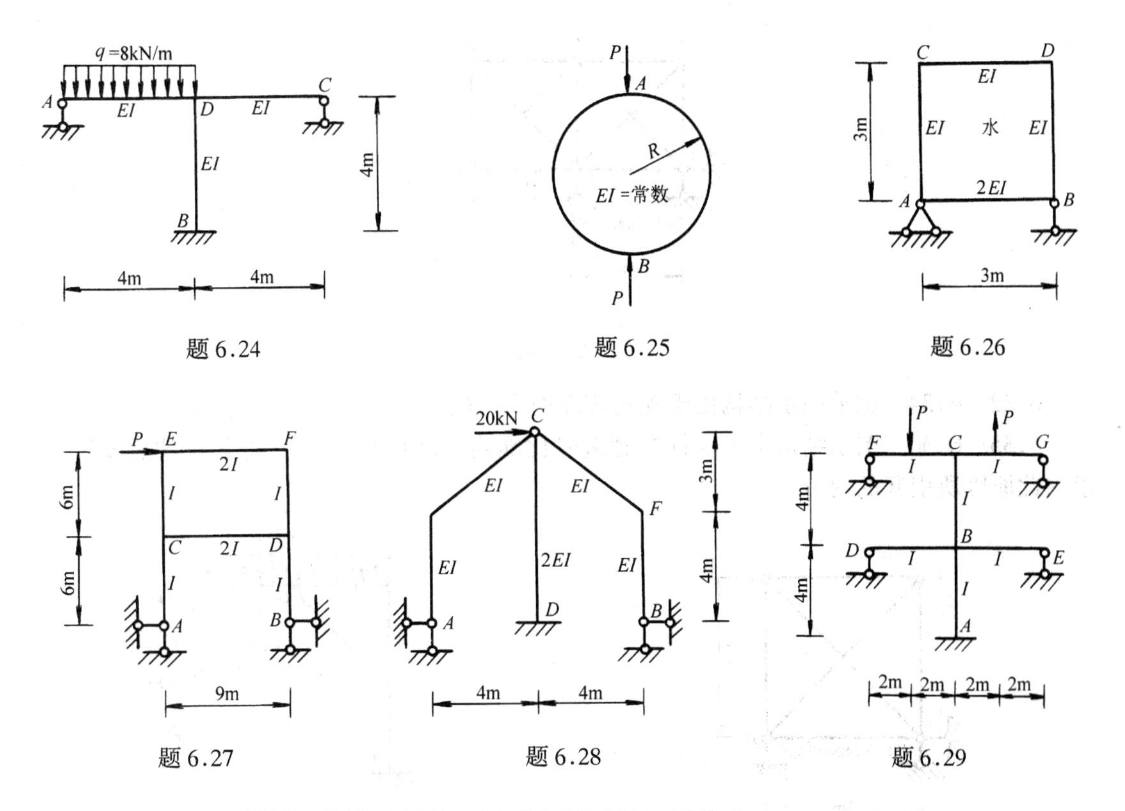

6.24～6.29 利用结构的对称性，计算图示结构，并作出 M、Q、N 图。

6.30～6.31 设结构温度改变如图所示，试绘制结构内力图。设各杆截面为矩形，截面高度为 $h=l/10$，线膨胀系数为 α，EI 为常数。

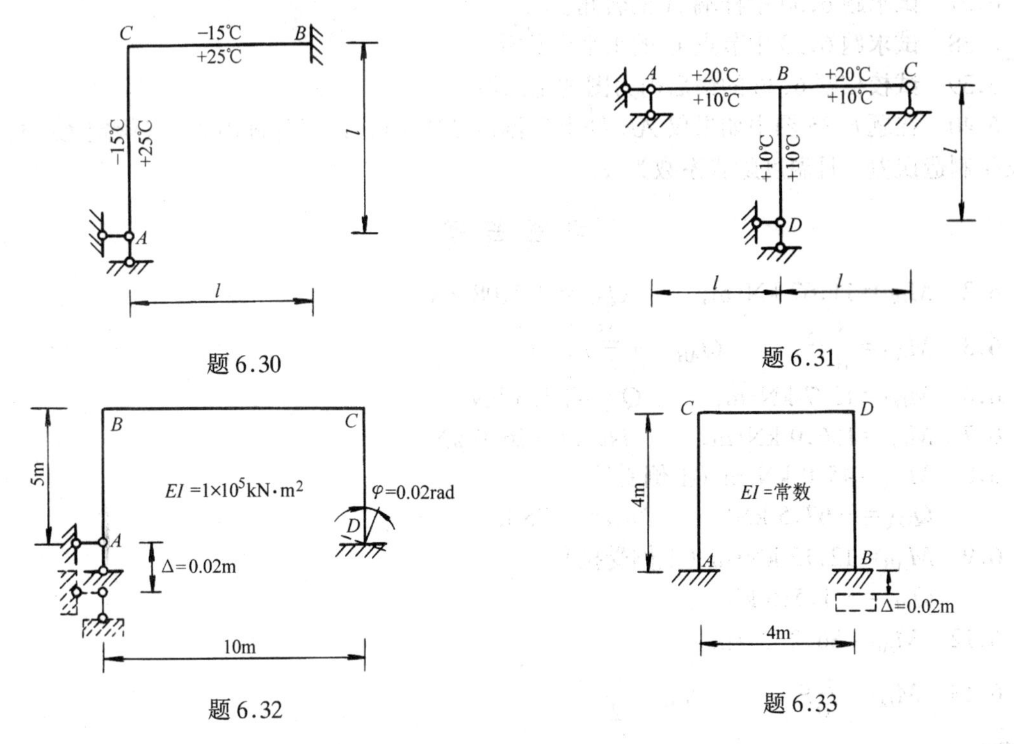

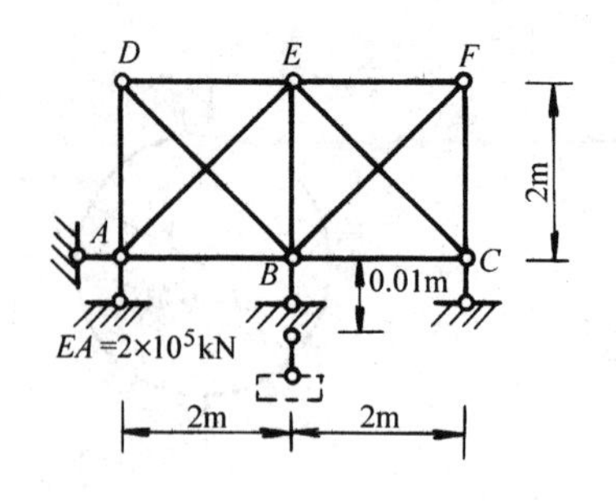

题 6.34

6.32～6.34　试求图示结构由于支座移动而引起的内力。

6.35～6.36　图示结构中 CD 杆在制造时比准确长度短 0.02 m，将其拉伸后安装。试求由此原因所引起的内力。

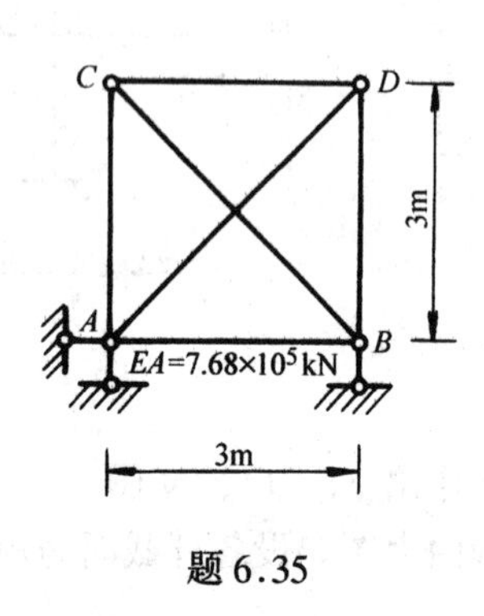

题 6.35

题 6.36

6.37　试求题 6.30 中杆端 A 的转角。

6.38　试求题 6.33 中节点 C 的水平向位移。

6.39　试校核题 6.36 的最后内力图的正确性。

6.40　在题 6.35 图中如果仅 AB 杆上升温度 20℃时，计算各杆内力。（假定 CD 杆没有发生制造误差，且温度膨胀系数为 α）

习 题 答 案

6.2　$M_{BC}=11.67\ \text{kN·m}$，　$Q_{AB}=+7.08\ \text{kN}$

6.3　$M_{AB}=\dfrac{5}{8}l^2$，　$Q_{AB}=+\dfrac{25}{8}l$

6.6　$M_{BC}=15/7\ \text{kN·m}$，　$Q_{BC}=24.6\ \text{kN}$

6.7　$M_{CB}=156.0\ \text{kN·m}$，　$N_{BC}=-26.0\ \text{kN}$

6.8　$M_{DA}=45.0\ \text{kN·m}$（上侧受拉）

$Q_{DA}=-67.5\ \text{kN}$，　$N_{DB}=-75\ \text{kN}$

6.9　$M_{AB}=12.12\ \text{kN·m}$（上侧受拉）

$Q_{AB}=-1.516\ \text{kN}$

6.12　$M_{AB}=86.2\ \text{kN·m}$

6.13　$M_{BC}=\dfrac{1}{40}Pl$，　$N_{AB}=\dfrac{P}{2}$

6.14 $N_{AB} = +0.415P$

6.15 $N_{DF} = -13.87$ kN

6.16 $N_{GE} = +0.337\,3P$, $V_B = 1.328P$（↑）

6.17 $N_{FB} = 1.293P$, $N_{HC} = 0.305\,6P$

6.18 $N_{AD} = 1.31$ kN, $M_{CA} = 38.86$ kN·m

6.19 $N_{CD} = 10.5$ kN, $M_F = 1.0$ kN·m

6.20 $M_{AD} = \dfrac{9P}{4}$

6.22 $H_A = H_B = \dfrac{P}{\pi}$

6.23 $N_{AB} = \dfrac{qfl^2}{8f^2 + 15\left(\dfrac{I}{nA_1}\right)}$

6.24 $M_{DA} = 10.67$ kN·m（上侧受拉）

6.25 $M_A = M_B = \dfrac{Pr}{\pi}$

6.26 $M_{AB} = 2.455$ kN·m（下侧受拉）

$Q_{AC} = 9.409$ kN，$N_{AB} = +9.409$ kN

6.27 $M_{EC} = 1.8P$（右侧受拉）

$M_{CA} = 3P$（右侧受拉）

6.30 $M_{CA} = \dfrac{3\,750\alpha EI}{7l}$

6.31 $M_{BA} = \dfrac{105EI\alpha}{l}$（下侧受拉）

$M_{BD} = \dfrac{30EI\alpha}{l}$（右侧受拉）

6.34 $N_{BD} = 292.9$ kN, $N_{AD} = -207.1$ kN

6.35 $N_{AD} = -750$ kN

第 7 章　用位移法计算超静定结构

7.1　位移法的基本概念

位移法是分析超静定结构的另一个基本方法。它比力法的发展稍晚一点，这是由于钢筋混凝土结构的出现，使刚架这一结构形式广泛地得到应用，如高层或多跨刚架是高次超静定结构，倘用力法来进行计算，将十分繁琐。因而，适宜解这类结构的位移法，便在这种需求情况下产生发展起来。

位移法与力法的主要区别，在于基本未知量和分析问题时所采取的基本结构不同。力法把多余约束的力即多余未知力作为基本未知量，而位移法则以结构的节点位移作为基本未知量，因此有力法、位移法之称。与此相关联，两者解题的途径也各不相同：力法是以去掉多余约束后的静定结构作为基本结构，是从分析静定结构出发的，根据所去约束处的位移条件建立力法方程，即是使基本结构恢复到原来结构的变形状态，从而求出多余未知力；位移法则是在原结构节点处加入某些约束，将原结构化成若干单跨超静定梁（杆）的组合体作为基本结构，是从分析单跨超静定梁出发的，然后根据所加约束处的约束反力为零的条件（即原结构实际作用力的平衡条件）建立位移法方程，亦即使基本结构恢复到原来结构的受力状态，从而求出节点的位移。

图 7-1（a）示一荷载作用下的超静定刚架。若用力法解，有三个多余未知力，故有三个基本未知量。但当用位移法求解，改以节点位移为基本未知量时，其数目可大为减少。对梁和刚架，通常可采取以下变形假设。对于以弯矩为主要内力的受弯直杆，可略去轴向变形和剪切变形的影响，且由于弯曲变形是微小的，杆处于微弯状态，因此杆变形后的轴线长度不变。当轴线微弯时，弦长可近似地看成等于弧长，即假定受弯直杆两端之间距离在变形后保持不变。这样，在图 7-1（a）所示刚架中，因支座 B、C 不能移动和转动，而按上述假定，节点 A 与 B、C 点之间距离又保持不变，故节点 A 便不能有线位移而只能发生转角。AC、AB 杆在 A 点刚结，两杆 A 端的转角相同，设以 φ_A 表示*，这就是用位移法求解时惟一的一个基本未知量。

图 7-1（a）中的虚线表示结构在荷载作用下产生的变形曲线。我们将变形前的原结构划分为两个单个杆件如图 7-1（b）中实线所示；当这些杆件按图 7-1（a）承受荷载并发生同样的杆端转动时，这些单个杆件的杆端内力，都可用力法计算出来。例如杆 AC 相当于一两端固定梁，A 支座转动了 φ_A 并承受荷载 P 作用的情况，若 φ_A 已知，用力法可计算出 A 端和 C 端的杆端弯矩。同样，杆 AB 相当两端固定梁，仅 A 支座转动了 φ_A 的情况，若 φ_A 已知，用力法同样可计算出 A 端和 B 端的杆端弯矩。因此，计算节点 A 的角位移 φ_A 就成为求解该问题的关键。

---

* 在本章中，当不考虑剪切变形对位移的影响时，杆轴挠曲线在某点之切线的倾角便等于该点处杆件截面的转角（$\varphi=\theta$，参见第 5 章图 5.9）。今后，在不考虑剪切变形时，即统一地用 φ 表示上述两种角度。

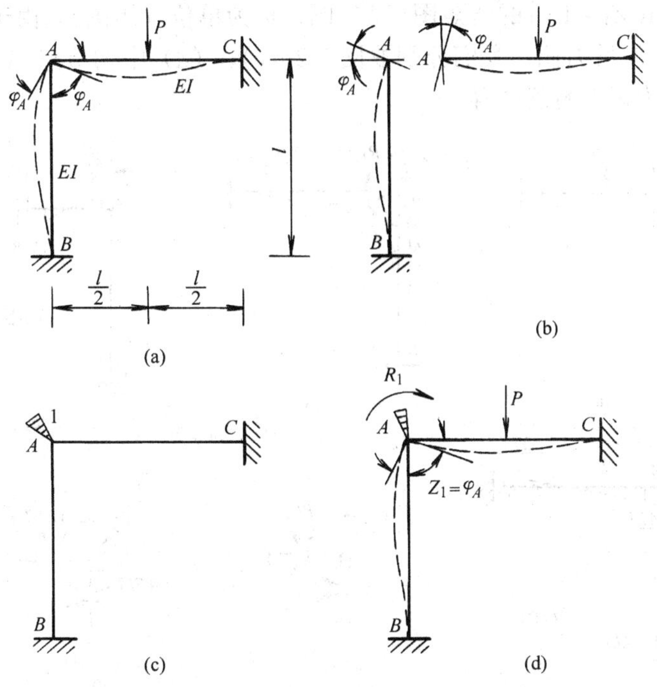

图 7-1　刚架及位移法的基本结构

为了使原结构转化为图 7-1（b）的情况，以便以单个杆件为计算基础，且又能保持节点 A 的变形连续，在原结构的节点 A 处加入一个附加刚臂（用符号“⊽”表示，见图 7-1（c）)，称附加约束 1。刚臂的作用只限制节点的转动而不限制节点的线位移。但节点 A 本无节点线位移，故加入刚臂后，节点 A 既不能转动，亦不能移动，AC 杆及 AB 杆都相当两端固定梁。因此，原结构也就化成为由 AC 和 AB 这样两根杆件组成的组合体，这个组合体称为原结构按位移法计算的基本结构。若将外荷载作用于基本结构，并强使基本结构附加约束 1 处产生转角 Z_1（图 7-1（d)），当 $Z_1=\varphi_A$ 时，则图 7-1（d）所示基本结构受力和变形情况与图 7-1（a）所示原结构情况完全相同。这时基本结构附加约束 1 处的约束反力 R_1 应为零，即与原结构节点 A 处本来没有外力作用的情况一致。由此可见，我们可用基本结构的计算来代替原结构的计算。

基本结构的约束反力 R_1 为零是确定 Z_1 的控制条件。为了建立求解 Z_1 的方程，根据叠加原理，将图 7-1（d）分解为图 7-2（a）、（b）所示两种情况：在图 7-2（a）中，仅有荷载作用于基本结构，约束 1 处产生约束反力 R_{1P}；在图 7-2（b）中，强使基本结构附加约束 1 处发生转角 Z_1，约束 1 处产生约束反力 R_{11}，因 R_1 应等于零，故有

$$R_{11}+R_{1P}=0$$

设以 r_{11}表示 Z_1 为单位转角（$\overline{Z}_1=1$）时附加约束 1 处产生的约束反力，则有 $R_{11}=r_{11}Z_1$。代入上式得

$$r_{11}Z_1+R_{1P}=0$$

此方程称为位移法方程，用来求解基本未知量 Z_1。式中系数 r_{11}和自由项 R_{1P}的方向都规定与Z_1 方向相同为正，故 r_{11}必为正值。为了求得 r_{11}和 R_{1P}，可用力法事先计算出图 7-2（a）（b）中各单个杆件的杆端弯矩并画出弯矩图。图 7-2（c）所示为荷载作用时的弯矩图（M_P

图)，图 7-2（d）示 $\overline{Z}_1=1$ 时的弯矩图（$\overline{M}_1$ 图，称为单位弯矩图）。由于这里 r_{11}、R_{1P}都是刚臂给予节点A 的反力偶，我们分别取图 7-2（c)、（d）中的节点 A 为隔离体（图 7-2（e)、(f)）由节点力矩平衡条件得

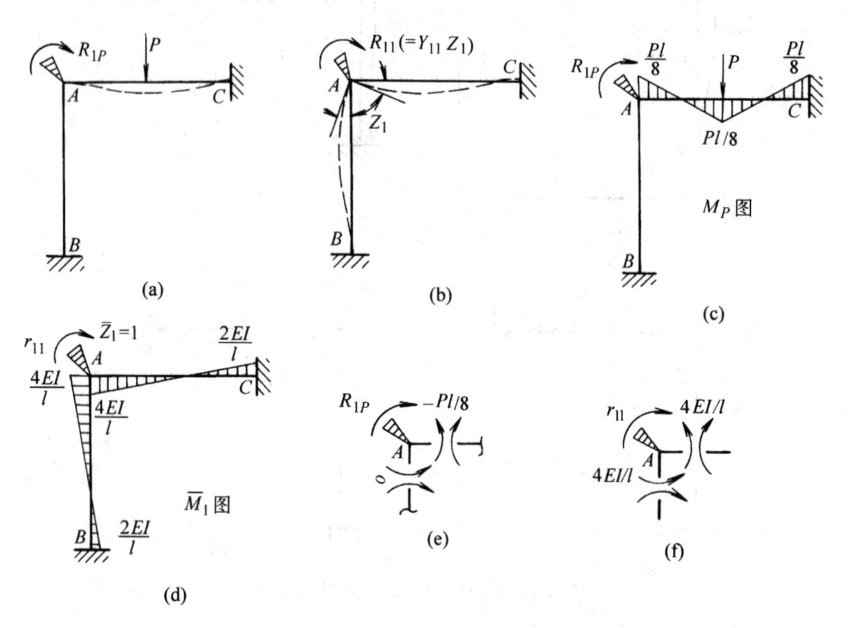

图 7-2　位移法运算过程图示

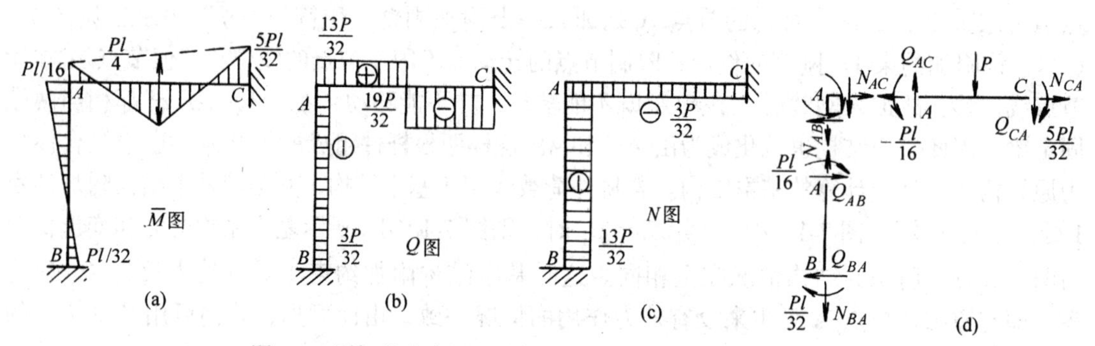

图 7-3　刚架的内力图及计算剪力和轴力时的隔离体受力图

$$R_{1P}=-\frac{Pl}{8}$$

$$r_{11}=\frac{4EI}{l}+\frac{4EI}{l}=\frac{8EI}{l}$$

代入位移法方程得

$$\frac{8EI}{l}Z_1-\frac{Pl}{8}=0$$

故 $$Z_1=\frac{Pl^2}{64EI}$$

求出 Z_1 后，原结构的最后弯矩图可按叠加公式 $M=\overline{M}_1Z_1+M_P$ 求得（图 7-3（a））。既知各杆端弯矩，先后以杆及节点为隔离体，用静力平衡条件可求各杆端剪力和轴力（图 7-3（d）），再进而画出其剪力图（图 7-3（b））及轴力图（图 7-3（c））。

图 7-4（a）所示超静定排架，同样可用上述位移法分析。图 7-4（a）中虚线表示结构在荷载作用下的变形曲线。因 AC、BD 为受弯杆，按前述变形假定，杆两端距离不变。AB 杆形式上为二力杆，它实际上是研究水平荷载下排架柱的弯曲内力时，对柱顶桁架约束作用的简化表示（参考第 1 章 1.2），因此也可不考虑其轴向变形而认为两端距离不变。这样节点 A、B 的水平位移相同，都是 Δ_1，计算时改用 Z_1 表示，此 Z_1 即是用位移法解算此排架的基本未知量。为了获得按位移法计算的基本结构，可在原结构节点 B 处加入一个附加链杆（图 7-4（b）），称附加约束 1，用以限制节点线位移。这时，AC 杆及 BD 杆都相当一端固定另一端铰支的单跨梁，而 AB 杆相当两端铰支的单跨梁，由这三个杆件组成的组合体，即是原结构的基本结构。将荷载作用于基本结构，并强使附加约束 1 处产生水平线位移 Z_1 如图 7-4（c）所示，由于它与原结构受力、变形情况（图 7-4（a））相同，则附加约束 1 处的约束反力 R_1 应等于零。根据叠加原理，将图 7-4（c）分解为图 7-4（d）、（e）所示两种情况，并令 r_{11}表示当 Z_1 为单位位移（$\overline{Z}_1=1$）时附加约束 1 处产生的约束反力。由上述约束反力 R_1 为零的条件，得位移法方程

$$r_{11}Z_1+R_{1P}=0$$

为了求得 r_{11}和 R_{1P}，可用力法事先计算出图 7-4（d）、（f）中各单个杆件的杆端弯矩并进一步求杆端剪力（下面在 7-2 中将专门分析单个杆件在各种情况下的杆端弯矩和剪力，并列表以便查用），然后分别截取图 7-4（d）、（f）中竖杆 A、B 处截面以上部分为隔离体如图 7-5（a）、（b）所示，由剪力平衡条件得

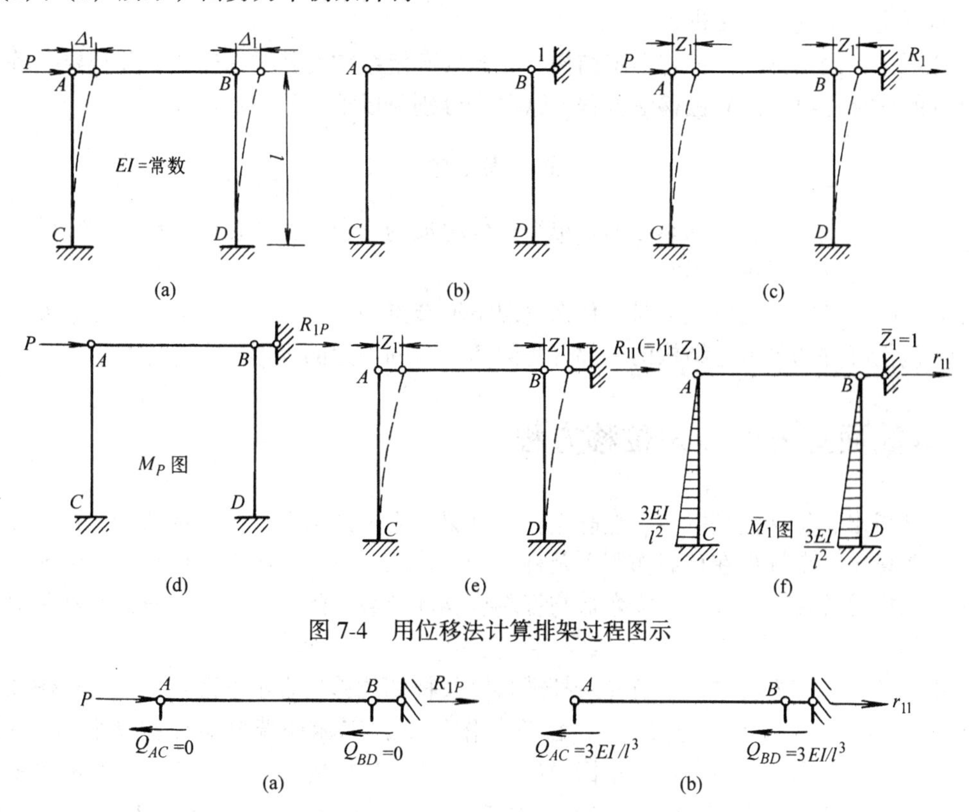

图 7-4 用位移法计算排架过程图示

图 7-5 柱顶 A、B 以上的隔离体图

$$r_{11}=\frac{3EI}{l^3}+\frac{3EI}{l^3}=\frac{6EI}{l^3}$$

代入位移法方程得

$$\frac{6EI}{l^3}Z_1-P=0$$

故 $$Z_1=\frac{Pl^3}{6EI}$$

求出 Z_1 后：可按叠加公式 $M=\overline{M}_1Z_1+M_P$ 求出原排架各柱的杆端弯矩，随后适当地取隔离体，利用平衡条件可求各杆端剪力及任一截面处的内力。若在图 7-4（d）、（f）情况下已绘出了荷载弯矩图和单位弯矩图，便可通过叠加方法绘制最后 M 图。

综上所述，位移法解题的要点如下。(1) 以结构的节点线位移及刚节点的角位移为基本未知量。

(2) 将原结构转化为基本结构，即在原结构中加入附加约束，用刚臂控制刚节点角位移，用附加链杆控制节点线位移，这样既保持了原节点的联结性质，满足同一节点的各杆在该节点处的位移协调；再通过以约束反力为零的条件建立位移法方程，便又满足了静力平衡条件。因此保证了基本结构与原结构的受力及变形一致，所以可用基本结构的计算代替原结构的计算。

(3) 基本结构是单个超静定杆件（梁）组成的组合体，这样就把复杂结构计算的问题转化为简单杆件的分析和综合问题，而对单个超静定杆件在荷载及两端位移情况下杆端力的计算，我们可用已掌握的力法进行。

由此可见，用位移法计算超静定结构，首先要确定结构的基本未知量，并且要熟练掌握单个杆件的计算；再是建立位移法方程，这些将分别在以下各节中加以介绍。

思 考 题

(1) 为什么说位移法的基本结构是单个杆件组成的组合体？它在荷载作用下杆件的杆端有可能产生角位移或线位移吗？

(2) 试问计算附加约束反力时，什么情况下取节点为隔离体，利用力矩平衡条件？什么情况下取包括杆件和节点之结构的一部分为隔离体，利用力的投影平衡条件？

7.2 等截面直杆的转角位移方程

上节已指出，位移法是以单个超静定杆件（梁）组成的组合体为基本结构。在计算过程中，事先要算出各个杆件在荷载作用下及杆端产生转动或移动情况下的杆端弯矩和剪力。为此，下面来推导等截面直杆的杆端弯矩与杆端位移和荷载之间的关系式，通常称这种关系式为转角位移方程

在推导转角位移方程之前，首先对杆端弯矩及杆端位移的表示方法及其正负号作如下统一规定：图 7-6（a）所示单跨梁 AB，在荷载作用下，实际杆端弯矩如图 7-6（b）所示，M_{AB}表示 AB 杆 A 端的杆端弯矩，角标 AB 表示该弯矩所属的杆，其中前一个角标表示该弯矩所在的杆端，所以 B 端的弯矩则用 M_{BA} 表示。至于它们的正负号，规定杆端弯矩对杆端以顺时针方向为正，即对支座或节点以逆时针方向为正，所以图 7-6（b）中 M_{AB} 为负，

M_{BA}为正。图 7-7 示一刚架或连续梁中的杆件 AB，它承受荷载且其两端发生了位移。因为不考虑剪切变形的影响；杆轴挠曲线上某点之切线的倾角 φ 便等于该点横截面的转角。设以 φ_A、φ_B 分别表示 A、B 端的转角，以顺时针转动为正。又根据前述"受弯直杆两端之间的距离在变形后仍保持不变"的假定，杆件两端的水平位移必然相等，即 $u_A = u_B$。v_A，v_B 分别表示 A，B 端的竖向位移。$\Delta_{AB} = v_B - v_A$ 称为 A、B 两端的相对线位移，使杆件顺时针转动时为正。下面可以看到，杆端弯矩 M_{AB}、M_{BA} 是由 φ_A、φ_B、Δ_{AB} 和作用于杆上的原有荷载所决定的。在转角位移方程中，也常用 $\beta_{AB} = \Delta_{AB}/l$ 表示杆端的相对位移（参见图 7-7），β 称为弦转角，以使杆顺时针转动时为正。

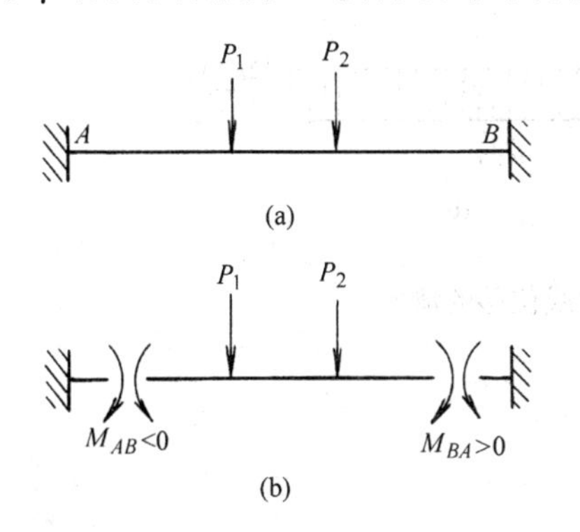

图 7-6　杆端弯矩正负号之规定

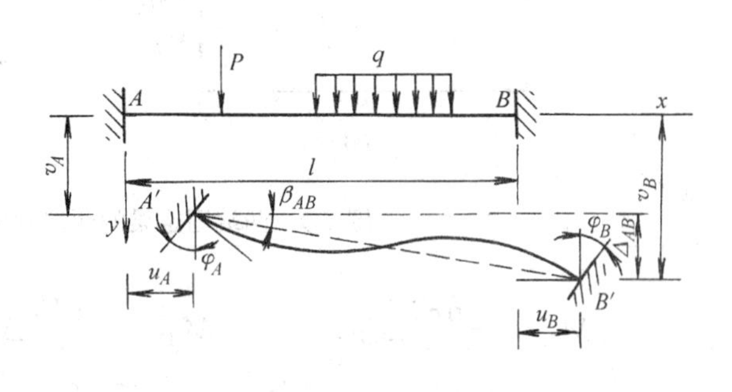

图 7-7　杆端位移正负号之规定

为了导出等截面直杆的转角位移方程，下面先讨论几种特殊情形。

一、两端固定梁的一端发生转动的情形

设 A 端顺时针方向转动 φ_A，而 B 端不动（图 7-8（a）），用力法求得其内力图，如图 7-8（b）所示。在两端有

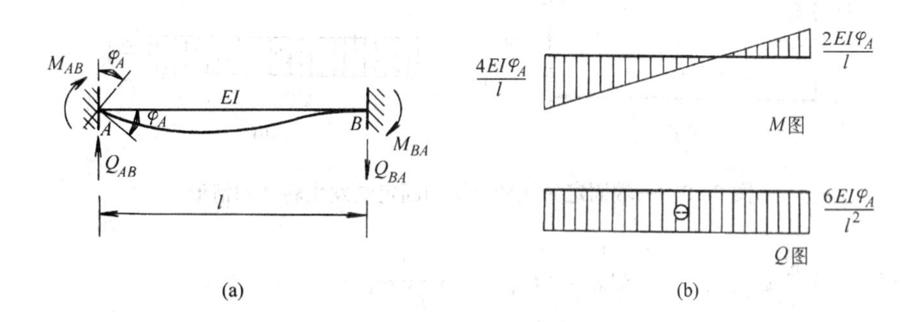

图 7-8　两端固定梁的一端发生转动的情形

$$M_{AB} = \frac{4EI}{l}\varphi_A, \qquad M_{BA} = \frac{2EI}{l}\varphi_A$$

$$Q_{AB} = -\frac{6EI}{l^2}\varphi_A, \qquad Q_{BA} = -\frac{6EI}{l^2}\varphi_A$$

同理，若 AB 杆的 A 端不动，B 端顺时针转动 φ_B，则类似可得

$$M_{AB} = \frac{2EI}{l}\varphi_B, \qquad M_{BA} = \frac{4EI}{l}\varphi_B$$

$$Q_{AB} = -\frac{6EI}{l^2}\varphi_B, \qquad Q_{BA} = -\frac{6EI}{l^2}\varphi_B$$

二、两端固定梁的两端发生相对线位移的情形（图 7-9（a））

用力法求得其内力图如图 7-9（b）所示。在两端有

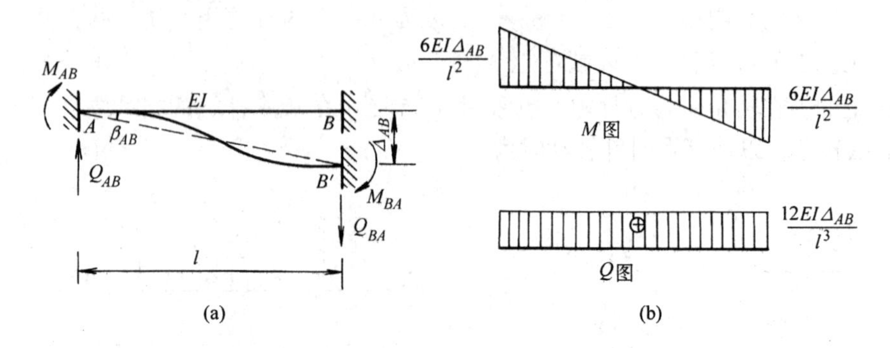

图 7-9　两端固定梁的两端发生相对线位移的情形

$$M_{AB} = -\frac{6EI}{l^2}\Delta_{AB}, \qquad M_{BA} = -\frac{6EI}{l^2}\Delta_{AB}$$

$$Q_{AB} = \frac{12EI}{l^3}\Delta_{AB}, \qquad Q_{BA} = \frac{12EI}{l^3}\Delta_{AB}$$

三、一端固定另端铰支梁的固定端发生转动的情形（图 7-10（a））

用力法求得其内力图，如图 7-10（b）所示。有

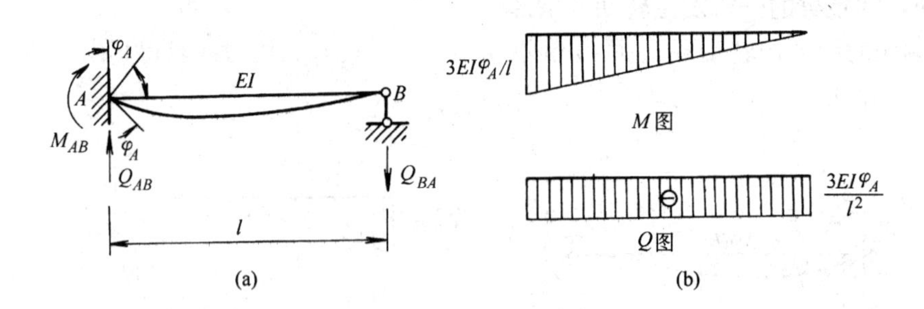

图 7-10　一端固定另端铰支梁的固定端发生转动的情形

$$M_{AB} = 3\frac{EI}{l}\varphi_A, \qquad Q_{AB} = Q_{BA} = -3\frac{EI}{l^2}\varphi_A$$

$$M_{BA} = 0$$

四、一端固定另端铰支梁的两端发生相对线位移的情形（图 7-11（a））

用力法求得其内力图，如图 7-11（b）所示。有

$$M_{AB} = -\frac{3EI}{l^2}\Delta_{AB}, \quad Q_{AB} = Q_{BA} = \frac{3EI}{l^3}\Delta_{AB}$$

$$M_{BA} = 0$$

五、一端固定另端定向支承梁的固定端发生转动的情形（图 7-12（a））

用力法求得弯矩图，如图 7-12（b）所示，在两端有

$$M_{AB}=\frac{EI}{l}\varphi_A,\qquad M_{BA}=-\frac{EI}{l}\varphi_A$$

六、两端固定梁　一端固定另端铰支梁以及一端固定另端定向支承梁分别承受荷载作用的情形（图 7-13（a）、（b）、（c））

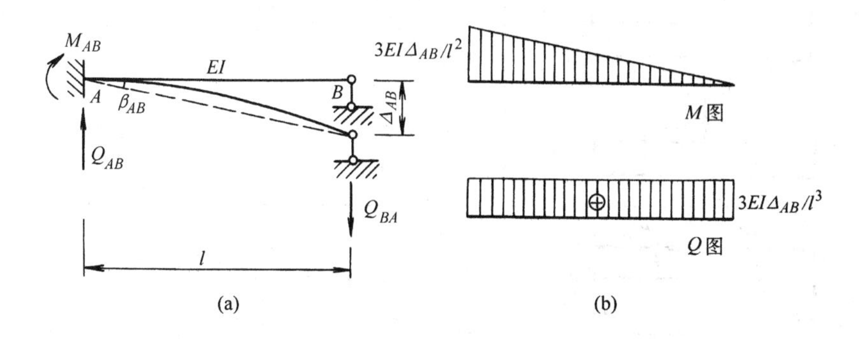

图 7-11　一端固定另端铰支梁的两端发生相对线位移的情形

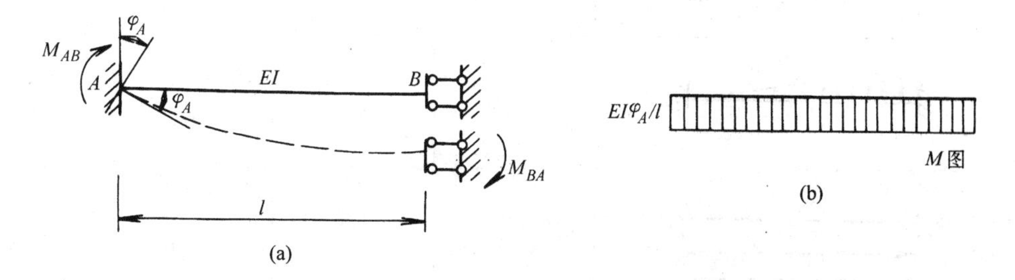

图 7-12　一端固定另一端为定向支承梁固定端处发生转动的情形

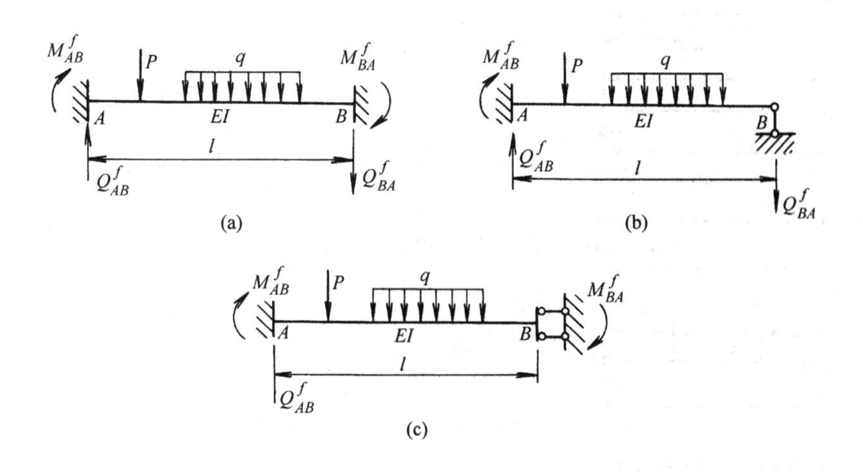

图 7-13　两种梁承受荷载的情形

图 7-13 所示三种情形的杆端弯矩和杆端剪力称固端弯矩和固端剪力（分别用 M_{AB}^f 和 Q_{AB}^f 等符号表示），按力法进行计算，它们在不同荷载作用下的值列于表 7-1 中。

表 7-1　等截面直杆的固端弯矩和剪力

编号	简　图	固端弯矩		固端剪力	
		M^f_{AB}	M^f_{BA}	Q^f_{AB}	Q^f_{BA}
1	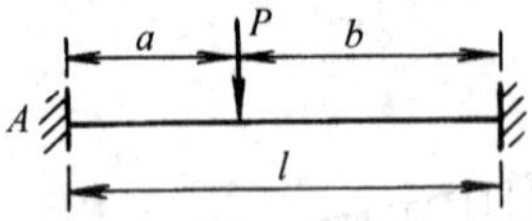 A a P b l	$-\frac{Pab^2}{l^2}$	$\frac{Pa^2b}{l^2}$	$\frac{Pb^2(1+2a)}{l^3}$	$-\frac{Pa^2(1+2b)}{l^3}$
2	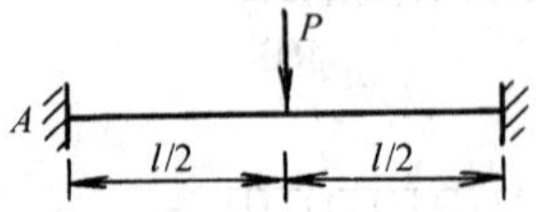 A P l/2 l/2	$-\frac{Pl}{8}$	$\frac{Pl}{8}$	$\frac{P}{2}$	$-\frac{P}{2}$
3	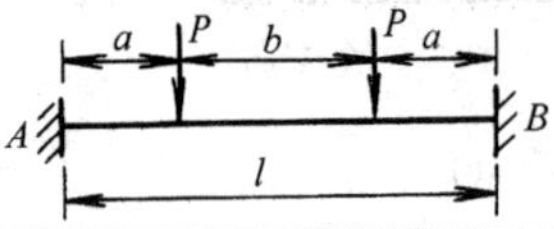 A a P b P a B l	$-Pa(1-\frac{a}{l})$	$Pa(1-\frac{a}{l})$	P	$-P$
4	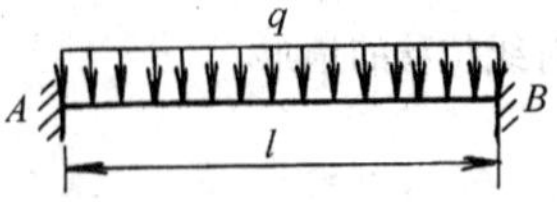 A q B l	$-\frac{1}{12}ql^2$	$\frac{1}{12}ql^2$	$\frac{1}{2}ql$	$-\frac{1}{2}ql$
5	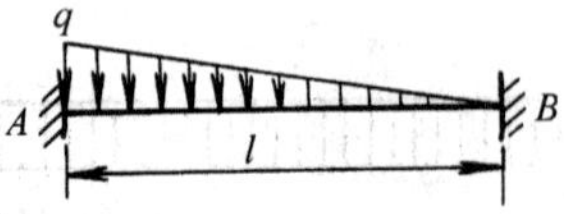 A q B l	$-\frac{1}{20}ql^2$	$\frac{1}{30}ql^2$	$\frac{7}{20}ql$	$-\frac{3}{20}ql$
6	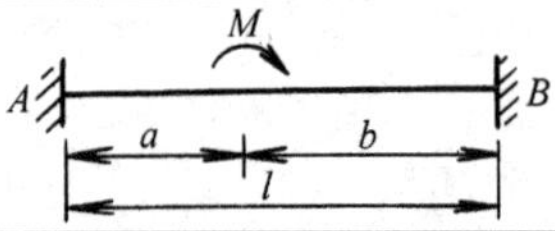 A M B a b l	$M\frac{b(3a-l)}{l^2}$	$M\frac{a(3b-l)}{l^2}$	$-M\frac{6ab}{l^3}$	$-M\frac{6ab}{l^3}$
7	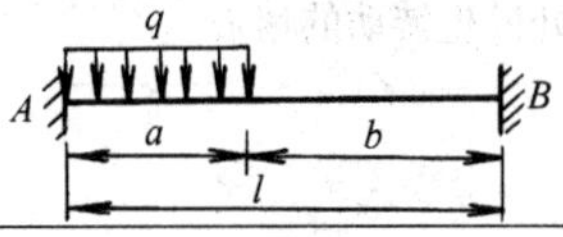 A q B a b l	$-\frac{qa^2}{12l^2}(6l^2-8la+3a^2)$	$\frac{qa^3}{12l^2}(4l-3a)$	$\frac{qa}{2l^3}(2l^3-2la^2+a^3)$	$-\frac{qa^3}{2l^3}(2l-a)$
8	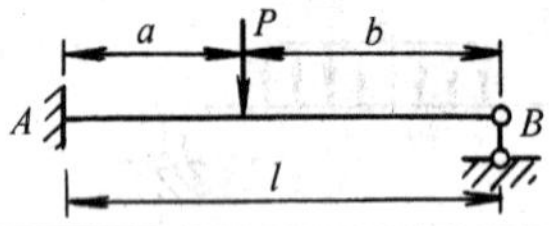 A a P b B l	$-\frac{Pab(l+b)}{2l^2}$	0	$\frac{Pb(3l^2-b^2)}{2l^3}$	$\frac{Pa^2(2l+b)}{2l^3}$
9	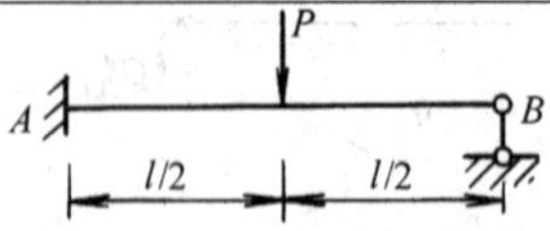 A P B l/2 l/2	$-\frac{3Pl}{16}$	0	$\frac{11P}{16}$	$-\frac{5P}{16}$
10	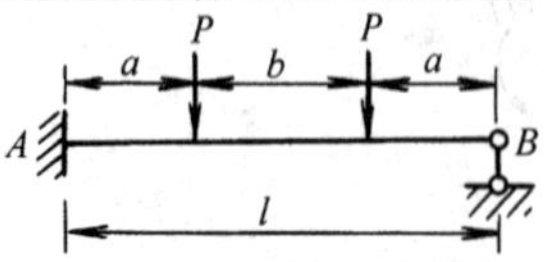 A a P b P a B l	$-\frac{3Pa}{2}(1-\frac{a}{l})$	0	$\frac{P}{2}(2+\frac{3a^2}{l^2})$	$-\frac{P}{2}(2+\frac{3a^2}{l^2})$
11	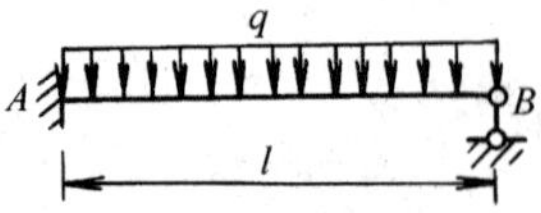 A q B l	$-\frac{1}{8}ql^2$	0	$\frac{5}{8}ql$	$-\frac{3}{8}ql$
12	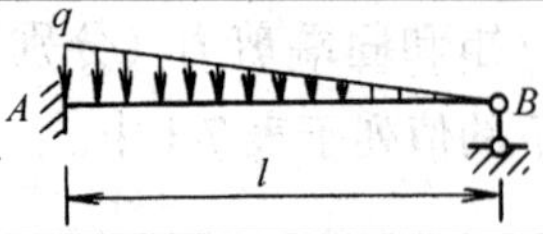 A q B l	$-\frac{1}{15}ql^2$	0	$\frac{4}{10}ql$	$-\frac{1}{10}ql$

（续）

编号	简　　图	固端弯矩		固端剪力	
		M_{AB}^f	M_{BA}^f	Q_{AB}^f	Q_{BA}^f
13	A q B l	$-\frac{7}{120}ql^2$	0	$\frac{9}{40}ql$	$-\frac{11}{40}ql$
14	A M B a b l	$M\frac{l^2-3b^2}{2l^2}$	0	$-M\frac{3(l^2-b^2)}{2l^3}$	$-M\frac{3(l^2-b^2)}{2l^3}$
15	a P b A B l	$-\frac{Pa(l+b)}{2l}$	$-\frac{Pa^2}{2l}$	P	0
16	P A B l/2 l/2	$-\frac{3Pl}{8}$	$-\frac{Pl}{8}$	P	0
17	q A B l	$-\frac{1}{3}ql^2$	$-\frac{1}{6}ql^2$	ql	0
18	q A B l	$-\frac{1}{8}ql^2$	$-\frac{1}{24}ql^2$	$\frac{1}{2}ql$	0
19	q A l B	$-\frac{5}{24}ql^2$	$-\frac{1}{8}ql^2$	$\frac{1}{2}ql$	0
20	M A a b B l	$-M\frac{b}{l}$	$-M\frac{a}{l}$	0	0
21	q A B a b l	$-\frac{qa^2}{6l}(3l-a)$	$-\frac{qa^3}{6l}$	qa	0

当超静定梁承受荷载、支座位移的共同作用时，可以将以上结果进行叠加求得。

对于两端固定梁（图 7-14（a））：

$$\left.\begin{aligned} M_{AB}&=4i\varphi_A+2i\varphi_B-6i\frac{\Delta_{AB}}{l}+M_{AB}^f \\ M_{BA}&=4i\varphi_B+2i\varphi_A-6i\frac{\Delta_{AB}}{l}+M_{BA}^f \end{aligned}\right\} \tag{7-1}$$

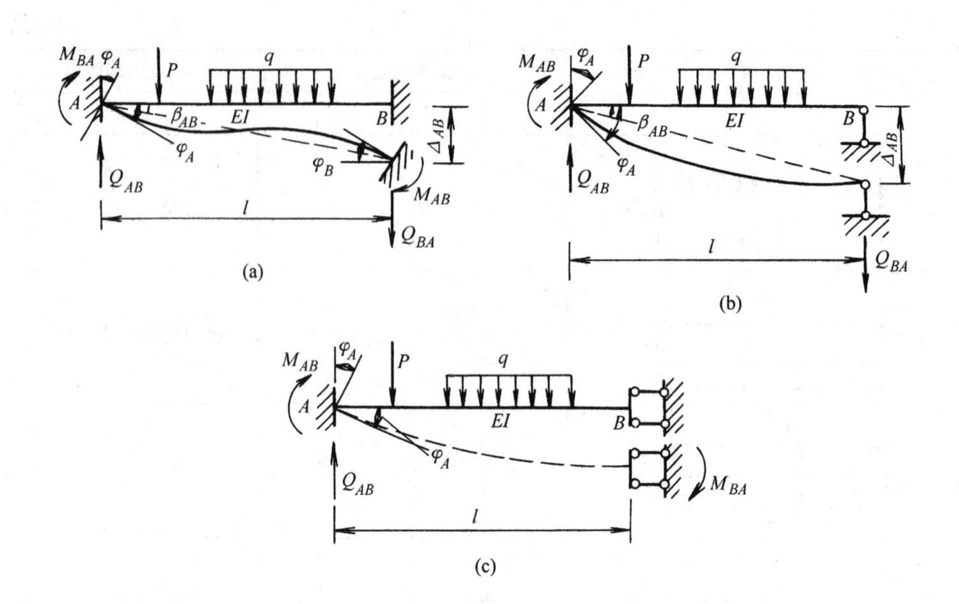

图 7-14　等截面直杆的转角位移方程之图示

式中 $i=\dfrac{EI}{l}$ 称为杆件的线刚度。

对于一端固定另端铰支梁（图 7-14（b）），有

$$\left.\begin{aligned}M_{AB}&=3i\varphi_A-3i\beta_{AB}+M_{AB}^f\\M_{BA}&=0\end{aligned}\right\}\tag{7-2}$$

对于一端固定另端定向支承梁（图 7-14（c）），有

$$\left.\begin{aligned}M_{AB}&=i\varphi_A+M_{AB}^f\\M_{BA}&=-i\varphi_A+M_{BA}^f\end{aligned}\right\}\tag{7-3}$$

式（7-1）、式（7-2）及式（7-3）就是等截面直杆的转角位移方程。当以上各式中，无固端弯矩项时，也常称为杆件的刚度方程。

需强调指出的是，式（7-1）至式（7-3）虽然是根据上述三种单跨梁推导出来的，但它们同样可应用于刚架中承受有一定轴力的杆件。这是因为我们将所研究的问题局限于轴力不很大（如为压力，应显著地低于杆件失稳的最小临界力）和小挠度的范畴，可以不考虑轴力和弯曲内力、弯曲变形之间相互影响的缘故。

思　考　题

（1）试用力法推导出两端固定梁的刚度方程。

（2）设图 7-14（b）中梁的 A 端为铰支，并下沉 Δ_{AB}，B 端为固定，并沿顺时针转动了 φ_B，试利用式（7-2）写出杆端弯矩表达式。

（3）试求图 7-15 所示梁的弯矩图。

（4）图端力的表格 7-1，为何可应用于刚架中的拉压—弯曲杆件？

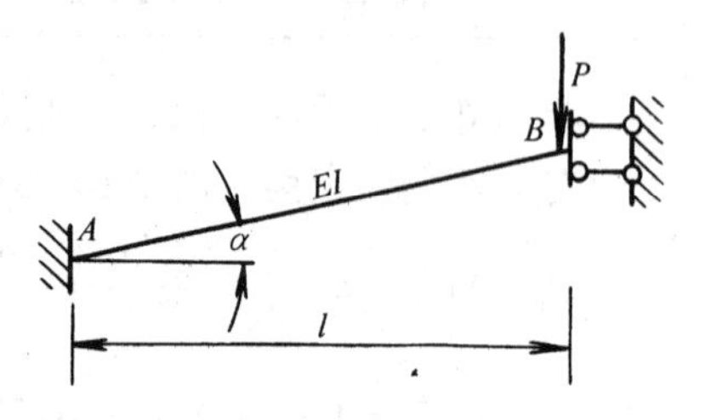

图 7-15　思考题（3）图

7.3 基本未知量数目的确定

位移法是以节点位移为基本未知量，计算时首先要确定基本未知量的个数，亦即确定节点位移的数目。节点位移分节点角位移及节点线位移两类，前者系指刚节点的角位移，后者指刚节点或铰节点的线位移。节点的角位移可由刚节点的数目直接确定，即有几个刚节点就有几个节点的角位移。

"受弯直杆两端之间的距离在变形后保持不变"的假定，是我们确定独立节点线位移数目的依据。如图 7-1（a）所示结构中，根据上述假定，仅有节点角位移 φ_A，又如图 7-2（a）所示结构中，只有一个独立的节点线位移 Δ_1，这是两个较简单的例子。在一般情况下，结构不只一个节点，而且刚节点不仅有角位移，同时还有线位移，如何确定这些情况下节点位移的数目，下面举例说明。

图 7-16（a）所示刚架，有 C、D 两个刚节点，因此有两个节点角位移。该刚架有无节点线位移？我们根据各直杆长度不变的假定，从两个不动点 E、A 出发用 EC、AC 直杆联出的节点 C，是不能移动的。同样，再由不动点 B、C 出发，用 CD、BD 直杆联出的节点 D 也是不能移动的。所以，图 7-16（a）所示刚架无节点线位移，故全部基本未知量只有两个，即 φ_C、φ_D。图 7-16（b）为其基本结构。

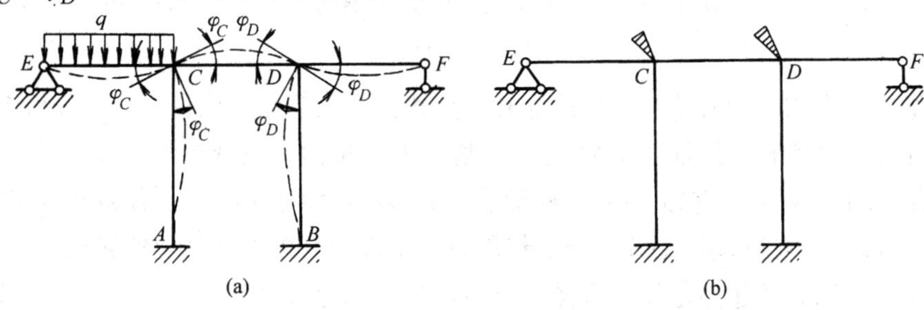

图 7-16 具有两个节点角位移的刚架

图 7-17（a）所示刚架，有 C、D 两个刚节点，故有两个节点角位移。再根据各直杆长度不变的假定知：节点 C、D 都没有竖向线位移，只有水平线位移，而且 C、D 两点的水平线位移彼此相等，因此可归结为只有一个独立节点线位移 Δ。全部基本未知量共有三个，即 φ_C、φ_D 及 Δ。图 7-17（b）为其基本结构。

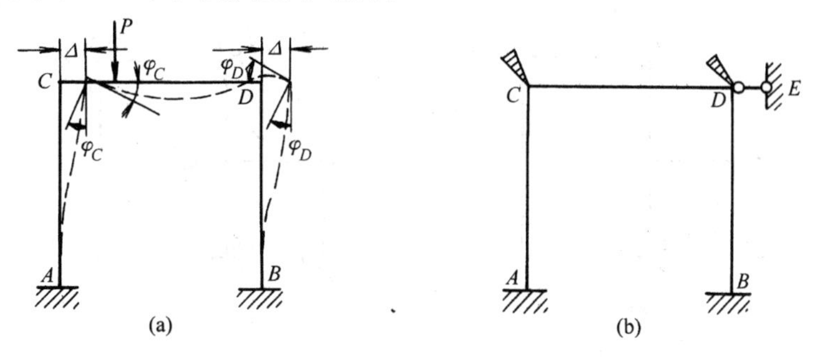

图 7-17 具有两个节点角位移及一个节点线位移的刚架

确定基本未知量的数目也可与选定位移法的基本结构结合起来进行，因为将原结构转化为基本结构，应在每一个刚节点上加入附加刚臂以阻止其转动，因此有几个刚节点就应加入几个附加刚臂。此外还需加入一定数量的附加链杆以阻止各节点线位移，因此有几个独立节点线位移，就需加入几个附加链杆。由此可见，位移法中基本未知量的数目，就等于基本结构上所具有附加约束的数目。例如图 7-16（a）所示刚架，有两个刚节点，需加入两个附加刚臂以阻止它们的转动，但无节点线位移，无需加附加链杆，其基本结构（图 7-16（b））具有两个附加约束，故有两个基本未知量。如图 7-17（a）所示刚架，有两个刚节点，需加入两个刚臂，如图 7-17（b），又因为 C、D 点可以水平移动，若在 D 点沿可能位移的方向加入一个附加链杆 DE，则 D 点即成为不动点，随之 C 点也成为不动点，可见加入一个附加链杆，即可使其中所有节点不产生线位移。总括以上，图 7-17（b）所示基本结构，共具有三个附加约束，故有三个基本未知量。依照此法，不难判断图 7-18（a）所示刚架，需加入二个附加刚臂，一个附加链杆，其基本结构如图 7-18（b）所示，故有三个基本未知量。而图 7-19（a）所示刚架，需加入四个附加刚臂，两个附加链杆（图 7-19（b）），故有六个基本未知量。

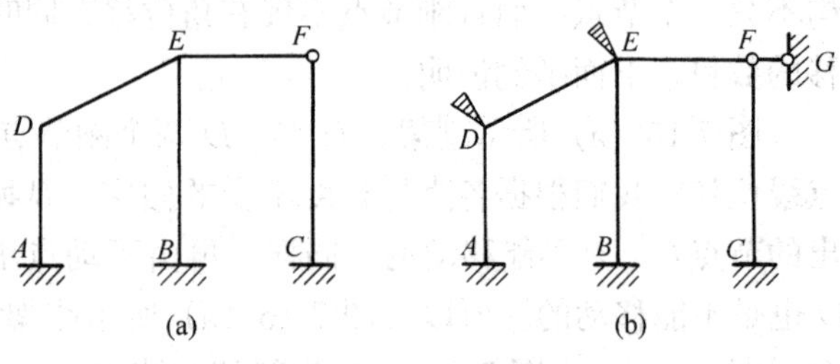

图 7-18　具有两个节点角位移及一个节点线位移的刚架

顺便指出，在结构中有些节点虽然也有节点角位移或节点线位移，由于分析内力时可以不需要先计算出该位移，因而不必将它列入基本未知量内，以减少计算工作量。如图 7-20（a）所示结构中，对联结 CD 与 DE 杆而言，D 节点为刚节点，也有转角位移，但由于 CDE 部分可以转化为 D 端铰支并在端部作用有已知外力（可根据静定外伸段 DE 上的荷载，利用平衡条件求出）的超静定梁，这样，便不需以 D 节点的角位移为基本未知量，而该结构的基本未知量就只有 C 节点的角位移 φ_C 和水平线位移 Δ_C 了。又如图 7-20（b）所示结构中，EF 附属部分为一静定简支梁，由其上荷载所致的作用于 BD 杆之 E 处的外力，先利用平衡条件求出后，可径直以 BD 视作基本结构中的一个杆件，所以分析此结构内力时，不需计算 E 节点的角位移及线位移，因而不作为基本未知量。同理，图 7-20（c）所示结构中只有 C 节点角位移及水平线位移共两个基本未知量。

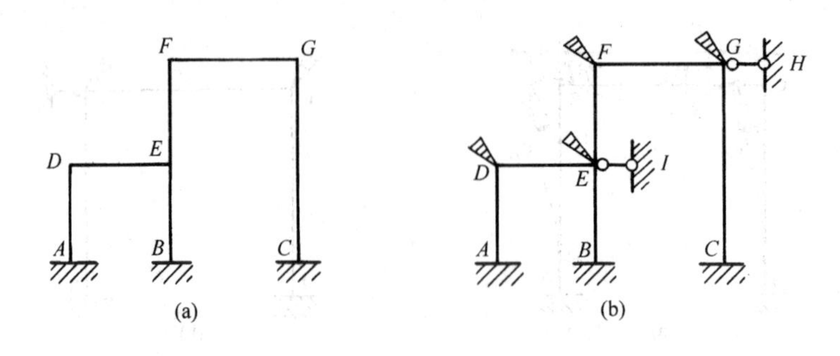

图 7-19　具有 4 个节点角位移及 2 个节点线位移的刚架

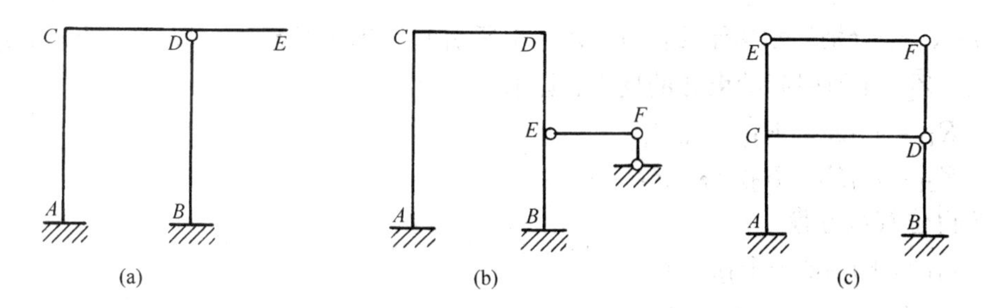

图 7-20　可减少基本未知量的几种情形

思　考　题

（1）用位移法计算超静定结构的内力，是否与超静定次数有关?

（2）图 7-18（a）所示刚架的基本未知量为三个，试问：若同时取铰节点 F 处杆端的角位移为基本未知量是否可以？应怎样分析?

（3）图 7-17（a）所示结构，如果考虑各杆的轴向变形，其基本未知量为几个?

7.4　位移法的典型方程及计算步骤

在 7.1 中，曾用具有一个基本未知量的结构作为例子说明位移法的概念。现在要讨论在位移法中，对于具有多个基本未知量的结构，如何建立求解所有基本未知量的典型方程。

图 7-21（a）所示刚架，有一个节点角位移 Z_1 和一个独立节点线位移 Z_2，共两个基本未知量。取基本结构如图 7-21（b）所示（为叙述方便，图中附加刚臂称附加约束 1，附加链杆称附加约束 2）。为了使基本结构的变形和受力情况与原结构相同，除了将原荷载作用于基本结构外，还必须强使附加约束处产生与原结构相同的位移（图 7-21（c））。此时，基本结构的两个附加约束处的约束反力 R_1、R_2 都应等于零。由这两个条件，可建立求解 Z_1、Z_2 的方程。

设由 Z_1、Z_2 及荷载分别作用时，所引起附加约束 1 的反力分别为 R_{11}、R_{12}及 R_{1P}所引起附加约束 2 的反力分别为 R_{21}、R_{22}及 R_{2P}（这里每两个角标中，第一个表示该反力所属的约束，第二个表示引起该反力的原因）。根据叠加原理，上述两个条件可写成

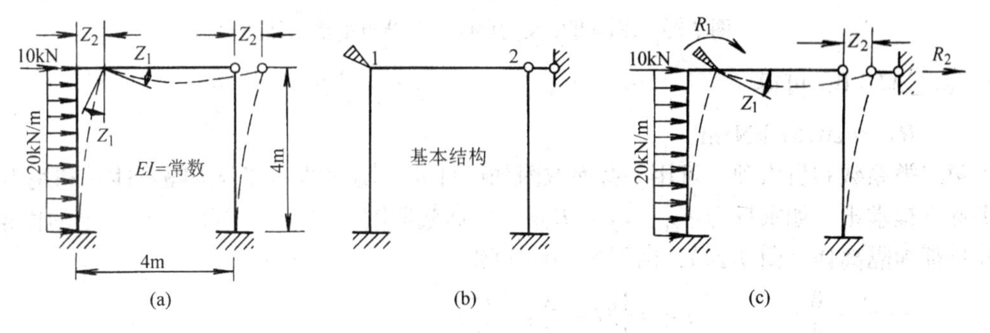

图 7-21　用位移法计算图示刚架

$$R_1 = R_{11} + R_{12} + R_{1P} = 0$$
$$R_2 = R_{21} + R_{22} + R_{2P} = 0$$

又设以 r_{11}、r_{12}分别表示由于 $\overline{Z}_1=1$、$\overline{Z}_2=1$ 所引起约束 1 的反力；以 r_{21}、r_{22}分别表示由于 $\overline{Z}_1=1$、$\overline{Z}_2=1$ 所引起约束 2 的反力，则有

$$R_{11}=r_{11}Z_1,\quad R_{12}=r_{12}Z_2$$

$$R_{21}=r_{21}Z_1,\quad R_{22}=r_{22}Z_2$$

代入上式得位移法方程

$$\left.\begin{aligned}r_{11}Z_1+r_{12}Z_2+R_{1P}=0\\ r_{21}Z_1+r_{22}Z_2+R_{2P}=0\end{aligned}\right\}\tag{7-4}$$

为了求方程式中的系数和自由项，利用式（7-1)、式（7-2)、式（7-3）及表 7-1 分别绘出基本结构由于 $\overline{Z}_1=1$ 时的弯矩图—— $\overline{M}_1$ 图（图 7-22（a))、$\overline{Z}_2=1$ 时的弯矩图—— $\overline{M}_2$ 图（图 7-22（b)）和荷载作用下的弯矩图—— M_P（图 7-22（c))；然后取隔离体利用静力平衡条件求出各系数及自由项。它们可分为两类：附加刚臂上的反力偶和附加链杆上的反力。对于第一类系数和自由项，应取刚臂所在节点为隔离体，利用力矩平衡方程求出。例如求反力偶 r_{11}、r_{12}、R_{1P}，分别取图 7-22（a)、(b)、(c）中刚架的 B 节点为隔离体（图 7-

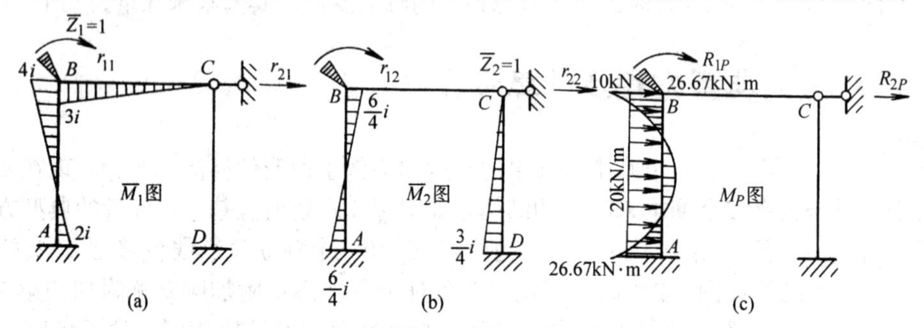

图 7-22　基本结构上由于 $\overline{Z}_1=1$、$\overline{Z}_2=1$ 及荷载作用下的弯矩图

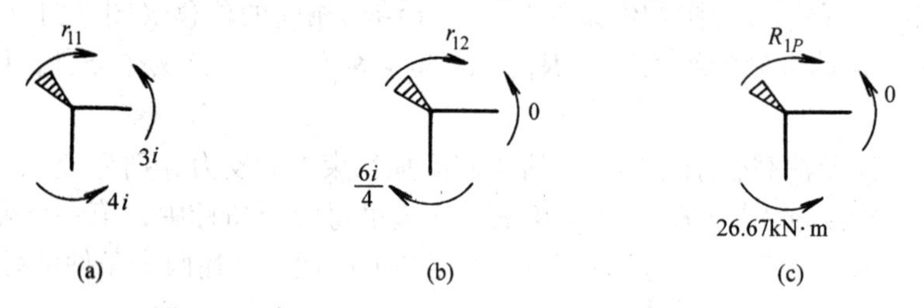

图 7-23　求刚臂中反力偶时，B 节点的隔离体图

23)，由 $\sum M=0$，可得　　　$r_{11}=7i$，　　　$r_{12}=-\dfrac{6}{4}i$

$$R_{1P}=26.67\ \text{kN·m}$$

对于第二类系数和自由项，可用一截面取附加链杆所在刚架的一部分为隔离体，利用力的投影平衡方程求出。如求反力 r_{21}、r_{22}、R_{2P}，分别截取图 7-22（a)、(b)、(c）中的横梁 BC 及柱顶部为隔离体（图 7-24)，由 $\sum X=0$，可得

$$r_{21}=-\frac{6}{4}i,\qquad r_{22}=\frac{12}{16}i+\frac{3}{16}i=\frac{15}{16}i$$

$$R_{2P}=-50\ \text{kN}$$

将以上各值代入式(7-4),得

$$7iZ_1-\frac{6}{4}iZ_2+26.67=0$$

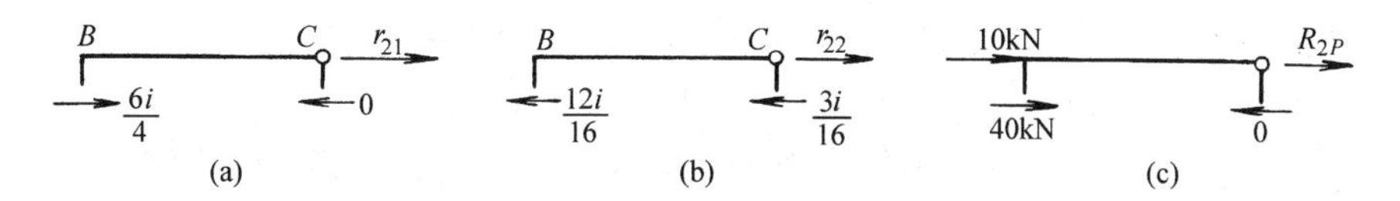

图 7-24　柱顶 BC 以上部分隔离体图

$$-\frac{6}{4}iZ_1+\frac{15}{16}iZ_2-50=0$$

解以上联立方程，求得

$$Z_1=\frac{4\ 266.40}{368i},\qquad Z_2=\frac{9\ 919.84}{138i}$$

最后，按照 $M=Z_1\overline{M}_1+Z_2\overline{M}_2+M_P$ 可作出最后弯矩图如图 7-25 所示。

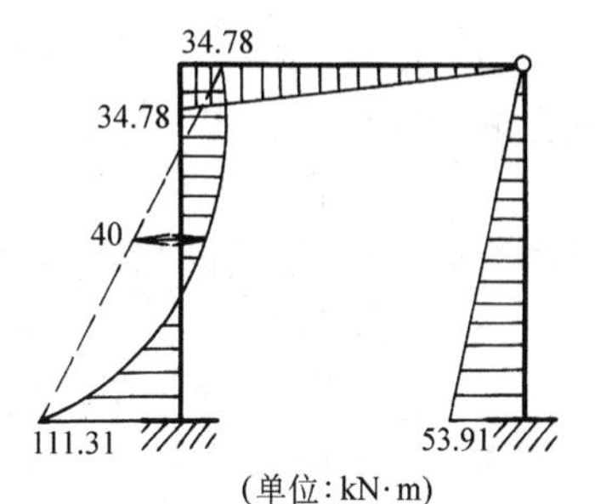

图 7-25　图 7-21 所示刚架的弯矩图

以上用具有两个基本未知量的刚架为例，说明了位移法方程的建立及计算过程。从中可以看出，位移法方程的物理含义是表示基本结构在基本未知量 Z_1、Z_2 及荷载共同作用下，每个附加约束中的总反力为零，它们也就是静力平衡条件。如式（7-4）中的第一式表示附加刚臂上的总反力偶为零，因此，汇交于该节点的原结构各杆的杆端弯矩自然互相平衡；第二式表示附加链杆上的总反力为零，可理解为在截取原结构各竖柱顶端以上部分的隔离体中，各竖柱的剪力应与隔离体上的全部荷载的水平分力维持平衡（常简称为满足截面平衡方程）。所以，位移法方程实质上就是静力平衡方程。由此可知，有几个基本未知量，即有几个附加约束，也就有几个相应的平衡方程。

当结构具有 n 个基本未知量，根据上述物理意义，参照式（7-4）容易写出位移法的典型方程

$$\left.\begin{aligned}&r_{11}Z_1+r_{12}Z_2+\cdots+r_{1n}Z_n+R_{1p}=0\\&r_{21}Z_1+r_{22}Z_2+\cdots+r_{2n}Z_n+R_{2p}=0\\&\cdots\cdots\cdots\cdots\cdots\cdots\cdots\cdots\cdots\cdots\\&r_{n1}Z_1+r_{n2}Z_2+\cdots+r_{nn}Z_n+R_{np}=0\end{aligned}\right\}\tag{7-5}$$

式中系数 r_{ik} 表示强使附加约束 k 发生单位位移时，在约束 i 处所产生的约束反力，称为刚度影响系数。系数 r_{ii}（角标相同）称主系数，其他系数 r_{ik}（$i\neq k$）称副系数。它们的正负号规定为：当与所属附加约束之假设的转（移）动方向一致时为正，反之为负。容易看出，r_{ii}的方向与所设位移 $\overline{Z}_i=1$ 的方向相同，故恒为正；而副系数 r_{ik} 和自由项 R_{iP}，则要看其方向与所设位移 $\overline{Z}_i=1$ 的方向是否一致而分别为正号、负号或为零。由反力互等定理有

$$r_{ik}=r_{ki}$$

运用此互等关系，可以减轻副系数的计算工作量，或用以进行校核。

根据以上所述，用位移法计算超静定结构的步骤可归纳如下：

（1）确定基本未知量，选取基本结构（两者可同时进行）；

（2）将原荷载作用于基本结构，并令附加约束处产生与原结构相同的位移，然后根据每个约束处的总反力为零的条件，写出位移法的典型方程；

（3）绘出单位弯矩图 $\overline{M}_i$ 和荷载弯矩图 M_P，由基本结构适当地选取隔离体，利用平衡条件求出各系数和自由项；

（4）解算典型方程，求出各基本未和量 Z_1，Z_2，…，Z_n；

（5）按照 $M = Z_1\overline{M}_1 + Z_2\overline{M}_2 + \cdots + Z_n\overline{M}_n + M_P$ 叠加得出最后弯矩图；

（6）在最后弯矩图的控制点处将结构切开成若干个杆件，按隔离体平衡条件求杆端剪力，绘制剪力图，然后取节点隔离体，按平衡条件求杆端轴力，绘制轴力图。

思 考 题

（1）在前面位移法的典型方程中，有节点的力矩平衡方程和截面平衡方程，没有用到节点上的力的投影方程。试问若同时列出这方面的投影方程其结果如何？

（2）用位移法解具有多个未知量的超静定刚架时，如何综合考虑平衡条件和变形条件，这两方面条件是怎样得到满足的。

（3）位移法典型方程右端是否恒为零？如不是，那么什么情况下不为零？

（4）在位移法中，能否不通过施加附加约束的方法，直接取原结构的一部分或一节点为隔离体建立求解基本未知量的方程？

7.5 位移法应用举例

例 7-1 试用位移法计算图 7-26（a）所示刚架。

【解】 此刚架具有 B、C 两个刚节点，无节点线位移，故有两个基本未知量，基本结构如图 7-26（b）所示。

根据基本结构每个约束总反力为零的条件，可建立位移法典型方程，即

$$r_{11}Z_1 + r_{12}Z_2 + R_{1P} = 0$$
$$r_{21}Z_1 + r_{22}Z_2 + R_{2P} = 0$$

为了计算方程中的系数和自由项，利用式（7-1）、式（7-2）绘出单位弯矩图 $\overline{M}_1$ 图、$\overline{M}_2$ 图，并利用表 7-1 绘出 M_P 图，如图 7-26（c）、（d）、（e）所示（在 $\overline{M}_1$、$\overline{M}_2$ 的竖标值中，“EI”前的乘数含有单位$\frac{1}{m}$，为表达简单起见，在这些图上及以下运算中，单位$\frac{1}{m}$未表示出来）。由于这些系数和自由项，都是各附加刚臂上的反力偶，故取节点 B、C 为隔离体，利用力矩平衡条件 $\sum M = 0$ 求出。现分别计算如下。

由 $\overline{M}_1$ 图得

$$r_{11} = EI + 2EI = 3EI$$
$$r_{21} = r_{12} = EI$$

由 $\overline{M}_2$ 图得

$$r_{22} = 2EI + 1.5EI + EI = 4.5EI$$

由 M_P 图得

$$R_{1P} = -10 - 26.67 = -36.67\ \text{kN}\cdot\text{m}$$
$$R_{2P} = 26.67 - 30 = -3.33\ \text{kN}\cdot\text{m}$$

将求得的各系数和自由项代入以上位移法方程，得

$$3EIZ_1 + EIZ_2 - 36.67 = 0$$
$$EIZ_1 + 4.5EIZ_2 - 3.33 = 0$$

解以上方程，得

$$Z_1 = \frac{12.93}{EI}, \qquad Z_2 = \frac{-2.13}{EI}$$

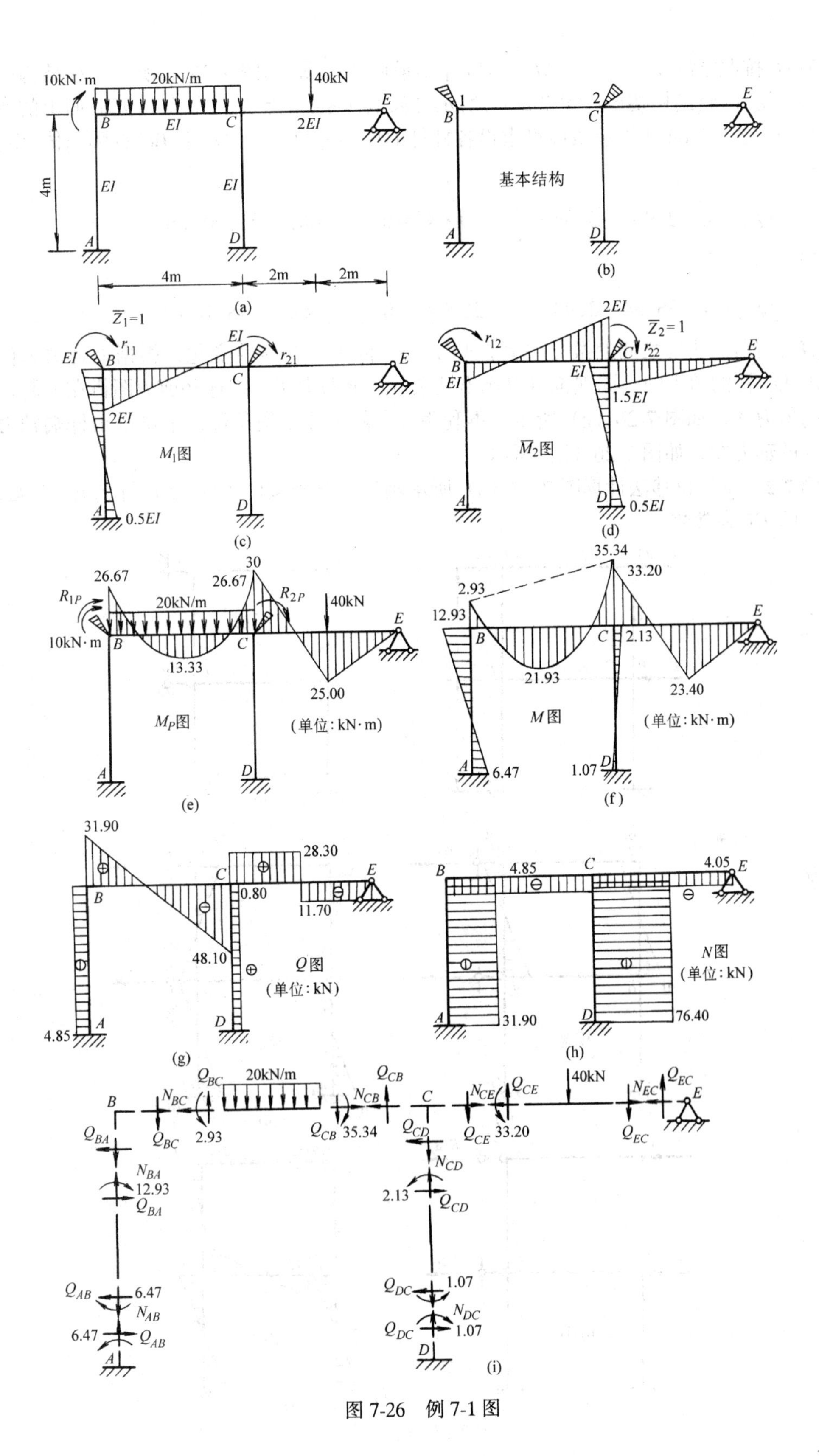
10kN·m
20kN/m
40kN
B
EI
C
2EI
E
4m
EI
EI
A
D
4m
2m
2m
(a)
1
2
B
C
E
基本结构
A
D
(b)
$\overline{Z}_1=1$
r_{11}
EI
EI
B
r_{21}
C
E
2EI
M_1图
A
0.5EI
D
(c)
2EI
r_{12}
$\overline{Z}_2=1$
B
C
r_{22}
E
EI
EI
1.5EI
$\overline{M}_2$图
A
D
0.5EI
(d)
26.67
30
26.67
R_{1P}
R_{2P}
20kN/m
40kN
E
10kN·m
B
C
13.33
25.00
M_P图
(单位:kN·m)
A
D
(e)
35.34
33.20
2.93
12.93
B
C
2.13
E
21.93
23.40
M图
(单位:kN·m)
A
6.47
1.07
D
(f)
31.90
28.30
C
0.80
E
B
11.70
48.10
Q图
(单位:kN)
4.85
A
D
(g)
B
4.85
C
4.05
E
N图
(单位:kN)
A
31.90
D
76.40
(h)
Q_{BC}
20kN/m
Q_{CB}
Q_{CE}
40kN
Q_{EC}
B
N_{BC}
N_{CB}
C
N_{CE}
N_{EC}
E
Q_{BA}
Q_{BC}
2.93
Q_{CB}
35.34
Q_{CD}
Q_{CE}
33.20
Q_{EC}
N_{BA}
12.93
Q_{BA}
N_{CD}
2.13
Q_{CD}
Q_{AB}
6.47
N_{AB}
6.47
Q_{AB}
A
Q_{DC}
1.07
N_{DC}
Q_{DC}
1.07
D
(i)

图 7-26　例 7-1 图

最后，按照 $M = Z_1\overline{M}_1 + Z_2\overline{M}_2 + M_P$ 作出最后弯矩图，如图 7-26(f)所示。在结构的节点及支座处切开，将结构切成如图 7-26(i)所示的离散体系（节点 B 和节点 C 处截面上的弯矩未示出），利用各杆隔离体平衡条件可求得各杆件的杆端剪力。例如对于 BC 杆隔离体，由 $\sum M_C = 0$，有

$$Q_{BC} \times 4 - 2.93 + 35.34 - \frac{1}{2} \times 20 \times 4^2 = 0, \qquad Q_{BC} = 31.90 \text{ kN}$$

由 $\sum M_B = 0$，有

$$Q_{CB} \times 4 + 35.34 - 2.93 + \frac{1}{2} \times 20 \times 4^2 = 0, \qquad Q_{CB} = 48.10 \text{ kN}$$

利用剪力与荷载集度之间的微分关系，知 $B \sim C$ 间剪力为线性变化，根据上述剪力值，可以绘出 BC 杆的剪力图，同理也可以作出其余各杆的剪力图，把这些剪力图拼在一起，即是结构的剪力图，如图 7-26（g）所示。再利用节点隔离体平衡条件，不难求出杆端轴力，绘出结构的轴力图，如图 7-26（h）所示。

例 7-2 试用位移法计算图 7-27（a）所示刚架。此刚架的 CD、BF 杆的 EI 为无穷大，其他杆的 EI 为常数。

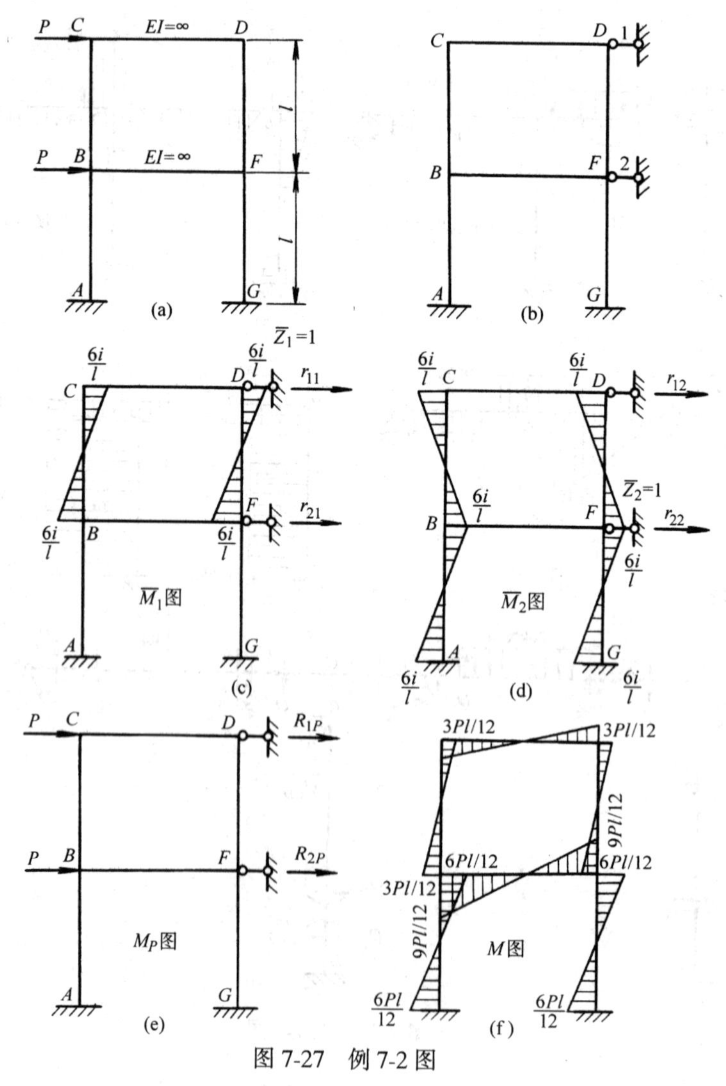

图 7-27　例 7-2 图

【解】 由于此刚架中水平杆为刚性杆件（$EI=\infty$），又因各杆杆长不变，故两水平杆不能转动而只能平移，基本未知量仅有两个独立节点线位移 Z_1、Z_2，基本结构如图 7-27（b）所示。

根据各约束链杆中总反力为零的条件，可建立位移法方程如下

$$r_{11}Z_1+r_{12}Z_2+R_{1P}=0$$
$$r_{21}Z_1+r_{22}Z_2+R_{2P}=0$$

为了计算方程中的系数和自由项，利用式（7-1）、式（7-2）分别绘出单位弯矩图——$\overline{M}_1$ 图、$\overline{M}_2$ 图及荷载弯矩图—— M_P 图，如图 7-27（c）、（d）、（e）所示。根据这些弯矩图，不难求出杆端剪力。由于这些系数和自由项，都是各附加链杆中的反力，所以分别截取图 7-27（c）、（d）、（e）中的横梁 CD 及 BF 为隔离体如图 7-28（a）、（b）、（c）所示。利用各隔离体的投影方程 $\sum X=0$ 即可求出。现在分别计算如下。

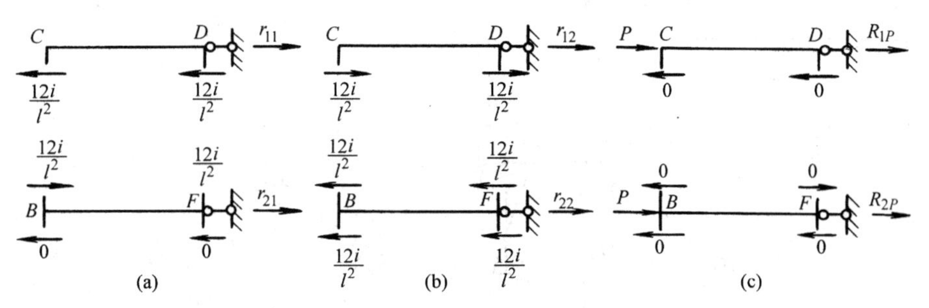

图 7-28 例 7-2 所示刚架部分隔离体图

$$r_{11}=\frac{12i}{l^2}+\frac{12i}{l^2}=\frac{24i}{l^2}$$

$$r_{21}=r_{12}=-\frac{12i}{l^2}-\frac{12i}{l^2}=-\frac{24i}{l^2}$$

$$r_{22}=\frac{12i}{l^2}+\frac{12i}{l^2}+\frac{12i}{l^2}+\frac{12i}{l^2}=\frac{48i}{l^2}$$

$$R_{1P}=-P$$

$$R_{2P}=-P$$

将求得的各系数和自由项代入位移法方程，得

$$\frac{24i}{l^2}Z_1-\frac{24i}{l^2}Z_2-P=0$$

$$-\frac{24i}{l^2}Z_1+\frac{48i}{l^2}Z_2-P=0$$

解得

$$Z_1=\frac{3Pl^2}{24i},\qquad Z_2=\frac{2Pl^2}{24i}$$

最后，按照 $M=Z_1\overline{M}_1+Z_2\overline{M}_2+M_P$ 作出最后弯矩图如图 7-27（f）所示。

例 7-3 试用位移法计算图 7-29（a）所示具有斜杆的刚架。

【解】 用位移法计算具有斜杆的刚架，其原理及计算步骤与前面所述相同，只是当刚架有节点线位移时，计算各杆的相对线位移显得复杂一些。取基本结构如图 7-29（b）所示，则其典型方程为

$$r_{11}Z_1+r_{12}Z_2+r_{13}Z_3+R_{1P}=0$$
$$r_{21}Z_1+r_{22}Z_2+r_{33}Z_3+R_{2P}=0$$
$$r_{31}Z_1+r_{32}Z_2+r_{33}Z_3+R_{3P}=0$$

分别绘出单位弯矩图和荷载弯矩图，如图 7-29（c）、（d）、（e）、（f）所示。其中 $\overline{M}_1$、$\overline{M}_2$ 和 M_p 图的绘法同前，不再赘述。为了绘制 $\overline{M}_3$ 图，首先需要确定当节点 C 向右水平移动单位位移 $\overline{Z}_3=1$ 时，刚架中三根杆件的相对线位移，现就此问题说明如下。

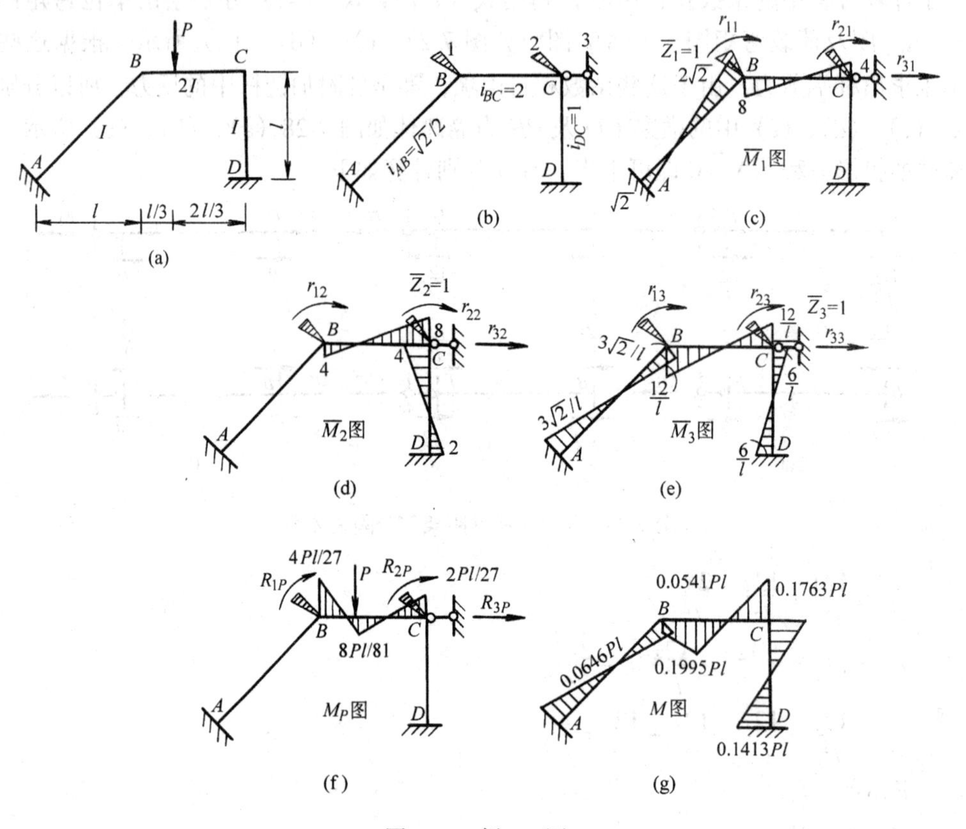

图 7-29　例 7-3 图

如图 7-30（a）所示，当节点 C 的附加链杆向右发生单位水平线位移（即 $\Delta_{CD}=1$）后，节点 C 移至C'。既然 A、C'位置不变或已确定，便可利用 AB、BC 两杆长度不变的条件来得出 B 点移动后的位置B'。由于 AB 杆的 A 端不动，B 端只能沿垂直于AB 线的方向移动，即 B'必然位于过 B 点且垂直于AB 的直线上。另一方面，按 C'点位置和 BC 杆长不变的要求，B'点又应位于过 B'点且垂直于$B''C'(B''C'=BC, B''C' \parallel BC)$的直线上。这样，上述两线的交点即是 B 点在结构变形后的位置B'。用虚线连接 A、B'、C'及 D 点（图 7-30（a））可得各杆变形后的弦线。图中 BB'是 AB 杆两端点的相对线位移，$B''B'$及 $BB''=CC'$分别是 BC 杆与 CD 杆的相对线位移。可见，三角形 $BB'B''$就是各杆相对线位移图*。根据相对线位移图，由几何关系可以求得

* 注：因无论刚架多少个线位移未知量，总是要分别地使各附加链杆移动 1 单位来确定各个相应情况下的杆端相对线位移，故上述分析和所得关于相对线位移图的结论可普遍适用于各种带有斜杆的刚架。

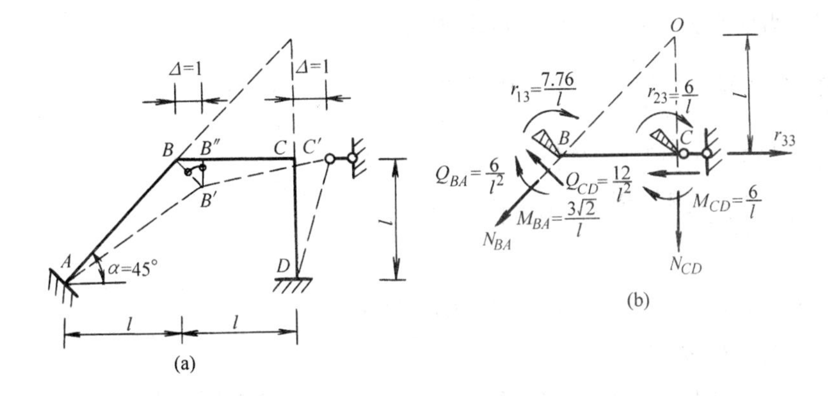

图 7-30　例 7-3 所示刚架部分隔离体图

$$\angle BB'B'' = \alpha = 45^\circ$$

$$\Delta_{BC} = B'B'' = -1$$

$$\Delta_{AB} = BB' = \sqrt{2}$$

因而 $\overline{M}_3$ 图中各杆由于相对线位移而引起的杆端弯矩由转角位移方程得（取 $I/l=1$）

$$M_{AB} = M_{BA} = -\frac{6i_{AB}}{l_{AB}}\Delta_{AB} = -\frac{6\times\frac{1}{\sqrt{2}}}{\sqrt{2}\,l}\times\sqrt{2} = -\frac{3\sqrt{2}}{l}$$

$$M_{BC} = M_{CB} = -\frac{6i_{CB}}{l_{CB}}\Delta_{CB} = -\frac{6\times 2}{l}\times(-1) = \frac{12}{l}$$

$$M_{CD} = M_{DC} = -\frac{6i_{CD}}{l_{CD}}\Delta_{CD} = -\frac{6\times 1}{l}\times 1 = -\frac{6}{l}$$

如图 7-29（e）所示。

由以上各单位弯矩图和荷载弯矩图，即可求得各系数和自由项为

$$r_{11} = 8+2\sqrt{2} = 10.83,\qquad r_{12} = r_{21} = 4$$

$$R_{1P} = -\frac{4}{27}Pl = -0.148Pl$$

$$r_{22} = 8+4 = 12,\qquad r_{13} = r_{31} = \frac{12-3\sqrt{2}}{l} = \frac{7.76}{l}$$

$$R_{2P} = \frac{2}{27}Pl = 0.074Pl$$

$$r_{33} = \frac{44.48}{l^2},\qquad r_{23} = r_{32} = \frac{12-6}{l} = \frac{6}{l}$$

$$R_{3P} = -0.741P$$

其中相应于附加刚臂上反力偶的系数和自由项的计算毋需再述。下面仅以 r_{33} 为例说明附加链杆上的反力的计算。作一截面截断各柱顶端，取刚架上部为隔离体（图 7-30（b））。把隔离体上所受的力全部标出，以两柱轴线之交点 O 为力矩中心，则有

$$\sum M_0 = \left(\frac{7.76}{l}+\frac{6}{l}\right)+\left(\frac{3\sqrt{2}}{l}+\frac{6}{l}\right)+\frac{6}{l^2}\times\sqrt{2}\,l+\frac{12}{l^2}\times l - r_{33}\times l = 0$$

故得

$$r_{33} = \frac{44.48}{l^2}$$

将以上所求得的系数和自由项代入典型方程，得

$$10.83Z_1+4Z_2+\frac{7.76}{l}Z_3-0.148Pl=0$$

$$4Z_1+12Z_2+\frac{6}{l}Z_3+0.074Pl=0$$

$$\frac{7.76}{l}Z_1+\frac{6}{l}Z_2+\frac{44.48}{l^2}Z_3-0.741P=0$$

解得

$$Z_1=0.007\,46Pl,\qquad Z_2=-0.017\,51Pl,$$

$$Z_3=0.017\,71Pl^2$$

最后，按 $M=Z_1\overline{M}_1+Z_2\overline{M}_2+Z_3\overline{M}_3+M_P$ 可求得最后弯矩图如图 7-29（g）所示。

例 7-4 试用位移法计算图 7-31（a）所示超静定梁。设 EI 为常数，B 端支座的弹簧刚度系数为 k。

【解】 本例曾用力法求解（例 6-1），现改用位移法计算。取基本结构如图 7-31（b）所示（在 B 端加入一附加链杆）。

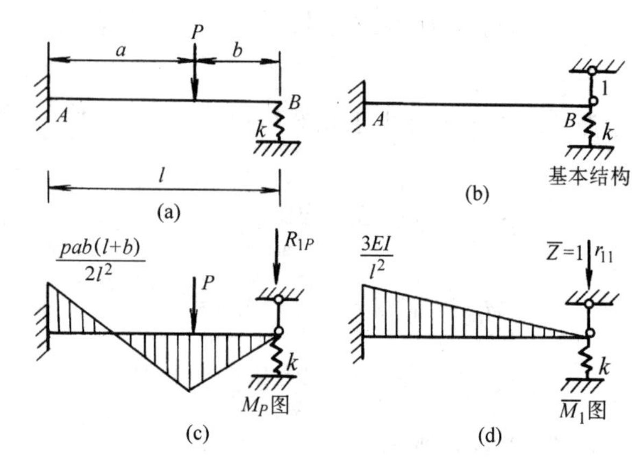

图 7-31 例 7-4 图

根据附加链杆上反力应该为零的条件，可以建立位移法方程如下

$$r_{11}Z_1+R_{1P}=0$$

利用表 7-1 及式（7-2），可分别绘出 M_P 图和 $\overline{M}_1$ 图，如图 7-31（c）、（d）所示，并直接查得

$$R_{1P}=-\frac{Pa^2\ (2l+b)}{2l^3}$$

计算 r_{11}：在图 7-31（d）中，当附加链杆向下移动一单位距离时，附加链杆上的反力即为 r_{11}；而弹簧中的压力则为 k。取节点 B 为隔离体，由平衡条件可求得

$$r_{11}=\frac{3EI}{l^3}+k$$

将以上求得的 R_{1P} 和 r_{11} 代入位移法方程，得

$$Z_1=\frac{Pa^2\ (2l+b)}{6EI+2kl^3}$$

利用 $M=Z_1\overline{M}_1+M_P$ 即可作出最后弯矩图如图 7-32 所示。

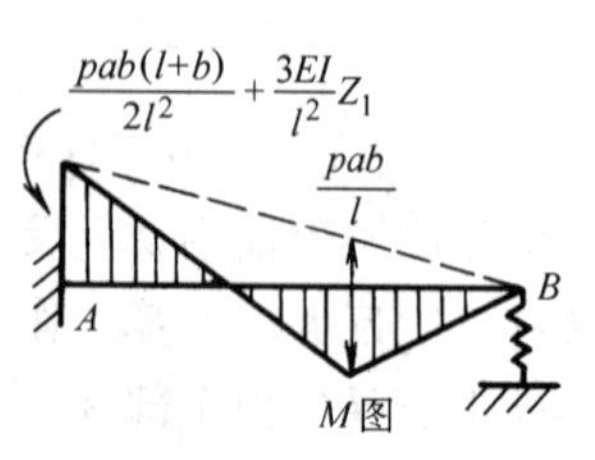

图 7-32 例 7-4 所示刚架的最后弯矩图

例 7-5 试用位移法计算图 7-33（a）所示连续梁，设支座 C 下沉 Δ。

【解】 这种情况下，连续梁虽有节点线位移，但它的值是已知的。取基本结构如图 7-33（b）所示。根据附加刚臂 1、2 上的反力偶应该为零的条件，建立位移法方程

$$r_{11}Z_1+r_{12}Z_2+R_{1C}=0$$

$$r_{21}Z_1+r_{22}Z_2+R_{2C}=0$$

式中 R_{1C} 和 R_{2C} 分别为由于支座 C 下沉 Δ 而在基本结构 B、C 点处的附加刚臂上所引起的反

力偶；各系数 r_{11}、r_{12}、r_{21}、r_{22}分别为 $\overline{Z}=1$、$\overline{Z}_2=1$ 时在附加刚臂上所引起的反力偶。它们的值可以分别利用 M_C 图、$\overline{M}_1$ 图、$\overline{M}_2$ 图并取节点 B 或C 为隔离体，列出力矩平衡方程求得。将各系数和自由项的值代入位移法方程，得

$$\frac{12EI}{l}Z_1+\frac{4EI}{l}Z_2-\frac{12EI}{l^2}\Delta=0$$

$$\frac{4EI}{l}Z_1+\frac{14EI}{l}Z_2-\frac{6EI}{l^2}\Delta=0$$

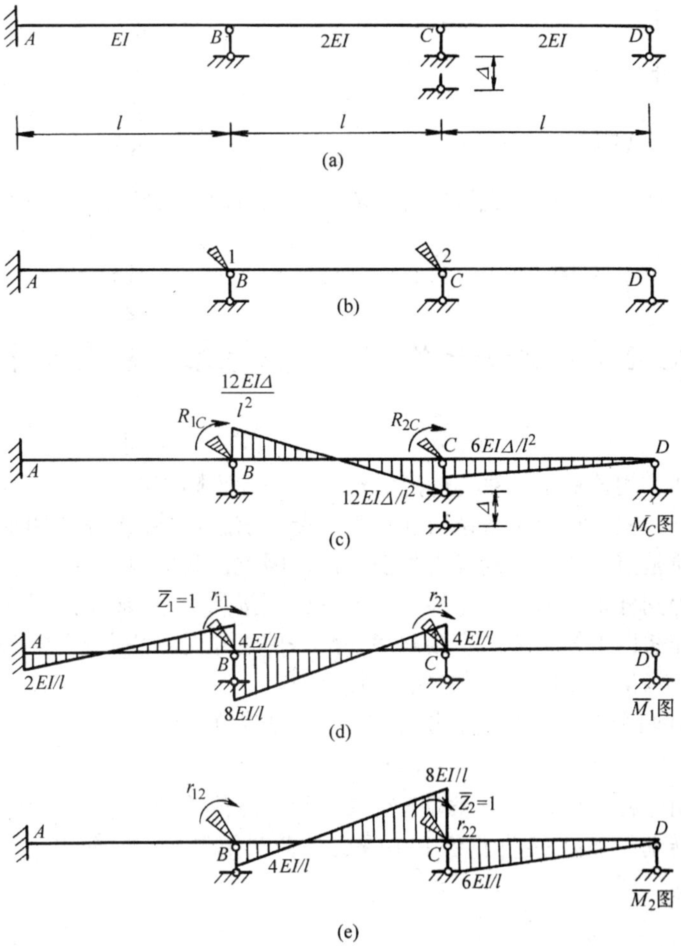

(a)

(b)

(c)

(d)

(e)

图 7-33　例 7-5 图

解算以上方程，可以求出 Z_1、Z_2。再按照 $M=Z_1\overline{M}_1+Z_2\overline{M}_2+M_C$ 求出最后的弯矩图。读者可自行完成。

思　考　题

（1）比较有节点线位移和无节点线位移两种刚架的求解过程，指出其中哪些相同，哪些不同？

（2）设图 7-34 所示结构的 B 节点产生单位水平位移，试求各杆的相对线位移。

（3）图 7-35 所示两结构 EI 相同，一个有弹簧支座，另一个无弹簧支座。试问这两种情

况的位移法方程，有哪些异同？

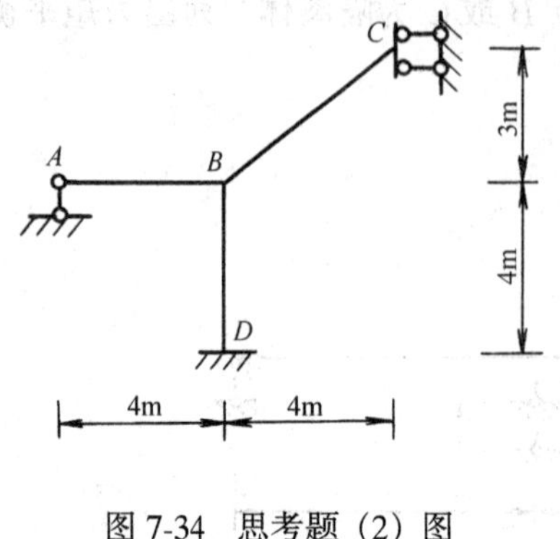

图 7-34 思考题（2）图

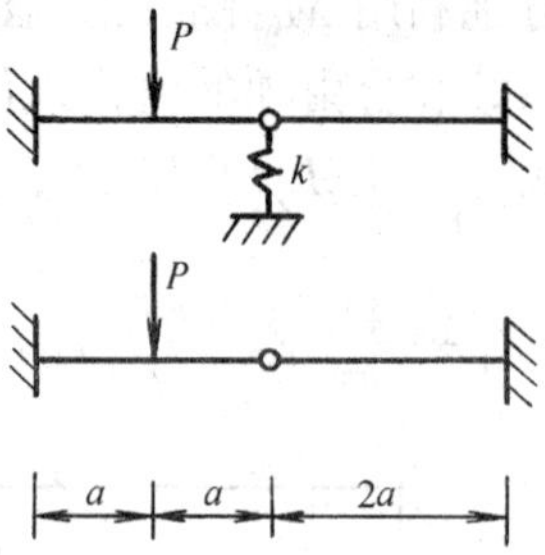

图 7-35 思考题（3）图

（4）在位移法计算内力时，能否以各杆刚度的相对值代替实际值？又计算位移时能否采取这种作法？

（5）本章位移法中所求的轴力是否是真实的轴力？如果不是的原因是什么？

7.6 建立位移法方程的另一作法——由原结构取隔离体直接建立平衡方程

按照 7.4 所述，用位移法解算超静定结构时，须加入附加约束构成基本结构由附加约束力为零的条件建立方程，再求出各系数和自由项便可求解位移法方程。我们知道，所建立的位移法方程，实质是节点或截面的静力平衡条件，因此，我们也可以不通过基本结构，在依据转角位移方程得到杆端力与节点位移关系式后，直接利用原结构的静力平衡条件来建立位移法方程（此种作法以下简称为“直接利用平衡条件建立位移法方程”）。现仍以 7.4 中的刚架（图 7-36（a））为例来说明这种方法的计算步骤。

这个刚架共有两个基本未知量，即刚节点 B 的转角 φ_B 和节点 B、C 的水平线位移 Δ。令 $Z_1=\varphi_B$，$Z_2=\Delta$，并设 Z_1 顺时针方向转动，Z_2 向右移动。

首先利用转角位移方程将各杆杆端弯矩表示为节点位移的函数。例如，将杆 AB 视为两端固定梁，B 端转动了 Z_1、移动了 Z_2，并在已知荷载作用下，根据式（7-1）和表 7-1 可写出杆端弯矩表达式，即

$$M_{AB}=2i_{AB}Z_1-6i_{AB}\frac{Z_2}{4}+M_{AB}^f$$

$$=2iZ_1-\frac{6}{4}iZ_2-26.67$$

$$M_{BA}=4i_{AB}Z_1-6i_{AB}\frac{Z_2}{4}+M_{AB}^f$$

$$=4iZ_1-\frac{6}{4}iZ_2+26.67$$

同理，BC 杆、DC 杆的杆端弯矩表达式为

$$M_{BC}=3iZ_1$$

$$M_{DC}=-\frac{3}{4}iZ_2$$

由以上各式可以看出，只要知道节点位移 Z_1、Z_2，则全部杆端弯矩即可求得。

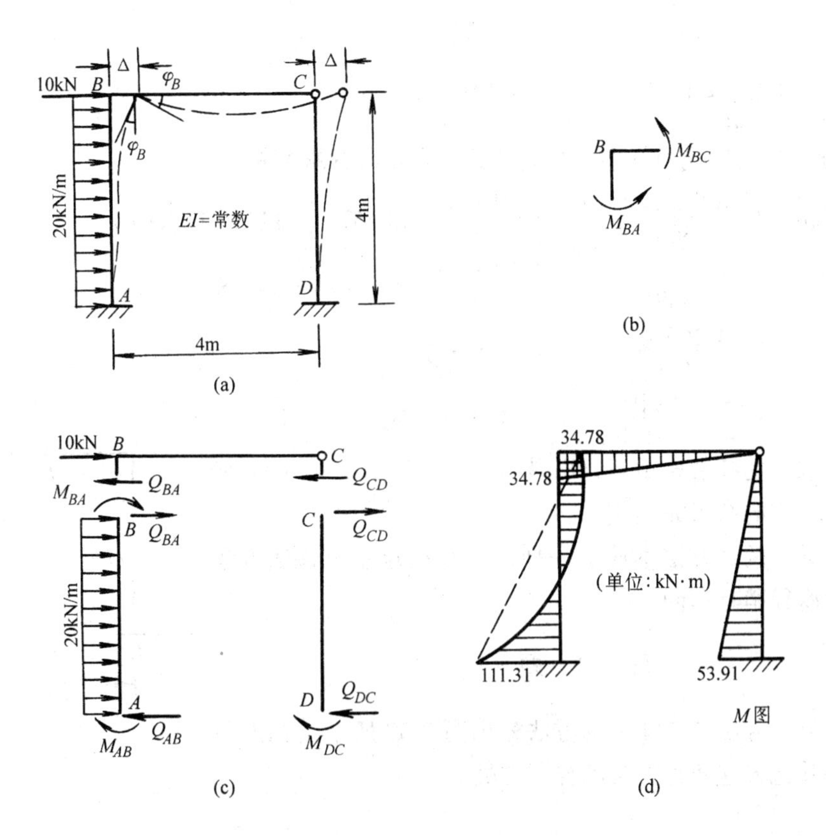

图 7-36　刚架及其隔离体图、最后弯矩图

为了建立求解 Z_1、Z_2 的方程，先取节点 B 为隔离体（图 7-36（b）），由节点平衡条件列出力矩平衡方程

$$\sum M_B = 0 \qquad M_{BA} + M_{BC} = 0 \tag{a}$$

再截取杆 BC 及两柱端部为隔离体（图 7-36（c）），由平衡条件列出截面平衡方程

$$\sum X = 0 \qquad Q_{BA} + Q_{CD} - 10 = 0 \tag{b}$$

式中剪力需用杆端弯矩表示，这可用以 AB、CD 杆为隔离体的平衡条件来完成：取 AB 杆为隔离体（图 7-36（c）），由 $\sum M_A = 0$，得

$$Q_{BA} = -\frac{1}{4}\left(M_{AB} + M_{BA}\right) - 40$$

取 CD 杆为隔离体（图 7-36（c）），由 $\sum M_D = 0$，得

$$Q_{CD} = -\frac{1}{4} M_{DC}$$

将以上两个剪力表达式代入式（b），得

$$-\frac{1}{4}\left(M_{AB} + M_{BA} + M_{DC}\right) - 50 = 0 \tag{c}$$

再将杆端弯矩表达式代入式（a）及式（c），得位移法方程

$$7iZ_1 - \frac{6}{4} iZ_2 + 26.67 = 0$$

$$-\frac{6}{4} iZ_1 + \frac{15}{16} iZ_2 - 50 = 0$$

解得

$$Z_1=\frac{4\ 266.40}{368i},\qquad Z_2=\frac{9\ 919.84}{138i}$$

将以上 Z_1 和 Z_2 的值代回杆端弯矩表达式，求得各杆端弯矩如下

$$M_{AB}=2\times\frac{4\ 266.40}{368}-\frac{6}{4}\times\frac{9\ 919.84}{138}-26.67=-111.3\ (\text{kN·m})$$

$$M_{BA}=4\times\frac{4\ 266.40}{368}-\frac{6}{4}\times\frac{9\ 919.84}{138}+26.67=-34.78\ (\text{kN·m})$$

$$M_{BC}=3\times\frac{4\ 266.40}{368}=34.78\ (\text{kN·m})$$

$$M_{DC}=-\frac{3}{4}\times\frac{9\ 919.84}{138}=-53.91\ (\text{kN·m})$$

根据所求得的杆端弯矩可绘出最后弯矩图如图 7-36（d）所示。这与 7.4 中的结果完全相同。

由此可见，两种方法本质上一样，只是在建立位移法方程时，所取的途径稍有不同。

思　考　题

试用本节的方法与 7.4 中的方法列出图 7-37 所示结构的位移法方程，并比较这两种方法的异同之处。

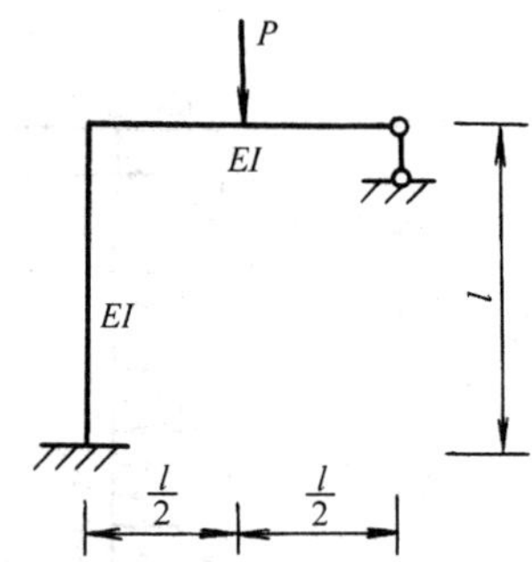

图 7-37　思考题图

7.7　对称性利用

在前面第 6 章中已看到，用力法分析超静定结构时，利用对称性可使计算简化，位移法同样可以利用对称性。对称结构在对称荷载作用下只产生对称的变形及位移。这时内力中弯矩、轴力为对称，剪力为反对称；在反对称荷载作用下只产生反对称的变形及位移。这时弯矩、轴力为反对称、剪力为对称。在计算对称结构时，利用上述规律，可减少基本未知量数，或只计算半边结构，从而使计算工作得到简化。下面讨论这些简化计算的方法。

一、对称荷载作用

1. 奇数跨对称结构

根据上述规律，图 7-38（a）所示奇数跨刚架，在对称荷载作用下，只产生对称的变形及位移，故对称轴上的截面没有转角位移和水平位移，仅有竖向位移，而截面上的内力只有轴力和弯矩，而无剪力。这时左半刚架受力和变形的情况与图 7-38（b）所示的结构，即在左半刚架截面 C 处加一个定向支座后的受力、变形情况完全一样。因此，只需计算出图 7-38（b）刚架的内力和位移，即得图 7-38（a）左半刚架的内力和位移。而右半刚架的内力和位移，可根据对称性的规律求得。这种用半个刚架的计算简图（7-38（b））代替原对称刚架进行分析的方法称为半刚架法。

倘以整个刚架为分析对象，但利用变形的对称性减少基本未知量数目，是简化计算的另一种作法。在图 7-38（a）中，根据变形的对称性，φ_A 与 φ_B 在数值上相等，而转向相反，即 $\varphi_A=-\varphi_B$，同时没有节点线位移。此刚架在一般情况下本来有两个节点角位移及一个独

立节点线位移共三个基本未知量，在当前特定情况下便只有一个转角基本未知量 φ_A 了。按7.6所述方法计算此转角，只需列出节点 A 的力矩平衡方程，而在应用杆的转角位移方程列出各杆端弯矩的表达式时，对 AB 杆注意以 $-\varphi_A$ 代替 φ_B 即可。

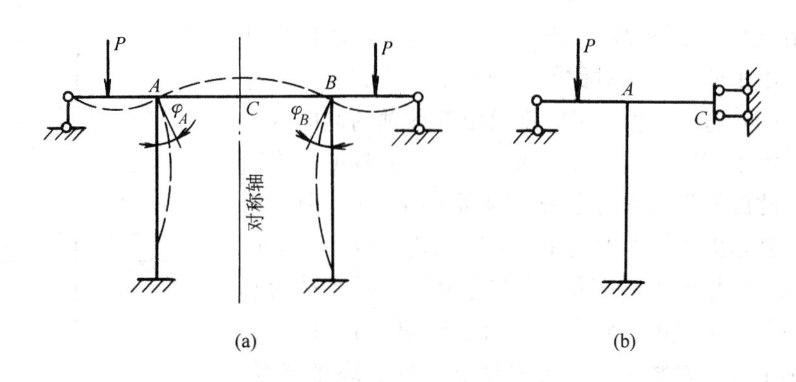

图 7-38　对称荷载作用下奇数跨对称结构的半刚架法

2．偶数跨对称结构

图 7-39（a）所示偶数跨刚架，由于对称轴处有一根竖柱，竖柱的轴向变形忽略不计，故截面 C 不仅无转角和水平位移，也无竖向位移。此时，截面 C 相当于一固定端，左半刚架与图 7-39（b）所示的受力和变形情况完全相同。因此计算图 7-39（b）所示半刚架即可确定整个刚架的内力和位移。

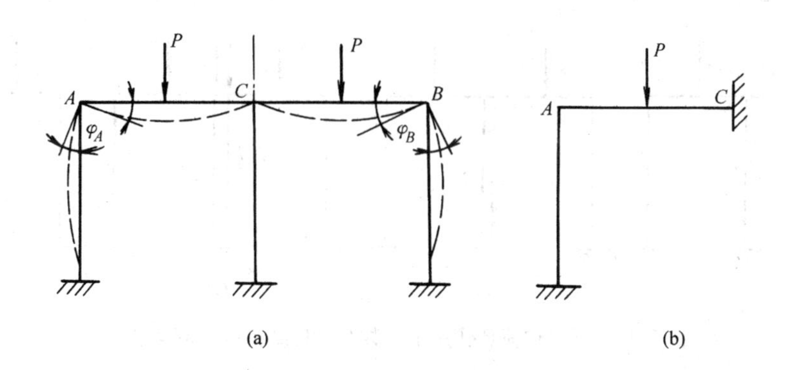

图 7-39　对称荷载作用下偶数跨对称结构的半刚架法

三、反对称荷载作用

1．奇数跨对称结构

图 7-40（a）所示奇数跨刚架，在反对称荷载作用下，由于只产生反对称的变形及位移，因此对称轴上的截面 C 没有竖向位移，但有转角和水平位移。另一方面，从受力情况看，截面 C 处只应有反对称性的内力——剪力。对左半刚架而言，此时截面 C 处相当于一可动铰支座，与图 7-40（b）所示刚架的受力和变形情况完全相同。因此只需计算图 7-40（b）所示半刚架即可确定整个刚架的内力和位移。

倘以整个刚架为分析对象，则因存在变形反对称的特点，在计算时有 $\varphi_A=\varphi_B$ 的关系，且 A、B 节点的水平线位移都是 Δ，因此刚架共有两个基本未知量。

2. 偶数跨对称结构

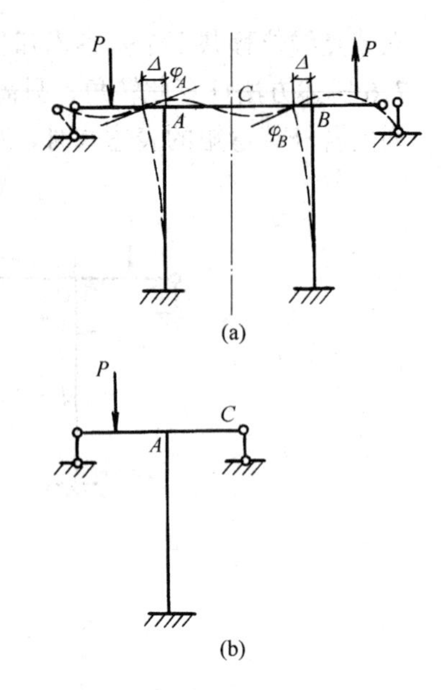

图 7-40　反对称荷载作用下奇数跨对称结构的半刚架法

图 7-41（a）所示偶数跨刚架，在对称轴处有一根竖柱，设想该柱是由两根各具有$\frac{I}{2}$的竖柱组成，它们分别在对称轴的两侧与横梁刚结，如图 7-41（b）所示。设将此两柱之间的横梁切开，由于荷载是反对称的，故该截面上只有剪力存在（图 7-41（c））这一对剪力 Q_C 将只使对称轴两侧的两根竖柱分别产生大小相等性质相反的轴力。就中间柱的内力而言，它应等于此两根竖柱内力之和，因而由剪力 Q_C 所产生的轴力则刚好互相抵消，即剪力 Q_C 对原结构的内力和变形都无任何影响。于是可将 Q_C 略去而取原刚架的一半作为其计算简图，如图 7-41（d）所示。左半刚架的内力和位移求得后，右半刚架的内力和位移，可根据反对称的规律求得。应提出注意的是：图 7-41（a）刚架中间柱的总内力为图 7-41（b）中间两根分柱内力的叠加。由于反对称，两根分柱的弯矩、剪力相同，故总弯矩、总剪力分别为图 7-41（d）中分柱的弯矩、剪力的两倍。

以图 7-41 中整个刚架为分析对象时，根据其变形反对称的特点可知：除了对称位置的节点 A 与 B 有 $\varphi_A=\varphi_B$ 外，C 节点不仅有角位移，同时有与 A、B 节点相同的线位移，因此该刚架共有三个基本未知量。

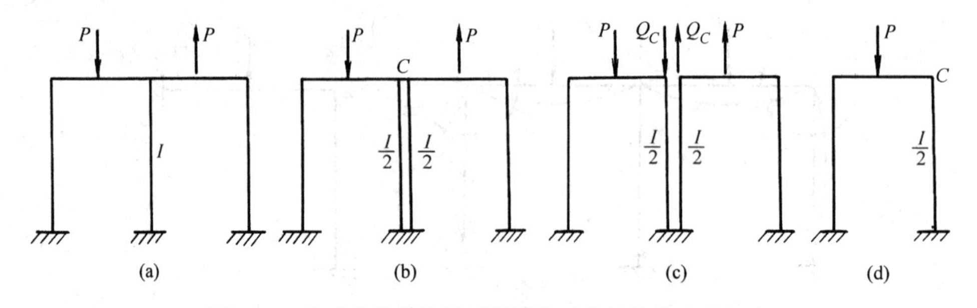

图 7-41　反对称荷载作用下偶数跨对称结构的半刚架法

从以上例子可以看出，利用对称性，基本未知量都有不同程度的减少，因而计算工作量也相应地减少。对于作用于对称结构上的一般荷载，可将其分为对称和反对称两组荷载作用，分别进行计算，最后再进行叠加。这样虽然基本未知量总数并无变化，但需同时联立求解的未知量数减少，因此计算工作也可得到简化。

例 7-6　利用半刚架法计算图 7-42（a）所示刚架。各杆 EI 为常数。

用位移法计算图示结构，有 3 个基本未知量即 D、F 节点的角位移和 E 节点的竖向线位移。由于结构是对称的，先将荷载 $2P$ 分解为对称与反对称的。如图 7-42（b）、（c）所示。然后利用半刚架法分别计算，这时两种荷载作用下均只有一个节点角位移的基本未知量，如图 7-42（d）、（e）所示。计算结果见图 7-42（f）、（g）。将两者弯矩图按各杆端弯矩叠加即为最后的弯矩图，这里不再赘述。

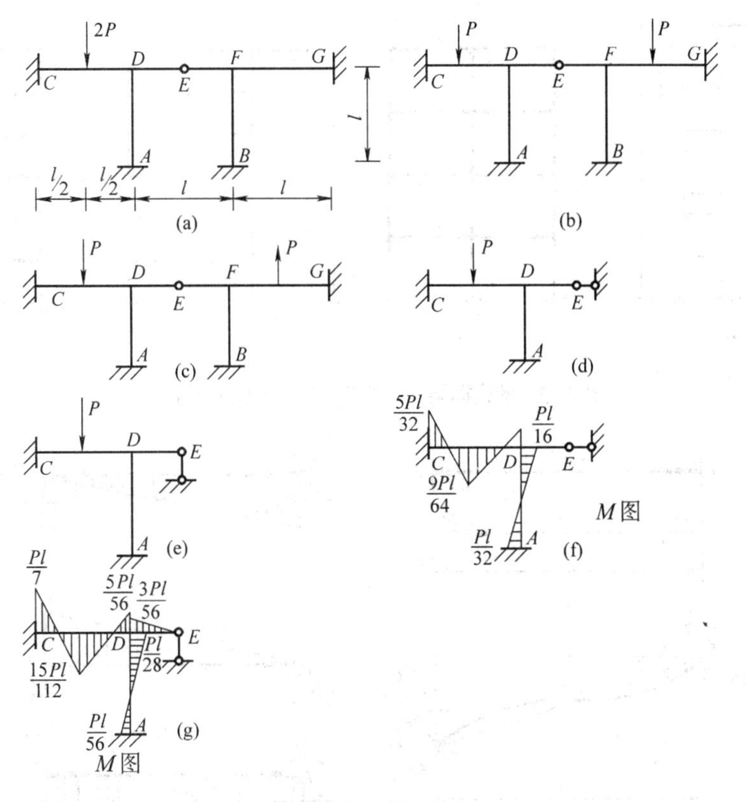

图 7-42　例 7-6

思　考　题

（1）利用对称性的基本条件是什么？为什么可以用半边刚架的计算代替原对称刚架的计算？

（2）对称结构若不用半刚架法，又怎样利用对称性简化计算？

＊7.8　考虑刚域及剪切变形时刚架的计算

前面所讨论的用位移法计算刚架，仅考虑了杆件的弯曲变形，没有考虑刚域、剪切变形等对内力的影响。在工程中常遇到由一些截面尺寸较大的杆件（相对杆件的跨度或长度而言）所组成的刚架，如壁式框架（图 7-43（a））、框架剪力墙（图 7-43（c））等结构。由于梁较深、柱较宽，在梁与柱的结合区将形成刚域，如图 7-43（b）、（d）中用粗线所表示的部分，其 $EI=\infty$，这时刚域对位移和内力的影响不可忽视。刚域的长度通常由试验确定，目前对钢筋混凝土结构，梁（柱）端刚域长度，一般取柱宽（梁高）的$\frac{1}{2}$减去梁高（柱宽）的$\frac{1}{4}$。另外，截面尺寸较大的杆件，如深梁，其剪切变形对杆件总的变形状态影响较大，因此剪切变形对内力的影响也应考虑。

现在来推导具有刚域的等截面直杆同时考虑弯曲及剪切变形影响的转角位移方程。

图 7-44（c）示两端刚结具有刚域的等截面直杆，其截面面积为 A，剪切模量为 G。设

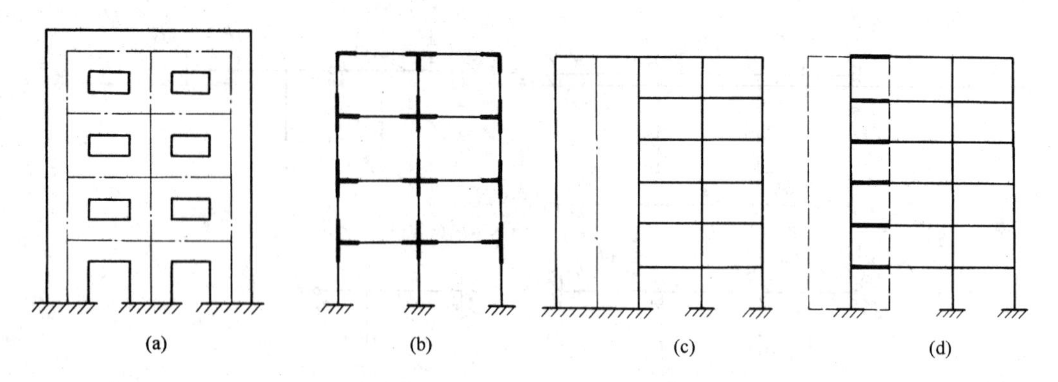

图 7-43　壁式框架、框架剪力墙及其刚域的表示图

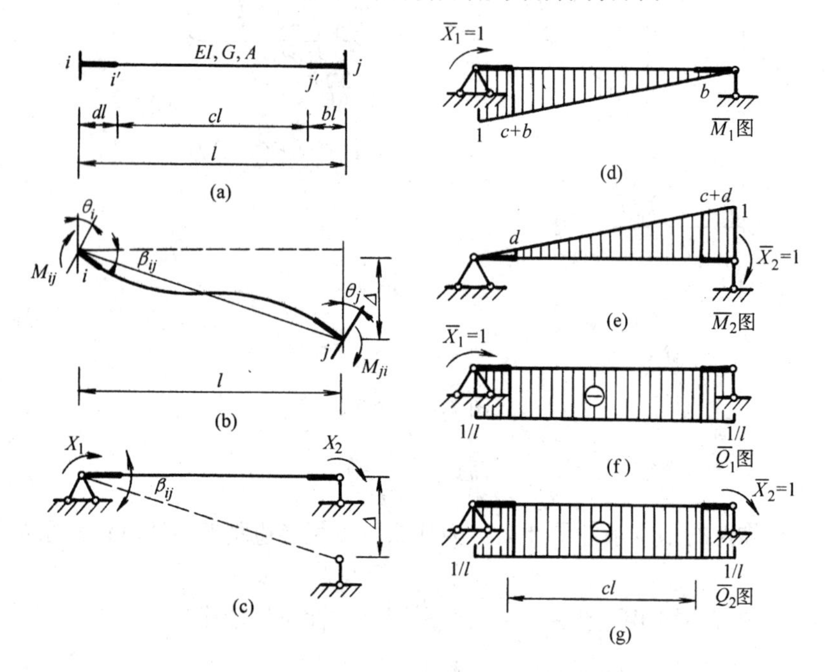

图 7-44　两端刚结具有刚域等截面直杆及基本结构的单位弯矩图及剪力图

杆端分别发生转动 θ_i、θ_j 及相对线位移 Δ（即弦转角 $\beta_{ij}=\dfrac{\Delta}{l}$）(图 7-44（b)，现用力法求解杆端弯矩。

取简支梁（图 7-44（c)）为基本结构，于是力法方程为

$$\delta_{11}X_1+\delta_{12}X_2+\beta_{ij}=\theta_i$$

$$\delta_{21}X_1+\delta_{22}X_2+\beta_{ij}=\theta_j$$

分别绘出基本结构的单位弯矩图和剪力图，如图 7-44（d)、(e)、(f）和（g）所示。用图乘法求得各系数

$$\delta_{11}=\int\frac{\overline{M}_1^2}{EI}\mathrm{d}x+\int\frac{k\overline{Q}_1^2}{GA}\mathrm{d}x=\frac{cl}{6EI}D_1+\frac{kc}{GAl}$$

$$\delta_{12}=\delta_{21}=\int\frac{\overline{M}_1\overline{M}_2}{EI}\mathrm{d}x+\int\frac{k\overline{Q}_1\overline{Q}_2}{GA}\mathrm{d}x=-\frac{cl}{6EI}D_2+\frac{kc}{GAl}$$

$$\delta_{22}=\int\frac{\overline{M}_2^2}{EI}\mathrm{d}x+\int\frac{\overline{kQ_2^2}}{GA}\mathrm{d}x=\frac{cl}{6EI}D_3+\frac{kc}{GAl}$$

式中 $D_1=2c^2+6cb+6b^2$；

$D_2=3dc+6db+3bc+c^2$；

$D_3=2c^2+6dc+6d^2$；

k:剪应力分布不均匀系数。

解力法方程,得

$$X_1=\frac{1}{\delta_{11}\delta_{22}-\delta_{12}^2}[\delta_{22}\theta_i-\delta_{12}\theta_j+(\delta_{12}-\delta_{22})\beta_{ij}]$$

$$X_2=\frac{1}{\delta_{11}\delta_{22}-\delta_{12}^2}[\delta_{11}\theta_j-\delta_{21}\theta_i+(\delta_{21}-\delta_{11})\beta_{ij}]$$

将各系数代入上式，得转角位移方程

$$\left.\begin{aligned}M_{ij}&=\frac{EI}{l}(A_{ij}\theta_i+F_{ji}\theta_j-D_{ij}\beta_{ij})\\M_{ji}&=\frac{EI}{l}(B_{ji}\theta_j+F_{ij}\theta_i-E_{ji}\beta_{ji})\\Q_{ij}&=-\frac{M_{ij}+M_{ji}}{l}\end{aligned}\right\}\tag{7-6}$$

$$\left.\begin{aligned}A_{ij}&=\frac{2D_3+C_1}{S},\quad F_{ji}=\frac{2D_2-C_1}{S},\quad D_{ij}=\frac{2(D_2+D_3)}{S}\\B_{ji}&=\frac{2D_1+C_1}{S},\quad F_{ij}=\frac{2D_2-C_1}{S},\quad E_{ji}=\frac{2(D_1+D_2)}{S}\end{aligned}\right\}\tag{7-7}$$

其中

$$S=\frac{1}{2}C(D_1D_3-D_2^2)+\frac{1}{6}CC_1(D_1+2D_2+D_3);$$

$$C_1=\frac{12EIk}{GAl^2}\quad（称剪切系数）。$$

顺便指出,若不考虑刚域的影响，由图7-44(a)中可以看出，只需令式中$d=b=0$、$c=1$，代入式（7-6)，便得只考虑弯曲、剪切变形的等截面直杆的转角位移方程

$$\left.\begin{aligned}M_{ij}&=\frac{EI}{l}\left(\frac{4+C_1}{1+C_1}\theta_i+\frac{2-C_1}{1+C_1}\theta_j-\frac{6}{1+C_1}\beta_{ij}\right)\\M_{ji}&=\frac{EI}{l}\left(\frac{4+C_1}{1+C_1}\theta_j+\frac{2-C_1}{1+C_1}\theta_i-\frac{6}{1+C_1}\beta_{ij}\right)\end{aligned}\right\}\tag{7-8}$$

若同时不考虑剪切变形的影响，再令 $G=\infty$，则 $C_1=0$，代入上式，便得到与式（7-1）相同的仅考虑弯曲变形的等截面直杆的转角位移方程。

应提出注意的是：当杆上有荷载作用时，式（7-6)、式（7-8）都应叠加固端弯矩项，由于考虑刚域、剪切变形，这时固端变矩也会产生影响。

有了杆件的转角位移方程，计算刚架的步骤就与前面所述完全相同了。现举例如下。

图7-45（a）所示钢筋混凝土刚架，计算时考虑刚域、弯曲变形及剪切变形的影响。$E=279$ GPa，$\frac{G}{E}=0.42$，各杆为矩形截面，厚度为 0.2 m，$k=1.2$。由于结构及荷载均匀对

称，利用对称条件 $\theta_C=-\theta_B$，故只有一个基本未知量 θ_B。

按 7.6 所述方法计算顺序如下。

〈1〉计算梁、柱端部刚域长度（图 7-45（b））

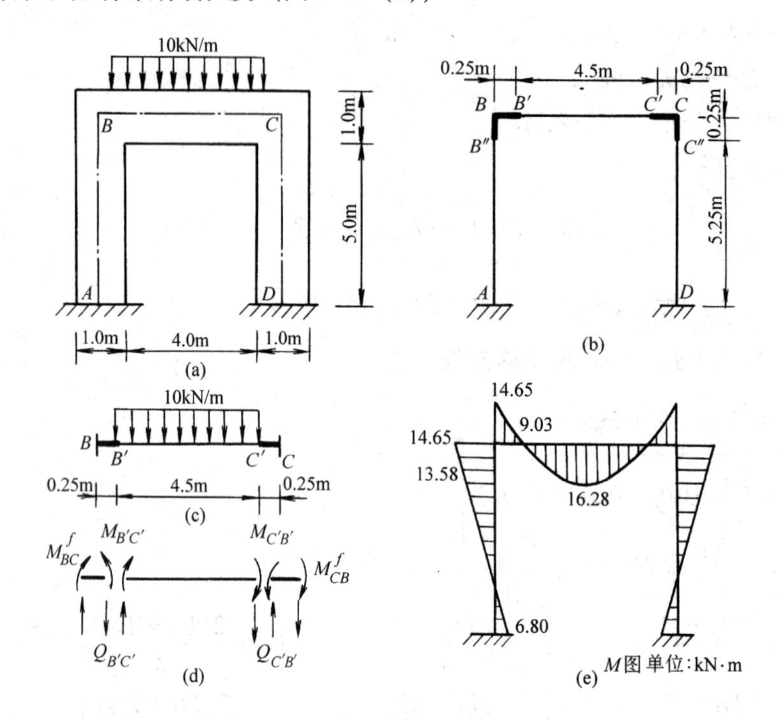

图 7-45　带有刚域的混凝土刚架

$$BB'=BB''=CC'=CC''=\frac{1.0}{2}-\frac{1.0}{4}=0.25\ (\mathrm{m})$$

参照图 7-44（a）计算各杆的各个长度系数

BC 杆：　$d=b=\dfrac{0.25}{5.0}=0.05$

$$c=\frac{4.50}{5.0}=0.9$$

AB 杆：　$d=0$，　$c=\dfrac{5.25}{5.50}=0.95$

$$b=\frac{0.25}{5.50}=0.05$$

〈2〉固端弯矩的计算

为了计算 BC 杆的固端弯矩，先计算图 7-45（c）净跨 $B'C'$ 的固端弯矩及剪力，查表7-1得

$$M_{B'C'}=-\frac{10\times4.5^2}{12}=-16.88\ (\mathrm{kN\cdot m})$$

$$Q_{B'C'}=\frac{10\times4.5}{2}=22.5\ (\mathrm{kN})$$

再由图 7-45（d）换算出 B 处固端弯矩

$$M^f_{BC}=M_{B'C'}-Q_{B'C'}\times0.25=-16.88-22.5\times0.25$$
$$=-22.5\ (\mathrm{kN\cdot m})$$

〈3〉按式（7-6）列出各杆端弯矩表达式

$$M_{BC}=\frac{EI}{l_{BC}}\left(A_{BC}\theta_B+F_{CB}(-\theta_B)\right)+M_{BC}^f$$

$$M_{BA}=\frac{EI}{l_{AB}}\left(B_{BA}\theta_B\right)$$

$$M_{AB}=\frac{EI}{l_{BA}}\left(F_{BA}\theta_B\right)$$

由式（7-7）计算上式中各系数，得

$$A_{BC}=4.58,\qquad F_{CB}=2.42,\qquad B_{BA}=4.44,\qquad F_{BA}=2.06$$

所以

$$\left.\begin{aligned}M_{BC}&=201\,281.76\theta_B-22.5\\M_{BA}&=376\,132.58\theta_B\\M_{AB}&=174\,511.96\theta_B\end{aligned}\right\}\qquad\text{(a)}$$

〈4〉建立位移法方程，求解基本未知量

取节点 B 为隔离体，由节点平衡条件得

$$\sum M_B=0\qquad M_{BC}+M_{BA}=0$$

将式（a）代入上式

$$201\,281.76\theta_B-22.5+376\,132.58\theta_B=0$$

解得

$$\theta_B=3.896\,6\times10^{-5}$$

〈5〉求各杆杆端弯矩

将 θ_B 值代入式（a），得

$$M_{BC}=-14.65\ \text{kN·m}$$

$$M_{BA}=-14.65\ \text{kN·m}$$

$$M_{AB}=6.80\ \text{kN·m}$$

利用对称性容易写出右半刚架的杆端弯矩值。

〈6〉计算刚域与非刚域联结处 $i'j'$（图 7-44（a））的截面弯矩

对于无外荷载的杆件，按以下公式计算

$$M_{i'}=M_{ij}(c+b)-M_{ji}\cdot d$$

$$M_{j'}=M_{ji}(c+d)-M_{ij}\cdot b$$

所以 $M_{B''}=M_{BA}(c+d)-M_{AB}\cdot b$

$$=14.65(0.95+0)-6.80\times0.05=13.58\ (\text{kN·m})。$$

对于承受外荷载的杆件，如图 7-45（b）中横梁之弯矩 $M_{B'}$ 的计算，取图 7-45（c）中 BB' 为隔离体，利用力矩平衡条件，可求得

$$M_{B'}=M_{BC}-Q_{B'C'}\times0.25$$

$$=14.65-22.5\times0.25=9.03\ (\text{kN·m})$$

而跨中弯矩为

$$\frac{10\times4.5^2}{8}-9.03=16.28\ (\text{kN·m})$$

最后弯矩图如图 7-45（e）所示。

思 考 题

(1) 将本节转角位移方程的推导与 7.2 思考题 (1) 提出的刚度方程的推导进行比较。

(2) 影响剪切变形的主要因素是什么？

(3) 图 7-46 所示刚架，BC 杆 $EI=\infty$，其他尺寸与图 7-45 (a) 相同，试问如何利用本节导出的转角位移方程进行计算？

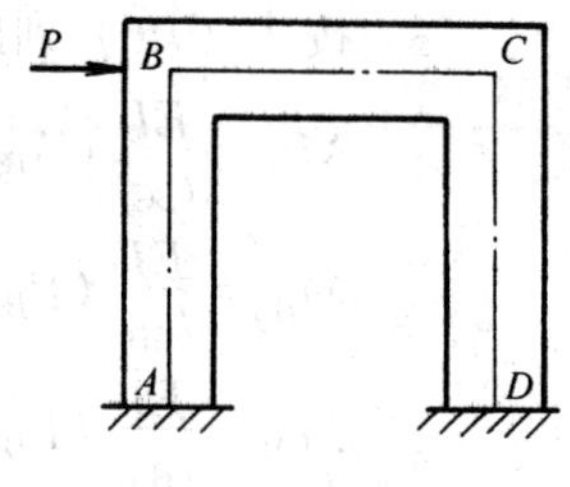

图 7-46 思考题 (3) 图

习 题

7.1～7.8 对于图示结构，试确定用位移法计算时其基本未知量的数目。

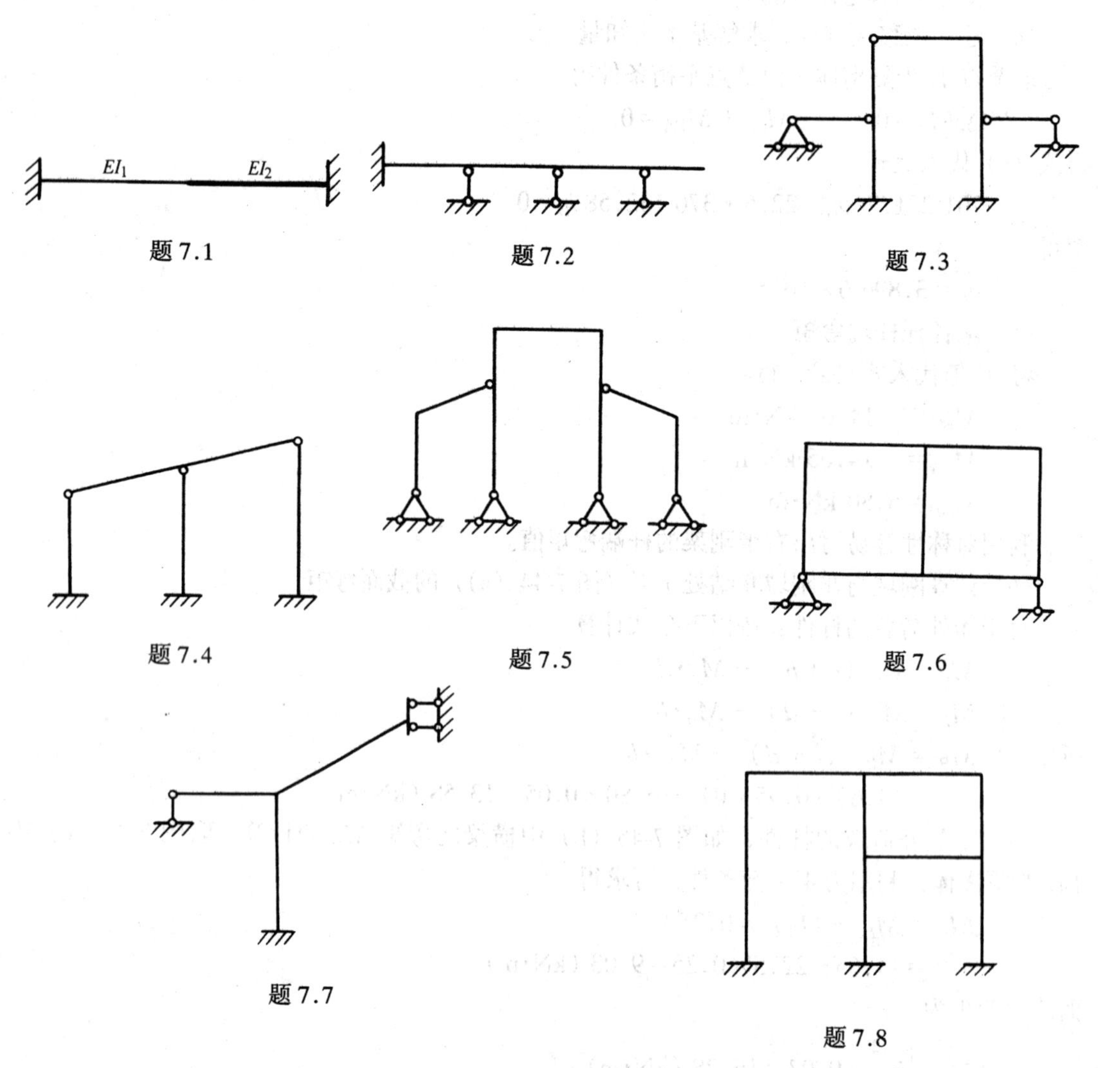

题 7.1 题 7.2 题 7.3 题 7.4 题 7.5 题 7.6 题 7.7 题 7.8

7.9～7.12 试用位移法计算图示结构，并绘制其弯矩图、剪力图及轴力图。E = 常数。

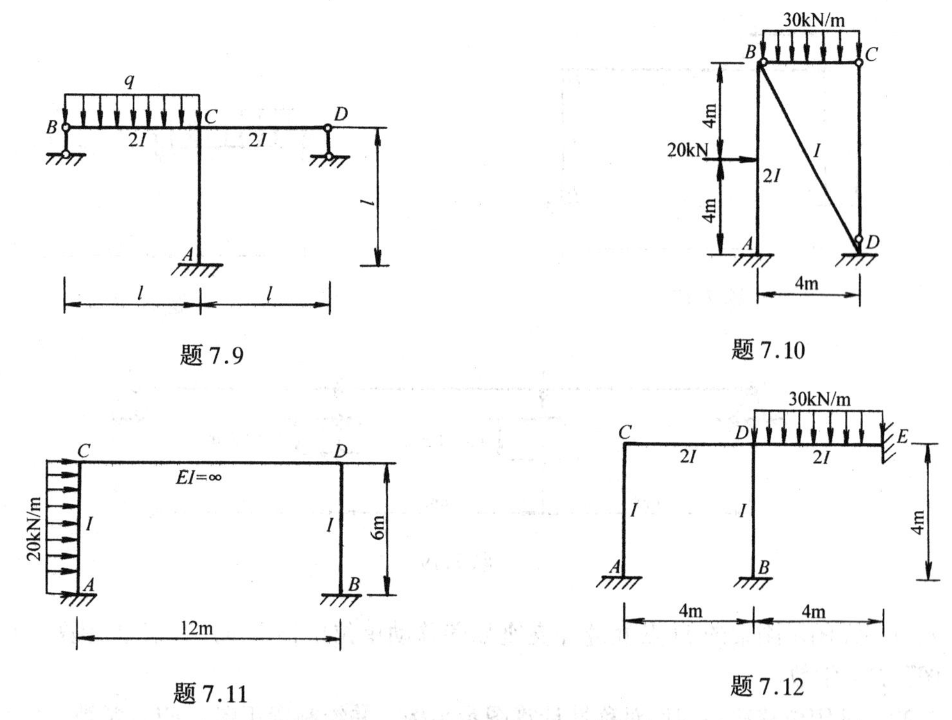

题 7.9　　题 7.10

题 7.11　　题 7.12

7.13～7.18　试用位移法计算图示结构，并绘制其弯矩图。E = 常数。

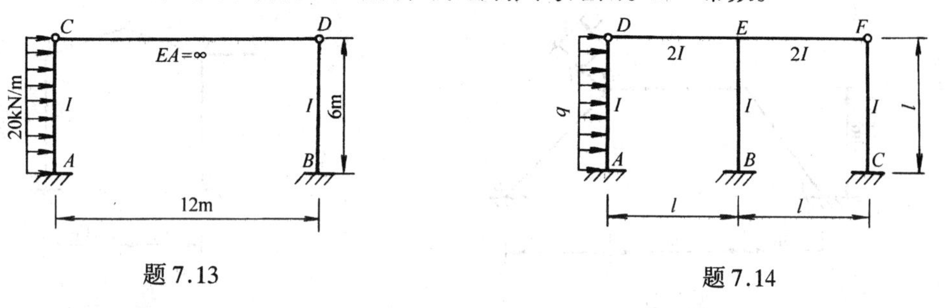

题 7.13　　题 7.14

7.19　设图示等截面连续梁的支座 B 下沉 2.0 cm，支座 C 下沉 1.2 cm，试作此连续梁的弯矩图。已知 $E=210$ GPa，$I=20\ 000$ cm^4。

7.20　试按应用节点和截面平衡条件建立位移法方程的办法解算题 7.11、7.12 及题 7.15。

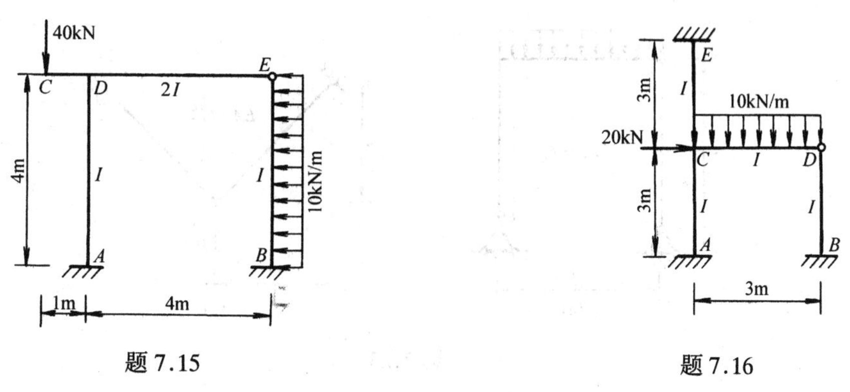

题 7.15　　题 7.16

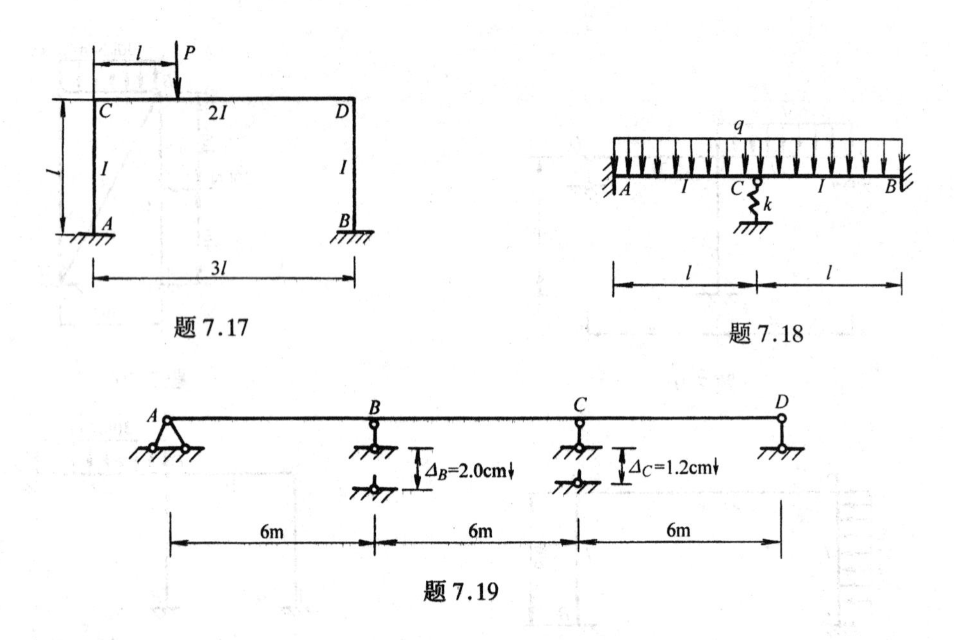

题 7.17　　题 7.18

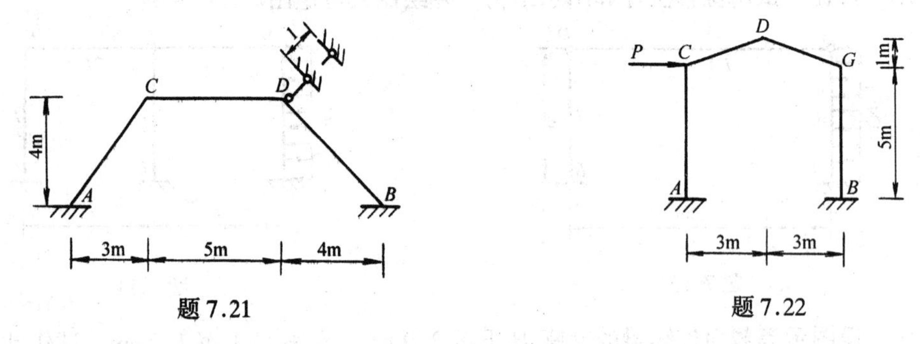

题 7.19

7.21　设图示刚架的 D 点处链杆支座如图移动单位位移，试用位移法计算，并绘制其弯矩图。E = 常数。

7.22　试用位移法并利用对称性计算图示结构，并绘制弯矩图。EI = 常数。

题 7.21　　题 7.22

7.23　试用位移法，求图 (a)、(b) 所示静定刚架及桁架的内力。

7.24～7.26　试利用对称性将图示结构取相应的半刚架，采用适宜的方法进行计算，并绘制其弯矩图，设 E = 常数。

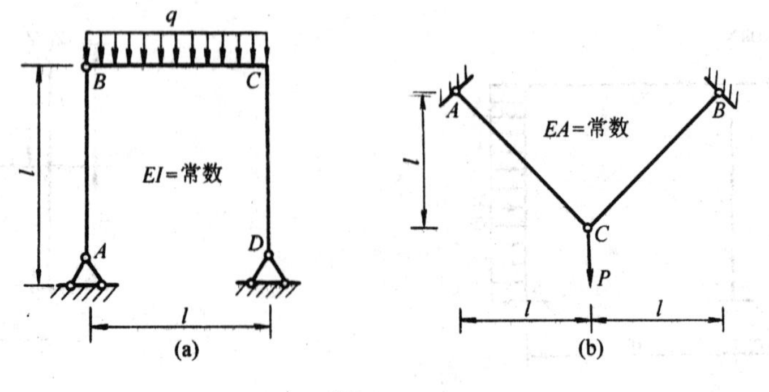

题 7.23

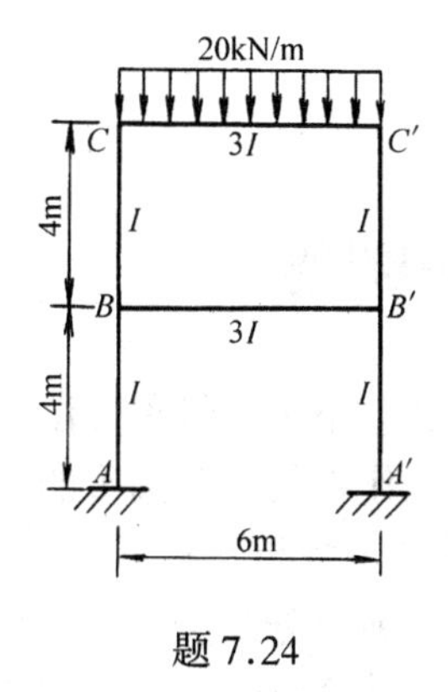

题7.24

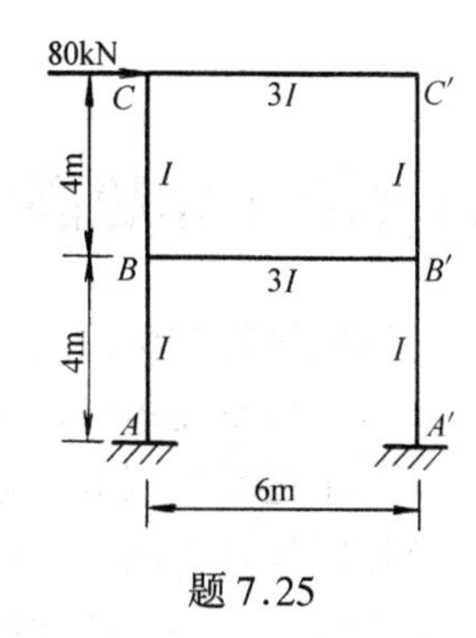

题7.25

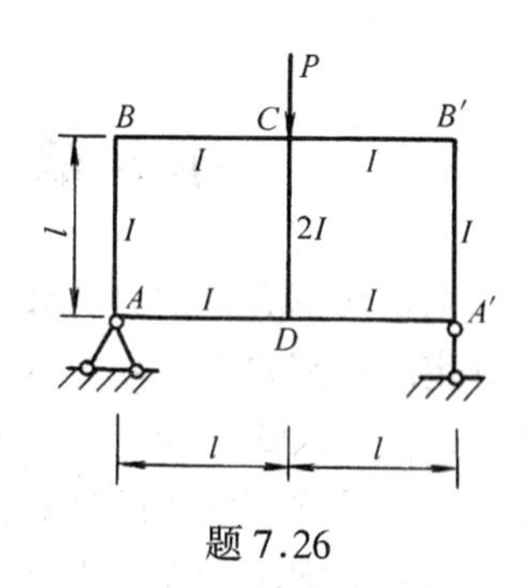

题7.26

习 题 答 案

7.9 $M_{AC}=\dfrac{ql^2}{104}$

7.10 $M_{AB}=-26.9\ \text{kN}\cdot\text{m}$, $M_{BA}=6.12\ \text{kN}\cdot\text{m}$

7.11 $M_{AC}=-150\ \text{kN}\cdot\text{m}$

7.12 $M_{ED}=\dfrac{340}{7}\ \text{kN}\cdot\text{m}$

7.13 $M_{AC}=-225\ \text{kN}\cdot\text{m}$

7.14 $M_{BE}=-\dfrac{ql^2}{8}$

7.15 $M_{BE}=42.1\ \text{kN}\cdot\text{m}$

7.16 $M_{AC}=-11.3\ \text{kN}\cdot\text{m}$

7.17 $M_{AC}=0.102\,8Pl$

7.18 $M_{AC}=-\left(\dfrac{1}{12}ql^2+\dfrac{6EIql^2}{24EI+kl^3}\right)$

7.19 $M_{BC}=50.4\ \text{kN}\cdot\text{m}$, $M_{CB}=5.6\ \text{kN}\cdot\text{m}$

7.24 $M_{AB}=-2.61\ \text{kN}\cdot\text{m}$

7.25 $M_{AB}=91.9\ \text{kN}\cdot\text{m}$

7.26 $M_{DA}=-\dfrac{Pl}{7}$

第8章　用渐近法计算超静定梁和刚架

前面两章介绍的力法和位移法是计算超静定结构的两种基本方法。不论用哪种方法计算超静定结构都要解联立方程组，当未知量的数目较多时，这项计算工作将是十分繁重的。因此，人们寻求简化计算手续的新途径、力图避免组成和求解多元联立方程组。近几十年来，已经提出了许多实用的计算方法。本章将阐述其中的力矩分配法和无剪力分配法。

力矩分配法和无剪力分配法都是属于位移法类型的渐近解法，在计算过程中采用逐步修正的步骤，其计算结果的精确度随着计算轮次的增加而提高。采用这类计算方法。既可避免解算联立方程，又可遵循一定的步骤进行。因其易于掌握，且可以直接算出杆端弯矩，故应用较广。

力矩分配法适用于无节点线位移的超静定梁及刚架。无剪力分配法适用于某些特殊刚架，例如单跨多层对称刚架在反对称荷载作用下的内力计算。这时刚架虽然会发生侧移，但横梁两端无相对线位移，立柱的剪力都是静定的，根据这些特点而提出的无剪力分配法可使计算工作大为简化。至于一般有节点线位移的刚架，如采用手算，联合应用力矩分配法与位移法可能是一个减少计算工作量的途径，在本章8.6中对此将加以介绍。

8.1　力矩分配法的基本概念

力矩分配法的基本概念是由只有一个节点角位移的超静定结构计算问题导出的。

一、力矩分配法的基本运算

设有如图8-1（a）所示刚架，其上各杆件均为等截面直杆。由图可知，它只有一个刚节点，在一般忽略杆件轴向变形的情形下，该节点不发生线位移而只能有角位移，我们称它为力矩分配法的一个计算单元。

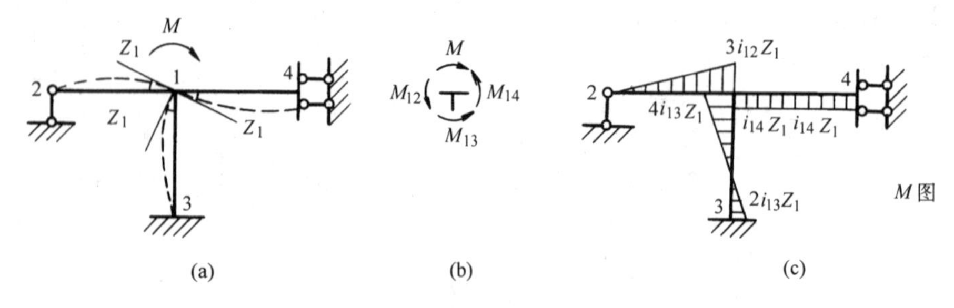

图8-1　力矩分配法的一个计算单元

设在该单元的节点1作用一集中力偶 M，现要求出汇交于节点1之各杆的杆端弯矩值，对此我们称之为力矩分配法的基本运算。下节可以看到，用渐近作法解具有多个节点角位移未知量的结构时，要反复应用这种基本运算。

在 M 的作用下，节点1产生角位移 Z_1。利用转角位移方程，可以写出各杆端弯矩（Z_1 尚为未知）

$$\left.\begin{aligned}&M_{12}=3i_{12}Z_1,\quad M_{13}=4i_{13}Z_1\\&M_{14}=i_{14}Z_1\end{aligned}\right\}\tag{a}$$

$$\left.\begin{aligned}&M_{12}=0,\quad M_{31}=2i_{13}Z_1\\&M_{41}=-i_{14}Z_1\end{aligned}\right\}\tag{b}$$

取节点 1 为隔离体（图 8-1（b）），由平衡条件$\sum M_1=0$，可知

$$M_{12}+M_{13}+M_{14}=M\tag{c}$$

将式（a）代入，解得

$$Z_1=\frac{M}{3i_{12}+4i_{13}+i_{14}}\tag{d}$$

然后代回式（a）和式（b），即可求出各杆的杆端弯矩值

$$\left.\begin{aligned}&M_{12}=\frac{3i_{12}}{3i_{12}+4i_{13}+i_{14}}M\\&M_{13}=\frac{4i_{13}}{3i_{12}+4i_{13}+i_{14}}M\\&M_{14}=\frac{i_{14}}{3i_{12}+4i_{13}+i_{14}}M\end{aligned}\right\}\tag{e}$$

$$M_{21}=0$$

$$\left.\begin{aligned}&M_{31}=\frac{1}{2}\left(\frac{4i_{13}}{3i_{12}+4i_{13}+i_{14}}\right)M\\&M_{41}=-\frac{i_{14}}{3i_{12}+4i_{13}+i_{14}}M\end{aligned}\right\}\tag{f}$$

据此绘出结构的弯矩图，如图 8-1（c）所示。现在我们引入转动刚度、分配系数、传递系数等这样几个定义，并用力矩分配和传递的概念进行以上计算。

1. 转动刚度

式（a）中列出的各杆端弯矩式可统一写成

$$M_{1k}=S_{1k}Z_1$$

S_{1k}称为 $1k$ 杆 1 端的转动刚度。它表示在 $1k$ 杆的 1 端顺时针方向产生一单位转角时，在该端所需作用的弯矩。它的值依赖于杆件的线刚度和杆件另一端的支承情况。例如：12 杆的远端是铰支端，$S_{12}=3i_{12}$；13 杆的远端是固定端，$S_{13}=4i_{13}$；14 杆的远端是定向支座，$S_{14}=i_{14}$。

2. 分配系数

式（e）中的各杆端弯矩可统一写成

$$M_{1k}=\frac{S_{1k}}{\sum\limits_{(1)}S_{1k}}M=\mu_{1k}M\tag{8-1}$$

$$\mu_{1k}=\frac{S_{1k}}{\sum\limits_{(1)}S_{1k}}\tag{8-2}$$

式中 $\sum\limits_{(1)}S_{1k}$ 表示汇交于节点 1 所有杆件在 1 端的转动刚度之和。μ_{1k}称为力矩分配系数，它的值永远小于 1，而 $\sum\limits_{(1)}\mu_{1k}=1$。

3. 传递系数

式（f）中的各杆端弯矩可统一写成

$$M_{k1}=C_{1k}M_{1k} \tag{h}$$

C_{1k}称为 $1k$ 杆 1 端的传递系数。传递系数即表示当杆件近端发生转角时，远端弯矩与近端弯矩的比值。对于不同的远端支承情况，相应的传递系数也不同。例如：12 杆的远端是铰支座，$C_{12}=0$；13 杆的远端是固定端，$C_{13}=\dfrac{1}{2}$；14 杆的远端是定向支座，$C_{14}=-1$。

由式（8-1）可知，作用于节点 1 的力偶 M 将按汇交于该节点各杆的转动刚度 S_{1k} 的比例分配给汇交于此节点的各杆端（称为近端），由此求得的各近端弯矩称为分配弯矩。为了在以后的分析中与杆端最后弯矩有所区别，我们在分配弯矩的右上角加入附标 μ，即分配弯矩以 M^{μ}_{1k} 表示。这样，我们就可不必求出转角 Z_1 而直接由式（8-1）求得汇交于节点 1 各杆端的分配弯矩。

例如：

$$M^{\mu}_{12}=\mu_{12}M$$

$$M^{\mu}_{13}=\mu_{13}M$$

$$M^{\mu}_{14}=\mu_{14}M$$

分配弯矩求得后，则另一端（称为远端）的弯矩（传递弯矩）可用该分配弯矩乘上相应的传递系数而得（在传递弯矩的右上角则加入附标 C）。

例如：

$$M^{c}_{21}=M^{\mu}_{12}\times C_{12}=0$$

$$M^{c}_{31}=M^{\mu}_{13}\times C_{13}=\frac{1}{2}M^{\mu}_{13}$$

$$M^{c}_{41}=M^{\mu}_{14}\times C_{14}=-M^{\mu}_{14}$$

写成一般形式，则传递弯矩的计算公式为

$$M^{c}_{k1}=C_{1k}M^{\mu}_{1k} \tag{8-3}$$

总括以上，可将基本运算中杆端弯矩的计算方法归纳为：当集中力偶 M 作用在节点 1 时，按分配系数分配给各杆的近端即为近端杆端弯矩；远端弯矩等于近端弯矩乘以传递系数。

二、具有一个节点角位移结构的计算

掌握了上述基本运算，再利用叠加原理，即可用力矩分配法计算荷载作用下具有一个节点角位移的结构。其计算步骤如下。

（1）先在本来是发生角位移的刚节点 i 处假想加入附加刚臂，使其不能转动，由表 7-1 算出汇交于 i 点各杆端的固端弯矩后，利用该节点的力矩平衡条件求出附加刚臂给予节点的约束力矩，并以 M^{f}_{i} 表示。约束力矩规定以顺时针转向为正。

（2）节点 i 处实际上并没有附加刚臂，也不存在约束力矩，为了能恢复到实际状态，抵消掉约束力矩 M^{f}_{i} 的作用，我们在节点 i 处施加一个与它反向的外力偶 $M_i=-M^{f}_{i}$（注意 M_i 也以顺时针方向为正）。结构在 M_i 作用下的各杆端弯矩，应用一次基本运算即可求出。

（3）结构的实际受力状态，为以上两种情况的叠加。将第（1）步中各杆端的固端弯矩分别和第（2）步中的各杆端的分配弯矩或传递弯矩叠加，即得汇交于 i 点之各杆的近端或远端的最后弯矩。

现举例说明如下。

例 8-1 试求图 8-2（a）所示刚架的各杆端弯矩，各杆的相对线刚度如图示。

【解】

（1）先在节点 A 加一附加刚臂（图 8-2（b））使节点 A 不能转动，此步骤常简称为“固定节点”。此时各杆端产生的固端弯矩由表 7-1 求得，即

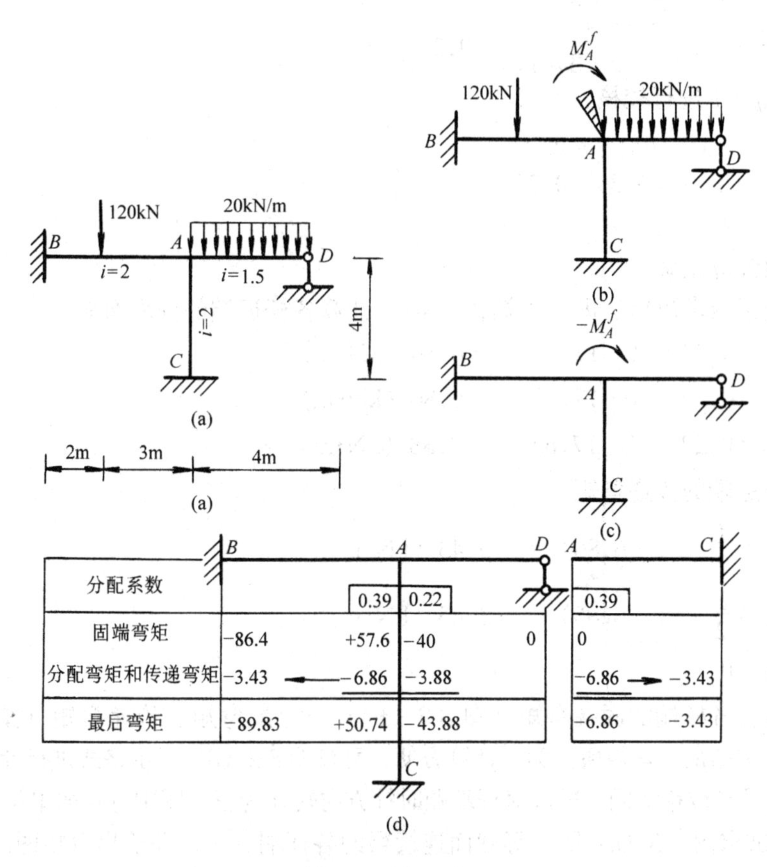

图 8-2　例 8-1 图

$$M_{AB}^f=\frac{Pa^2b}{l^2}=\frac{120\times2^2\times3}{5^2}=57.6\ (\mathrm{kN\cdot m})$$

$$M_{BA}^f=-\frac{Pab^2}{l^2}=-\frac{120\times2\times3^2}{5^2}=-86.4\ (\mathrm{kN\cdot m})$$

$$M_{AD}^f=-\frac{ql^2}{8}=-\frac{20\times4^2}{8}=-40\ (\mathrm{kN\cdot m})$$

由节点 A 的平衡条件 $\Sigma M_A=0$，求得约束力矩

$$\begin{aligned}M_A^f&=M_{AB}^f+M_{AC}^f+M_{AD}^f\\&=57.6+0-40\\&=17.6\ (\mathrm{kN\cdot m})\end{aligned}$$

（2）为了消除约束力矩 M_A^f，应在节点 A 处加入一个与它大小相等方向相反的力矩 $-M_A^f$（图 8-2（c））在约束力矩被消除的过程中，节点 A 即逐渐转动到无附加约束时的自

然位置，故此步骤常简称为“放松节点”。将图 8-2（b）和（c）相叠加就得到图 8-2（a）中的结果。对于图 8-2（c），我们可用上述力矩分配法的基本运算求出各杆端弯矩。

为此，先按式（8-2）算出各杆端分配系数

$$\mu_{AB}=\frac{4\times2}{4\times2+4\times2+3\times1.5}=0.39$$

$$\mu_{AC}=\frac{4\times2}{4\times2+4\times2+3\times1.5}=0.39$$

$$\mu_{AD}=\frac{3\times1.5}{4\times2+4\times2+3\times1.5}=0.22$$

利用公式 $\Sigma\mu_{Ak}=1$ 进行校核

$$\begin{aligned}\Sigma\mu_{Ak}&=\mu_{AB}+\mu_{AC}+\mu_{AD}\\&=0.39+0.39+0.22\\&=1\end{aligned}$$

所以分配系数计算正确。

力矩分配系数求出后，即可根据式（8-1）计算各杆近端的分配弯矩

$$M_{AB}^{\mu}=0.39\times(-17.6)=-6.86\ (\text{kN·m})$$

$$M_{AC}^{\mu}=0.39\times(-17.6)=-6.86\ (\text{kN·m})$$

$$M_{AD}^{\mu}=0.22\times(-17.6)=-3.88\ (\text{kN·m})$$

然后计算各杆远端的传递弯矩

$$M_{BA}^{C}=\frac{1}{2}\times(-6.86)=-3.43\ (\text{kN·m})$$

$$M_{CA}^{C}=\frac{1}{2}\times(-6.86)=-3.43\ (\text{kN·m})$$

$$M_{DA}^{C}=0$$

（3）最后将各杆端的固端弯矩（图 8-2（b））与分配弯矩、传递弯矩（图 8-2（c））相加，即得各杆端的最后弯矩值。为了计算方便，可按图 8-2（d）所示格式进行计算。图中各杆端弯矩的正负号与位移法同，即以对杆端顺时针方向转动为正。图中弯矩的单位为 kN·m。

例 8-2　试求图 8-3（a）所示等截面连续梁的各杆端弯矩，并绘出弯矩图。

【解】

〈1〉计算各杆端分配系数

为简便起见，可采用相对线刚度。为此，设 $EI=6$，于是 $i_{AB}=i_{BC}=1$。由式（8-2）可算得

$$\mu_{BA}=\frac{3\times1}{3\times1+4\times1}=\frac{3}{7}=0.43$$

$$\mu_{BC}=\frac{4\times1}{3\times1+4\times1}=\frac{4}{7}=0.57$$

〈2〉由表 7-1 计算各杆端的固端弯矩

$$M_{BA}^{f}=\frac{ql^2}{8}=\frac{1}{8}\times30\times6^2=135\ (\text{kN·m})$$

$$M_{CB}^{f}=-M_{BC}^{f}=\frac{Pl}{8}=\frac{80\times6}{8}=60\ (\text{kN·m})$$

节点 B 的约束力矩

$M_B^f = M_{BA}^f + M_{BC}^f = 135 - 60 = 75$（kN·m）

〈3〉直接在其计算简图下方计算

对于连续梁，常取如图 8-3（a）所示格式，直接在其计算简图下方进行计算。

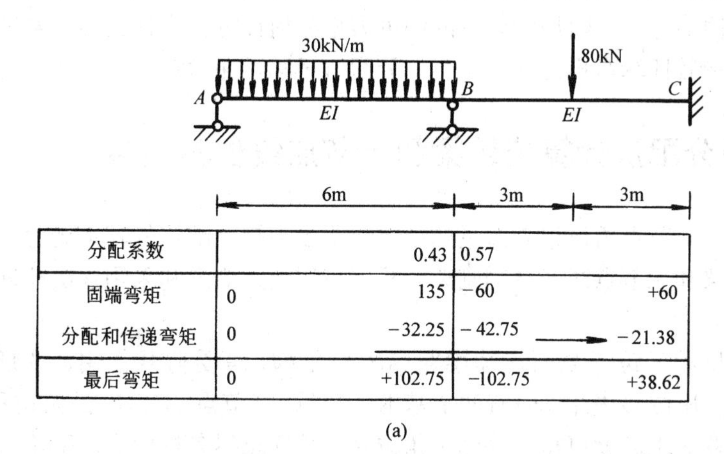

分配系数		0.43	0.57	
固端弯矩	0	135	−60	+60
分配和传递弯矩	0	−32.25	−42.75	→ −21.38
最后弯矩	0	+102.75	−102.75	+38.62

(a)

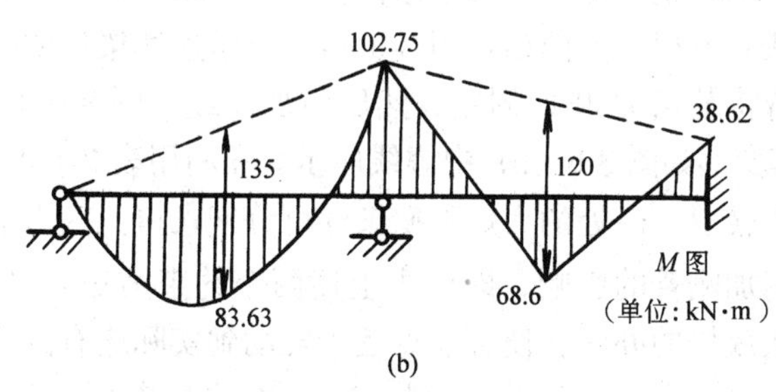

(b)

图 8-3　例 8-2 图

〈4〉作出弯矩图

根据已知荷载和求出的各杆端最后弯矩，即可作出最后弯矩图如图 8-3（b）所示。

思　考　题

（1）力矩分配法的基本运算是什么？物理意义如何？

（2）什么叫转动刚度？并考虑下面问题：

ⓐ图 8-4 中 AB 杆 A 端的转动刚度是否等于$\frac{4EI}{l}$？

ⓑ图 8-5 所示几种情形 A 端的转动刚度是否相等？为什么？

（3）什么是分配系数？它与转动刚度有何关系？为什么每一个节点的分配系数之和等于 1？分配系数与结构上荷载作用情况有无关系？

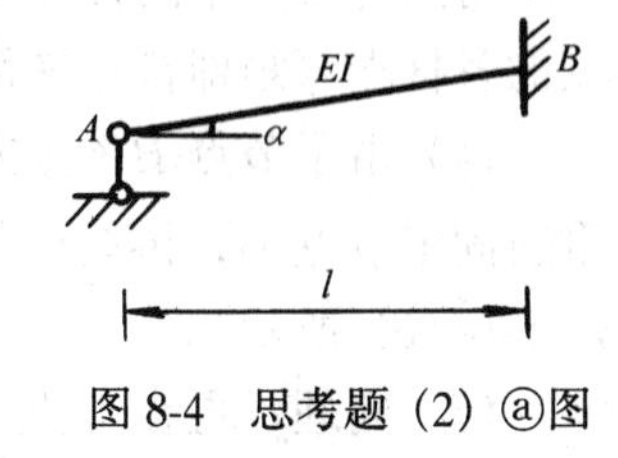

图 8-4　思考题（2）ⓐ图

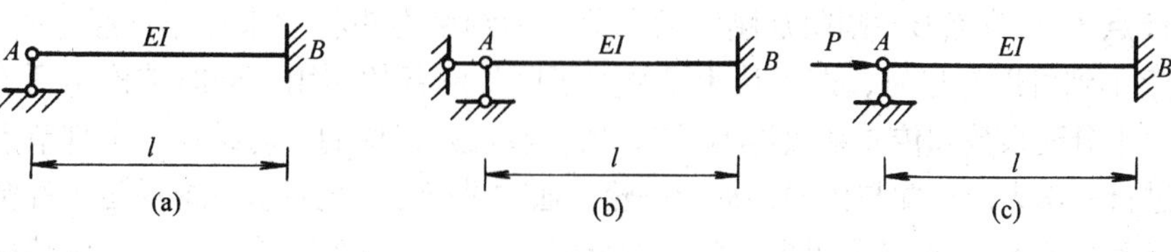

图 8-5　思考题（2）ⓑ图

(4) 什么是分配弯矩？为什么要分配？按什么原则分配？

(5) 什么是传递系数和传递弯矩？为什么要传递？如何传递？传递弯矩是否发生于分配弯矩之后？

(6) 什么是固端弯矩？附加约束中的约束力矩如何计算？为什么要反号进行分配？

(7) 为什么最后杆端弯矩是固端弯矩、分配弯矩和传递弯矩的代数和？

8.2 用力矩分配法计算连续梁和无节点线位移刚架

上节用只有一个节点角位移未知量的结构说明了力矩分配法的基本概念。对于具有两个以上节点的连续梁和无节点线位移的刚架，只要应用上述概念和采用逐次渐近的作法，就可求出各杆端弯矩。

图 8-6 (a) 所示三跨等截面连续梁在 AB 跨和 CD 跨受荷载作用，变形曲线如图 8-6 (a) 中虚线所示。用位移法计算时有两个基本未知量，(节点 B 和 C 的角位移)，可建立两个位移法方程，联立求解就可得出这两个角位移，从而求得各杆内力。采用力矩分配法计算时不用建立和求解联立方程。下面结合图 8-6 (a) 所示连续梁说明一般做法。

(1) 用附加刚臂将节点 B 和 C 固定，然后施加荷载（图 8-6 (b)），这时连续梁变成三根单跨超静定梁，其变形如图 8-6 (b) 中虚线所示。在利用表 7-1 求得各杆的固端弯矩 M_{AB}^{f}、M_{BA}^{f} 及 M_{CD}^{f}后，由节点 B、C 处的力矩平衡条件可分别求得此两点的约束力矩 M_{B}^{f} 和 M_{C}^{f}。

(2) 为了消去附加刚臂的影响，即消去上述两个约束力矩，必须放松节点 B 和 C。在此采用逐个节点依次放松的办法，使各节点逐步转动到实际应有的位置。

首先，设想先放松一个节点，设为节点 C（注意此时节点 B 仍被固定），即相当于在节点 C 处施加与约束力矩 M_{C}^{f} 反号的力矩 $-M_{C}^{f}$。对于这个以节点 C 为中心的计算单元，由于力矩 $-M_{C}^{f}$ 所引起的杆端弯矩，可利用力矩分配法的基本运算求出。在经过图 8-6 (c) 所示的第一次力矩分配与传递后，节点 C 处的各杆端弯矩已自相平衡，而节点 B 处的约束力矩成为 $M_{B}^{f}+M_{BC}^{C}$。

(3) 将节点 C 重新固定，放松节点 B；即相当于在节点 B 上施加与力矩 $M_{B}^{f}+M_{BC}^{C}$ 反号的 $-(M_{B}^{f}+M_{BC}^{C})$。对于当前以节点 B 为中心的计算单元，同样可用力矩分配法的基本运算求得这时所产生的杆端弯矩。在节点 B 通过第一次力矩分配与传递（图 8-6 (d)）后，此点的各杆端弯矩即自相平衡。

(4) 由于节点 B 被放松时，节点 C 处的附加刚臂又产生新的约束力矩 M_{CB}^{C}，所以还须重新固定节点 B，再放松节点 C；亦即在节点 C 施加 $-M_{CB}^{C}$ 作第二次力矩分配与传递（如图 8-6 (e) 所示）。

(5) 同理，再在节点 B 作二次力矩分配和传递，如图 8-6 (f) 所示。按照以上做法，轮流放松节点 C 和节点 B，则附加刚臂给予节点的约束力矩将愈来愈小，经过若干轮以后，当约束力矩小到可以忽略时，即可认为已解除了附加刚臂的作用，同时结构达到了真实的平衡状态。由于分配系数和传递系数均小于 1，所以收敛是很快的。对结构的全部节点轮流放松一遍，各进行一次力矩分配与传递，称为一轮。通常进行二三轮计算就能满足工程精度要求。

(6) 最后将各杆端的固端弯矩，各次的分配弯矩和传递弯矩叠加，即得原结构的各杆端

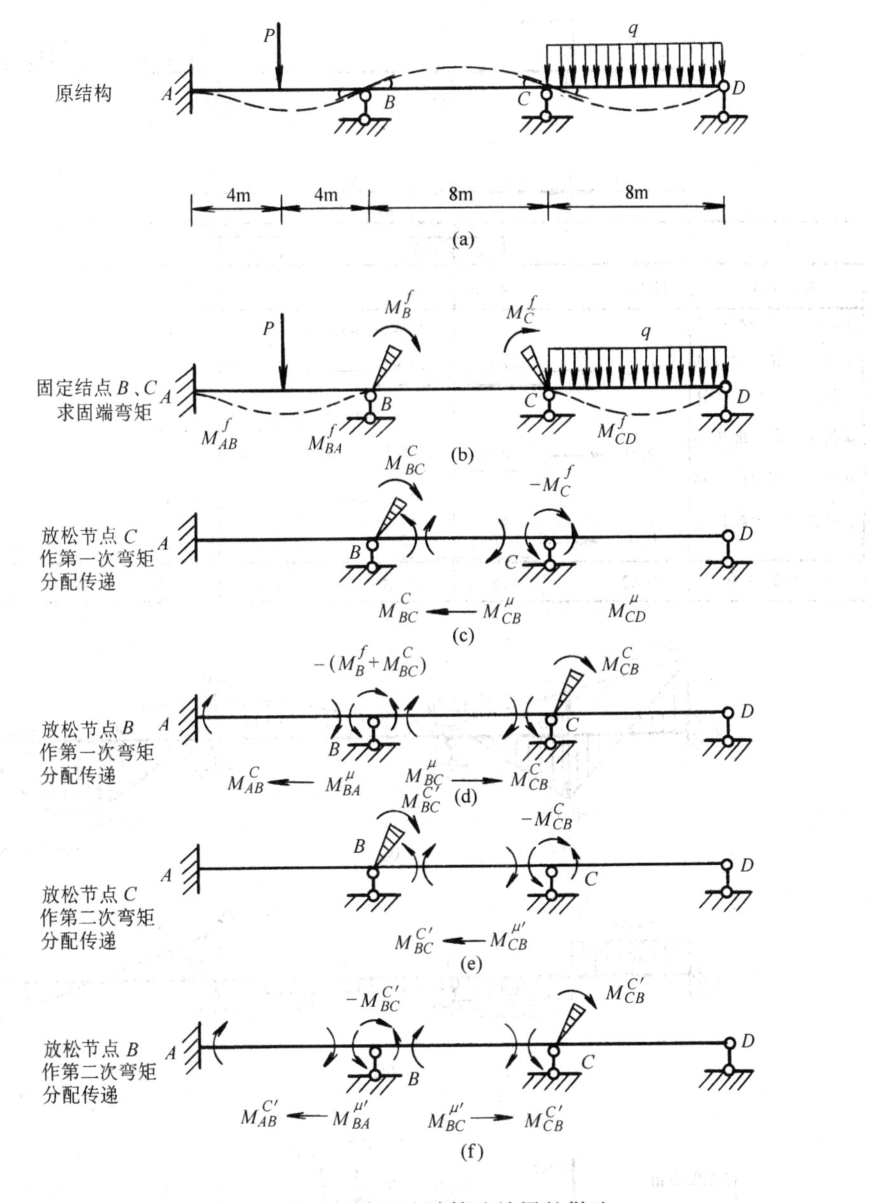

图 8-6　用力矩分配法计算连续梁的做法

弯矩。下面结合具体例题加以说明。

例 8-3　试用力矩分配法求图 8-7（a）所示连续梁的杆端弯矩。然后作弯矩图和剪力图，求支座反力。

【解】

〈1〉计算分配系数

节点 B：

$$\mu_{BA}=\frac{4\times1}{4\times1+4\times1}=0.5$$

$$\mu_{BC}=\frac{4\times1}{4\times1+4\times1}=0.5$$

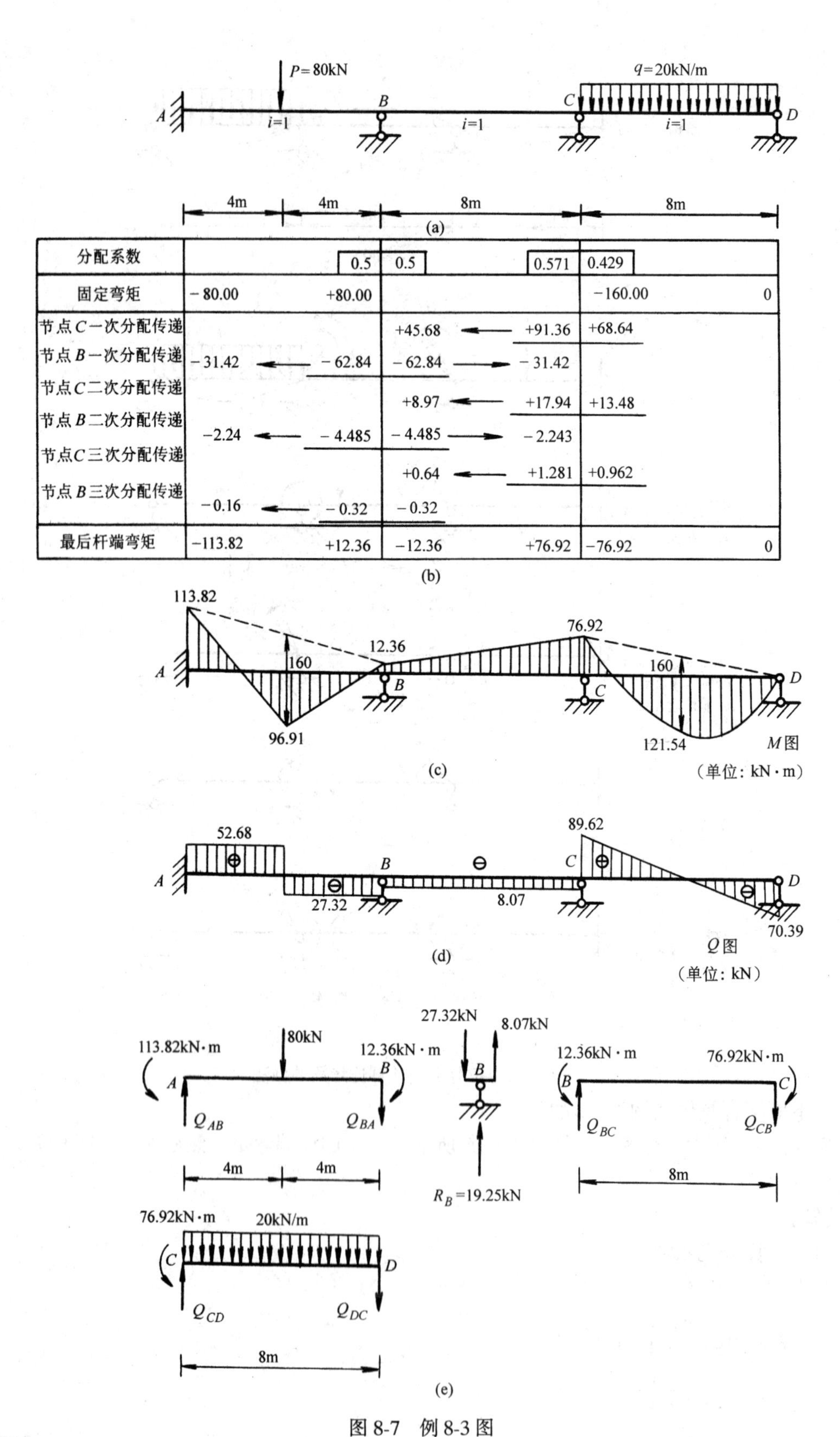

分配系数		0.5	0.5	0.571	0.429	
固定弯矩	−80.00	+80.00			−160.00	0
节点C一次分配传递			+45.68	+91.36	+68.64	
节点B一次分配传递	−31.42	−62.84	−62.84	−31.42		
节点C二次分配传递			+8.97	+17.94	+13.48	
节点B二次分配传递	−2.24	−4.485	−4.485	−2.243		
节点C三次分配传递			+0.64	+1.281	+0.962	
节点B三次分配传递	−0.16	−0.32	−0.32			
最后杆端弯矩	−113.82	+12.36	−12.36	+76.92	−76.92	0

(b)

图 8-7 例 8-3 图

校核：$\mu_{BA}+\mu_{BC}=0.5+0.5=1$

节点 C：

$$\mu_{CB}=\frac{4\times1}{4\times1+3\times1}=\frac{4}{7}=0.571$$

$$\mu_{CD}=\frac{3+1}{4\times1+3\times1}=\frac{3}{7}=0.429$$

校核：$\mu_{CB}+\mu_{CD}=0.571+0.429=1$

将分配系数写在图 8-7（b）中的方格里。

〈2〉计算固端弯矩

固定节点 B 和节点 C，按表 7-1 算出各杆的固端弯矩

$$M_{AB}^{f}=-M_{BA}^{f}=-\frac{Pl}{8}=-80.0\ (\text{kN·m})$$

$$M_{CD}^{f}=-\frac{ql^2}{8}=-\frac{20\times8^2}{8}=-160.0\ (\text{kN·m})$$

将计算结果写在图 8-7（b）的第二行。节点 B 和节点 C 的约束力矩 M_B^f 和 M_C^f 为

$$M_B^f=+80.0\ \text{kN·m}$$

$$M_C^f=-160.0\ \text{kN·m}$$

〈3〉放松节点 C（节点 B 仍固定）

对于具有两个以上节点的结构，可按任意选定的次序轮流放松节点，但为了使计算收敛得快些，通常先放松约束力矩较大的节点。在节点 C 进行力矩分配（即将 M_C^f 反号乘上分配系数），求得各相应杆端的分配弯矩为

$$M_{CB}^{\mu}=0.571\times[-(-160.0)]=91.36\ (\text{kN·m})$$

$$M_{CD}^{\mu}=0.429\times[-(-160.0)]=68.64\ (\text{kN·m})$$

同时可求得各杆远端的传递弯矩（即将分配弯矩乘上相应的传递系数）为

$$M_{BC}^{C}=\frac{1}{2}\times91.36=45.48\ (\text{kN·m})$$

以上是在节点 C 进行第一次弯矩分配和传递，写在图 8-7（b）的第三行。此时，节点 C 处的杆端弯矩暂时自相平衡，可在分配弯矩值下方画一横线。

〈4〉重新固定节点 C，并放松节点 B

在节点 B 进行力矩分配，注意此时的约束力矩为

$$M_B^f+M_{BC}^{C}=80.0+45.68=125.68\ (\text{kN·m})$$

然后将其反号乘以分配系数，即得相应的分配弯矩为

$$M_{BA}^{\mu}=M_{BC}^{\mu}=(-125.68)\times0.5=-62.84\ (\text{kN·m})$$

传递弯矩为 $M_{AB}^{C}=M_{CB}^{C}=\frac{1}{2}\times(-62.84)=-31.42\ (\text{kN·m})$

将计算结果写在图 8-7（b）的第四行。此时节点 B 处的杆端弯矩暂时自相平衡，但节点 C 处又产生了新的约束力矩，还需再作修正。以上对节点 C、节点 B 各进行了一次力矩分配与传递，完成了力矩分配法的第一轮计算。

〈5〉进行第二轮计算

按照上述步骤，在节点 C 和节点 B 轮流进行第二次力矩分配与传递，计算结果写在图 8-7（b）的第五、六行。

〈6〉进行第三轮计算

同理，对节点 C 和节点 B 进行第三次力矩分配和传递，计算结果写在图 8-7（b）的第七、八行。

由上看出，经过三轮计算后，节点的约束力矩已经很小，结构已接近于实际的平衡状态，计算工作可以停止。

〈7〉将各杆端的固端弯矩和每次的分配弯矩、传递弯矩相加，即得最后的杆端弯矩

写在图 8-7（b）的第九行。

〈8〉已知杆端弯矩后，应用拟简支梁区段叠加法可画出 M 图

如图 8-7（c）所示，同时算得跨中弯矩如下。

AB 跨的跨中弯矩

$$M_{AB}^{中}=\frac{1}{4}\times 80\times 8-\frac{113.82+12.36}{2}=96.91\ (\text{kN}\cdot\text{m})$$

CD 跨的跨中弯矩

$$M_{CD}^{中}=\frac{1}{8}\times 20\times 8^2-\frac{1}{2}\times 76.92=121.54\ (\text{kN}\cdot\text{m})$$

〈9〉取各杆为隔离体（图 8-7（e）），用平衡条件计算各杆端剪力

由杆端剪力即可作剪力图如图 8-7（d）所示。

〈10〉支座 B 的反力可由节点 B 的平衡条件（图 8-7（e））求出

$$R_B=27.32-8.07=19.25\ (\text{kN})\ (\uparrow)$$

以上多节点情况下力矩分配法的计算，虽然是以一连续梁为例来说明的，但同样适用于无节点线位移刚架。再将用力矩分配法计算一般连续梁和无节点线位移刚架的步骤归纳如下。

(1) 计算汇交于各节点的各杆端的分配系数 μ_{ik}，并确定传递系数 C_{ik}。

(2) 根据荷载计算各杆端的固端弯矩 M_{ik}^{f} 及各节点的约束力矩。

(3) 逐次循环放松各节点，并对每个节点按分配系数将约束力矩反号分配给汇交于该节点的各杆端，然后将各杆端的分配弯矩乘以传递系数传递至另一端。按此步骤循环计算直至各节点上的传递弯矩小到可以略去时为止。

(4) 将各杆端的固端弯矩与历次的分配弯矩和传递弯矩相加，即得各杆端的最后弯矩。

(5) 给弯矩图，进而可做剪力和轴力图。

例 8-4 试用力矩分配法计算图 8-8（a）所示连续梁各杆端弯矩，并绘 M 图。

【解】 连续梁的悬臂 DE 段的内力是静定的，由平衡条件可求得：$M_{DE}=-60\ \text{kN}\cdot\text{m}$。$Q_{DE}=60\ \text{kN}$。去掉悬臂段，将 M_{DE} 和 Q_{DE} 转化为外力作用于节点 D 处，则节点 D 成为铰支端，而连续梁的 AD 部分就可按图 8-8（b）进行计算。

〈1〉计算分配系数

取相对值计算，设 $EI=4$，则

节点 B：

$$\mu_{BA}=\frac{4\times 1}{4\times 1+4\times 1}=0.5$$

$$\mu_{BC}=\frac{4\times 1}{4\times 1+4\times 1}=0.5$$

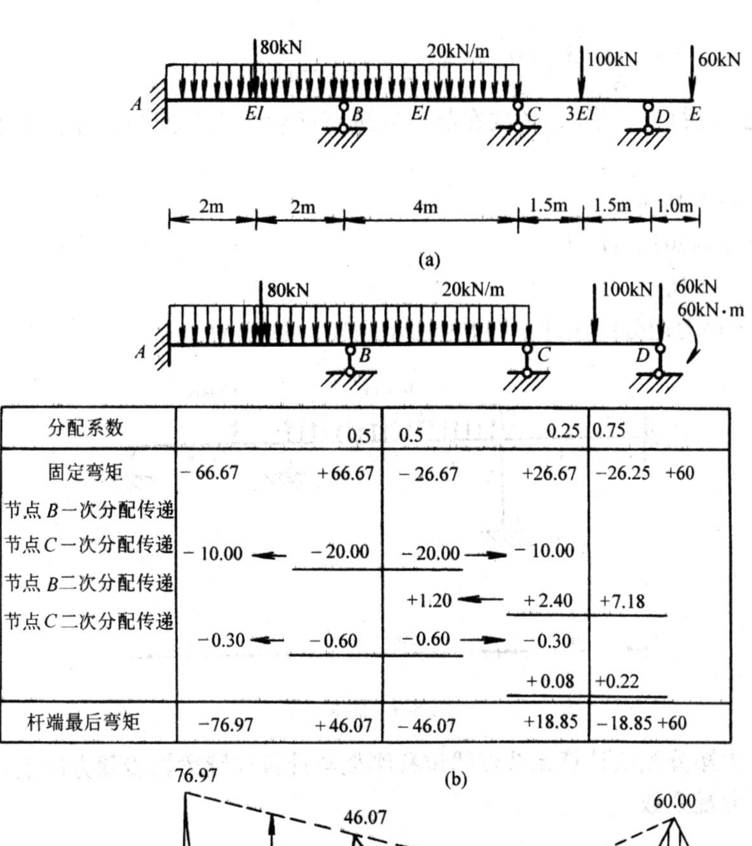

(a)

分配系数		0.5	0.5	0.25	0.75	
固定弯矩	−66.67	+66.67	−26.67	+26.67	−26.25	+60
节点 B 一次分配传递						
节点 C 一次分配传递	−10.00 ←	−20.00	−20.00 →	−10.00		
节点 B 二次分配传递			+1.20 ←	+2.40	+7.18	
节点 C 二次分配传递	−0.30 ←	−0.60	−0.60 →	−0.30		
				+0.08	+0.22	
杆端最后弯矩	−76.97	+46.07	−46.07	+18.85	−18.85	+60

(b)

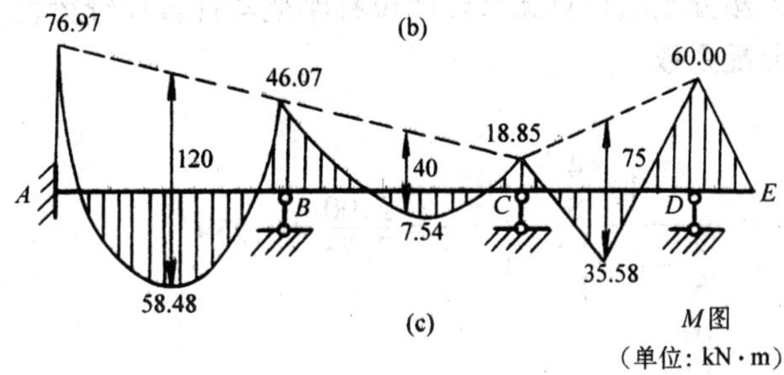

(c)

图 8-8　例 8-4 图

节点 C：

$$\mu_{CB}=\frac{4\times 1}{4\times 1+3\times 4}=0.25$$

$$\mu_{CD}=\frac{3\times 4}{4\times 1+3\times 4}=0.75$$

〈2〉计算固端弯矩

将节点 B 和节点 C 固定，由表 7-1 求各杆的固端弯矩

$$M_{AB}^{f}=-\frac{20\times 4^2}{12}-\frac{80\times 4}{8}=-66.67\ (\mathrm{kN\cdot m})$$

$$M_{BA}^{f}=66.67\ \mathrm{kN\cdot m}$$

$$M_{BC}^{f}=-\frac{20\times 4^2}{12}=-26.67\ (\mathrm{kN\cdot m})$$

$$M_{CB}^{f}=26.67\ \mathrm{kN\cdot m}$$

$$M_{CD}^f=-\frac{3\times100\times3}{16}+\frac{60}{2}=-26.25\ (\text{kN}\cdot\text{m})$$

〈3〉按先 B 后 C 的顺序，依次在节点处进行两轮力矩分配与传递，并求得各杆端的最后弯矩

如图 8-8（b）所示。

〈4〉由杆端弯矩绘 M 图

如图 8-8（c）所示。

例 8-5 试用力矩分配法计算图 8-9 所示刚架，并绘 M 图。

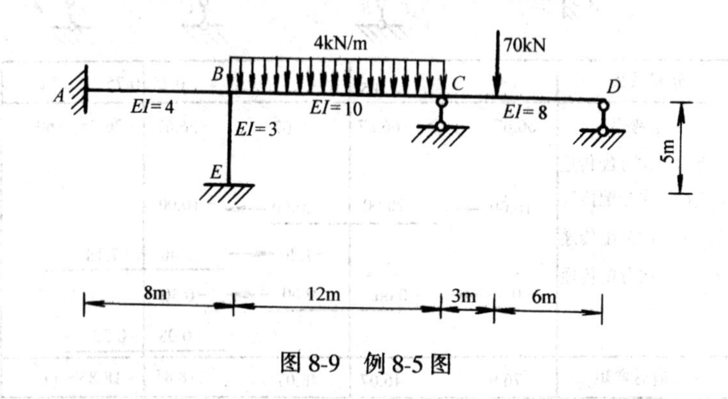

图 8-9 例 8-5 图

【解】 用力矩分配法计算无节点线位移刚架与计算连续梁在步骤方法上完全相同。

〈1〉计算分配系数

节点 B：

$$\mu_{BA}=\frac{4\times\frac{4}{8}}{4\times\frac{4}{8}+4\times\frac{10}{12}+4\times\frac{3}{5}}=\frac{2.00}{7.73}=0.259$$

$$\mu_{BC}=\frac{4\times\frac{10}{12}}{7.73}=0.431$$

$$\mu_{BE}=\frac{4\times\frac{3}{5}}{7.73}=0.310$$

节点 C：

$$\mu_{CB}=\frac{4\times\frac{10}{12}}{4\times\frac{10}{12}+3\times\frac{8}{9}}=\frac{3.33}{6.00}=0.555$$

$$\mu_{CD}=\frac{3\times\frac{8}{9}}{6.00}=0.445$$

〈2〉计算固端弯矩

利用表 7-1，得

$$M_{BC}^f=-M_{CB}^f=-\frac{1}{12}\times4\times12^2=-48.00\ (\text{kN}\cdot\text{m})$$

$$M_{CD}^f=-\frac{70\times3\times6\times(9+6)}{2\times9^2}=-116.67\ (\text{kN}\cdot\text{m})$$

〈3〉在节点 C、节点 B 循环交替进行三轮力矩分配与传递，并通过叠加求得各杆端最后弯矩

计算过程如图 8-10（a）所示。

〈4〉根据杆端最后弯矩绘 M 图

如图 8-10（b）所示。

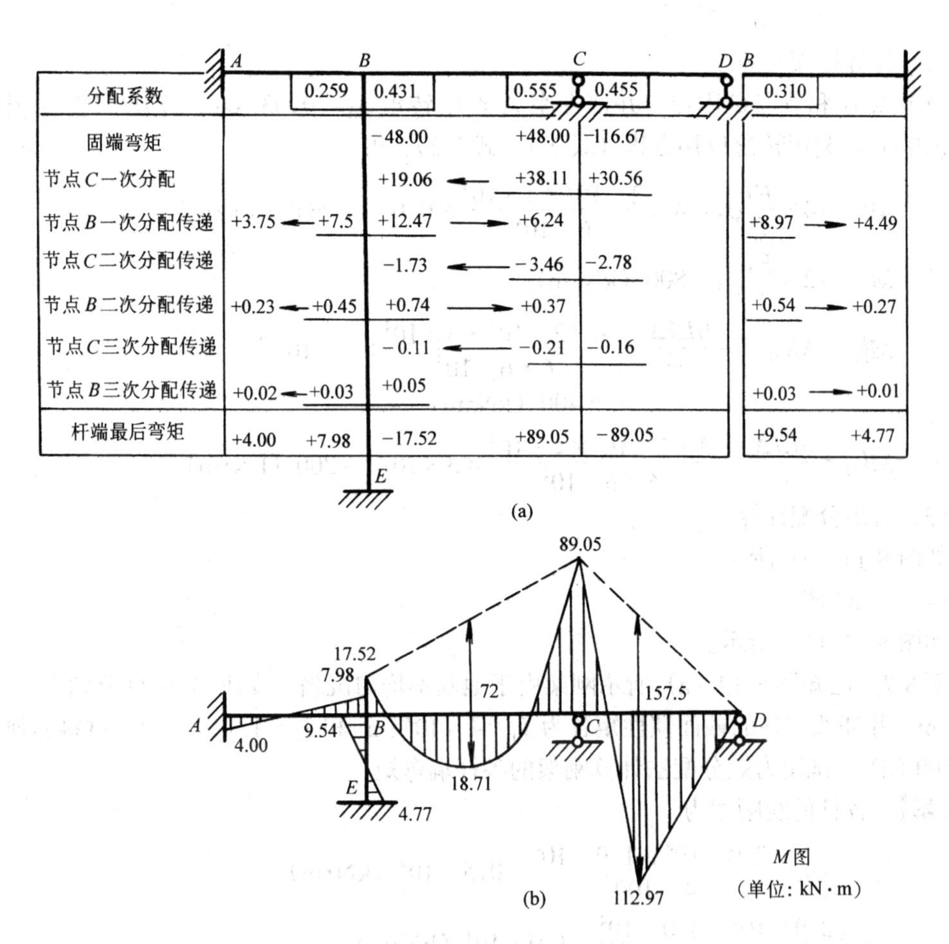

图 8-10　例 8-5 刚架计算过程及最后弯矩图

例 8-6　用力矩分配法计算图 8-11（a）所示的等截面连续梁的杆端弯矩，并绘 M 图。设由于地基不均匀沉陷，支座 A 和 C 分别发生了图示的转动和移动。已知连续梁的 $E=200\ \text{GPa}$，$I=4.0\times10^4\ \text{cm}^4$。

【解】　结构在支座位移影响下的内力计算与荷载作用下的不同之处，是固端弯矩的计算。只要把由支座位移产生的各固端弯矩求出后，其余计算与前述相同。

〈1〉计算分配系数

$$\mu_{BA}=\mu_{BC}=\frac{4\times\dfrac{EI}{6}}{4\times\dfrac{EI}{6}+4\times\dfrac{EI}{6}}=0.5$$

$$\mu_{CB}=\frac{4\times\dfrac{EI}{6}}{4\times\dfrac{EI}{6}+3\times\dfrac{EI}{6}}=\frac{4}{7}=0.571$$

$$\mu_{CD}=\frac{3\times\dfrac{EI}{6}}{4\times\dfrac{EI}{6}+3\times\dfrac{EI}{6}}=\frac{3}{7}=0.429$$

〈2〉计算固端弯矩

将节点 B 和节点 C 固定，并使支座 A 产生转角 $\varphi_A=0.03$ Rad，支座 C 产生竖向位移 $\Delta_C=3.0$ cm，利用转角位移方程（式 7-1、式 7-2），得

$$M_{AB}^f=4\times\frac{EI}{l}\varphi_A=4\times\frac{2\times10^4\times4\times10^4}{6\times10^4}\times0.03=1\ 600\ (\text{kN}\cdot\text{m})$$

$$M_{BA}^f=2\times\frac{EI}{l}\varphi_A=800\ (\text{kN}\cdot\text{m})$$

$$M_{BC}^f=M_{CB}^f=-\frac{6EI\Delta_C}{l^2}=\frac{6\times2\times10^4\times4\times10^4}{6\times6\times10^4}\times3\times10^{-2}$$
$$=-400\ (\text{kN}\cdot\text{m})$$

$$M_{CD}^f=\frac{3EI\Delta_C}{l^2}=\frac{3\times2\times10^4\times4\times10^4}{6\times6\times10^4}\times3\times10^{-2}=200\ (\text{kN}\cdot\text{m})$$

〈3〉力矩分配计算

如图 8-11（a）所示。

〈4〉绘 M 图

如图 8-11（b）所示。

例 8-7 已知图 8-12（a）所示刚架由于地基不均匀沉陷，支座 A 和 D 分别下沉了 3 cm 和 9 cm。并知梁和柱的截面惯性矩各为 $I_1=4\times10^4$ cm^4 和 $I_2=1\times10^4$ cm^4；材料的弹性模量 $E=200$ GPa。试用力矩分配法计算刚架的各杆端弯矩。

【解】 各杆的线刚度为

$$i_{AB}=i_{CD}=\frac{2.0\times10^4\times1.0\times10^4}{4\times100^2}=0.5\times10^4\ (\text{kN}\cdot\text{m})$$

$$i_{BC}=\frac{2.0\times10^4\times4.0\times10^4}{8\times100^2}=1.0\times10^4\ (\text{kN}\cdot\text{m})$$

$$i_{CE}=\frac{2.0\times10^4\times4.0\times10^4}{6\times100^2}=1.33\times10^4\ (\text{kN}\cdot\text{m})$$

〈1〉计算分配系数

节点 B：

$$\mu_{BA}=\frac{4\times0.5\times10^4}{(4\times0.5+4\times1.0)\times10^4}=\frac{1}{3}=0.33$$

$$\mu_{BC}=\frac{4\times1.0\times10^4}{(4\times0.5+4\times1.0)\times10^4}=\frac{2}{3}=0.67$$

节点 C：

$$\mu_{CB}=\frac{4\times1.0\times10^4}{(4\times1.0+4\times0.5+3\times1.33)\times10^4}=\frac{4}{9.99}=0.4$$

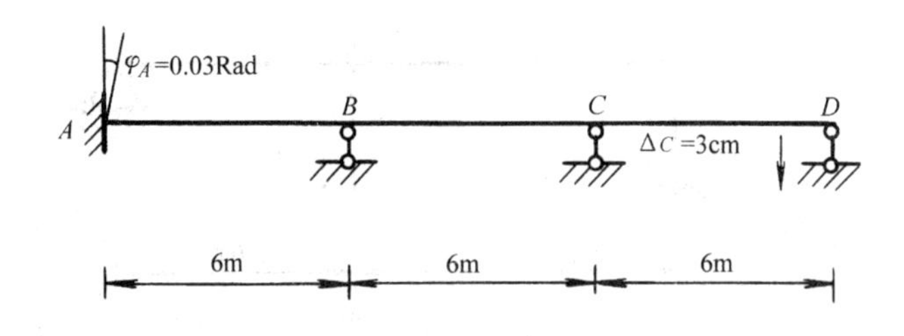

分配系数		0.5	0.5	0.571	0.429
固端弯矩	+1600	+800	−400	−400	+200
节点B一次分配传递	−100 ←	−200	−200 →	−100	
节点C一次分配传递			+85.65 ←	+171..3	+128.7
节点B二次分配传递	−21.42 ←	−42.83	−42.82 →	−21.41	
节点C二次分配传递			+6.12 ←	+12.23	+9.18
节点B三次分配传递	−1.53 ←	−3.06	−3.06 →	−1.53	
节点C三次分配传递				+0.87	+0.66
最后弯矩	+1477.05	+554.11	−554.11	−338.55	+338.54

(a)

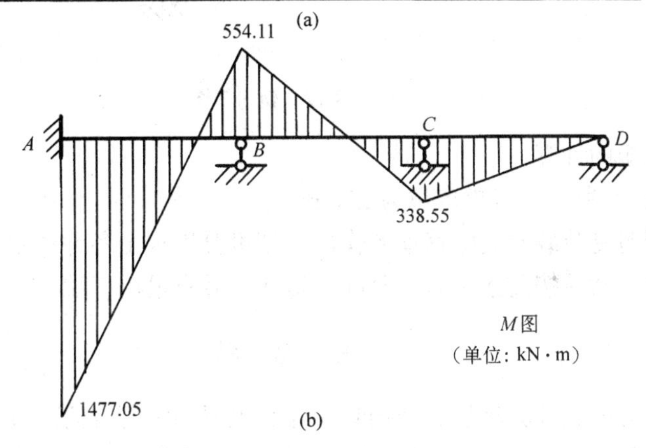

(b)

图 8-11　例 8-6 图

$$\mu_{CD}=\frac{4\times0.5\times10^4}{(4\times1.0+4\times0.5+3\times1.33)\ \times10^4}=\frac{2}{9.99}=0.2$$

$$\mu_{CE}=\frac{3\times1.33\times10^4}{(4\times1.0+4\times0.5+3\times1.33)\ \times10^4}=\frac{3.99}{9.99}=0.4$$

〈2〉计算固端弯矩

当节点 B、节点 C 固定时，由于支座 A 和 D 沉陷，将在 BC 和 CE 杆中产生固端弯矩，由式（7-1）、式（7-2）求得

$$M_{BC}^{f}=M_{CB}^{f}=-6i_{BC}\frac{\Delta_{BC}}{l_{BC}}=-6\times1.0\times10^4\times\frac{(0.09-0.03)}{8}$$

$$=-450\ (\mathrm{kN\cdot m})$$

$$M_{CE}^{f}=-3i_{CE}\times\frac{\Delta_{CE}}{l_{CE}}=-3\times1.33\times10^4\times\left(\frac{-0.09}{6}\right)=+598.5\ (\mathrm{kN\cdot m})$$

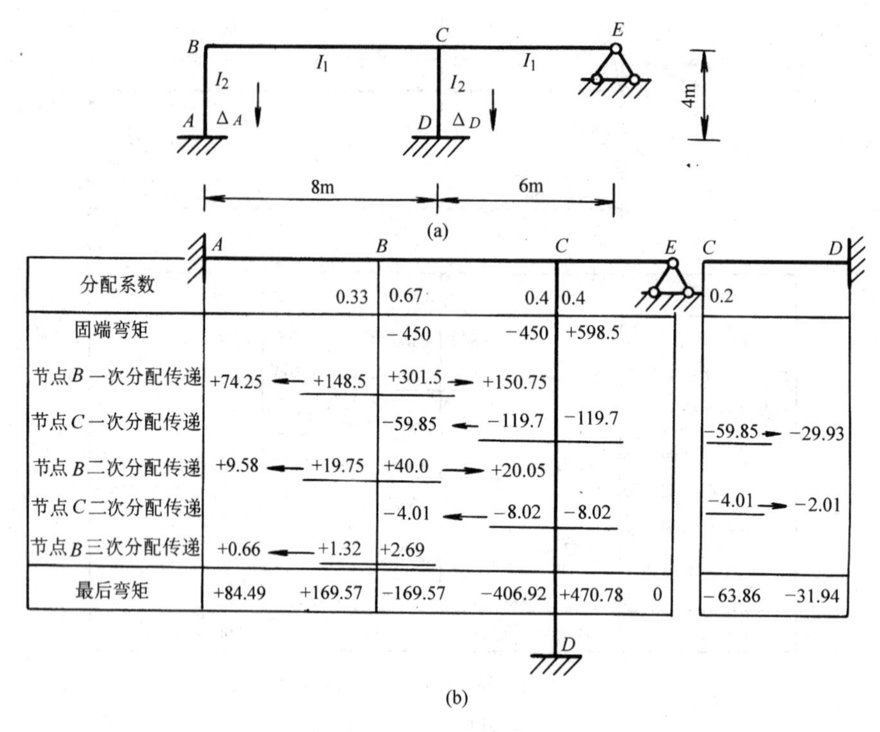

	A	B	B	C	C	E	C	D
分配系数		0.33	0.67	0.4	0.4		0.2	
固端弯矩			−450	−450	+598.5			
节点B一次分配传递	+74.25	+148.5	+301.5	+150.75				
节点C一次分配传递			−59.85	−119.7	−119.7		−59.85	−29.93
节点B二次分配传递	+9.58	+19.75	+40.0	+20.05				
节点C二次分配传递			−4.01	−8.02	−8.02		−4.01	−2.01
节点B三次分配传递	+0.66	+1.32	+2.69					
最后弯矩	+84.49	+169.57	−169.57	−406.92	+470.78	0	−63.86	−31.94

图 8-12　例 8-7 图

〈3〉杆端弯矩的计算

如图 8-12（b）所示，弯矩单位为 kN·m。

如果结构同时受荷载及支座移动的作用，则可分别求出各种作用下的固端弯矩，叠加后得总的固端弯矩，然后按前述步骤作分配、传递，并求最后杆端弯矩。

思　考　题

（1）用力矩分配法计算超静定结构时为什么先要固定所有的刚节点使不能转动？在放松时，为什么每次只放松一个节点？是否可同时放松两个节点？

（2）用力矩分配法计算超静定结构时，为什么计算过程是收敛的？

（3）当无节点线位移的刚架由于某种原因发生支座位移时，如何用力矩分配法计算它的内力？

（4）当连续梁由于温度变化产生内力时，如何用力矩分配法求解杆端弯矩？

（5）结构有带悬臂的杆件时如何处理？例 8-4 中的连续梁倘在 D 点也用附加刚臂固定，应怎样计算？

（6）试比较力矩分配法与位移法的异同。

（7）为什么力矩分配法不能直接应用于有节点线位移的刚架？

*8.3　无剪力分配法

单跨多层对称刚架是工程中常用的一种结构形式。如化工厂的厂房骨架、渡槽支架、管道支架等都是单跨多层对称刚架。

为了简化计算，一单跨多层对称刚架在一般荷载作用下（图 8-13（a）），常将荷载分解为对称和反对称荷载分别求解。在对称荷载作用下（图 8-13（b）），节点只有角位移，没有线位移，可以取出半个刚架如图 8-13（c）所示，直接用前述力矩分配法进行计算。在反对称荷载作用下（图 8-13（d）），节点除有角位移外，还有节点线位移，就不能直接用力矩分配法进行计算；但可以取出半个刚架，如图 8-13（e）所示，用无剪力分配法进行计算。下面用图 8-13（e）所示的半刚架来说明这种计算方法。

当荷载作用于图 8-13（e）中的刚架时，各横梁的两端不会有相对线位移。各柱的两端虽有相对侧移，但其剪力是静定的。以 ik 杆为例，设自其顶部作一截面，取截面以上部分为隔离体（见图 8-13（f）），则由平衡条件 $\Sigma x=0$ 得

$$Q_{ik}=\Sigma P \tag{a}$$

式中 ΣP 表示柱顶 i 以上所有外力之水平投影的代数和（以向右为正）。若一刚架像图 8-13（e）所示的那样，只有梁两端无相对线位移和剪力静定这两种杆件，便可用无剪力分配法求杆端弯矩。

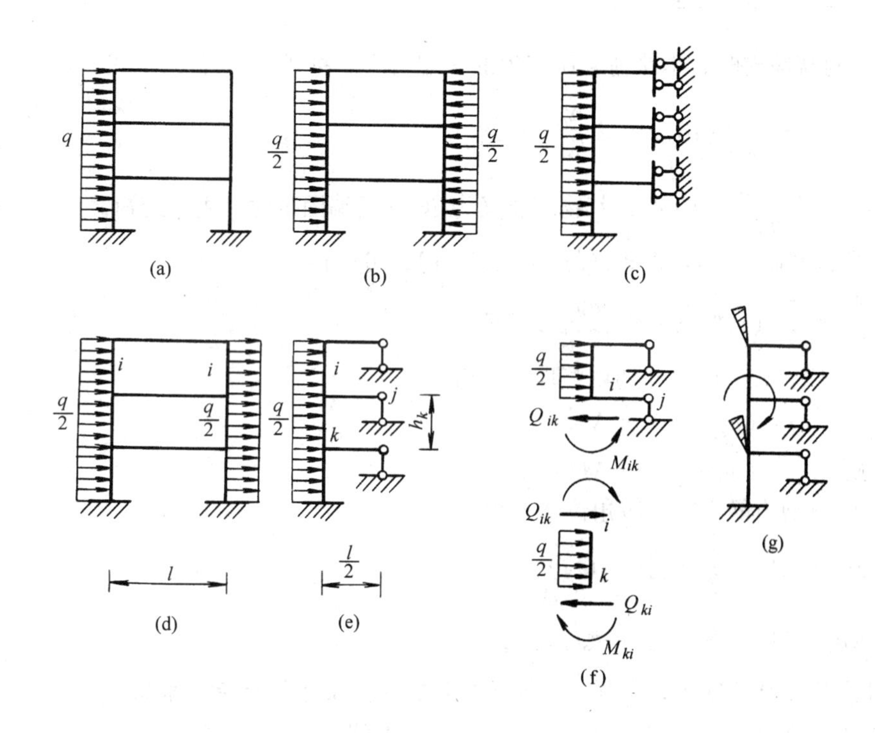

图 8-13　半刚架法分别用力矩分配法及无剪力分配法计算之图示

用无剪力分配法计算图 8-13（e）中刚架的思路，与上节的力矩分配法是一样的。第一步也是以附加刚臂约束住刚节点使不能转动（节点仍能移动），求荷载作用后的固端弯矩，并进一步利用节点平衡条件求约束力矩。第二步也是放松节点，在与约束力矩反号的外力偶作用下，求各杆的分配和传递弯矩。各节点轮流放松适当轮数后，将各步骤的杆端弯矩叠加在一起，即得实际杆端弯矩。所不同于力矩分配法是：在产生固端弯矩以及在进行分配、传

递的过程中，节点发生移动。对刚架的横梁（如 ij 杆）而言，不会因此而有杆端相对线位移，它的固端弯矩（当横梁上作用有荷载时）、杆端转动度及传递系数的确定方法和上节并无区别，不必赘述。对剪力静定的柱（如 ik 杆）而言，则因节点移动时发生了杆端相对侧移，便需要重新建立固端弯矩和转动刚度等的计算式（为清晰起见，对剪力静定杆的这些量，都冠以"修正"二字以示区别）。而为此先需推导剪力静定杆的转角位移方程，以下分别讨论。

1. 剪力静定杆的转角位移过程

以 ik 杆为例，由式（7-1）知杆端弯矩可表达为

$$\left.\begin{aligned} M_{ik} &= 2i_{ik}\left(2\varphi_i + \varphi_k - 3\frac{\Delta_{ik}}{h_{ik}}\right) + M_{ik}^f \\ M_{ki} &= 2i_{ik}\left(2\varphi_k + \varphi_i - 3\frac{\Delta_{ik}}{h_{ik}}\right) + M_{ki}^f \end{aligned}\right\} \tag{b}$$

因 ik 杆的剪力可先由静力平衡条件求出（见式（a）），利用其剪力为已知的条件，可消去上式中的相对侧移 Δ_{ik}。由 ik 杆的平衡条件，（参看图 8-13f）有

$$Q_{ik} = -\frac{M_{ik} + M_{ki}}{h_{ik}} + Q_{ik}^0$$

Q_{ik}^0为 ik 杆两端简支时，本跨荷载所产生的 i 端剪力。将式（b）代入上式，得

$$Q_{ik} = -\frac{6i_{ik}}{h_{ik}}\left(\varphi_i + \varphi_k - 2\frac{\Delta_{ik}}{h_{ik}}\right) + Q_{ik}^f \tag{c}$$

式中 $Q_{ik}^f = -\dfrac{M_{ik}^f + M_{ki}^f}{h_{ik}} + Q_{ik}^0$，其物理意义为 ik 杆两端固定时，由本跨荷载所产生的 i 端剪力（即 i 端的固端剪力）。将式（c）代入式（a），可解得

$$\frac{\Delta_{ik}}{h_{ik}} = \frac{1}{2}(\varphi_i + \varphi_k) + \frac{h_{ik}}{12i_{ik}}(\sum P - Q_{ik}^f) \tag{d}$$

再将式（d）代入式（b），并加以整理后可得

$$\left.\begin{aligned} M_{ik} &= i_{ik}(\varphi_i - \varphi_k) + M_{ik}^{f'} \\ M_{ki} &= i_{ik}(\varphi_k - \varphi_i) + M_{ik}^{f'} \end{aligned}\right\} \tag{8-4}$$

式（8-4）即是剪力静定杆的转角位移方程，式中

$$\left.\begin{aligned} M_{ik}^{f'} &= M_{ik}^f - \frac{1}{2}(\sum P - Q_{ik}^f)h_{ik} \\ M_{ki}^{f'} &= M_{ki}^f - \frac{1}{2}(\sum P - Q_{ik}^f)h_{ik} \end{aligned}\right\} \tag{8-5}$$

2. 剪力静定杆的修正固端弯矩，修正杆端转动刚度和修正传递系数

仍以 ik 杆为例，在式（8-4）中，当 $\varphi_i = \varphi_k = 0$ 时，有

$$M_{ik}|_{\varphi i = \varphi k = 0} = M_{ik}^{f'},\quad M_{ki}|_{\varphi i = \varphi k = 0} = M_{ki}^{f'}$$

故 $M_{ik}^{f'}$、$M_{ki}^{f'}$即修正固端弯矩，式（8-5）为其计算式。

求放松节点 i 所导致的内力变化时，只在该点作用有外力偶，不存在其他荷载（参看图 8-13（g）），故 $M_{ik}^{f'} = 0$；为了确定 i 端的修正转动刚度 S'_{ik}和传递系数 C'_{ik}，应再使 $\varphi_k = 0$，$\varphi_i = 1$，由式（8-4）知，此时两杆端弯矩分别为

$$M_{ik}|_{\varphi_i = 1} = i_{ik},\quad M_{ki}|_{\varphi_i = 1} = -i_{ik}$$

由此得出

$$S'_{ik}=i_{ik}，\ C'_{ik}=-1$$

同理，取 $M^{f'}_{ki}=0$，$\varphi_k=1$，$\varphi_i=0$，利用式（8-4）可得出 k 端的 S'_{ik} 及 C'_{ik} 为

$$S'_{ki}=i_{ik}，\ C'_{ki}=-1$$

既已得出确定剪力静定杆的修正固端弯矩、转动刚度和传递系数的式子，就可像用力矩分配法解无节点线位移刚架那样，对图 8-13（e）中刚架进行计算。可以看出，无剪力分配法是建立在对节点线位移不施加附加约束的前提下的，在解题的各个步骤中，节点都有相应的移动。当仅以刚臂约束住节点转动后，在荷载作用下，各柱的剪力是静定的已知值；当放松节点，施加与约束力矩反号的外力偶（参看图 8-13（g））时，各柱的剪力为零。由于在分配、传递过程中，各柱均无新的剪力产生，故此法称为无剪力分配法。

例 8-8 试用无剪力分配法计算图 8-14（a）所示刚架，并绘 M 图。

【解】 图 8-14（a）所示为一单跨两层对称刚架，其上受反对称的水平均布荷载作用，取图 8-14（b）所示半刚架进行计算。注意因横梁长度减少为原来的 1/2，故线刚度 $i=\frac{EI}{l}$ 增大一倍。

〈1〉计算分配系数

节点 B：

汇交于 B 点之各杆的杆端转动刚度为

$$S_{BG}=3i_{BG}=3\times 8=24$$

$$S'_{BA}=i_{BA}=3$$

$$S'_{BC}=i_{BC}=1$$

故有

$$\mu_{BA}=\frac{3}{3+24+1}=\frac{3}{28}=0.107$$

$$\mu_{BG}=\frac{24}{28}=0.857$$

$$\mu_{BC}=\frac{1}{28}=0.036$$

节点 C：

汇交于 C 点之各杆的杆端转动刚度为

$$S_{CH}=3i_{CH}=12$$

$$S'_{CB}=i_{BC}=1$$

故有

$$\mu_{CB}=\frac{1}{1+12}=\frac{1}{13}=0.077$$

$$\mu_{CH}=\frac{12}{13}=0.923$$

〈2〉计算固端弯矩

应用式（8-5）得

$$M^{f'}_{CB}=\frac{10\times 5^2}{12}-\frac{1}{2}\left[-\left(-\frac{10\times 5}{2}\right)\right]\times 5=-41.667\ (\text{kN·m})$$

$$M_{BC}^{f}=-\frac{10\times5^{2}}{12}-\frac{1}{2}\left[-\left(-\frac{10\times5}{2}\right)\right]\times5=-83.333\ (\text{kN}\cdot\text{m})$$

$$M_{BA}^{f}=\frac{10\times5^{2}}{12}-\frac{1}{2}\left[10\times5-\left(-\frac{10\times5}{2}\right)\right]\times5=-166.667\ (\text{kN}\cdot\text{m})$$

$$M_{AB}^{f}=-\frac{10\times5^{2}}{12}-\frac{1}{2}\left[10\times5-\left(-\frac{10\times5}{2}\right)\right]\times5=-208.333\ (\text{kN}\cdot\text{m})$$

〈3〉力矩分配与传递

见图 8-14（c）。

〈4〉绘 M 图

如图 8-14（d）所示。

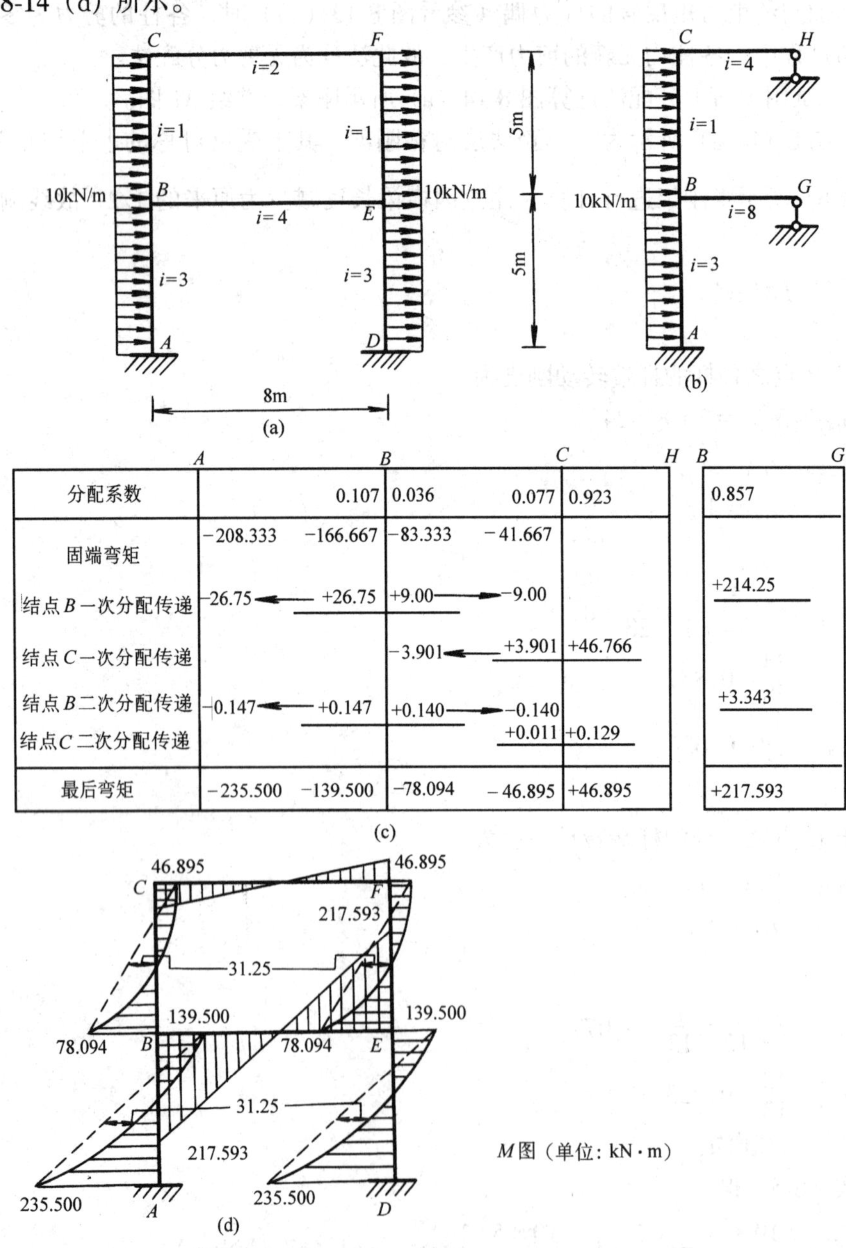

	A	B	B	C	C (H)	B–G
分配系数		0.107	0.036	0.077	0.923	0.857
固端弯矩	−208.333	−166.667	−83.333	−41.667		
结点 B 一次分配传递	−26.75	+26.75	+9.00	−9.00		+214.25
结点 C 一次分配传递			−3.901	+3.901	+46.766	
结点 B 二次分配传递	−0.147	+0.147	+0.140	−0.140		+3.343
结点 C 二次分配传递				+0.011	+0.129	
最后弯矩	−235.500	−139.500	−78.094	−46.895	+46.895	+217.593

(c)

图 8-14　例 8-8 图

思 考 题

（1）什么是无剪力分配法？它适用于计算什么样的刚架？

图 8-15 所示三种刚架能否用无剪力分配法计算？为什么？

（2）无剪力分配法能否用于多跨刚架？

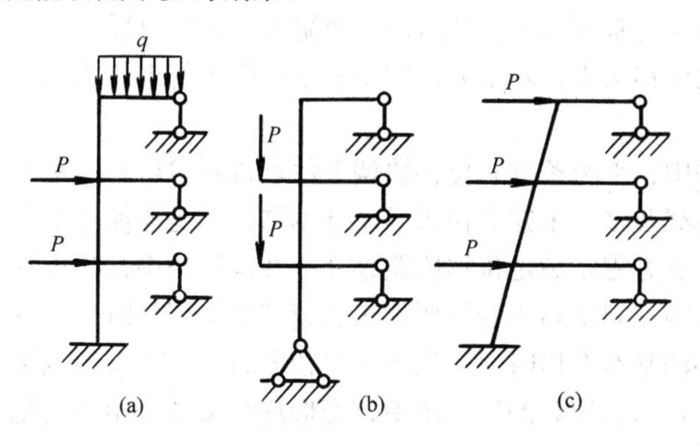

图 8-15 思考题（1）图

＊8.4 力法、位移法和渐近法的总结、比较

自第 6 章开始，研究了超静定结构的几种计算方法，本节予以综合、比较，以加深理解。

在结构的静力分析中，包括内力和位移计算两个方面。在荷载作用下，结构的内力和位移要满足下述三方面的条件。

平衡条件——取结构整体及其各部分为隔离体，各隔离体所受力系都应满足静力学的平衡条件。

物理条件——应力与应变之间，或内力与变形之间应满足材料的物理方程。对弹性材料而言，则要满足胡克定律。

几何条件——应变与位移之间要满足相应的几何关系，结构的位移应与内部连接情况和外部的支承情况相符合。

上述三方面条件对于任何一个静力问题都必须满足，是我们确定实际内力和位移状态的依据。对静定结构来说，它的内力和位移是可以分开计算的，即：先用平衡条件计算内力，然后考虑结构的物理和几何方面的关系计算位移。而超静定结构具有多余约束，必须综合运用以上三方面条件，才能确定出某些内力或位移，然后再进一步求其他内力及位移的量值。

计算超静定结构的基本方法有力法和位移法两种。在力法中，通过综合考虑平衡条件、物理条件及几何条件先求出多余约束的内力，后求位移。而位移法则是先求节点位移，再计算内力。在力法或位移法中都要建立求解基本未知量的典型方程。在现代化的计算工具（电子计算机等）未得到广泛应用以前，为了避免解多元联立方程，渐近法得到广泛的应用。如力矩分配法便是以位移法为基础的一种渐近解法。

下面对超静定结构的几种解法作一比较。

1. 计算途径的比较

在解超静定结构时，选择哪些量作为基本未知量是形成不同计算途径的分界线，力法以多余未知力为基本未知量，位移法以节点位移为基本未知量，力矩分配法是以位移法派生出来的，实质上也是以节点位移为基本未知量，不过形式上改用杆端弯矩来进行计算。

从典型方程建立的过程看，在力法中，通常是以去掉多余约束后的静定结构为基本结构，根据基本结构在外因和多余未知力共同作用下的位移和原结构相同的条件建立力法方程，所以力法的基本方程乃是位移协调方程。在位移法中，通常是将原结构转化为由单跨超静定梁组成的组合体作为基本结构。然后以每个附加约束的总反力为零的条件，建立位移法的基本方程。所以在位移法中，基本方程实质上是与附加约束相连的原结构的某一节点或一部分的平衡方程。

在每种计算方法中，平衡条件和位移协调条件都得到考虑和满足，只是先后次序上有所不同。力法中，在荷载及多余未知力作用下，基本结构总是能保持平衡的，故平衡条件首先被满足，然后建立力法方程以满足位移协调条件。在位移法中，当根据汇交于刚节点的各杆端转角相等及受弯杆两端间距离不变的要求来确定基本未知量时，位移协调条件首先得到满足；其次在建立位移法基本方程时便又满足了平衡条件。在力矩分配法与无剪力分配法中，情况与位移法相似，在渐近计算的每一步中，变形连续条件是始终满足的，而原结构的平衡条件在每一个渐近的运算循环中只是局部地暂时满足，经过多次循环之后才逐渐地全部得到满足。

2. 适用范围的比较

对一个具体结构来说，不同方法的计算工作量有繁简之别，所以适当地选择计算方法是计算中的首要问题。

就力法和位移法而言，常以基本未知量的数目来衡量，哪个方法的基本未知量的数目少就选取哪个方法。因此，凡多余约束数多而节点位移数少的结构，宜采用位移法；反之宜采用力法。此外，当两种方法未知量数目相差不多时，宜选用位移法，它的系数和自由项计算较为简便，这是因为在位移法中，针对超静定直杆，已导出了转角位移方程，列出了固端弯矩计算用表等，已作了大量准备工作的缘故，而这种准备工作在力法中是没有的。

力矩分配法省去了建立方程和解算方程的工作，直接计算杆端弯矩，故计算较为简便，但单纯用力矩分配法只能计算无节点线位移的结构；无剪力分配法则只能用于其各层柱为剪力静定的刚架。在个别情况下，会出现收敛缓慢的问题，此时不宜采用渐近法。

8.5　超静定结构的特性

下面通过与静定结构相比来说明超静定结构的特性。

(1) 静定结构的内力只用静力平衡条件即可确定，其值与结构的材料性质以及杆件截面尺寸无关。超静定结构的内力除利用静力平衡条件外还必须考虑位移条件才能全部确定。所以超静定结构的内力与结构的材料性质以及杆件尺寸有关。

图 8-16（a）的静定梁中，杆件的截面尺寸或材料性质改变时，梁的内力分布并不改变。图 8-16（b）是承受荷载的两跨连续梁，当其中某跨的截面尺寸或材料的性质改变时，两跨的 EI 的比值便有改变，倘用弯矩分配法求解，表现在 B 节点处的分配系数将有变化，因而内力分布也会改变。但如两跨刚度的比值不变，而只是按同一比例增减，则分配系数保持不变，随之内力也不变。由此可见，在荷载作用下解超静定结构的内力时，只与各杆刚度的比

值有关，而与绝对值无关。由于超静定结构具有以上性质，在荷载作用下设计超静定结构时，须先假设截面尺寸或其比值才能求出内力，然后再根据所得结果来重新选择截面，也就是要经过一个试算过程，静定结构则无此问题。

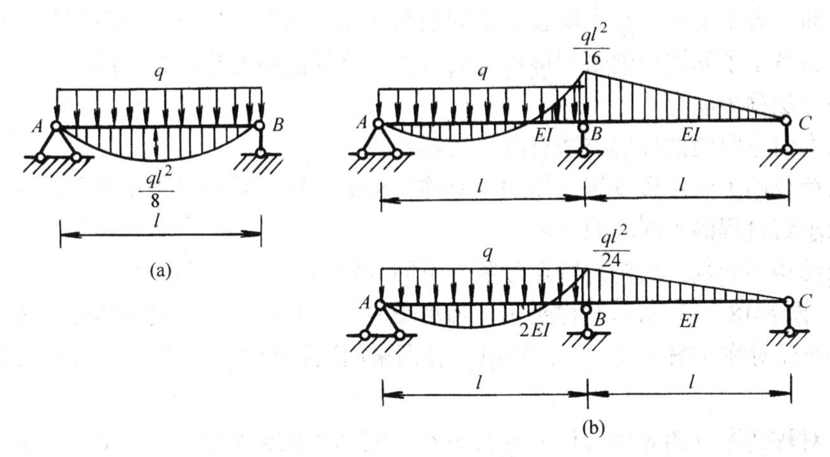

图 8-16　静定结构与超静定结构区别之一

(2) 在静定结构中，除了荷载作用以外，其他因素，如支座移动、温度改变、制造误差等，都不会引起内力。在超静定结构中，任何上述因素作用都可能引起内力。在第 6 章中已对此问题作过阐述，此处不赘述。

(3) 超静定结构在多余约束遭到破坏后，仍能维持其几何不变性，还具有一定的承载能力。而静定结构在任何一个约束遭到破坏后，便立即成为几何可变体系而丧失了承载能力。因此超静定结构对可能发生破坏的防护能力较强。

(4) 超静定结构由于具有多余约束，因之，与去掉这些多余约束后所得的静定结构相比，其刚度较大；另外，局部荷载作用下，超静定结构中产生内力的范围较大，但内力分布比较均匀。例如图 8-17 所示三跨连续梁和三跨静定梁，在荷载、跨度及截面相同的情况下，前者由于梁的连续性，两个边跨也产生了变形及内力（图 8-17 (a)），而静定梁两边跨只随中间跨的变形发生刚体位移，而不产生内力（图 8-17 (b)）。将图 8-17 中 (a)、(b) 两图加以对比，显然，在连续梁中，荷载对内力的影响范围较大；但弯矩的峰值较小，即内力分布较为均匀；又因图 (a) 中连续梁的刚度较大，故最大挠度也较小。

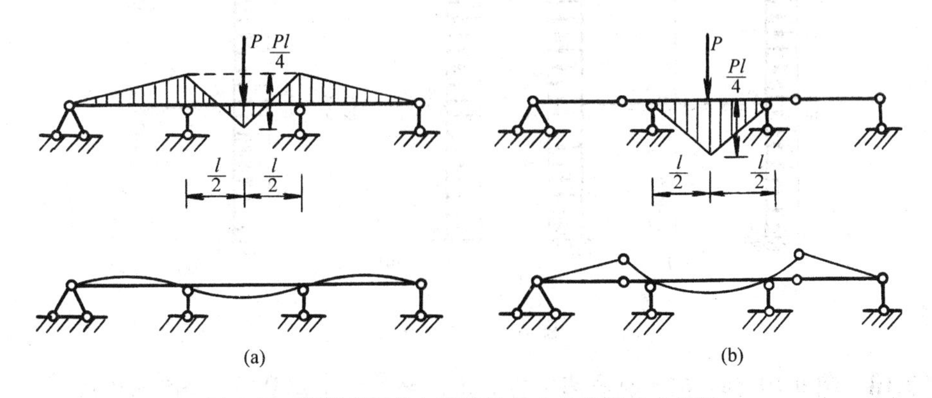

图 8-17　超静定结构与静定结构内力挠度分布情况

8.6 力法、位移法及渐近法的联合应用

化繁为简，各个击破，是求解较复杂问题时常用的原则。把一个总问题分解成几个简单的子问题，对各个子问题分别采用最适宜的方法，这样能够发挥各种方法的长处，收到很好效果。这种方法称为联合法。

联合法中对总问题的分解方法有以下几种：

（1）依荷载的不同性质分解（作用于对称结构的一般荷载分解为正对称和反对称两组）；

（2）依求解过程的不同阶段分解；

（3）依结构不同部位的构造特点分解。下面分别举例予以说明。

例 8-9 图 8-18（a）示一对称刚架，当承受一般荷载作用时，可将其分解为正对称（图 8-18（b））和反对称（图 8-18（c））两组，分别采用适宜的方法计算，最后将两者的结果叠加。

先对正对称情况（图 8-18（b））进行分析。它的半刚架如图 8-18（d）所示，若采用位移法，它有两个基本未知量，而采用力法，则有四个未知量，故用位移法计算较为简便。

然后对反对称情况（图 8-18（c））进行分析，它的半刚架如图 8-18（e）所示，若受用位移法，它有四个基本未知量，而采用力法，则只有两个未知量，故用力法计算较为简便。

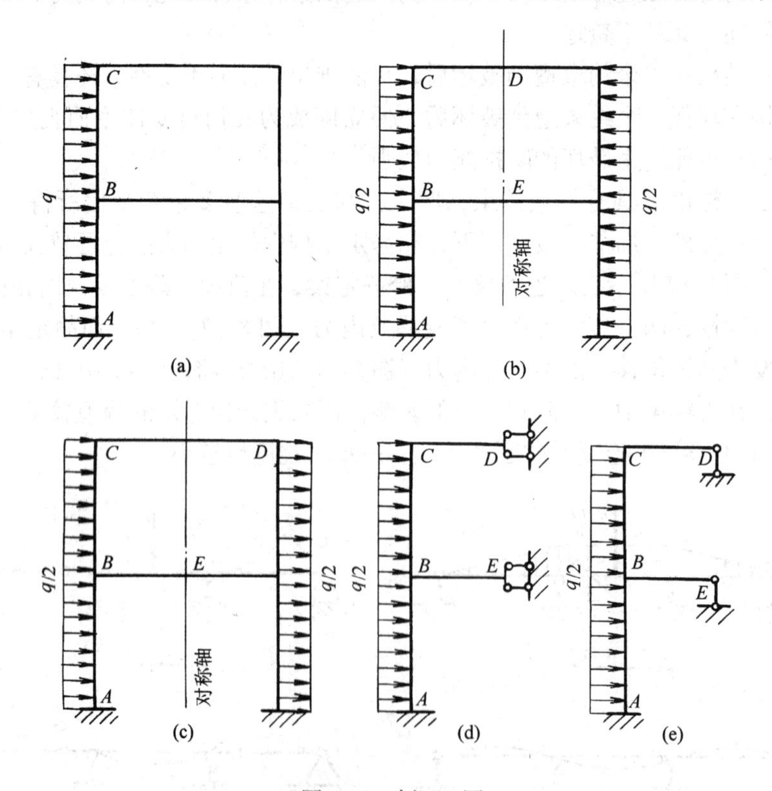

图 8-18 例 8-9 图

例 8-10 图 8-19（a）示一具有两个节点角位移及一个独立节点线位移的刚架。由于它有线位移，不能直接用力矩分配法来计算。但在掌握了用力矩分配法分析无节点线位移刚架

受荷载作用和发生支座移动时的方法之后，在此基础上，便可联合应用力矩分配法和位移法来计算具有线位移的刚架。

设想先用一附加链杆控制刚架的线位移，使成为无节点线位移的刚架，以此作为位移法的基本结构。当基本结构承受荷载并发生与实际结构相同的线位移时（图 8-19（b）），其变形和内力情况将与原结构完全相同。而图 8-19（b）所示结构的内力，可由图 8-19（c）、（d）两种情况下的内力叠加求得。其中关于图 8-19（d）所示无线位移刚架，可用力矩分配法算出其各杆杆端弯矩及剪力，进而求出附加链杆上的反力 R'_{1P}。至于图 8-19（c）所示刚架，如将 Z_1 当作支座移动看待，则也可按力矩分配法求其杆端弯矩。但 Z_1 是待求的未知量，为此，可用力矩分配法先求出 $\overline{Z}_1=1$ 时刚架各杆的内力，进而求出附加链杆上的反力 r'_{11}。显然，在 Z_1 影响下附加链杆的反力应为 $r'_{11}Z_1$。

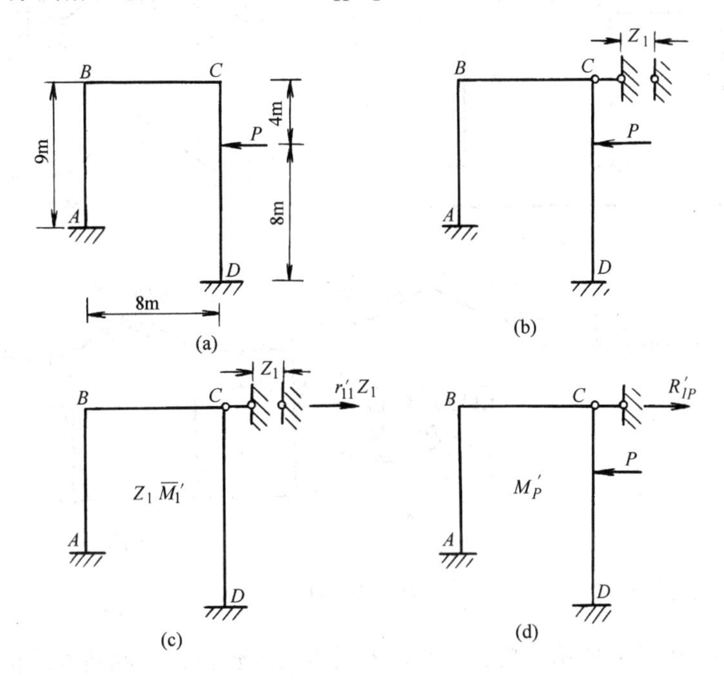

图 8-19　例 8-10 图

根据位移法的原理，基本结构附加链杆上的总反力应等于零，于是可建立位移法方程

$$r'_{11}Z_1+R'_{1P}=0$$

从而求出 Z_1。而实际结构的最后弯矩为 $M=\overline{M}'_1Z_1+M'_P$，内中 $\overline{M}'_1$ 和 M'_P 分别为基本结构在 $\overline{Z}_1=1$ 和荷载作用下的弯矩（参见图 8-19（c）、（d）。

综上所述，依据求解过程的不同阶段，联合运用力矩分配法与位移法，便可计算荷载作用下有节点线位移的刚架。它与前章所述一般位移法不同之处，在于以无线位移的刚架作为基本结构而不控制它的角位移，故基本未知量只限于线位移；而单位线位移和荷载作用下的弯矩则通过力矩分配法求出。

例 8-11　图 8-20（a）所示结构，仅用力法或位移法计算都较繁。为了使其内力计算工作得到简化，我们依据结构不同部位的构造特点将原结构的 *GHJ* 部分简化成图 8-20（b）所示，其中弹簧刚度系数 k_1、k_2 分别为原结构左右两边的刚架 *AFGB* 和 *CJRD* 的侧移刚度系数。我们分别采用适宜的方法计算出侧移刚度系数并解图 8-20（b）所示结构后，原结构任意一点的内力便不难得出。

先计算图 8-20（d）中刚架 $AFGB$ 的侧移刚度系数 k_1，此时采用位移法比较方便。它相当两根两端固定梁产生相对线位移时所引起的杆端剪力，查表 7-1 得

$$k_1 = 2 \times \frac{12EI}{(2a)^3} = \frac{3EI}{a^3}$$

由结构中各柱之截面惯性矩的相对值可知，刚架 $CJRD$ 的侧移刚度系数 $k_2 = 2k_1$。

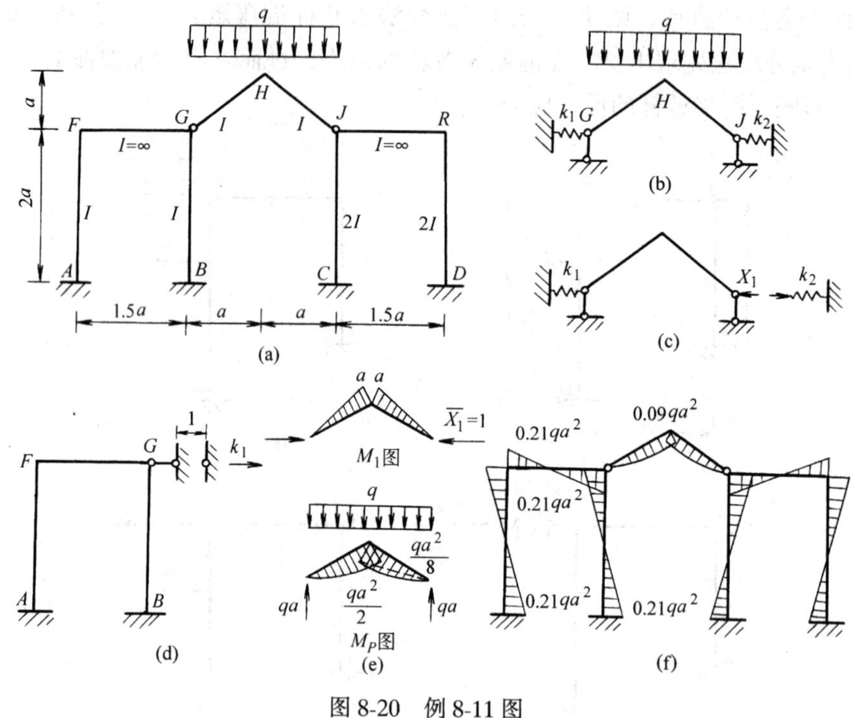

图 8-20　例 8-11 图

然后计算图 8-20（b）所示结构，此时，采用力法比较方便。取基本结构如图 8-20（c）所示，根据基本结构在荷载及 X_1 共同作用下沿 X_1 方向的相对位移应该等于零的条件，建立力法方程

$$\delta_{11} X_1 + \Delta_{1P} = 0$$

而
$$\delta_{11} = \delta'_{11} + \frac{1}{k_1} + \frac{1}{k_2}$$

内中 δ'_{11}为由于 $\overline{X}_1 = 1$ 的作用，折杆 GHJ 之两端点在 X_1 方向的相对位移，在绘出 M_1 及 M_P 图（图 8-20（e））后，δ'_{11}与 Δ_{1P}可用图乘法求得

$$\delta'_{11} = \frac{1}{EI}\left(\frac{2\sqrt{2}}{3}a^3\right), \qquad \Delta_{1P} = -\frac{1}{EI}\left(\frac{5\sqrt{2}}{12}qa^4\right)$$

将 δ'_{11}、Δ_{1P}及 k_1、k_2 值一并代入方程，解得

$$X_1 = 0.41qa$$

最后弯矩图见图 8-20（f）所示。

8.7 混合法的概念

在某些情况下，为减少基本未知量，可以把力法和位移法同时应用于同一结构上。如图8-21（a）所示刚架，对其上部而言，力法较位移法的未知量为少（力法为两个未知量，位移法为四个未知量）；而对其下部用位移法较力法的未知量为少（位移法为两个未知量，力法为六个未知量）。因此，取基本结构如图 8-21（b）所示，即对刚架上部和下部分别采用多余未知力 X_1、X_2 和节点转角位移 Z_3、Z_4 作为基本未知量。这种在同一结构中，同时取力和位移两种量为基本未知量的计算方法，就称为混合法。

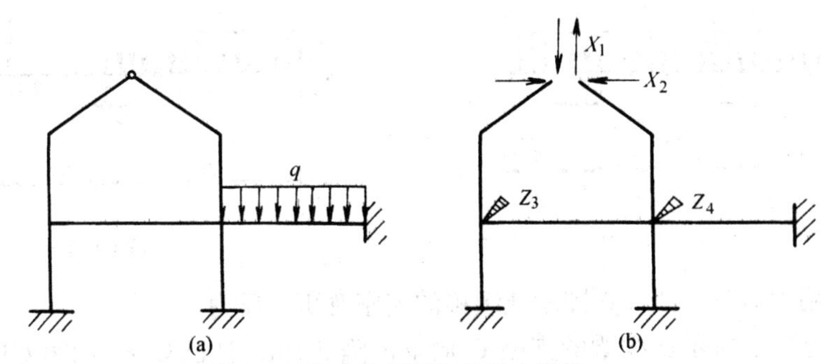

图 8-21　混合法解刚架的基本结构

根据基本结构的受力和变形应与原结构相同的条件，可建立如下典型方程

$$\left.\begin{aligned}\Delta_1=0\quad & \delta_{11}X_1+\delta_{12}X_2+\delta'_{13}Z_3+\delta'_{14}Z_4+\Delta_{1P}=0\\ \Delta_2=0\quad & \delta_{21}X_1+\delta_{22}X_2+\delta'_{23}Z_4+\delta'_{24}Z_4+\Delta_{2P}=0\\ R_3=0\quad & r'_{31}X_1+r'_{32}X_2+r_{33}Z_3+r_{34}Z_4+R_{3P}=0\\ R_4=0\quad & r'_{41}X_1+r'_{42}X_2+r_{43}Z_3+r_{44}Z_4+R_{4P}=0\end{aligned}\right\}\qquad(8\text{-}6)$$

式中 δ_{11}、δ_{12}、δ_{21}、δ_{22} 为单位力所引起的位移，由位移互等定理有 $\delta_{12}=\delta_{21}$；r_{33}、r_{34}、r_{43}、r_{44} 为单位位移所引起的反力，由反力互等定理有 $r_{34}=r_{43}$；δ'_{13}、δ'_{14}、δ'_{23}、δ'_{24} 为由于单位位移所引起的位移；r'_{31}、r'_{32}、r'_{41}、r'_{42} 为由于单位力所引起的反力，由反力与位移互等定理有 $r'_{ij}=-\delta'_{ji}$；Δ_{1P}、Δ_{2P} 为荷载作用于基本结构时，分别沿 X_1、X_2 方向产生的位移；R_{3P}、R_{4P} 为荷载作用于基本结构时，分别在附加约束 3、4 处引起的约束反力。

为了计算以上各系数及自由项，先分别绘制出单位力、单位位移及荷载作用于基本结构时的弯矩图 $\overline{M}_1$、$\overline{M}_2$、$\overline{M}_3$、$\overline{M}_4$ 及 M_P 图。然后求出各系数及自由项。在系数及自由项中，δ 及 Δ_{1P}、Δ_{2P} 的求法与力法相同；r 及 R_{1P}、R_{2P} 的求法与位移法中相同；δ' 可直接由几何关系求出；而计算 r'，实质上为静力平衡问题，不难由 $\overline{M}_1$、$\overline{M}_2$ 图得出。一般而言，r' 较易计算，故常先求 r'，再利用 $r'_{ij}=-\delta'_{ij}$ 的关系得到 δ'。

习　题

8.1～8.2　试用力矩分配法计算图示连续架，并绘 M 图及求支座 B 的反力 R_B。已知 $EI=$ 常数。

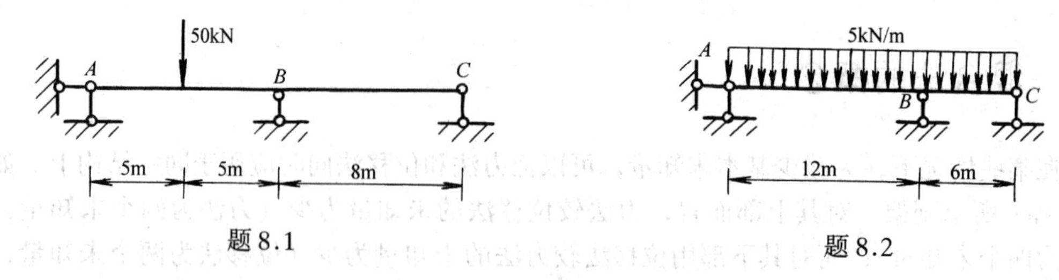

题 8.1　　　　题 8.2

8.3　试用力矩分配法求图示连续梁支座 B 和 C 的弯矩，并求 A 支座的反力 R_A，已知：EI = 常数。

8.4　试用力矩分配法作图示连续梁的弯矩图和剪力图。

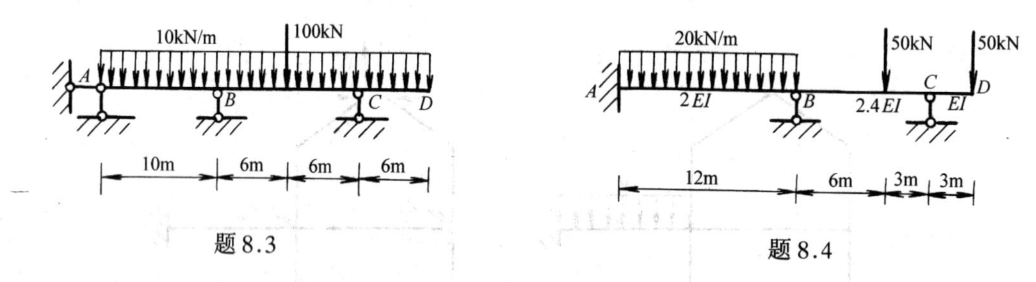

题 8.3　　　　题 8.4

8.5　试用力矩分配法计算图示连续梁的支座弯矩和反力。

8.6　设题 8.5 所示连续梁的支座 C 向下沉陷 2 cm，且已知 $E = 200$ GPa，$I = 40\ 000$ cm^4。试用力矩分配法计算该连续梁，并绘制其在支座沉陷下的弯矩图。

8.7　试用力矩分配法计算图示连续梁，并绘弯矩图。

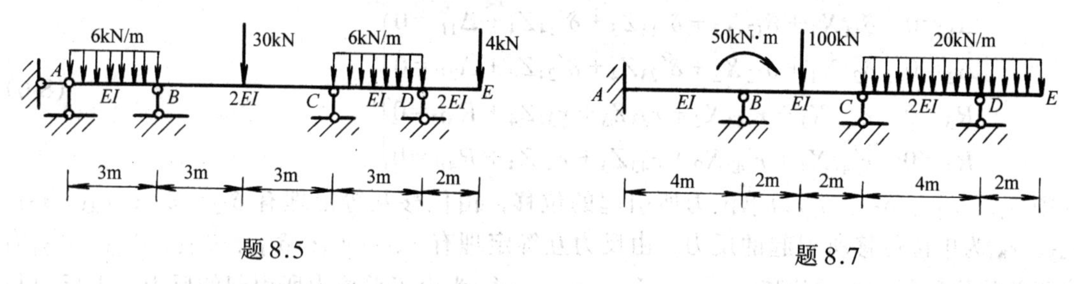

题 8.5　　　　题 8.7

8.8　图示等截面连续梁 $EI = 3.6\times10^4$ kN·m^2，在图示荷载作用下，设欲通过升降支座 B 及 C 以使梁中最大正负弯矩相等，试求此两支座的竖向位移应为多少？

8.9　图示等截面连续梁总长度为 $3l$，若使 $M_A = M_B = M_C = \dfrac{\omega l_1^2}{12}$，求 AB、BC 和 CD 的长度各为多少？

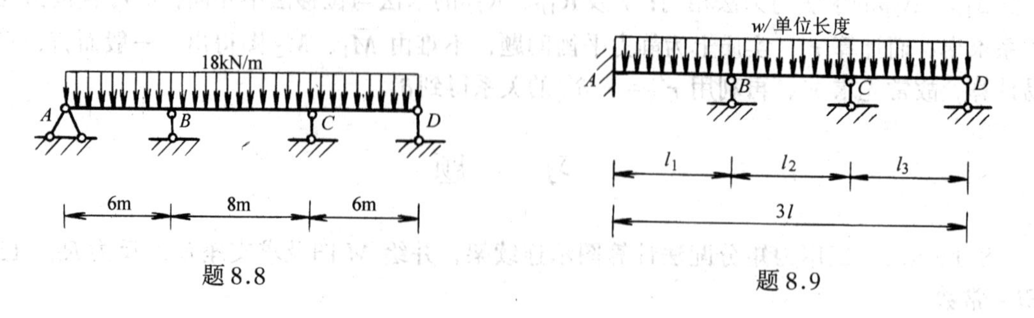

题 8.8　　　　题 8.9

8.10　试用力矩分配法计算图示连续梁，并绘弯矩图。已知 $EI=$ 常数。

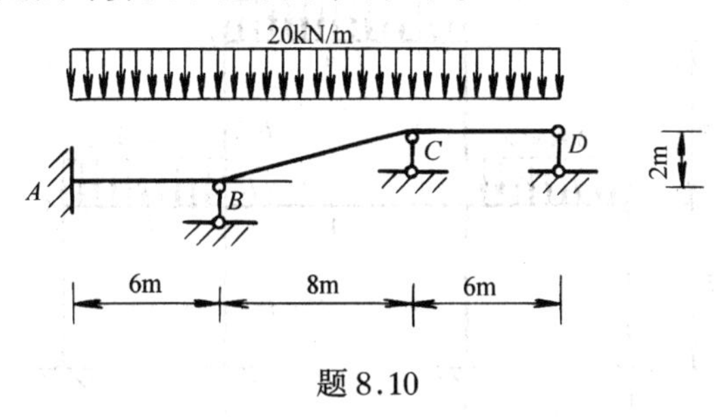

题 8.10

8.11～8.12　试用力矩分配法计算图示刚架，并绘弯矩图，设 E 为常数。

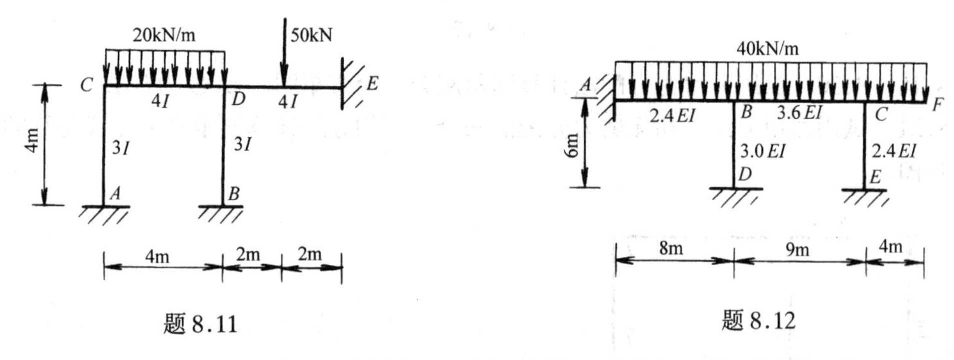

题 8.11　　　　题 8.12

8.13～8.17　试用力矩分配法并利用对称性计算下列刚架，绘弯矩图。设 E 为常数。

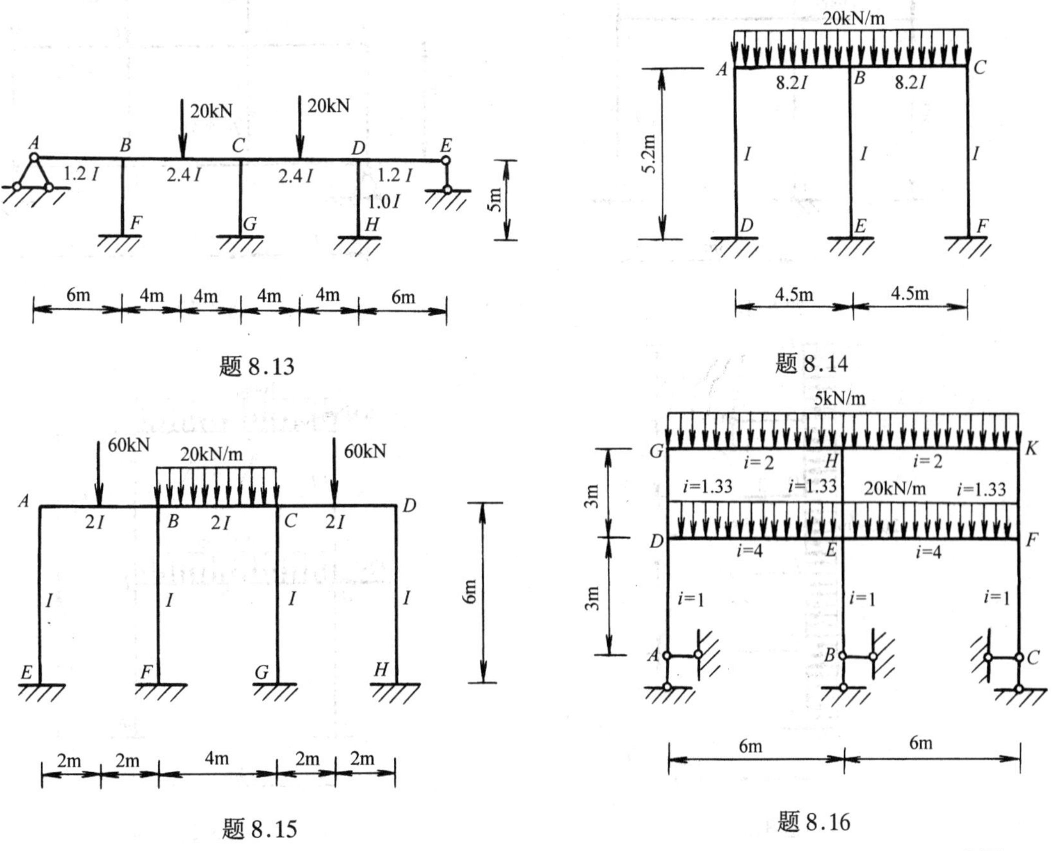

题 8.13　　　　题 8.14

题 8.15　　　　题 8.16

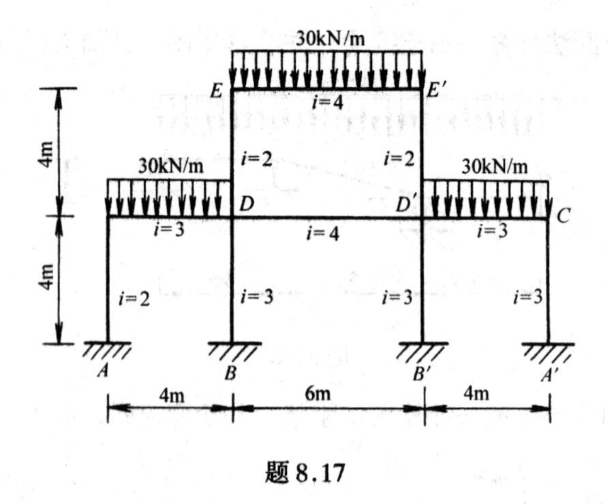

题 8.17

* 8.18～8.20　试用无剪力分配法计算图示刚架，绘弯矩图。设 E 为常数。

* 8.21　试用力矩分配法和无剪力分配法联合应用的方法计算图示有节点线位移的刚架并绘弯矩图。

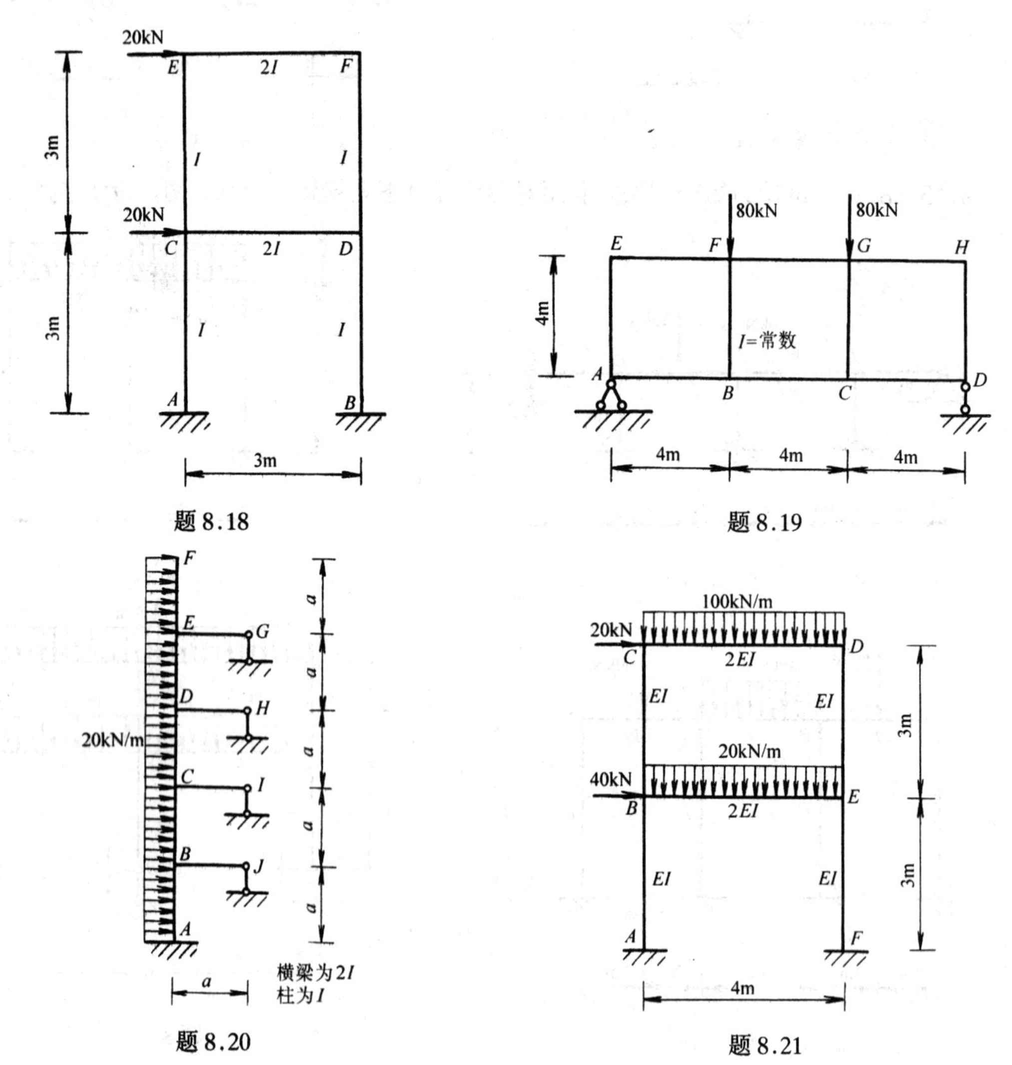

题 8.18

题 8.19

题 8.20

题 8.21

* 8.22　试说明如何联合应用力法和位移法解图示结构。E = 常数。

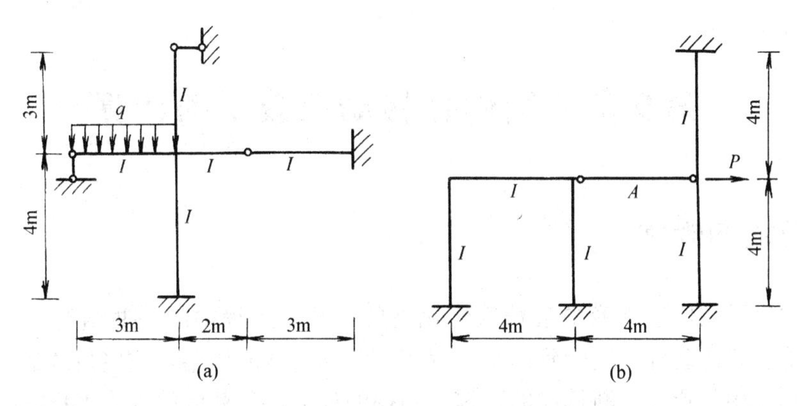

题 8.22

习题答案

8.1　$M_B = 52.13$ kN·m，$R_B = 36.73$ kN

8.2　$M_B = 67.50$ kN·m，$R_B = 61.90$ kN

8.3　$M_B = 228$ kN·m，$M_C = 180$ kN·m，$R_C = 27.20$ kN

8.4　$M_A = 296.50$ kN·m，$M_B = 127$ kN·m，$M_C = 150$ kN·m，$Q_A = 134.13$ kN

8.5　$M_A = 0$，$R_A = 3.42$ kN，$M_B = 16.74$ kN·m，$R_B = 30.02$ kN $M_C = 14.05$ kN·m，$M_D = 8.00$ kN·m

8.6　$M_{CD} = 485.36$ kN·m

8.7　$M_{BA} = 55.5$ kN·m，$M_C = 54.65$ kN·m

8.8　$\Delta_B = \Delta_C = 1.90$ cm（↓）

8.9　$l_1 = l_2 = 1.068l$，$l_3 = 0.864l$

8.11　$M_C = 12.1$ kN·m

8.12　$M_{BA} = 224.6$ kN·m，$M_{BC} = -244$ kN·m，$M_{BD} = 19.3$ kN·m

8.13　$M_{CB} = 24.5$ kN·m，$M_{BC} = -11.0$ kN·m

8.14　$M_{BA} = -M_{BC} = 48.7$ kN·m，$M_{AB} = -3.7$ kN·m

8.15　$M_{BA} = 34.0$ kN·m，$M_{BC} = -31.10$ kN·m

8.16　$M_{GH} = -9.83$ kN·m，$M_{DB} = -21.63$ kN·m

8.17　$M_{EE'} = -41.0$ kN·m

* 8.18　$M_{AC} = -33.3$ kN·m，$M_{CD} = 39.8$ kN·m

第9章　结构在移动荷载下的计算

9.1　影响线的概念

前几章讨论了在位置不变的静荷载作用下的计算。工程中的一些结构，如吊车梁、桥梁，除了承受上述荷载外，还受到吊车、汽车等移动荷载的作用。这些荷载的大小、方向是不变的，但其作用位置是不断移动的，因而结构的反力和各截面的内力也将随荷载位置的移动而变化。本章的主要内容就是要研究结构上各量值（反力、内力等）随荷载移动而变化的规律。由于结构上各量值变化情况各不相同，因此，在研究移动荷载对结构的影响时，对各个反力和内力的变化情况只能逐一考虑。在进行结构设计时，必须求出各个量值的最大值，因此先要确定产生这种最大值的荷载位置。这一荷载位置称为该量值的最不利荷载位置。

实际上工程中所遇到的移动荷载，通常是间距不变的（如吊车、汽车的轮距都是一定的）平行集中荷载或均布荷载。为简便起见，先研究一个竖向单位集中荷载 $P=1$ 在结构上移动所产生的影响，然后根据叠加原理再进一步研究各种移动荷载对结构产生的影响。

表示 $P=1$ 作用位置改变时结构反力、某截面内力或挠度等变化规律的图形叫作反力、该截面内力、或挠度的影响线。它是研究移动荷载作用的基本工具。下面举例说明影响线的概念。

图9-1（a）所示为一简支梁 AB，设 $P=1$ 在梁上移动，我们讨论支座反力 R_B 的变化规律。取 A 点作坐标原点，用 x 表示荷载作用点的横坐标。显然 x 为定值时，P 为固定荷载；当 x 为变量时，P 就是移动荷载了。在本例中 x 为变量，取值范围为 $0\leqslant x\leqslant l$，利用平衡条件 $\Sigma M_A=0$，得

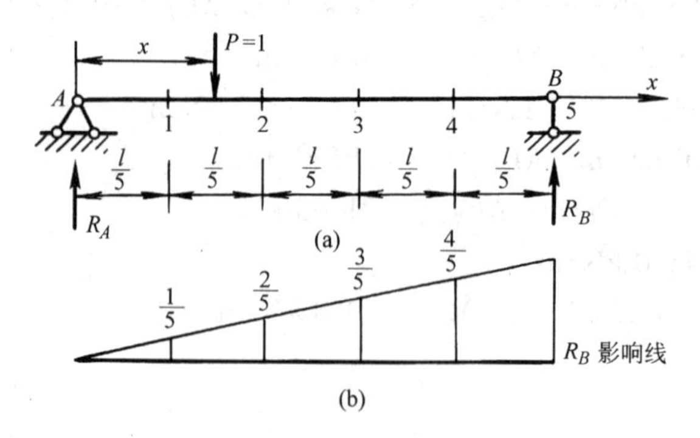

图9-1　简支梁的 R_B 影响线

$$R_B=\frac{x}{l} \tag{a}$$

式（a）称为反力 R_B 的影响线方程，它表征反力 R_B 与荷载位置 x 之间的函数关系。将式（a）用图形来表示，即得 R_B 的影响线，如图9-1（b）所示。由于式（a）为一次式，故 R_B

的影响线是一条直线。

当 $x=0$ 时，$R_B=0$

当 $x=l$ 时，$R_B=1$

根据这两个竖标值分别建立相应的竖标再连以直线，便得到了 R_B 的影响线。

由图 9-1（b）所示 R_B 的影响线，可清楚地看出 $P=1$ 在梁上移动时，R_B 的变化规律。如：$x=\frac{l}{5}$时，$R_B=\frac{1}{5}$；$x=\frac{2}{5}l$ 时，$R_B=\frac{2}{5}$；$x=l$ 时，$R_B=1$。因 $x=l$ 时 R_B 值为最大，故这一荷载位置称做 R_B 的最不利荷载位置，$R_B=1$ 则是 $P=1$ 沿梁移动时，R_B 的最大值。

综上所述，可得影响线的定义如下：当方向不变的单位集中荷载沿结构移动时，表示结构某指定处的某一量值（反力、某截面内力或挠度等）变化规律的图形，称为该量值的影响线。

思 考 题

（1）在影响线图形上，某一竖标的意义是什么？能否在同一图上表示梁上各个截面的弯矩影响线？

（2）绘制影响线时为什么要选取 $P=1$ 作为移动荷载？以影响线为工具研究移动荷载的影响需要什么先决条件？

9.2 静力法作简支梁、伸臂梁的影响线

静定结构的内力或支座反力影响线有两种作法，即静力法与机动法。本节通过求简支梁的内力、支座反力影响线说明静力法的作法。

静力法是以荷载的作用位置 x 为变量，通过平衡条件，建立所求反力或某截面内力等的影响线方程。静力法的一般作法是：先以变量 x 标记单位荷载 $P=1$ 的作用位置，然后用平衡条件确定反力或某截面的内力，这样即得到所求量值与 x 的关系式——该量值的影响线方程，最后再根据影响线方程绘出影响线。下面以图 9-2（a）所示简支梁为例分别予以说明。

一、反力影响线

R_A 影响线：取梁的左端 A 为原点，令 x 表示荷载$P=1$ 至原点 A 的距离，假定反力以向上为正。根据力矩平衡条件

$$\sum M_B = R_A \cdot l - P(l-x) = 0$$

可得 $$R_A=\frac{l-x}{l}$$

上式即为 R_A 的影响线方程，因 R_A 是x 的一次函数，故 R_A 的影响线为一直线，于是只需定出两个竖标即可绘出 R_A 的影响线。

当 $x=0$ 时，$R_A=1$

当 $x=l$ 时，$R_A=0$

在水平基线上对应于梁端 A、B 处分别画出上述竖标并连以直线，即得 R_A 影响线，如图 9-2（b）所示。用同样方法可绘出 R_B 影响线，如图 9-2（c）所示。

在绘影响线时，规定将正号的影响线竖标绘在基线的上边，负号竖标绘在下边。由于 $P=1$ 为一无名数（无量纲），因此反力影响线的竖标也为一无名数。下面（9.6）将看到，当利用影响线研究实际荷载对某量值的影响时，需将荷载的单位计入，方可得到该量值的实际单位。

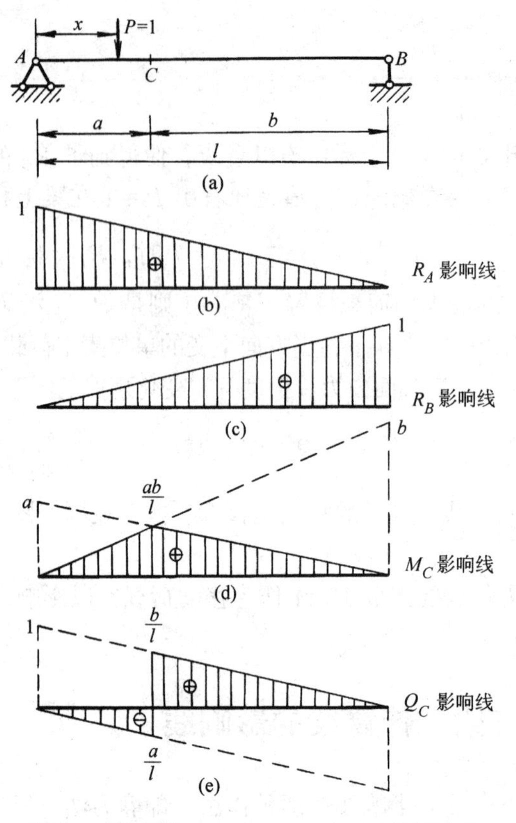

图 9-2　简支梁 R_A、R_B、M_C、Q_C 的影响线

二、弯矩影响线

设要绘制简支梁图 9-2（a）上截面 C 的弯矩影响线，为此，先将荷载 $P=1$ 作用于截面 C 的左方，即令 $x \leqslant a$。为计算简便起见，取梁的 CB 段为隔离体，以 R_B 对 C 点取矩，并规定以使梁的下边纤维受拉的弯矩为正，则得

$$M_C = R_B \cdot b = \frac{x}{l}b$$

由此可知，M_C 的影响线在截面 C 以左部分为一直线。

当 $x=0$ 时，$M_C=0$

当 $x=a$ 时，$M_C=\frac{ab}{l}$

于是只需要截面 C 处取一个等于$\frac{ab}{l}$的竖标，然后以其顶点与左端的零点相连，即可得出当荷载 $P=1$ 在截面 C 以左移动时 M_C 影响线图（9-2（d））。

当荷载 $P=1$ 作用于截面以右时，即当 $x \geqslant a$ 时，上面所求得的影响线方程显然已不适用。因此，需另行列出 M_C 的表达式才能做出相应部分的影响线。这时，为了计算简便，可取 AC 段为隔离体，以 R_A 对 C 点取矩，即得当荷载 $P=1$ 在截面 C 以右移动时，M_C 的影响线方程

$$M_C = R_A \cdot a = \left(\frac{l-x}{l}\right)a$$

上式表明 M_C 的影响线在截面 C 以右部分也是一条直线。

当 $x=a$ 时，$M_C=\frac{ab}{l}$

当 $x=l$ 时，$M_C=0$

据此，即可作出荷载 $P=1$ 在截面 C 以右移动时的影响线。其全部影响线如图 9-2（d）中实线所示。可见，M_C 的影响线是由两段直线所组成的，其相交点就在截面 C 的下面。通常称截面以左的直线为左直线，截面以右的直线为右直线。

从上列弯矩影响线方程可以看出：左直线可由反力 R_B 的影响线将竖标放大到 b 倍而成，而右直线则可由反力 R_A 的影响线将竖标放大到 a 倍而成。因此，可以利用 R_A 和 R_B 的影响线来绘制 M_C 的影响线。其具体的绘制方式是：在左、右两支座处分别取竖标 a、b，图 9-2（d），将它们的顶点各与右、左两支座处的零点用直线相连，则这两条直线的交点与左右零点相连的部分就是 M_C 的影响线。这种利用某一已知量值的影响线来作其他影响线的方法，常会带来较大的方便。

由于假定 $P=1$ 为无名数，故弯矩影响线竖标的量纲为长度。

三、剪力影响线

在绘出反力影响线、弯矩影响线之后绘制图 9-2（a）截面 C 的剪力影响线。剪力的正负号与材料力学所规定的相同，即以使隔离体有顺时针转动趋势的剪力为正，反之为负。当 $P=1$ 在截面 C 以左移动时，取截面 C 以右的部分为隔离体，可得

$$Q_C=-R_B$$

当 $P=1$ 在截面 C 以右移动时，取截面 C 以左部分为隔离体，则有

$$Q_C=R_A$$

由上列两式可知，Q_C 影响线的左直线与反力 R_B 的影响线相同，惟符号相反，而其右直线则与 R_A 的影响相同。据此，即可绘出 Q_C 影响线，如图 9-2（e）所示。

由于 $P=1$ 为无名数，故剪力影响线的竖标也为无名数。

关于伸臂梁的影响线，将通过以下例题说明。

例 9-1 试作出图 9-3（a）所示伸臂梁的反力影响线，以及截面 C 和 D 的弯矩、剪力影响线。

【解】 先绘反力 R_A 和 R_B 的影响线。取支座 A 为坐标原点，利用平衡条件，分别求得反力 R_A 和 R_B 的影响线方程

$$R_A=\frac{l-x}{l}$$

$$R_B=\frac{x}{l}$$

只要注意到当荷载 $P=1$ 位于支座以左时 x 取负值，则上面两个影响线方程在梁全长范围内均能适用。据此，可绘得反力 R_A 和 R_B 的影响线如图 9-3（b）、（c）所示。

再做截面 C 的弯矩 M_C 和剪力 Q_C 的影响线。当 $P=1$ 位于截面 C 的左方时，求得 M_C 和 Q_C 的影响线方程

$$M_C=R_B\cdot b$$

$$Q_C=-R_B$$

当 $P=1$ 位于截面 C 的右方时，则有

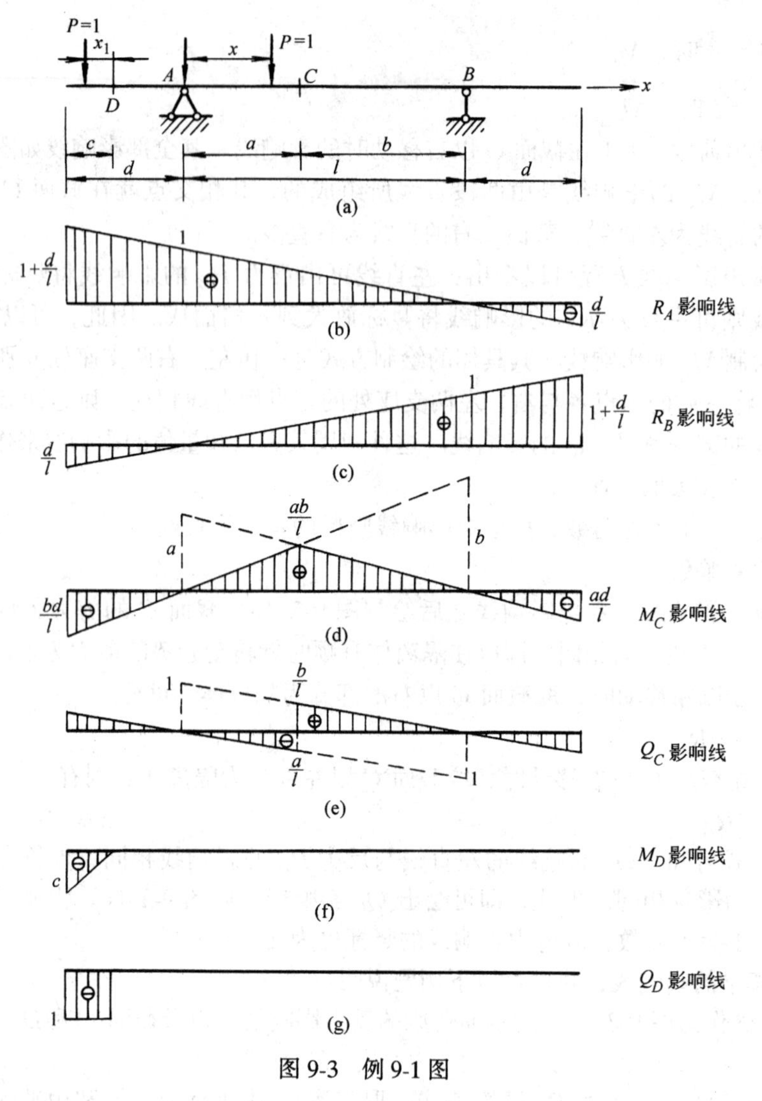

图 9-3 例 9-1 图

$$M_C = R_A \cdot a$$

$$Q_C = R_A$$

绘得 M_C 和 Q_C 的影响线如图 9-3（d)、(e）所示。

最后绘截面 D 的弯矩 M_D 和剪力 Q_D 的影响线。此时，为计算简便起见，宜取 D 为坐标原点，以 x_1 表示 $P=1$ 至原点 D 的距离，且令 x_1 在 D 以左时取正值。取截面 D 以左部分为隔离体，考虑其平衡条件可知，当 $P=1$ 位于 D 以左部分时，有

$$M_D = -x_1$$

$$Q_D = -1$$

当 $P=1$ 位于 D 以右部分时，则有

$$M_D = 0$$

$$Q_D = 0$$

据此，可绘出 M_D 和 Q_D 的影响线，如图 9-3（f)、(g）表示。

思　考　题

（1）利用简支梁的反力影响线是否可直接绘制伸臂梁的反力影响线，为什么？

（2）图 9-3（e）的剪力影响线的左、右直线是平行的，在 C 点有突变，它们代表什么含义？

9.3　间接荷载作用下的影响线

在上一节介绍了荷载直接作用于梁上时影响线的作法，实际上不少结构常受到间接荷载（也称节点荷载）的作用。例如桥梁或房屋建筑中的某些主梁，是通过一些次梁（纵梁和横梁）将荷载传到主梁上的。主梁上这些荷载传递点即为主梁的节点。从移动荷载来说，不论荷载在次梁上的哪些位置，其作用都要通过这些固定的节点传递到主梁上。如图 9-4（a）所示的梁系，AB 为一简支主梁，横梁支在主梁的 A、C、D、E、B 点处，这些点就是节点。横梁上面为四根简支纵梁。当 $P=1$ 在 C、D 之间的纵梁上移动时，主梁即在节点 C、D 处受到节点荷载的作用。

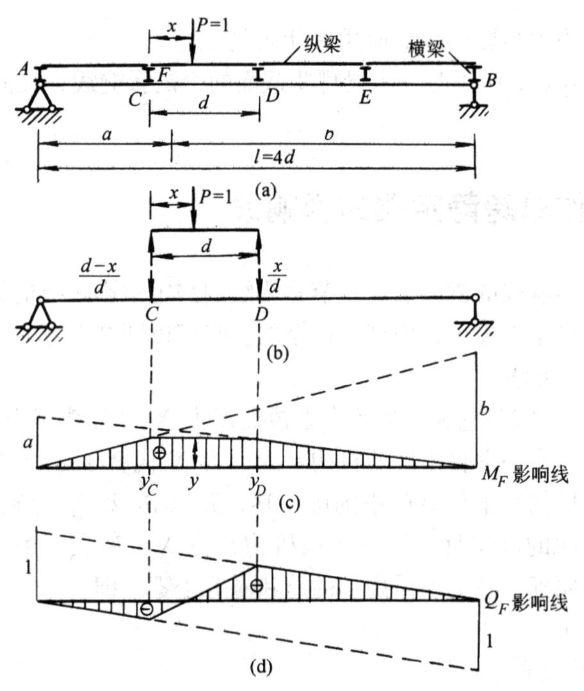

图 9-4　简接荷载作用下 M_F、Q_F 的影响线

我们以主梁上位于节点 C、D 之间的截面 F（F 距梁左端为 a，距右端为 b）的弯矩 M_F 影响线为例，当 $P=1$ 作用于节点 C、D 之间的纵梁上距 C 端为 x 时，主梁 AB 在 C、D 两点所承受的节点荷载分别为 $\frac{d-x}{d}$ 和 $\frac{x}{d}$（图 9-4（b））。根据影响线的定义并利用叠加原理可知，在这两个节点荷载共同作用下，M_F 的影响线竖标 y 的计算式为

$$y_F=\frac{d-x}{d}y_C+\frac{x}{d}y_D$$

式中 y_C 和 y_D 分别为直接荷载作用下 M_F 影响线在 C、D 两点的竖标（图 9-4（c）），这是 x 的一次式。因此，M_F 影响线在 C、D 之间为一直线。将 y_C 和 y_D 的顶点用一条直线相连，就得到在间接荷载作用时，M_F 在节点 C、D 间的影响线。同样，在其他各相邻节点间，也应为一直线。因此，在节点荷载作用下，M_F 的影响线即如图 9-4（c）的实线所示。

以上的讨论同样也适用于主梁其他量值的影响线。这样，我们可将节点荷载作用下某一量值影响线的作法归纳如下：

（1）先绘出直接荷载作用下该量值的影响线；

（2）由于影响线在任意两个相邻节点之间为一直线，因此将所有相邻两个节点之间影响线竖标的顶点分别都用直线相连，即得该量值在节点荷载作用下的影响线。

依照上述作法，可得主梁上截面 F 的剪力 Q_F 影响线，如图 9-4（d）中的实线所示。可以看出，不论截面 F 位于 C、D 两点之间任何一处，Q_F 影响线都一样。此外，由上述作法可以推知：主梁反力 R_A、R_B 的影响线和节点处截面的内力（M、Q）影响线与直接荷载作用时完全相同（参见图 9-2（d）所示 M_C 的影响线）。

思 考 题

（1）试分析叠加原理与影响线的应用有什么关系？

（2）当 $P=1$ 在纵梁上作用时，主梁哪些截面的弯矩影响线，在间接荷载作用时与直接荷载作用时相同？

9.4 用机动法作单跨静定梁的影响线

前面介绍了绘制影响线的静力法。本节介绍绘制静定梁影响线的另一方法，即机动法。

用机动法绘影响线是以虚位移原理为依据的。我们以图 9-5（a）所示的伸臂梁 AB 的反力 R_A 为例，说明这一方法。

为了求出反力 R_A，将与它相应的约束去掉而以力 X 代替其作用，如图 9-5（b）所示。这样，原结构便成为具有一个自由度的机构。因以力 X 代替了原有约束的作用，故它仍能维持平衡。然后使该机构发生任意微小的虚位移，并以 δ_X 和 δ_P 分别表示 X 和 P 的作用点并沿各该力的作用方向的虚位移，则由于该机构在力 X、P 和反力 R_B 共同作用下处于平衡，因此根据虚位移原理，各力所做虚功的总和应等于零，即

$$X\delta_X + P\delta_P = 0$$

在绘影响线时，取 $P=1$ 故

$$X = -\frac{\delta_P}{\delta_X}$$

式中 δ_X 的数值在给定虚位移的情况下是不变的；而 δ_P 却随荷载 $P=1$ 位置的不同而变化。依照虚位移原理，δ_X 和 δ_P 都是微小的量，但两者的比值 δ_P/δ_X 则可以是相当大的有限值。为了方便，在不改变各点的虚位移方向、δ_P 和 δ_X 的比值的前提下，令 $\delta_X=1$，上式就变为

$$X = -\delta_P$$

可见此时 δ_P 的变化情况即反映出荷载 $P=1$ 移动时 X 的变化规律。也即取 $\delta_X=1$ 时梁的虚位移图便代表了 X 的影响线，只是各竖标的正、负号应与该处 δ_P 者相反。由于 δ_P 是以与

力P的方向一致者为正，即δ_P图以向下为正，而X与δ_P反号，故X的影响线应以虚位移向上为正。

以上这种绘制影响线的方法称为机动法。参照上述步骤，可以绘制图9-5（a）中梁的其他反力或内力的影响线。现将用机动法求静定结构影响线的一般步骤叙述如下：

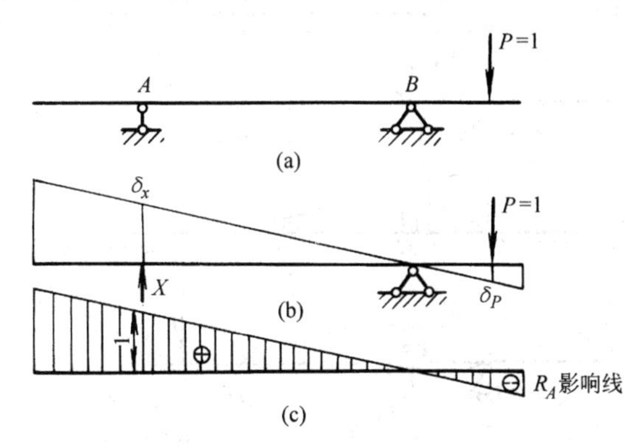

图9-5　用机动法绘外伸梁的R_A影响线

（1）拟绘制某量值X的影响线先撤去与X相应的约束，并以X代替其作用，这时体系转化为具有一个自由度的机构；

（2）使所得机构沿X的正方向发生虚位移，可设此时与$P=1$相应的位移为δ_P，全部$(-\delta_P)$所构成的虚位移图即示出影响线的轮廓；

（3）令$\delta_X=1$，进一步定出影响线各竖标的数值；

（4）基线以上的图形，竖标为正，基线以下的图形，竖标为负。

机动法可以不经具体计算快速地得出影响线的轮廓，这给设计工作提供了方便，而且我们还可利用它来校核静力法所绘制的影响线。

依照上述步骤，下面再举例说明绘制内力影响线时机动法的应用。图9-6（a）示一伸臂梁，试绘其上截面C的弯矩和剪力影响线。

〈1〉M_C影响线

将与M_C相应的约束去掉，亦即在截面C处安置一个铰，并以一对力偶M_C代替原有约束的作用。其次，使AC、BD两部分沿M_C的正方向发生虚位移（图9-6（b））。根据虚位移原理，可写出

$$M_C(\alpha+\beta)+P\delta_P=0$$

故得

$$M_C=-\frac{\delta_P}{\alpha+\beta}$$

式中δ_P和$\alpha+\beta$，依照虚位移原理，也都是微小的量。但与上述用机动法绘制R_A影响线时一样，为了方便，我们在不改变各点的虚位移方向、虚位移图的形式、δ_P与$\alpha+\beta$的比值的前提下，设$\alpha+\beta=1$，则$M_C=-\delta_P$，这样，所得的虚位移图，图9-6（c）即代表M_C的影响线，且以基线以上为正。

〈2〉Q_C影响线

去掉与Q_C相应的约束而得到图9-6（d）所示的机构。使其沿Q_C的正方向发生虚位移，并写出如下方程

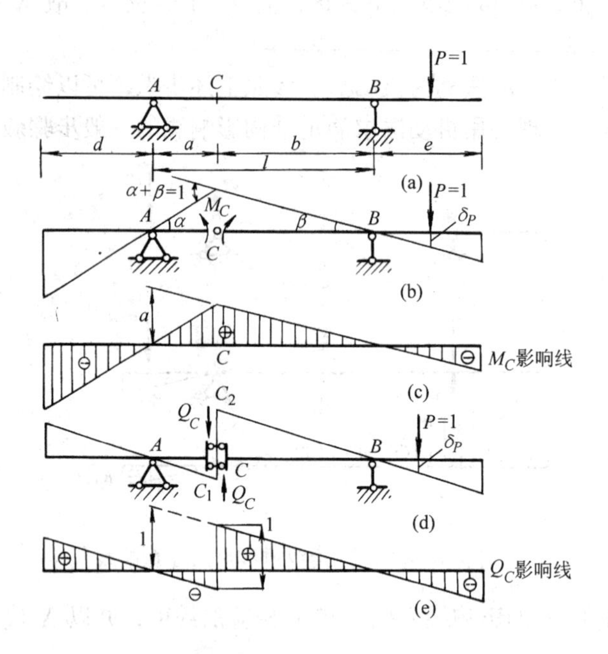

图 9-6　伸臂梁的 M_C、Q_C 影响线

$$Q_C(CC_1+CC_2)+P\delta_P=0$$

得

$$Q_C=-\frac{\delta_P}{CC_1+CC_2}$$

若使 $\delta_X=CC_1+CC_2=1$，亦即使 AC 和 CB 两部分在垂直于两平行链杆的方向（即沿截面方向）的相对位移等于1，则所得到的虚位移图即表示 Q_C 的影响线，如图 9-6（e）所示。注意到：图 9-6（d）中，AC 和 CB 两部分是用平行于杆轴的两根链杆相联的，它们之间的相对运动只能在垂直于链杆的方向作平行移动；因此，图 9-6（d）所示的虚位移图中的 AC_1 和 BC_2，亦即 Q_C 影响线的左、右两直线应相互平行。

例 9-2　用机动法绘图 9-7（a）所示伸臂梁上截面 D 的弯矩和剪力影响线。

【解】

〈1〉M_D 影响线

按上述机动法的步骤，在截面 D 处安置一铰，并以一对力偶 M_D 代替所去掉约束的作用。使与 M_D 相应的虚位移为1，因 D 截面以左不能有虚位移，故应使 D 截面以右部分发生绕D 点的转角为1（$\alpha=1$）的虚位移，如图 9-7（b）所示。所得虚位移图即代表 M_D 的影响线，如图 9-7（c）所示。

〈2〉Q_D 影响线

将与 Q_D 相应的约束去掉，在 D 截面安放两根水平链杆如图 9-7（d）所示。由于 D 截面以左不可能发生虚位移，使 D 截面以右沿 Q_D 正方向发生单位虚位移，所得虚位移图即代表 Q_D 的影响线，如图 9-7（e）所示。

图 9-8（a）示一多跨静定梁，在图 9-8（b）～（g）中，给出了用机动法绘制的 R_B、M_F、Q_F、M_G、Q_G 及 Q_H 的影响线，读者试按机动法的作法自行校核。（为便于分析，在

各内力影响线的基线上，已将去掉相应约束后，梁在该处的联结情况画出；与所去约束作用相当的力也已示于图中。）

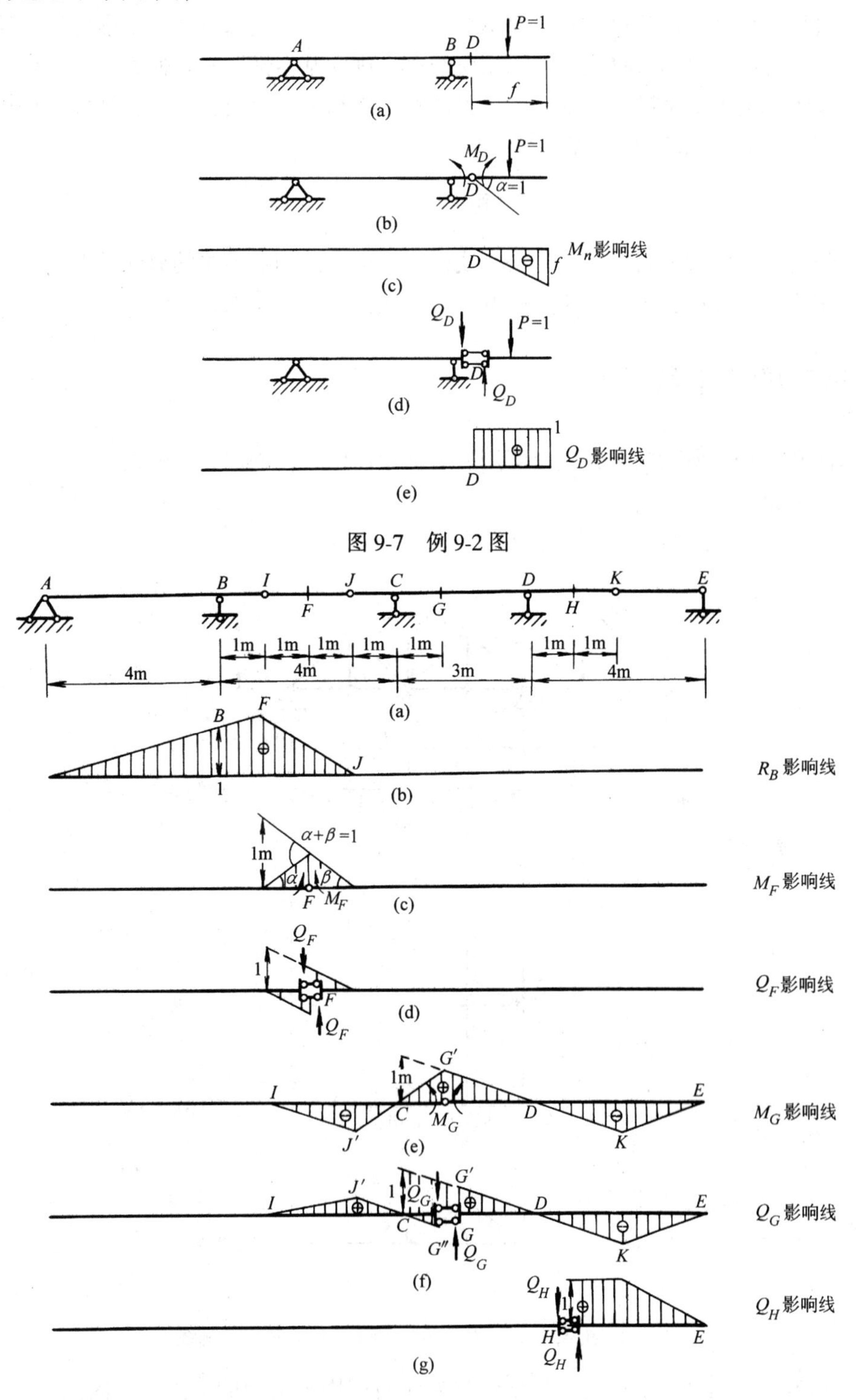

图 9-7 例 9-2 图

图 9-8 多跨静定梁的 R_B、M_F、Q_F、M_G、Q_G、Q_H 影响线

在前面第3章中已看到，从组成分析的角度观察，多跨静定梁中各梁段可分为基本部分与附属部分。当用机动法绘制附属部分中某量值的影响线时，去掉相应约束后，该附属部分即成为一机构，而基本部分仍具有几何不变性，故只有该附属部分能产生虚位移。反之，若为求基本部分之某量值的影响线而撤除相应约束，则此基本部分和几何不变性依赖于它的附属部分都属于几何可变范围内，都能产生虚位移。根据以上分析，不难验证和理解图9-8中所示各影响线的非零范围的合理性。

思 考 题

（1）静定结构的影响线为什么是由直线段组成的？试用机动法的概念予以说明。

（2）用机动法绘制多跨静定梁的影响线时，应注意哪些特点？

9.5 桁架的影响线

现以图9-9（a）所示桁架为例说明用静力法绘制桁架杆件内力影响线的方法。设单位荷载沿桁架的下弦杆移动。

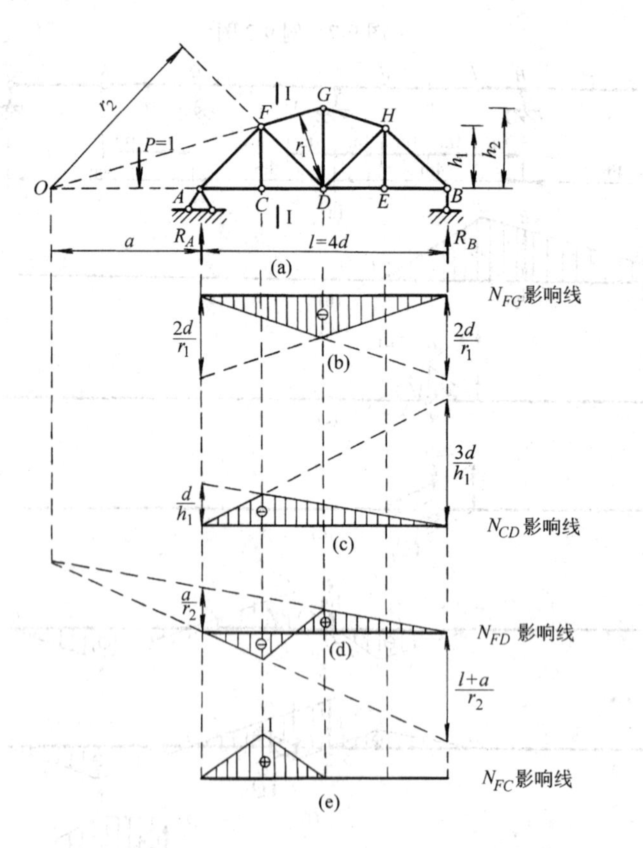

图9-9 桁架 FG、CD、FD、FC 各杆的轴力影响线

由于桁架上的荷载一般也是通过纵梁和横梁而作用于桁架的节点上，因此如9.3所述，桁架杆件内力的影响线在任意两个相邻节点之间也为一直线。绘制某一杆件内力的影响线

时，只须将载荷 $P=1$ 依次放在下弦的各节点 A、C、D、E、B 处，而后利用第 4 章所介绍的截面法或节点法分别求出相应的该杆的内力值，这些内力值即相当各个节点处的影响线竖标，将各竖标绘出，用直线相连，即得所求杆件内力的影响线。

（1）N_{FG}影响线：作截面 I－I，当 $P=1$ 在其左侧各节点上时，可取截面右侧部分桁架为隔离体，以节点 D（即 FD 和 CD 两杆的交点）为矩心，并设 N_{FG}为拉力，这样，由 $\sum M_D=0$ 得

$$-R_B\times 2d-N_{FG}\times r_1=0$$

故

$$N_{FG}=-\frac{2d}{r_1}R_B\text{（压力）}\tag{a}$$

当 $P=1$ 在截面 I－I 右侧各节点上时，可取截面左侧部分桁架为隔离体，仍以节点 D 为矩心，设 N_{FG}为拉力，这样由 $\sum M_D=0$ 得

$$R_A\times 2d+N_{FG}\times r_1=0$$

故

$$N_{FG}=-\frac{2d}{r_1}R_A\text{（压力）}\tag{b}$$

根据以上式（a）、式（b）可知，将 R_B 影响线竖标乘以因子 $-\dfrac{2d}{r_1}$之后，取其 $A-C$ 之间的那一部分图线；同样，将 R_A 影响线竖标也乘以同一因子 $-\dfrac{2d}{r_1}$之后，取其 $D-B$ 之间的那一部分图线；而后再将 C、D 两个相邻节点的竖标顶点用直线相连，综合这三部分即得 N_{FG}影响线，如图 9-9（b）所示。

又式（a）、式（b）全可写成

$$N_{FG}=-\frac{M_D}{r_1}$$

也就是，N_{FG}影响线即等于相应简支梁节点 D 处弯矩 M_D 的影响线乘以因子 $-\dfrac{1}{r_1}$。

（2）N_{CD}影响线：按照与以上类似的分析方法，可以求得

$$N_{CD}=+\frac{M_F}{h_1}$$

因此，将 M_F 影响线乘以因子$\dfrac{1}{h_1}$即得 M_{CD}影响线。如图 9-9（c）所示。

（3）N_{FD}影响线：仍用截面 I－I，当 $P=1$ 在其左侧各节点上时，取其右侧部分桁架为隔离体，以 FG 和 CD 两杆杆轴延长线的交点 O（图 9-9（a））为矩心，设 N_{FD}为拉力，由 $\sum M_O=0$ 得

$$-R_B\times(l+a)-N_{FD}\times r_2=0$$

故

$$N_{FD}=\frac{-(l+a)}{r_2}R_B\text{(压力)}$$

当 $P=1$ 在截面右侧各节点上时，取左侧部分桁架为隔离体，仍以 O 为矩心，并设 N_{FD}为拉力，由 $\sum M_O=0$ 得

$$-R_A\times a+N_{FD}\times r_2=0$$

故

$$N_{FD}=+\frac{a}{r_2}R_A$$

仿照（1）中所述作法，得 N_{FD}影响线如图 9-9（d）所示。由几何关系可以证明，分别乘以因子 $-\frac{l+a}{r_2}$和$\frac{a}{r_2}$之后的 R_B 影响线和R_A 影响线，两者延长线的交点恰在矩心 O 的下方。

（4）N_{FC}影响线：取节点 C 为隔离体，当荷载 $P=1$ 作用在节点 A、D、E 及 B 上时，由$\sum Y=0$得

$$N_{FC}=0$$

当 $P=1$ 恰在节点 C 上时，由$\sum Y=0$得

$$N_{FC}=+1$$

由此得 N_{FC}影响线如图 9-9（e）所示。

例 9-3 绘图 9-10（a）所示平行弦桁架中杆 5-7、杆 7-8、杆 5-6 的内力影响线。

图 9-10（a）所示的平行弦桁架，其各杆内力影响线的作法与前面所述相同。这种桁架可能为上承式（荷载作用于上弦节点），或下承式（荷载作用于下弦节点），两种情况下竖杆的影响线不同。如对杆 7-8 而言，当桁架为下承式时，$N_{78}=0$，影响线与基线重合；倘为上承式，则 N_{78}影响线如图 9-10（d）所示，为一三角形。N_{57}影响线和下承式情况下的 N_{56}影响线分别示于图 9-10（b）、（c）中。

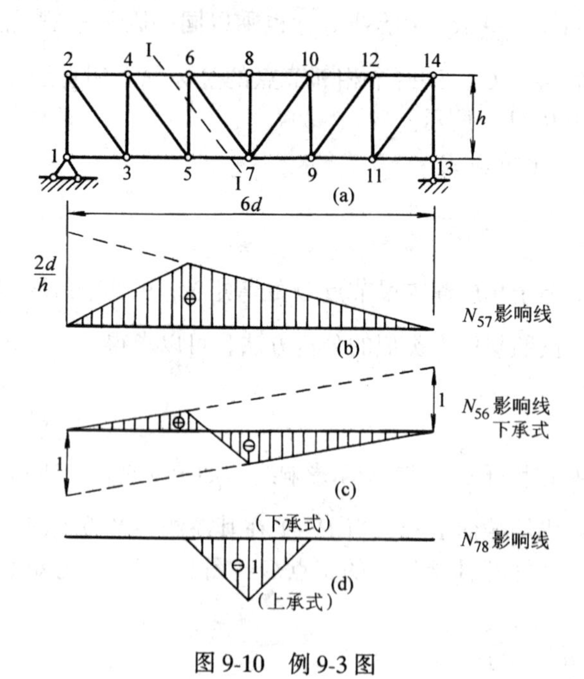

图 9-10　例 9-3 图

思　考　题

（1）用静力法作桁架影响线时有什么要点？

（2）列出例 9-3 中 N_{57}的影响线方程，并分析当荷载为上承式或下承式时，杆 5－7 的内力的影响线有无不同？

（3）若荷载改为上承式，例 9-3 中 N_{56}影响线有何变化？

9.6 影响线的应用

绘制影响线的目的是解决移动荷载作用下的结构计算问题。概括起来，一是当荷载位置已知时，利用影响线求内力；一是利用某种量值的影响线判断移动荷载对该量值的最不利位置。现分别讨论如下。

一、当荷载位置固定时求某量值

1．集中荷载作用情况

在图 9-11（a）所示的外伸梁上，有一组位置确定的集中荷载 P_1、P_2、P_3 作用于梁上，现拟求截面 C 处的弯矩值。为此，首先绘制 M_C 影响线如图 9-11（b）所示，并计算出对应各荷载作用点的竖标 y_1、y_2、y_3。根据叠加原理可知，在 P_1、P_2、P_3 共同作用下，M_C 值为

$$M_C = P_1y_1 + P_2y_2 + P_3y_3$$

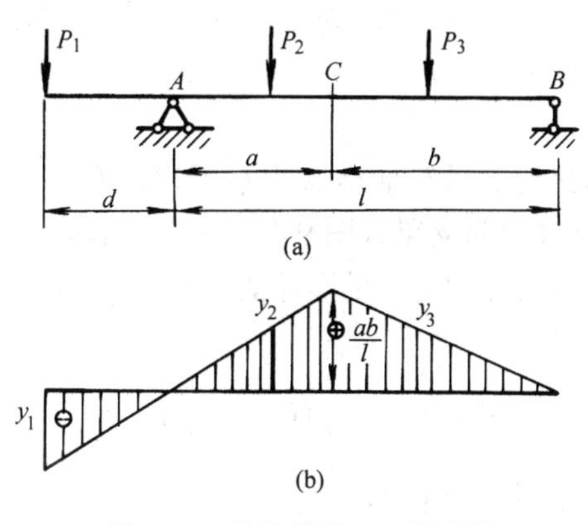

图 9-11 外伸梁的 M_C 影响线

一般情况，若有一系列集中荷载 P_1，$P_2\cdots$，P_n 同时作用在结构上，而结构的某一量值 S 的影响线在各荷载作用点处的竖标为 y_1，$y_2\cdots$，y_n，则在这组集中荷载共同作用下，量值 S 为

$$S = P_1y_1 + P_2y_2 + \cdots + P_ny_n = \sum_{i=1}^{n} P_iy_i \tag{9-1}$$

应用式（9-1）时，需注意竖标 y_i 的正负号。

2．分布荷载作用情况

设图 9-12（a）所示梁的 DE 段有分布荷载作用，其集度为 q（x），求截面 C 的弯矩。

首先绘制截面 C 的M_C 影响线，如图 9-12（b）所示。将 DE 间均布荷载沿其长度分成许多微段，则每一微段 $\mathrm{d}x$ 内的荷载q（x）$\mathrm{d}x$ 可看做为集中荷载，而它所产生的 M_C 值是 q（x）$\mathrm{d}x\cdot y$，此处 y 为与q（x）$\mathrm{d}x$ 位置（坐标为 x）相应的 M_C 影响线上的竖标。全部分布荷载产生的 M_C 值便是

$$M_C = \int_{x_1}^{x_2} q(x)y\mathrm{d}x \tag{9-2}$$

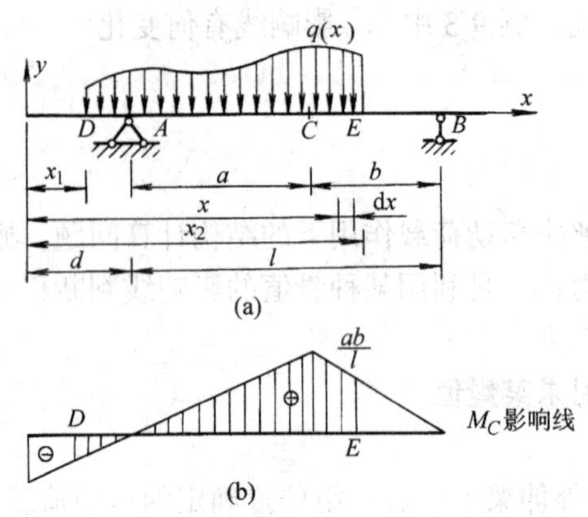

图 9-12　外伸梁及其 M_C 影响线

推广到一般情形，在分布荷载作用下，结构的某一量值 S 等于

$$S=\int_{x_1}^{x_2} q(x) y \mathrm{d} x \tag{9-3}$$

式中 y 为 x 处之 S 影响线的竖标，x_1、x_2 为分布荷载作用区之端点的坐标。

如为均布荷载时，则上式中 $q(x)=q$，式（9-3）变为

$$S=q \cdot \omega \tag{9-4}$$

注意影响线中 y 值有正、负区分，计算面积 ω 时应予以注意。

例 9-4　试利用 Q_C 影响线求简支梁（图 9-13（a））在图示荷载作用下的 Q_C 值。

【解】　先绘制 Q_C 影响线并求出有关的竖标值如图 9-13（b）所示。按式（9-4）可算得

$$\begin{aligned}
Q_C &= q(\omega_2-\omega_1)\\
&=10\times\left[\frac{1}{2}(0.2+0.6)\times 2.4-\frac{1}{2}(0.2+0.4)\times 1.2\right]\\
&=\frac{10}{2}\ (0.8\times 2.4-0.6\times 1.2)\\
&=6\ (\mathrm{kN})
\end{aligned}$$

读者可用已在第三章中熟知的方法进行校核。

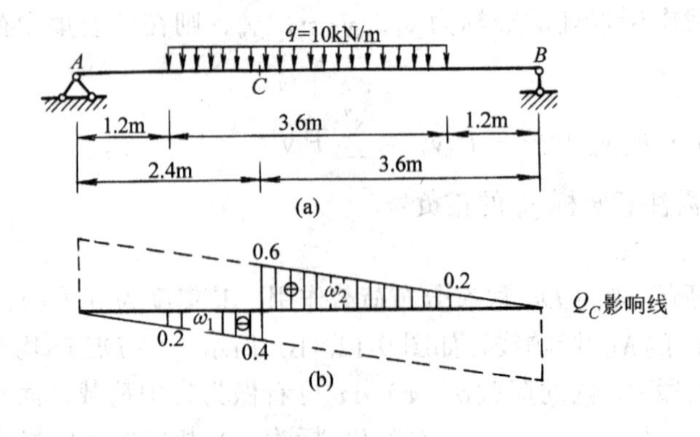

图 9-13　例 9-4 图

二、判定最不利荷载位置

移动荷载作用于结构时，结构中任一量值 S 将随着荷载位置的变化而变化，如果荷载

移动到某个位置，使量值 S 达到最大值（最大正值 S_{max}或最大负值 S_{min}，最大负值亦即最小值），此荷载位置即为量值 S 的最不利位置。最不利位置一经判定，相应的最大（最小）值就可像恒载作用下那样，用前面各章或本节第一段中所述方法求出。影响线的最重要作用就是来确定荷载的最不利位置。

1．均布荷载

〈1〉长度固定的一段均布荷载

履带式起重机是这种荷载的典型例子。此外，如集中荷载的个数较多，间距较小，数值较接近时，也可当做均布荷载看待。

设在图 9-14（a）所示的简支梁上有一段长度为 d，集度为 q 的移动均布荷载，现确定在其作用下，对某一截面 C 的弯矩的最不利位置。

首先绘出 M_C 影响线，如图 9-14（b）所示。设荷载停留在图 9-14（a）所示的位置上不动，则由式（9-4）可算得

$$M_C = q \cdot \omega$$

若荷载位置向右有一微小移动 $\mathrm{d}x$，则荷载在 M_C 影响线上所对应的面积将增加 $y_n \mathrm{d}x$，并减小 $y_m \mathrm{d}x$（图 9-14（b）），于是弯矩 M_C 的增量 $\mathrm{d}M_C$ 为

$$\mathrm{d}M_C = q(y_n \mathrm{d}x - y_m \mathrm{d}x) = q(y_n - y_m)\mathrm{d}x$$

即

$$\frac{\mathrm{d}M_C}{\mathrm{d}x} = q(y_n - y_m)$$

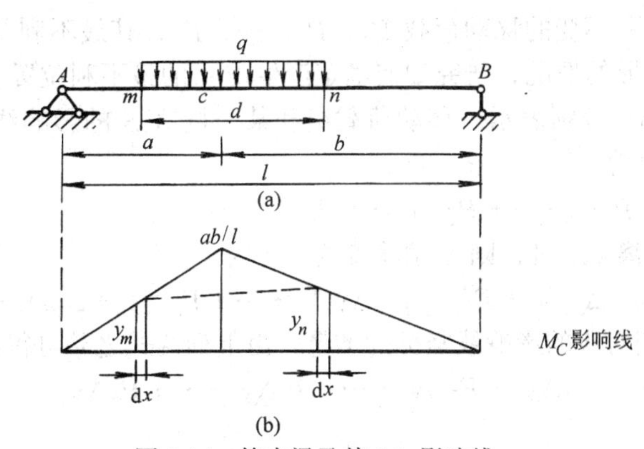

图 9-14　简支梁及其 M_C 影响线

当截面 C 的弯矩 M_C 为最大时，应满足$\frac{\mathrm{d}M_C}{\mathrm{d}x}=0$ 的条件，即

$$\frac{\mathrm{d}M_C}{\mathrm{d}x} = q\ (y_n - y_m)\ = 0$$

由于 q 为定值，不能为零，只有 $y_n - y_m = 0$，或

$$y_n = y_m \tag{9-5}$$

上式说明，一段长度为 d 的移动荷载，其集度为 q，当移动至两端点对应的影响线竖标相等时，所对应的影响线面积最大，也即 M_C 达到最大，故而这一荷载位置即是最不利荷载位置。

〈2〉可以任意布置的均布荷载

建筑物中的人群等荷载属于这种荷载。由于可以任意断续地布置，故不利位置是在影响

线正号部分布满荷载（求最大值时），或在负号部分布满荷载（求最小值时），分别如图9-15（b）、（c）所示。

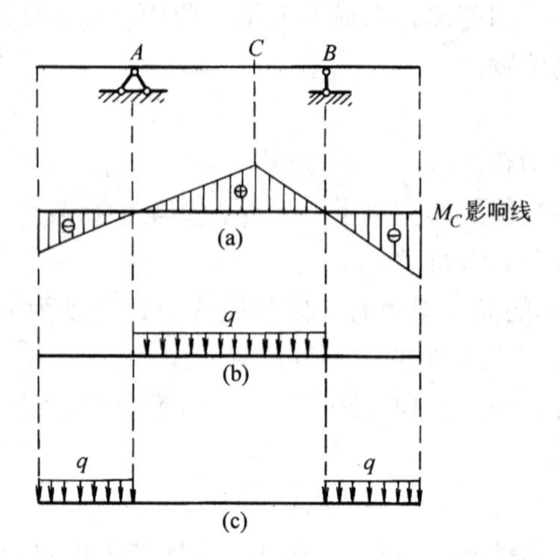

图 9-15　外伸梁的 M_C 影响线及荷载的不利位置图

2. 集中荷载

若移动荷载为单个竖向集中荷载 P，则最不利荷载位置即在影响线竖标为最大值 y_{max} 处，即

$$S_{max}=Py_{max} \tag{9-6}$$

若荷载为一组间距不变的移动荷载 P_1，P_2，⋯，P_n，其最不利荷载位置较难确定。下面仅就影响线为三角形的情况，研究如何确定产生 S_{man}的最不利位置。

图9-16（a）、（b）分别表示一移动荷载组和某一量值 S 的影响线。设荷载组处于图示位置，相应的 S 量值为

$$S_1=P_1y_1+P_2y_2+\cdots+P_iy_i+\cdots+P_ny_n$$

当荷载向右移动一距离 Δx 时，则 S 值将变为

$$S_2=P_1(y_1+\Delta y_1)+P_2(y_2+\Delta y_2)+\cdots+P_i(y_i+\Delta y_i)+\cdots+P_n(y_n+\Delta y_n)$$

式中 Δy_i 代表与 P_i 相对应的影响线竖标的增量。由上列两式之差可得出量值 S 的增量为

$$\Delta S=S_2-S_1=P_1\Delta y_1+P_2\Delta y_2+\cdots+P_i\Delta y_i+\cdots+P_n\Delta y_n$$

或

$$\Delta S=\sum_{j=1}^{n}P_j\Delta y_j$$

在影响线为同一直线部分，各竖标增量是相等的。三角形影响线的左、右直线部分，分别有以下关系

$$\Delta y_1=\Delta y_2=\cdots=\Delta y_i=\Delta x\tan\alpha=\Delta x\frac{h}{a}$$

$$\Delta y_{i+1}=\Delta y_{i+2}=\cdots=\Delta y_n=-\Delta x\tan\beta=-\Delta x\frac{h}{b}$$

当移动荷载自左向右移动时，Δx 恒取正值，含 $\tan\alpha$ 的增量对应于竖标增大故为正，而含 $\tan\beta$ 的增量对应于竖标减小故为负，S 的增量可写为

$$\Delta S=(P_1+P_2+\cdots+P_i)\frac{h}{a}\Delta x-(P_{i+1}+\cdots+P_n)\frac{h}{b}\Delta x \tag{9-7}$$

根据上式 ΔS 的增减，我们就可以研究最不利荷载位置，从高等数学可知：函数的极值，或发生在$\frac{\mathrm{d}S}{\mathrm{d}x}=0$处，或发生在$\frac{\mathrm{d}S}{\mathrm{d}x}$变号的转折点处。在我们所讨论的问题中，因荷载为集中力，而影响线又是由 x 的一次函数表示的折线图形，故由 $S=\sum_{j=1}^{n}P_jy_j$ 可知，量值 S 与荷载位置 x 之间的关系曲线为一折线。于是 S 的极值应发生在$\frac{\mathrm{d}S}{\mathrm{d}x}$改变符号处。这一极值条件可用增量 ΔS 是否改变符号来判定，即当 ΔS 变号时，S 才有极值。

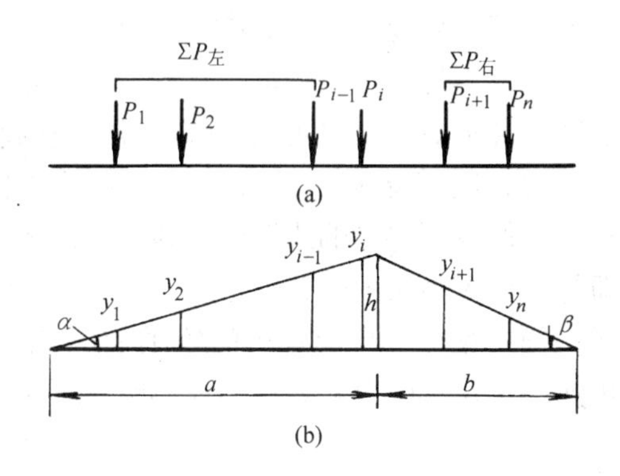

图 9-16　移动荷载组及某一量值 S 的影响线

现在来讨论当荷载处于什么位置时，有可能使 ΔS 变号。从式（9-7）可知，当没有集中荷载经过影响线的顶点时，ΔS 是一个不变的常数值，因此要使 ΔS 变号，就必须有某个集中荷载由影响线顶点的左边过渡到右边。换句话说，只有当一个集中荷载位于影响线的顶点时，才有可能使 ΔS 变号从而使 S 有极值。由此可知，集中荷载位于影响线的顶点是使 S 有极值的一个必要条件。然而，它并非是充分条件。因为荷载经过影响线的顶点虽则使 ΔS 的大小发生了变化，但并不一定就能使 ΔS 改变符号。只有那种既通过影响线顶点又能使 ΔS 改变符号的荷载（设以 P_K 表示）才会使 S 发生极值。我们称这一荷载 P_K 为临界荷载。与此相应的荷载位置称为临界位置。显然，当 P_K 位于影响线顶点时，它应满足如下的极值条件。

当 S 为极大值时，则 ΔS 由大于零变为小于零；有时也可能发生于 ΔS 由大于零变为等于零或由等于零变为小于零的情况。

当 S 为极小值时，则 ΔS 由小于零变为大于零；有时也可能发生于 ΔS 由小于零变为等于零或由等于零变为大于零的情况。

对于寻求极大值来说，根据式（9-7），或将上述极值条件表示为

$$\left.\begin{aligned}&(P_1+P_2+\cdots+P_K)\frac{h}{a}\Delta x-(P_{K+1}+\cdots+P_n)\frac{h}{b}\Delta x\geqslant 0\\&(P_1+P_2+\cdots+P_{K-1})\frac{h}{a}\Delta x-(P_K+P_{K+1}+\cdots+P_n)\frac{h}{b}\Delta x\leqslant 0\end{aligned}\right\}$$

令$\sum P_{左}$和$\sum P_{右}$分别代表P_K以左和P_K以右的荷载之和，并考虑到 $h\Delta x$ 为正值，则以上两个不等式可改写为

$$\left.\begin{aligned}\frac{\sum P_{左}+P_K}{a}\geqslant\frac{\sum P_{右}}{b}\\ \frac{\sum P_{左}}{a}\leqslant\frac{P_K+\sum P_{右}}{b}\end{aligned}\right\}\tag{9-8}$$

应注意，以上判别式是假定荷载自左向右移动而推得的，如自右向左也可得到同样的判别式（读者试自行推演）。故判别式与荷载移动方向无关。

一般而言，给出一组移动荷载和量值 S 的影响线后，需根据式（9-8）选取若干个荷载作试算，方能确定哪一个是临界荷载并从而定出最不利荷载位置。通常在数值较大、排列较密的那几个荷载中，出现临界荷载的可能性较大。有时临界荷载不只一个，这时可将相应极值分别算出，看哪一个为最大，发生最大极值的那个荷载位置就是最不利位置。

最后我们指出：以上是针对寻求 S 的极大值来讨论，并建立起判别式（9-8）的。若 S 的三角形影响线位于基线的下方，则需寻求 S 的极小值；仿照以上推导方法，其临界荷载的判别式也不难得出。另外，我们也可将影响线图形反转到基线的上方，仍然利用式（9-8）确定临界位置，此位置也即是产生极小值的位置。

例 9-5 图 9-17（a）示一简支梁，一台起重机的轮压 P 及六个轮子布置简图如图 9-17（b）所示。考虑两台起重机共同工作，两台起重机的最小距离（轮距）为 1.5 m。求截面 C 最大弯矩值。

【解】 左边起重机的六个机轮分别称为第 1 至第 6 轮，右边起重机的六个机轮分别称为第 7 至第 12 轮，第 6 轮至第 7 轮的距离是 1.5 m。

绘出截面 C 弯矩影响线如图 9-17（c）所示。

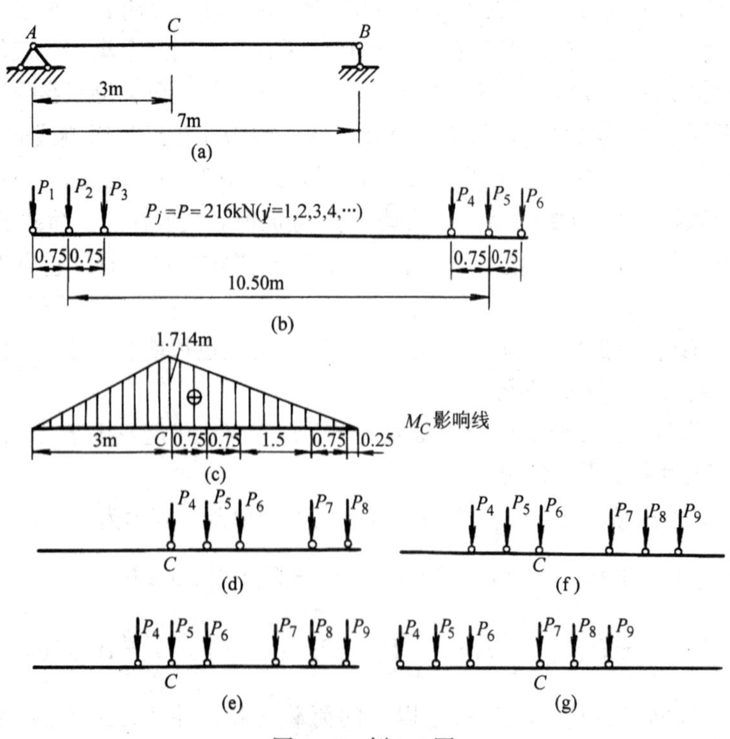

图 9-17 例 9-5 图

经过分析可以看出，第 1、2、3 共三个机轮作用于梁上的情况（其余机轮尚未进入梁上）不会比第 4、5、6、7、8、9 共六个机轮作用于梁上的情况更为不利（第 4 轮至第 9 轮作用于梁上时，第 1、2、3 轮已离开此梁而第 10、11、12 轮尚未进入此梁），所以不必运用式（9-8）对第 1、2、3 轮进行试算。同理也不必运用式（9-8）对第 10、11、12 轮进行试算。

当 P_4 在 C 点时，梁上共有 P_4，$P_5\cdots$，P_8 共五个轮压作用（图 9-16（d））。若把 P_4 计入截面 C 以左荷载之内，则

$$\frac{\sum P_{左}+P_4}{a}=\frac{P}{3},\quad \frac{\sum P_{右}}{b}=\frac{4P}{4}\text{即}\frac{\sum P_{左}+P_4}{a}<\frac{\sum P_{右}}{b}$$

若把 P_4 计入截面 C 以右荷载之内，则显然有

$$\frac{\sum P_{左}}{a}<\frac{\sum P_{右}+P_4}{b}$$

以上结果说明 P_4 不是临界荷载。再先后将 P_5、P_6、P_7 置于 C 点用式（9-8）进行计算，梁上荷载的布置情况分别见图 9-17（e）、（f）、（g）。计算工作列表进行（见表 9-1）。结果表明 P_6 为临界荷载。又经计算表明 P_8、P_9 都不是临界荷载，这里不再赘述。前已说明只有第 1、2、3 三个轮或只有第 10、11、12 三个轮作用于梁上时都不可能使 M_C 有最大值。故第 6 轮在影响线顶点时就是最不利荷载位置，此时与梁上的 6 个荷载 $P_4\sim P_9$ 分别相应的 M_C 影响线的竖标为 0.875 m、1.286 m、1.714 m、1.071 m、0.750 m、0.429 m，所以 M_C 的最大值为

$$M_{C\max}=P\times(0.875+1.286+1.714+1.071+0.750+0.429)$$
$$=216\times6.107=1\,319\ (\text{kN·m})$$

表 9-1

作试算荷载（以 P_i 表示）	$P_i=P_5$	$P_i=P_6$	$P_i=P_7$
把 P_i 计入 C 点以左	$\frac{2}{3}P<\frac{4}{4}P$	$\frac{3}{3}P>\frac{3}{4}P$	$\frac{3}{3}P>\frac{2}{4}P$
把 P_i 计入 C 点以右	$\frac{1}{3}P<\frac{5}{4}P$	$\frac{2}{3}P<\frac{4}{4}P$	$\frac{3}{3}P>\frac{3}{4}$
是否满足临界荷载的条件	否	是	否

思　考　题

（1）什么是临界荷载？什么是临界位置？

（2）为什么说集中荷载位于影响线的顶点只是使 S 有极值的一个必要条件，而非充分条件？

（3）求梁上某截面剪力的最大值时，不利荷载位置应当如何确定？

9.7　简支梁的内力包络图和绝对最大弯矩

在设计吊车梁等承受移动荷载的结构时，必须求各截面上内力的最大值（最大正值和最大负值）。用上节介绍的确定最不利荷载位置进而求某量值最大值的方法，可以求出简支梁

任一截面的最大内力值。如果把梁上各截面内力的最大值按同一比例标在图上，连成曲线，这一曲线即称为内力包络图。梁的包络图有弯矩包络图和剪力包络图。包络图表示各截面内力变化的极限值，是结构设计中的主要依据。

下面以单个集中荷载 P 作用下的简支梁为例，说明怎样绘制弯矩、剪力包络图。

图 9-18（a）所示简支梁，单个集中荷载 P 在梁上移动，M_C 影响线已示于图 9-18（b）中。从上节分析可知，最不利荷载位置即是 P 作用于影响线之三角形的顶点处时，而此时 $M_{C\max}=P\cdot\frac{ab}{l}$。将梁分为若干等分，可分别求得各分点处的弯矩最大值。设将梁分为 10 等分，依次取 $a=0.1l$，$a=0.2l\cdots$，按上述计算式得各个截面的弯矩最大值为 $M_{C\max}=0.09Pl$，$0.16Pl$，$\cdots0.09Pl$。将这些值绘于图 9-18（c）的水平基线上并连成曲线即为单个荷载作用下弯矩的包络图。

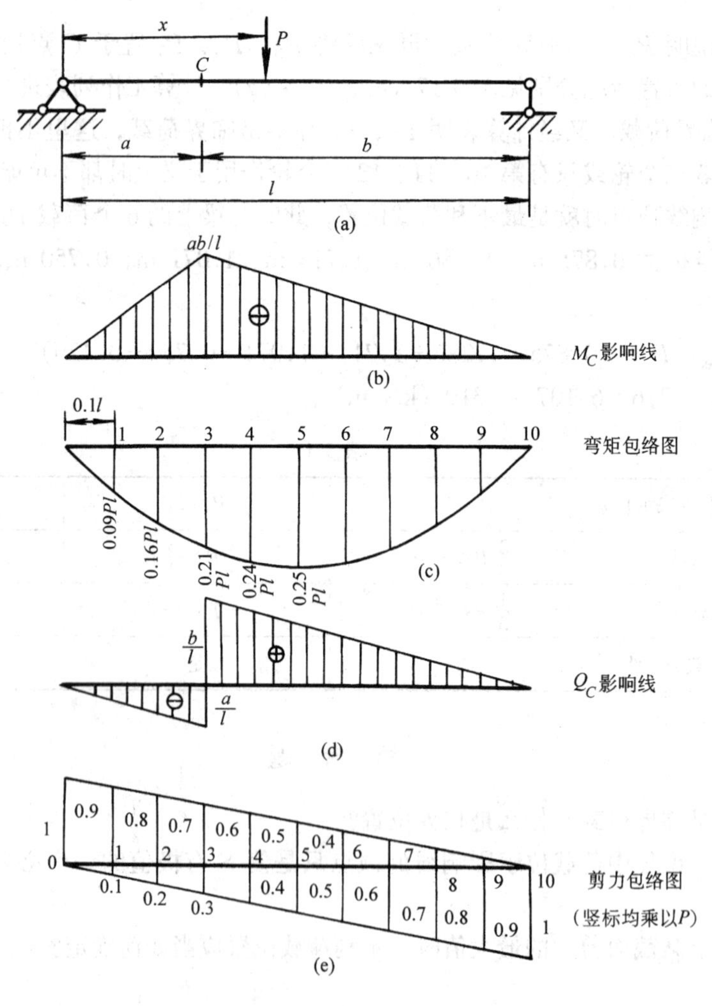

图 9-18　简支梁的弯矩与剪力包络图

图 9-18（d）为 Q_C 影响线，将梁分成 10 等分，将各等分点的最大（最小）剪力值标于图 9-18（e）的水平基线上，连接各竖标值，即为剪力包络图（如图 9-18（e）所示，竖标乘 P）。

图 9-19（a）示一简支梁，梁上有移动荷载，其大小及间距如图中所示。将梁分成 10 等分，求出各等分点所在截面的弯距最大值及剪力的最大（最小）值，在梁上按同一比例尺绘出竖标并连成曲线即为弯矩、剪力包络图见图 9-19（b）、（c）所示。

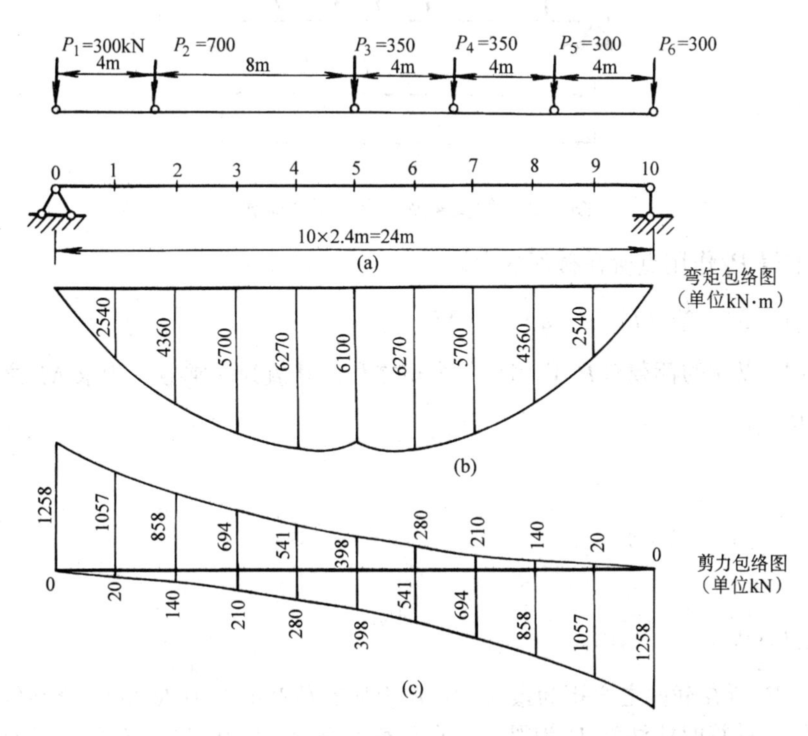

图 9-19　简支梁在两台吊车荷载作用下的弯矩与剪力包络图

弯矩包络图表示出了各截面的最大弯矩值，其中弯矩值最大者称为绝对最大弯矩。在进行结构设计时，绝对最大弯矩是设计的重要依据。

确定在移动荷载作用下的绝对最大弯矩，与以下二未知因素有关：一是荷载位置；二是截面位置。也就是要求绝对最大弯矩，不仅要知道产生绝对最大弯矩的截面所在位置，而且要知道相应于此截面的最不利荷载位置。通过上节及所附例题已掌握了确定简支梁某一截面弯矩的最不利荷载位置的方法。根据所述可知，梁上任一截面最大弯矩必然发生在某一临界荷载 P_K 作用于该截面时，由此断定，绝对最大弯矩值必然发生在某一荷载下面的截面处（我们特称此荷载为绝对最大弯矩的临界荷载）。由于梁的截面有无限多个，如果采用对每个截面逐一计算，然后进行比较，找出其最大值的方法，则必然工作量很大。但荷载总是有限的几个，利用绝对最大弯矩必然发生在某一荷载下的结论，就可改以荷载为准来做比较工作。即先取某一荷载为考查对象，分析它移动到什么位置时其作用点处的弯矩最大；这样将各个荷载分别做为对象，分别求出其相应的最大弯矩，再加以比较，即可得出绝对最大弯矩。

图 9-20 示一简支梁 AB 及作用于梁上的荷载，在荷载组中指定某一荷载 P_i，并以 M_i 表示 P_i 作用点处截面的弯矩。现设荷载组沿梁移动，我们来寻求使 M_i 达到极值的荷载位置。以 x 表示 P_i 至支座 A 的距离，a 表示梁上所有荷载的合力 R 与 P_i 作用线之间的距离，由 $\sum M_B=0$ 得

$$R_A = \frac{R}{l}\ (l - x - a)$$

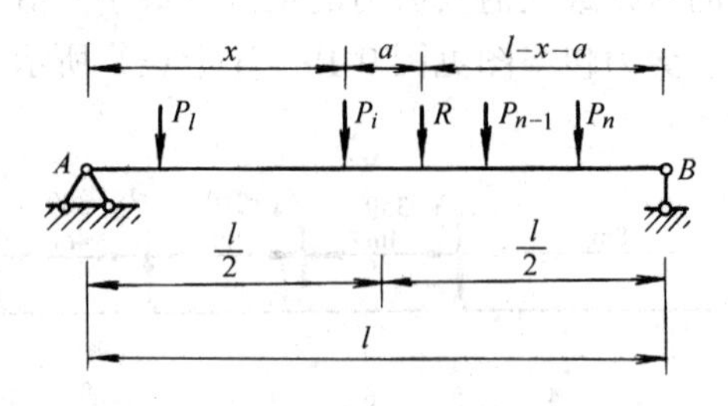

图 9-20　简支梁及其上作用的荷载图

进而可求得 P_i 作用点所在截面的弯矩为

$$M_i = R_A x - \overline{M} = \frac{R}{l}\ (l - x - a)\ x - \overline{M} \tag{a}$$

其中 $\overline{M}$ 表示 P_i 以左的荷载对 P_i 作用点的力矩之和，其值为一常数，为求 M_i 之极值，可令

$$\frac{\mathrm{d}M_i}{\mathrm{d}x} = 0$$

则

$$\frac{R}{l}(l - 2x - a) = 0$$

得

$$x = \frac{l - a}{2} \tag{b}$$

由此可看出，P_i 所在截面之弯矩为最大时，梁上所有荷载的合力 R 与 P_i 恰好位于梁的中线两侧对称位置。计算时应注意 R 为梁上实有荷载的合力。安排 P_i 与 R 的位置时，可能有的荷载来到梁上或有的荷载离开梁上，这时需重新计算合力 R 的数值和位置。

将式（b）代入式（a）得到

$$M_{i,\max} = \frac{R}{l}\frac{(l - a)^2}{4} - \overline{M} \tag{c}$$

应用式（c）或按一般静力学方法，可计算出荷载 P_i 下截面内的最大弯矩值。同样可把每个荷载下截面的最大弯矩值求得，加以比较后，其中最大一个就是所求的绝对最大弯矩。但经验告诉我们，简支梁绝对最大弯矩虽然不一定发生在梁的中央，但总是发生在梁跨度中央附近的截面中，所以可以认为，使梁中央截面产生最大弯矩的临界荷载，也就是产生绝对最大弯矩的临界荷载。

由此可知，计算绝对最大弯矩可按以下步骤进行：首先判定使梁跨度中点发生最大弯矩的临界荷载 P_K；然后移动荷载组，使 P_K 与梁上全部荷载的合力 R 对称于梁的中点；再算出此时 P_K 所在截面的弯矩，即得到绝对最大弯矩。

例 9-6　图 9-21 示一简支梁，$l = 24$ m，移动荷载如图所示，求此梁的绝对最大弯矩。

【解】

（1）首先确定这组荷载作用下，梁中间截面 C 的临界荷载。一般将最大荷载放置在影响线的最大竖标处，假设④轮为临界荷载则应用式（9-8），得

$$\frac{350 + 950}{12}\ (= 108) > \frac{300 + 700}{12}\ (= 83.3)$$

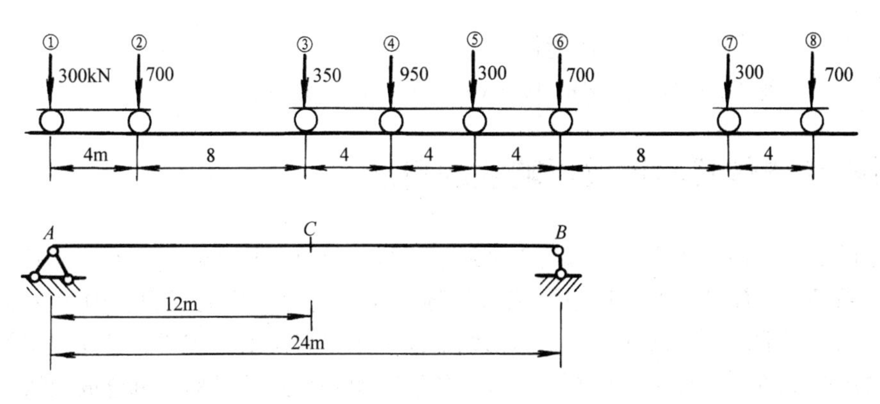

图 9-21　例 9-6 图（一）

$$\frac{700+350}{12}=(87.5)<\frac{950+300+700}{12}\ (=162)$$

满足判别式要求，所以④轮为临界荷载。

再试，设⑤轮为临界荷载，则

$$\frac{350+950+300}{12}\ (=133)>\frac{700+300}{12}\ (=83.3)$$

$$\frac{350+950}{12}\ (=108)>\frac{300+700}{12}\ (=83.3)$$

故不满足要求，所以⑤轮不是临界荷载。

（2）确定④轮处的绝对最大弯矩值。图 9-22 显示，当④轮为临界荷载时，梁上仅有③④⑤⑥轮作用。故

$$R=350+950+300+700=2\ 300\ (\text{kN})$$

求④轮与合力 R 作用线的距离 a，有

$$a=\frac{300\times4+700\times8-350\times4}{2\ 300}=2.34\ (\text{m})$$

再应用式（b），计算出 x，则

$$x=\frac{24-2.34}{2}=10.83\ (\text{m})$$

$$M_{4,\max}=\frac{2\ 300}{24}\times\left(\frac{24-2.34}{2}\right)^2-350\times4=9\ 840\ (\text{kN·m})$$

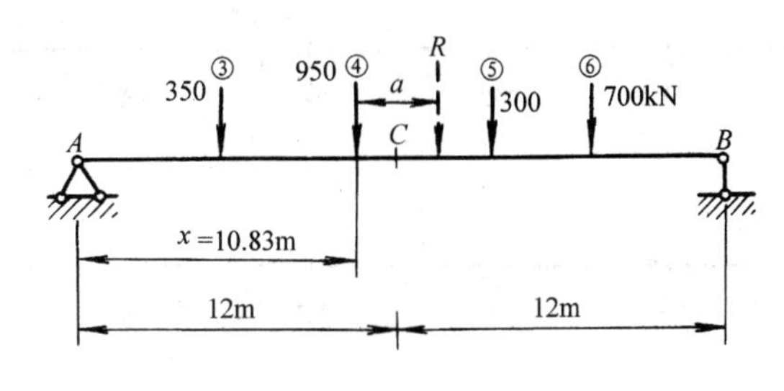

图 9-22　例 9-6 图（二）

思 考 题

（1）内力包络图与内力图有何区别？

（2）简支梁的绝对最大弯矩与跨中载面最大弯矩何时相等？

9.8 用机动法作超静定梁影响线的概念

静定梁的反力、内力的影响线都是由直线段组成，计算竖标和绘制影响线比较简单。而由第 7 章和表 7-1 可看出，当一集中荷载沿超静定梁移动时，梁的反力和内力并非线性变化，反力和内力影响线都为曲线。用静力法绘制超静定梁各量值影响线，必须先解算超静定结构，求得影响线方程，将梁分成若干等分，依次求出各分点的竖标，再连成曲线。这样绘制影响线是十分繁杂的。

不过建筑工程中的多跨连续梁上的活载，多是可任意断续地布置的均布荷载，若求其最不利荷载位置，只要知道影响线的轮廓即可，而不必求出影响线竖标的具体数值。由前面可知，机动法可定性地绘出影响线轮廓，这对活荷载作用下连续梁的设计带来极大方便。机动法绘制超静定梁影响线的概念如下。

设有一 n 次超静定连续梁如图 9－23（a）所示，欲求任一指定截面内力或反力影响线，可切断相应的约束，并以未知力代替其作用。求此力时，即以去掉约束后所得到的 $n-1$ 次超静定梁做为力法的基本结构。以求 K 支座处截面的弯矩影响线为例，所取的基本结构和施加的力 X_K（此时 $X_K = M_K$）示于图 9-23（b）。按照力法的一般原理，根据原来结构在截面 K 处的已知位移条件可建立如下力法方程

$$\delta_{KK}X_K + \delta_{KP} = 0$$

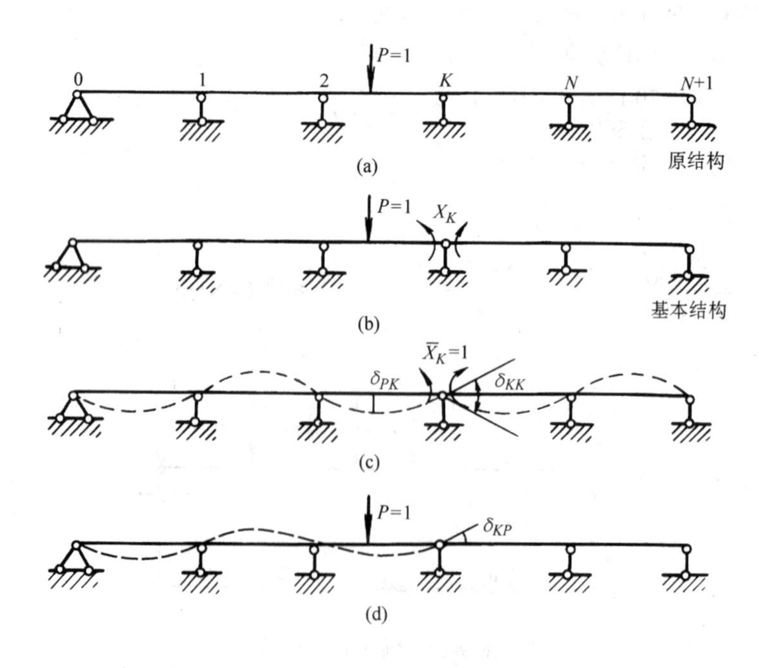

图 9-23　连续梁 M_K 影响线轮廓作法示意图

故得

$$X_K = -\frac{\delta_{KP}}{\delta_{KK}} \tag{a}$$

式中 δ_{KK}代表基本结构上由于$\overline{X}_K=1$ 的作用，在截面 K 并沿$\overline{X}_K$ 的方向所引起的位移，如图 9-23（c）所示，其值与荷载 P 的位置无关而为一常数，且为正值。δ_{KP}代表基本结构上由于 $P=1$ 的作用在截面 K 沿$\overline{X}_K$ 的方向所引起的位移，其值则随荷载 $P=1$ 的位置移动而变化（图 9-23（d））。

由位移互等定理，有 $\delta_{KP}=\delta_{PK}$。δ_{PK}代表由于$\overline{X}_K=1$ 的作用在 P 的着力点并沿其方向所引起的位移（图 9-23（c））。于是上式可写为

$$X_K = -\frac{\delta_{KP}}{\delta_{KK}} = -\frac{\delta_{PK}}{\delta_{KK}} \tag{b}$$

在式（b）中 X_K 和δ_{PK}均随P 移动而变化，它们都是荷载位置 x 的函数，而 δ_{KK}则为一常数。因此式（b）可以更明确地写成以下形式

$$X_K(x) = -\frac{\delta_{PK}(x)}{\delta_{KK}}$$

X_K 随x 而变化的图形即X_K 的影响线，而函数 $\delta_{PK}(x)$ 的图形即是图 9-23（c）所示的竖向位移图。由此得出重要结论：n 次超静定梁某一量值X_K 的影响线，和去掉与 X_K 相应的约束后，由 $\overline{X}_K=1$ 所引起的竖向位移图成正比；或者说，由于 $\overline{X}_K$ 所产生的基本结构（$n-1$ 次超静定）的竖向位移图就代表 X_K 影响线的轮廓。因 δ_{PK}图是取向下为正，而 X_K 与 δ_{PK} 反号，故在 X_K 影响线图形中，应取梁轴线上方的竖标为正，下方为负。

综上所述可知，用机动法绘制超静定梁的某一量值 X_K 之影响线的作法是：去掉与 X_K 相应的约束，而使所得基本结构产生与 $\overline{X}_K=1$ 相应的位移，则由此而得的位移图即代表 X_K 的影响线的轮廓。

下面再列举绘制剪力和竖向反力影响线的例子。如图 9-24（a）所示连续梁，设要绘制截面 K 的剪力Q_K 影响线。为此先将与 Q_K 相应的约束去掉，即在 K 处将截面切开并加入两个平行的链杆。这种约束可以抵抗轴力和弯矩，但不能抵抗剪力，然后再以一对剪力 Q_K

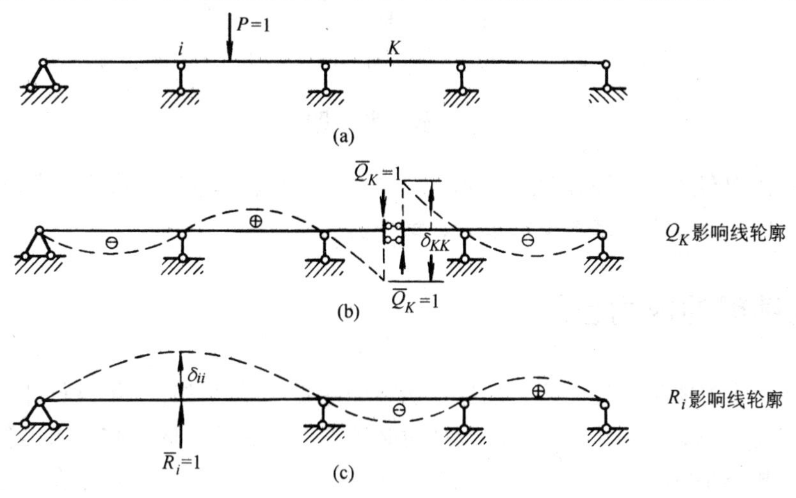

图 9-24　连续梁的 Q_K、R_i 影响线轮廓

代替原有约束的作用。使去掉约束后的结构发生与 $\overline{Q_K}=1$ 相应的位移，则所得的位移图即表示 Q_K 影响线的轮廓（图 2-24（b））。图 9-24（c）表示反力 R_i 的影响线轮廓，它是在去掉该支座约束后以 $\overline{R_i}=1$ 作用于基本结构而得到的位移图。

有了影响线的轮廓，就可以方便地确定连续梁在均布选位活载作用下的最不利荷载分布。如图 9-25（a）所示连续梁，欲确定 BC 跨中截面 K 和支座截面 C 的弯矩的最不利荷载位置，可先绘出 M_K 和 M_C 的影响线轮廓，见图 9-25（b）、（e）。根据 $S=q\cdot\omega$ 可知，将均布活载布满影响线面积的正号部分时，即为相应于该量值之最大值时的最不利分布情形；反之，使均布活载布满影响线面积为负号的部分时，即为相应于该量值有最小值（即最大负值）时的最不利分布情形。相应于 M_K 和 M_C 的最大、最小值时的最不利荷载位置分别示于图 9-25（c）、（d）和（f）、（g）。当各量值的最不利荷载位置确定之后，则其最大、最小值便不难求得。

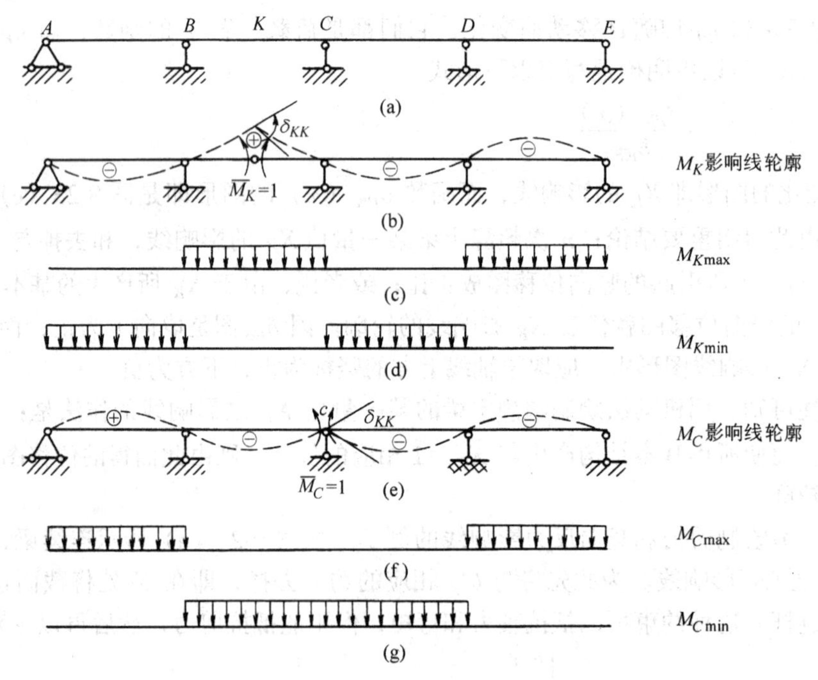

图 9-25 连续梁的 M_K、M_C 影响线及其不利荷载位置

思 考 题

连续梁在均布选位活载作用下一般只需绘出影响线的轮廓，而不必求出具体竖标的大小，试问用什么方法求出某量值的最大、最小值?

9.9 连续梁的内力包络图

房屋建筑中的梁板式楼面，它的板、次梁和主梁一般都按连续梁进行计算。这些连续梁将受到恒载和活载的共同作用，因此设计时必须考虑两者的共同影响，求出各个截面所可能产生的最大和最小内力值，作为选择截面尺寸的依据。由于恒载经常存在，它所产生内力是固定不变的，而活载引起的内力则随活载分布的不同而改变。因此，求梁各截面最大内力的主要问题在于确定活载的影响。只要求出活载作用下某一截面的最大和最小内力，然后再加上恒载产生的内力，即可得到恒载和活载共同作用下该截面的最大内力和最小内力。把梁上各截面的最大内力和最小内力用图形表示出来，就得到连续梁的内力包络图。

由上节可知，当连续梁受均布活载作用时，其各截面弯矩的最不利荷载位置是在若干跨内布满荷载。这只需按每一跨单独布满活载的情况逐一作出其弯矩图，然后对于任一截面，将这些弯矩图中对应的所有正弯矩值相加，便得到该截面在活载作用下的最大正弯矩；同样若将对应的所有负弯矩值相加，便得到该截面在活载作用下的最大负弯矩值。于是对于这种活载作用下的连续梁，其弯矩包络图可按如下步骤进行绘制：

（1）绘出恒载作用下的弯矩图；

（2）依次按每一跨上单独布满活载的情况，逐一绘出其弯矩图；

（3）将各跨分为若干等分，对每一等分点处截面，将恒载弯矩图中该截面的竖标值与所有各跨活载下弯矩图中对应的正（负）竖标值之和叠加，得到各截面的最大（小）弯矩值；

（4）将上述各最大（小）弯矩值在同一图中按同一比例尺用竖标表出，并以曲线相连，即得到所求的弯矩包络图。

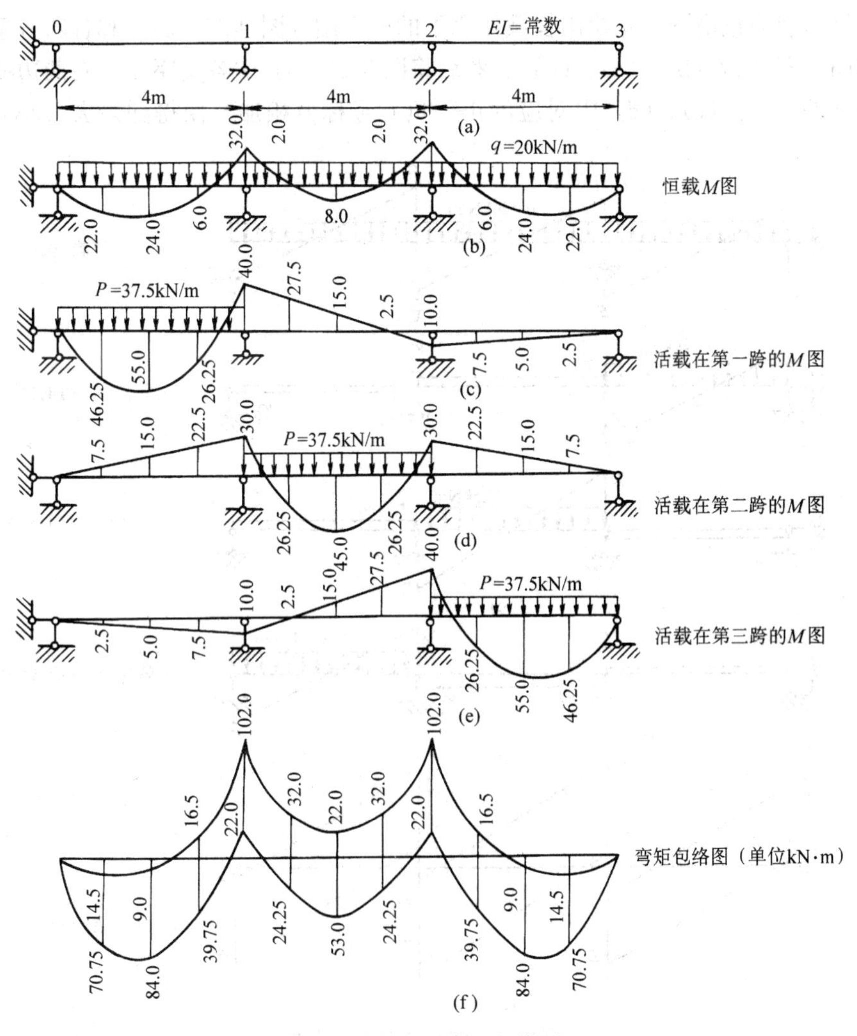

图 9-26　例 9.7 弯矩包络图

对于表示连续梁在恒载和活载共同作用下的最大剪力和最小剪力变化情形的剪力包络图，其绘制步骤与弯矩包络图相同。由于设计时，用到的主要是各支座附近截面上的剪力值，因此通常只将各跨两端靠近支座处截面上的最大剪力值和最小剪力值求出，而在每跨中以直线相连，近似地作为所述的剪力包络图。

例 9-7 求图 9-26（a）所示三跨等截面连续梁的弯矩包络图和剪力包络图，梁上承受的恒载为 $q = 20$ kN/m，活载为 $P = 37.5$ kN/m。

【解】 首先用力矩分配法作出恒载作用下的弯矩图（图 9-26（b））和各跨分别承受活载时的弯矩图（图 9-26（c）、(d)、(e)），将梁的每一跨分为四等分，求出各弯矩图中等分点的竖标值。然后将图 9-26（b）中的竖标值和图 9-26（c）、(d)、(e) 中对应的正（负）竖标值相加即得最大（小）弯矩值。例如在支座 1 处

$$M_{1\max} = (-32.0) + 10.0 = -22.0\ (\text{kN·m})$$

$$M_{1\min} = (-32.0) + (-40.0) + (-30.0) = -102.0\ (\text{kN·m})$$

最后，把各个最大弯矩值和最小弯矩值分别用曲线相连，即得弯矩包络图，如图 9-26（f）所示（图中弯矩单位为 kN·m）。

为了绘出剪力包络图，先绘出恒载作用下的剪力图（图 9-27（a））和各跨分别承受活载时的剪力图（图 9-27（b）、(c)、(d)）。然后将图 9-27（a）中各支座左、右两边截面处的竖标值和图 9-27（b）、(c)、(d) 中对应的正（负）竖标值相加，便得到最大（小）剪力值。

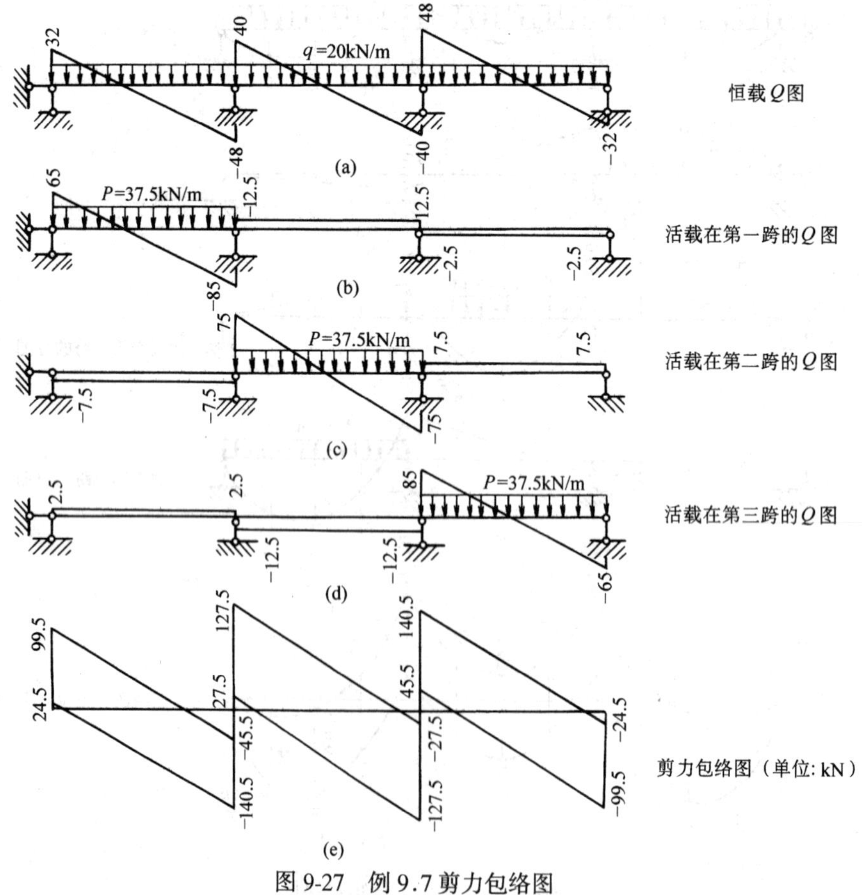

图 9-27 例 9.7 剪力包络图

例如在支座 1 左侧截面上

$$Q_{1\max}^{左}=(-48)+(2.5)=-45.5\ (\mathrm{kN})$$

$$Q_{1\min}^{左}=(-48)+(-85.0)+(-7.5)=-140.5\ (\mathrm{kN})$$

工程中常把各支座两边截面上的最大剪力值和最小剪力值分别用直线相连，得到近似的剪力包络图，如图 9.27（e）所示（图中剪力单位是 kN)。

习　　题

9.1～9.5　试用静力法和机动法绘制图示结构中指定量值的影响线。

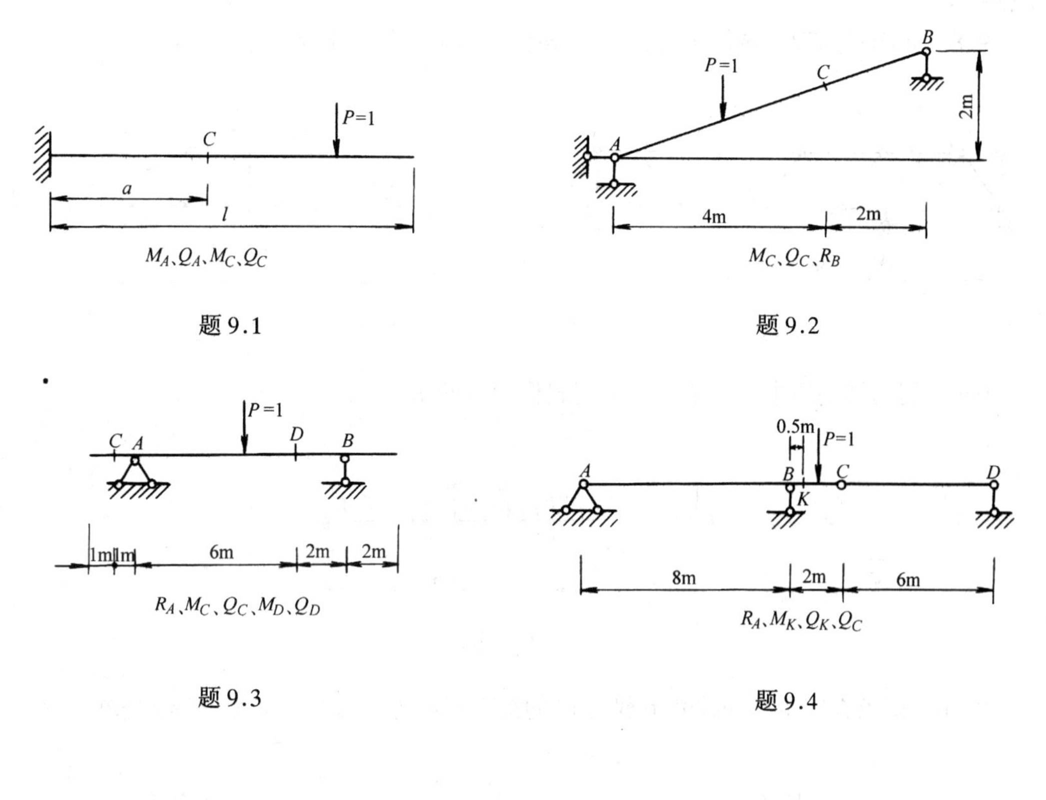

题 9.1　　题 9.2

题 9.3　　题 9.4

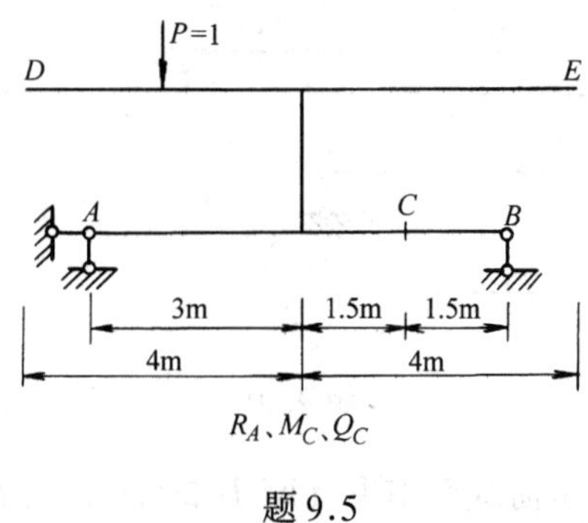

题 9.5

9.6　绘制图示主梁在间接荷载作用下的 M_C、Q_C、M_D 和 Q_D 影响线。

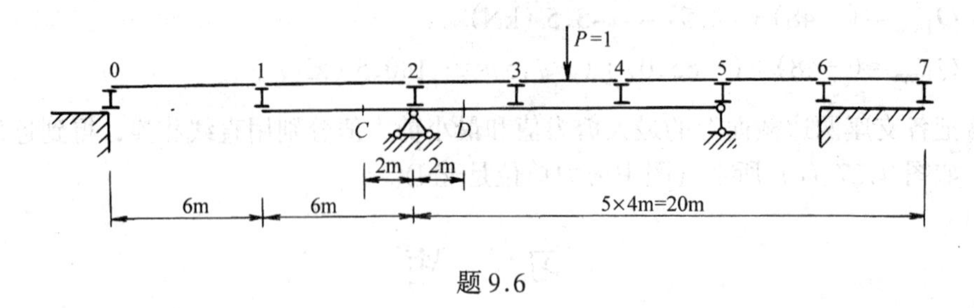

题 9.6

9.7 如图示桁架，试绘出 a、b、c、d 各杆内力影响线。设荷载可以在上弦也可以在下弦移动。

9.8 如图示桁架，试绘出 a、b、c 各杆内力影响线。荷载在下弦移动。

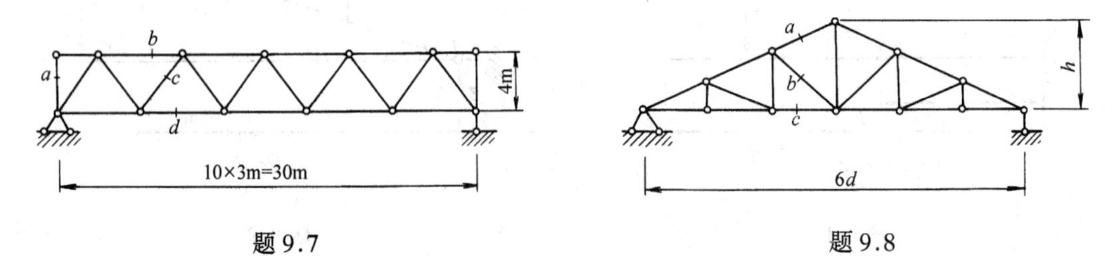

题 9.7　　　　　　题 9.8

9.9 利用影响线求伸臂梁在图示荷载作用下的 R_A、M_C 及 Q_C。

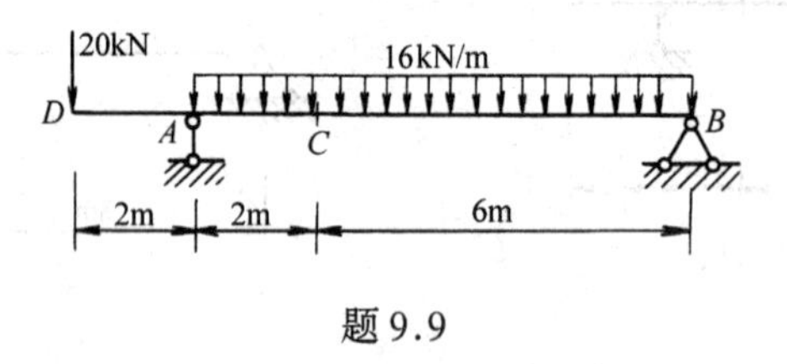

题 9.9

9.10 试求在图示移动荷载下截面 C 的最大正剪力、最大负剪力及最大弯矩。

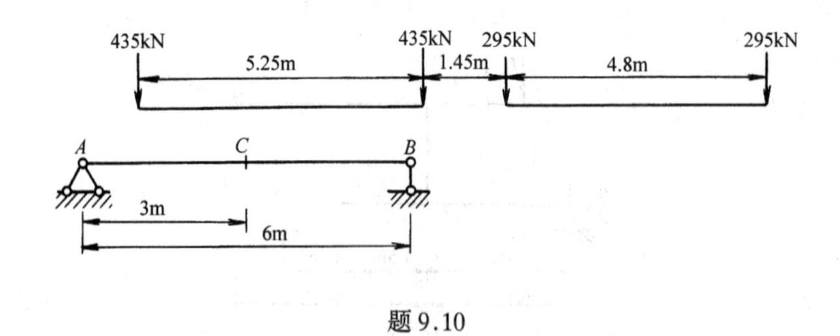

题 9.10

9.11 求简支梁在图示吊车荷载作用下支座 B 的最大反力，图中 $P_1 = P_2 = 478.5$ kN，$P_3 = P_4 = 324.5$ kN。

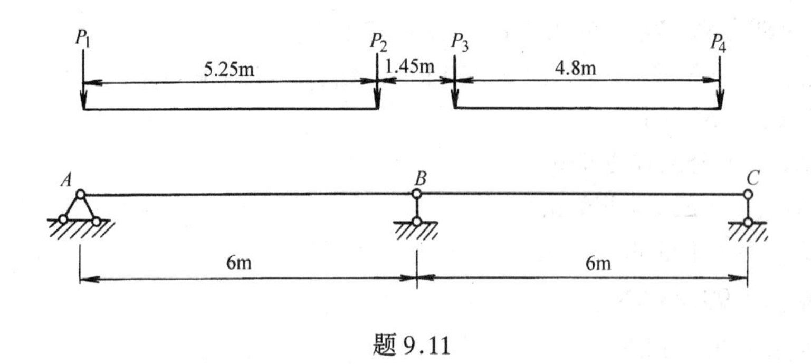

题 9.11

9.12 求图示简支梁的绝对最大弯矩。

9.13 图示简支梁承受移动荷载作用，梁自重 $q=15$ kN/m。试绘梁的弯矩包络图（每隔 1/6 跨取一计算截面）。

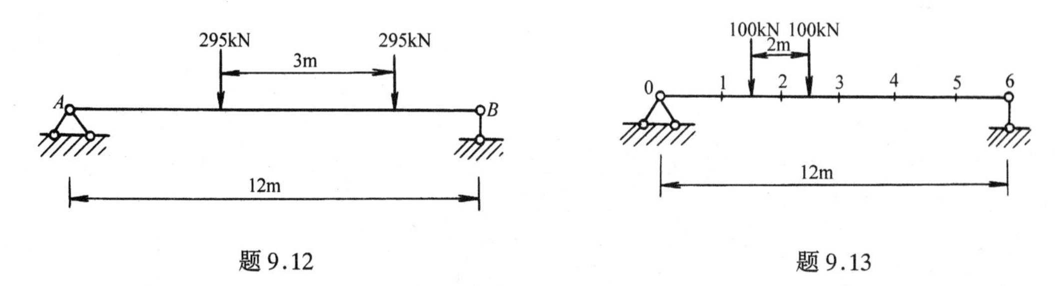

题 9.12　　　　题 9.13

9.14 试绘出图示连续梁中 R_B、M_A、M_C、M_K、Q_K、$Q_B^{左}$、$Q_B^{右}$ 的影响线的轮廓。

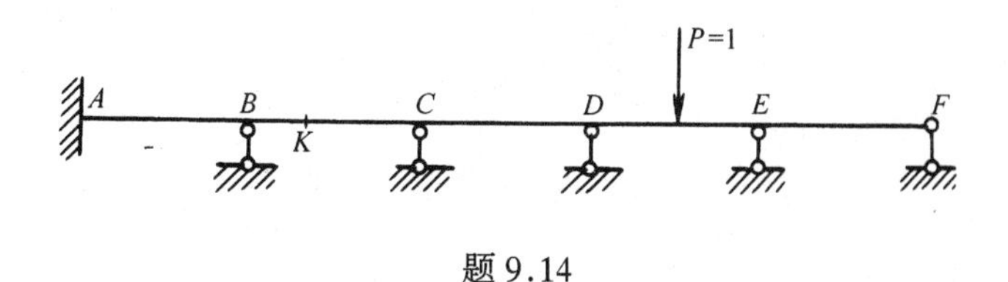

题 9.14

9.15 图示连续梁各跨除承受均布恒载 $q=10$ kN/m 外，还受有均布选位活载 $P=20$ kN/m 的作用试绘制其弯矩和剪力包络图，$EI=$常数。

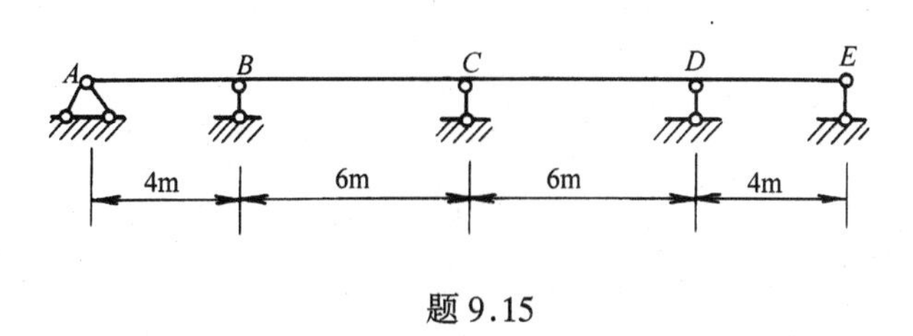

题 9.15

9.9　$R_A=89$ kN，$M_C=66$ kN·m，$Q_C=37$ kN

9.10　$Q_{C\max}=293$ kN，$Q_{C\min}=-260$ kN，$M_{C\max}=881$ kN·m

9.11　$R_{B\max}=784.3$ kN

9.12　$M_{\max}=1\ 355.16$ kN·m

9.15　$M_{C\max}=-22.94$ kN·m

$M_{C\min}=-106.48$ kN·m

$Q_{C\max}=98.23$ kN

$Q_{C\min}=26.46$ kN